Lippe · Czepuck · Esser · Vogelsang

**M-LüAR
Kommentar mit Anwendungsempfehlungen
und Praxisbeispielen
zu der Muster-Lüftungsanlagen-Richtlinie**

M-LüAR - Kommentar mit Anwendungsempfehlungen und Praxisbeispielen zu der Muster-Lüftungsanlagen-Richtlinie

Praxis für Architekten - Planer - Fachfirmen

2., aktualisierte Auflage
mit 150 Grafiken, 36 Tabellen und 104 Fotos von Montagebeispielen

Dipl.-Ing. Manfred Lippe

Dipl.-Ing. Knut Czepuck

Dipl.-Ing. Johann Esser

Dipl.-Ing. Peter Vogelsang

Bibliografische Information der Deutschen Nationalbibliothek
Die Deutsche Nationalbibliothek verzeichnet diese Publikation in der Deutschen National-
bibliografie; detaillierte bibliografische Daten sind im Internet über http://dnb.dnb.de abrufbar.

2., aktualisierte Auflage 2016

© FeuerTRUTZ Network GmbH, Köln 2016
Alle Rechte vorbehalten.
Herausgegeben vom FeuerTRUTZ Magazin.

Das Werk einschließlich seiner Bestandteile ist urheberrechtlich geschützt. Jede Verwertung
außerhalb der engen Grenzen des Urheberrechtsgesetzes ist ohne die Zustimmung des Verlages
unzulässig und strafbar. Dies gilt insbesondere für Vervielfältigungen, Bearbeitungen, Übersetzungen,
Mikroverfilmungen und die Einspeicherung und Verarbeitung in elektronischen Systemen.

Auszug aus DIN EN 61508-5 (VDE 0803-5):2011-02, für die angemeldete limitierte Auflage wiedergegeben
mit Genehmigung 92.016 des DIN Deutsches Institut für Normung e.V. und des VDE Verband der
Elektrotechnik Elektronik Informationstechnik e.V.. Für weitere Wiedergaben oder Auflagen ist eine
gesonderte Genehmigung erforderlich.
Maßgebend für das Anwenden der Normen sind deren Fassungen mit dem neuesten Ausgabedatum, die bei der
VDE Verlag GmbH, Bismarckstr. 33, 10625 Berlin, www.vde-verlag.de, und der Beuth Verlag GmbH, 10772 Berlin
erhältlich sind.
Maßgebend für das Anwenden von Regelwerken, Richtlinien, Merkblättern, Hinweisen, Verordnungen usw. ist
deren Fassung mit dem neuesten Ausgabedatum, die bei der jeweiligen herausgebenden Institution erhältlich ist.
Zitate aus Normen, Merkblättern usw. wurden, unabhängig von ihrem Ausgabedatum, in neuer deutscher
Rechtschreibung abgedruckt.

Das vorliegende Werk wurde mit größter Sorgfalt erstellt. Verlag und Autoren können dennoch für die inhaltliche
und technische Fehlerfreiheit, Aktualität und Vollständigkeit des Werkes und seiner elektronischen Bestandteile
(Internetseite) keine Haftung übernehmen.

Wir freuen uns, Ihre Meinung über dieses Fachbuch zu erfahren. Bitte teilen Sie uns Ihre Anregungen,
Hinweise oder Fragen per E-Mail: lektorat@feuertrutz.de oder Telefax: 0221 5497-140 mit.

Grafik und Gestaltung: Techn. Illustration & Dokumentation Eckhard Marofke, Grafengehaig
Umschlaggestaltung: Hardy Kettlitz, Berlin
Korrektorat: Dr. Carolina Pasamonik, Köln
Druck und Bindearbeiten: Buchdruck Zentrum, Landshut

Printed in EU

ISBN: 978-3-86235-251-7 (Buch-Ausgabe)
ISBN: 978-3-86235-268-5 (E-Book als PDF)

Hinweis zur Kommentierung:
Die Kommentierung berücksichtigt an diversen Stellen auch die
umgangssprachlichen, baurechtlich nicht eindeutigen Redewendungen.

Vorwort

Brandschutzmaßnahmen in Verbindung mit Gebäudeinstallationen, z. B. Lüftungs- und Leitungsanlagen, sind in Bauwerken sehr komplexer Natur. Diese Anlagen tragen erheblich zum Risiko der Brandentstehung und der Brandausbreitung bei.

Die Muster-Lüftungsanlagen-Richtlinie 09/2005, zuletzt geändert im Dezember 2015, und die auf Grundlage des Musters baurechtlich eingeführten Lüftungsanlagen-Richtlinien der Bundesländer beschreiben im Wesentlichen die zu erfüllenden baurechtlichen Schutzziele. Der Ersteller des Brandschutzkonzeptes definiert die erforderlichen projektspezifischen Schutzziele, die ggf. auch von der Lüftungsanlagen-Richtlinie abweichen können. Die Umsetzung dieser projektspezifischen Schutzziele muss durch den Fachplaner Lüftung in Abstimmung mit dem Ersteller des Brandschutzkonzeptes erfolgen.

Die grundlegenden brandschutztechnischen Schutzziele für Lüftungsanlagen werden in folgenden baurechtlichen Regelwerken definiert:

§ 14   Brandschutz, MBO 2002

Bauliche Anlagen sind so anzuordnen, zu errichten, zu ändern und instand zu halten, dass der Entstehung eines Brandes und deren Ausbreitung von Feuer und Rauch (Brandausbreitung) vorgebeugt wird und bei einem Brand die Rettung von Menschen und Tieren sowie wirksame Löscharbeiten möglich sind.

§ 41   Lüftungsanlagen, MBO 2002

(1) Lüftungsanlagen müssen betriebssicher und brandsicher sein; sie dürfen den ordnungsgemäßen Betrieb von Feuerungsanlagen nicht beeinträchtigen.

(2) Lüftungsleitungen sowie deren Bekleidungen und Dämmstoffe müssen aus nichtbrennbaren Baustoffen bestehen; brennbare Baustoffe sind zulässig, wenn ein Beitrag der Lüftungsleitung zur Brandentstehung und Brandweiterleitung nicht zu befürchten ist. Lüftungsleitungen dürfen raumabschließende Bauteile, für die eine Feuerwiderstandsfähigkeit vorgeschrieben ist, nur überbrücken, wenn eine Brandausbreitung ausreichend lang nicht zu befürchten ist oder wenn Vorkehrungen hiergegen getroffen sind.

(3) Lüftungsanlagen sind so herzustellen, dass sie Gerüche und Staub nicht in andere Räume übertragen … .

Hinweis: Jeweils die aktuelle Fassung der Muster-Vorschriften, insbesondere die der Musterbauordnung, sowie deren Umsetzung in den Ländern sind zu berücksichtigen.

Download der aktuellen Muster-Vorschriften und -Regeln unter:

www.IS-ARGEBAU.de > öffentlicher Bereich > Mustervorschriften/Mustererlasse > Bauaufsicht/Bautechnik

Die Musterrichtlinie über brandschutztechnische Anforderungen an Lüftungsanlagen in den Fassungen 1977 und 1984 beschrieb konkrete Maßnahmen zur Ausführung des Brandschutzes bei Lüftungsanlagen. Durch die baurechtliche Umsetzung der MBO 2002 in den Bundesländern wurde es erforderlich, eine Anpassung der M-LüAR 1984 im Hinblick auf die Veränderungen der fortgeschriebenen bauordnungsrechtlichen Schutzziele und Begriffe vorzunehmen. Das Ergebnis führte zu einer Neufassung M-LüAR 2005, die in den Mitteilungen des Deutschen Institutes für Bautechnik (Heft-Nr. 3/2006, Seite 119 ff.) veröffentlicht wurde.

Seit 2010 wurden aufgrund der Änderungen im europäischen Bauproduktenrecht und fehlerhaften Verwendungen von Absperrvorrichtungen für Entlüftungsanlagen für innenliegende Bäder und WC-Räume eine Überarbeitung und Klarstellung des Abschnittes 7 der M-LüAR notwendig. Ergänzend wurde zu den seit 2005 in den Gremien der ARGEBAU diskutierten Fragen zur M-LüAR nochmals geprüft, ob deswegen Änderungen der selbigen erforderlich sind. Mit Datum vom 10.02.2016 wurde die neue Fassung der M-LüAR in der amtlichen Mitteilung des DIBt als Abschluss der Diskussion bekannt gemacht.

In der M-LüAR können für Einzelfälle nicht alle Details so beschrieben werden, dass der Anwender sie ohne eine projektspezifische Schutzzielbetrachtung einsetzen kann.

Die jetzt erarbeiteten Kommentare und Anwendungsempfehlungen sollen dabei helfen, die grundlegenden Lösungsvorschläge der Lüftungsanlagen-Richtlinie bei der ganzheitlichen Betrachtung eines Einzelfalls umzusetzen und die Nachweisführung der Erfüllung der Schutzziele zu vereinfachen.

Bedeutung von Planung und Ausführung

Auch eindeutig interpretierbare gesetzliche Vorgaben entlasten den Planer nicht im Hinblick auf seine Verantwortung. Seine Mitwirkungspflicht besteht bei der Koordinierung der unterschiedlichen Gewerke, die sich mit der Lüftungsleitungsführung und den entsprechenden Brandschutzmaßnahmen befassen. Die Ursache von Brandentstehungen sowie die Schadensverläufe liegen neben der fehlerhaften Bedienung mehrheitlich im Bereich der Planung oder Ausführung und nicht in fehlerhaften Produkten.

Bei den vielen Komponenten und Parametern für Lüftungs- und Leitungsanlagen in Gebäuden wird deutlich, dass nur ein frühzeitig zwischen allen Fachplanern abgestimmtes und erstelltes Brandschutzkonzept in Verbindung mit einer vollständigen Ausschreibung, der Errichtung durch kompetente Ausführungsfirmen und einer sorgfältigen Kontrolle der ausgeführten Brandschutzmaßnahmen gewährleistet, dass die vorhandenen Brandübertragungs- und Entstehungsrisiken von Lüftungs- und Leitungsanlagen hinreichend berücksichtigt werden.

Das Brandschutzkonzept/Schutzzieldefinition

Im Rahmen von Brandschutzkonzepten werden die vorgesehenen Lösungen zur Einhaltung brandschutztechnischer Schutzziele für das geplante Gebäude beschrieben.

Die Einhaltung der Schutzziele muss für alle am Bau Beteiligten wie Bauherr/Bauträger, Projektentwickler, Architekten, Fachplaner, Bauleiter und Ausführende wie auch für Sachverständige oberste Priorität haben.

Dies gilt insbesondere für Fälle, bei denen Ausführungsdetails in den Landesbauordnungen, den bauaufsichtlichen Verordnungen und ergänzenden technischen Baubestimmungen sowie Regelwerken nicht ausdrücklich beschrieben sind.

Krefeld, im Mai 2016

Manfred Lippe   *Knut Czepuck*

Johann Esser   *Peter Vogelsang*

Autoren

Dipl.-Ing. Manfred Lippe

Öffentlich bestellter und vereidigter Sachverständiger der HWK Düsseldorf für das Installateur-, Heizungs-, Lüftungsbauerhandwerk, der HWK Düsseldorf für das Wärme-, Kälte- und Schallschutzisolierhandwerk (Brandabschottungen und Schallschutz) und der IHK Mittlerer Niederrhein für den baulichen und anlagentechnischen Brandschutz

Manfred Lippe war ehrenamtlicher Verhandlungsführer des Zentralverbandes Sanitär-Heizung-Klima im Rahmen der Überarbeitung der Muster-Leitungsanlagen-Richtlinien MLAR 2000 und MLAR 2005 im Team „Leitungsanlagen" der ARGEBAU.

Er ist Autor verschiedener Fachveröffentlichungen, Seminarleiter und Fachdozent bei EIPOS Dresden (Europäisches Institut für postgraduale Bildung GmbH – Ein Unternehmen der TUDAG Technische Universität Dresden AG) in den berufsbegleitenden Studiengängen des gebäudetechnischen Brandschutzes und dem Masterstudiengang Vorbeugender Brandschutz. Weiterhin ist er tätig als Referent des VDI-Bildungswerkes und im Rahmen von spezifischen Fachkongressen des gebäudetechnischen Brandschutzes.

Manfred Lippe ist Herausgeber und Mitautor des Kommentars zur MLAR.

Dipl.-Ing. Knut Czepuck

Ministerialrat im Ministerium für Bauen, Wohnen, Stadtentwicklung und Verkehr des Landes Nordrhein-Westfalen

Knut Czepuck betreut im Ministerium für Bauen, Wohnen, Stadtentwicklung und Verkehr des Landes Nordrhein-Westfalen in der obersten Bauaufsicht dieses Bundeslandes u. a. das Arbeitsgebiet der bauaufsichtlichen Regelungen für die technische Gebäudeausrüstung.

Er ist Obmann des Arbeitskreises Technische Gebäudeausrüstung der Fachkommission Bauaufsicht der ARGEBAU.

Dipl.-Ing. Johann Esser

TÜV Rheinland Industrie Service GmbH

Prüfsachverständiger (staatlich bauaufsichtlich anerkannter Sachverständiger) gemäß Prüfverordnung für die Prüfung von lüftungstechnischen Anlagen, RLT-Anlagen und deren brandschutztechnischen Einrichtungen, CO-Warnanlagen in Garagen, Rauchabzugsanlagen (MRA und NRA), Überdruckanlagen zur Rauchfreihaltung von Rettungswegen (RDA), Feuerlöschanlagen, Sprinkleranlagen und Wandhydranten.

Dipl.-Ing. Peter Vogelsang

Leiter Produktmanagement und Qualitätssicherung für den Fachbereich Gebäudetechnik, TÜV SÜD Industrie Service GmbH

Prüfsachverständiger (staatlich bauaufsichtlich anerkannter Sachverständiger) gemäß Prüfverordnung für die Prüfung von lüftungstechnischen Anlagen, RLT-Anlagen und deren brandschutztechnischen Einrichtungen, CO-Warnanlagen in Garagen, Rauchabzugsanlagen (MRA und NRA) und Überdruckanlagen zur Rauchfreihaltung von Rettungswegen (RDA).

Peter Vogelsang ist seit 2015 MEng. Vorbeugender Brandschutz.

AESTUVER Lx Brandschutzplatte

Hält Rauch und Temperatur in Schach

- Zementgebundene, glasfaserbewehrte Leichtbetonplatte für Lüftungs- und Entrauchungsleitungen
- Sehr glatte Materialoberfläche ermöglicht Einsatz für Zuluftanlagen
- Geprüft nach europäischen Richtlinien übertrifft sie die deutschen Anforderungen

www.aestuver.de

fermacell® ist eine eingetragene Marke und ein Unternehmen der XELLA-Gruppe.

Inhaltsverzeichnis

Einleitung zur Handhabung der Kommentierung — 13

Teil A: Muster-Richtlinie über brandschutztechnische Anforderungen an Lüftungsanlagen

A-I. Muster-Richtlinie über brandschutztechnische Anforderungen an Lüftungsanlagen (Muster-Lüftungsanlagen-Richtlinie M-LüAR) Stand: 29.09.2005, zuletzt geändert durch Beschluss der Fachkommision Bauaufsicht vom 11. Dezember 2015 — 15

A-II. Muster-Richtlinie über brandschutztechnische Anforderungen an Lüftungsanlagen inkl. Kommentierungen — 33
- Abschnitt 1: Geltungsbereich — 34
- Abschnitt 2: Begriffe — 35
- Abschnitt 3: Anforderungen an das Brandverhalten von Baustoffen — 36
- Abschnitt 4: Anforderungen an die Feuerwiderstandsfähigkeit von Lüftungsleitungen und Absperrvorrichtungen von Lüftungsanlagen — 40
- Abschnitt 5: Anforderungen an die Installation von Lüftungsleitungen — 60
- Abschnitt 6: Einrichtungen zur Luftaufbereitung und Lüftungszentralen — 84
- Abschnitt 7: Lüftungsanlagen für besondere Nutzungen — 95
- Abschnitt 8: Abluftleitungen von gewerblichen oder vergleichbaren Küchen, ausgenommen Kaltküchen — 110
- Abschnitt 9: Gemeinsame Abführung von Küchenabluft und Abgas aus Feuerstätten — 114
- Abschnitt 10: Anforderungen an Lüftungsanlagen in Sonderbauten — 115

A-III. Stand der baurechtlichen Einführung — 116

A-IV. Unterschiede in den baurechtlichen Standards der Bundesländer — 116

Teil B: Baurechtliche und normative Regelwerke in Verbindung mit der M-LüAR

B-I. MBO 2002 bzw. deren baurechtliche Umsetzungen in den Bundesländern, Auszüge aus der Musterbauordnung – MBO 2002, Stand 2012 — 117

B-II. Bauregellisten A, B und Liste C — 123

B-III. Das Brandschutzkonzept als Bestandteil der baurechtlichen Genehmigung — 129

B-IV. Muster-Richtlinie über brandschutztechnische Anforderungen an Leitungsanlagen (MLAR) in Verbindung mit der Muster-Lüftungsanlagen-Richtlinie (M-LüAR) — 131

B-V. Baurechtliche Einbindung der Musterbauvorlagenverordnung — 135

B-VI. Baurechtliche Anforderungen aus Sonderbauverordnungen und -richtlinien — 136

Teil C: Mitgeltende Normen und Regelungen – Historie

C-I. Normen und Regelungen für die Planung und Ausführung von Lüftungsleitungen und Lüftungsanlagen — 147

C-II. Anforderungen an Brandschutzklappen – Prüfverfahren und Klassifizierung nach deutschen und europäischen Vorgaben — 151

C-III. Brandschutzklappen vor 2012 – Einbau und Asbest — 155

C-IV. Anforderungen an Entrauchungsklappen – Prüfverfahren und Klassifizierung nach deutschen und europäischen Vorgaben — 159

C-V. Historie – Stand der baurechtlichen Einführung — 165

C-VI. Historie zu den baurechtlich abweichenden Standards der M-LüAR in den Bundesländern — 166

Die Lösung für Ihre Anwendungen…

TS18 TopSchott & FR90 Brandschutzklappe

Wartungsfreie Brandschutzabsperrungen von Wildeboer

- hohe Planungssicherheit durch universelle Anwendungsmöglichkeiten
- Abdeckung aller Bereiche der Absperrvorrichtungen gegen Feuer und Rauch mit dem TS18 TopSchott (DIN 18017-3) und den Brandschutzklappen nach EN 15650
- einfache, komfortable und sichere Montage z.B. durch Einbaurahmen
- minimaler Betriebsaufwand dank wartungsfreier Komponenten
- automatisierte Funktionsprüfungen, Kalendersteuerungen und Folgeschaltungen sind in Kombination mit dem BS2 Kommunikationssystem Wildeboer-Net möglich

BS2 Kommunikationssystem Wildeboer-Net
- optimale Systemlösung in Kombination mit unseren wartungsfreien Brandschutzklappen

Wildeboer - Das ist Erfahrung und Know-how „Made in Germany".

Mehr Informationen
www.wildeboer.de

Teil D: Brandschutztechnische Planungs-, Ausführungs- und Wartungsempfehlungen in Verbindung mit der M-LüAR

D-I.	Brandschutzkonzept und Lüftungskonzept	173
D-II.	Lüftungszentralen in Verbindung mit Heizzentralen	174
D-III.	Verwendung und Anwendung von Brandschutzklappen und feuerwiderstandsfähigen Leitungen	175
D-IV.	Abhängung von Brandschutzklappen und anderen Gewerken	180
D-V.	Lüftungsanlagen mit Ventilatoren für die Lüftung von Bädern und Toilettenräumen; Raumentlüftungen gemäß DIN 18017-3	182
D-VI.	Lüftungsanlagen für gewerbliche Küchen	183
D-VII.	Verhinderung der Übertragung von Feuer und Rauch	186
D-VIII.	Brandschutztechnische Steuerung und Überwachung von Lüftungsanlagen inklusive Feuerwehrschaltung	189
D-IX.	Steuerungen mit SIL-Sicherheitsstandard	191
D-X.	Abstandsregeln zwischen Abschottungen von Lüftungs- und Leitungsanlagen	195
D-XI.	Instandhaltung	198

Teil E: Brandschutztechnische Prüfung und Abnahme von RLT-Anlagen

E-I.	Erstmalige Prüfung	201
E-II.	Wiederkehrende Prüfung der Lüftungsanlagen	203
E-III.	Wirk-Prinzip-Prüfung (WPP)	205
E-IV.	Änderung/Anpassung genehmigter Lüftungskonzepte	208

Teil F: Besondere Anlagenkonzepte mit Schnittstellen zur M-LüAR

F-I.	Rauchabführung in Verbindung mit RLT-Anlagen („Kaltentrauchung")	209
F-II.	Überströmöffnungen/-klappen in Bauteilen mit Anforderungen an die Feuerwiderstandsdauer	210
F-III.	Kontrollierte Wohnraumlüftung	212
F-IV.	Zentrale Wärmerückgewinnung in Verbindung mit RLT-Anlagen	213
F-V.	Anlagen zur Rauchfreihaltung – Druckbelüftungsanlagen bzw. Rauchschutzdruckanlagen (RDA)	214
F-VI.	Anlagen zur maschinellen Entrauchung (MRA)	218

Teil G: Mangelbeispiele aus der Praxis – Kommentierung für die Praxis 221

Teil H: Glossar – Definition verwendeter Begriffe 258

  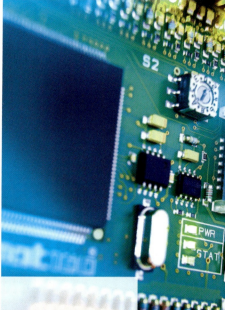

Aus drei wird eins – komplette Brandschutzsysteme von TROX

FKRS-EU

FV-EU

TROXNETCOM

Optimaler Schutz.
Maximale Flexibilität.
Perfekte Kontrolle.

Brandschutzklappe FKRS-EU/FK-EU
- Flexibler Weichschotteinbau
- Massivwand gleitend angeschlossen

Brandschutzventil FV-EU
- Geringe Druckdifferenz und Schallleistung
- Für Decken- und Wandeinbau

Steuerung TROXNETCOM
- Eine Schnittstelle verbindet alle Komponenten zum funktionierenden System
- Einfache Bedienung über Touchscreens und Mobilgeräte

The art of handling air

www.trox.de

Einleitung zur Handhabung der Kommentierung

Sehr geehrte Anwender der Kommentierung,

eine baurechtliche Kommentierung einer eingeführten Technischen Baubestimmung ist unter Berücksichtigung der wesentlichen Schnittstellen zu folgenden Regelwerken sehr komplexer Natur:

- Landesbauordnungen
- Sonderbauverordnungen
- Sonderbaurichtlinien
- Prüfverordnungen

Muster-Liste der Technischen Baubestimmungen, Teil I, z. B.

- Muster-Leitungsanlagen-Richtlinien
- Muster-Lüftungsanlagen-Richtlinien
- Muster-Systemböden-Richtlinien

Muster-Liste der Technischen Baubestimmungen, Teile II und III

Anwendungsregelungen für Bauprodukte und Bausätze nach harmonisierten Normen und Europäischen Bewertungsdokumenten für Europäische Technische Bewertungen nach der Bauproduktenverordnung sowie nach europäischen technischen Zulassungen nach der Bauproduktenrichtlinie

Sonstige Regelwerke, z. B.

- Bauphysikalische Regelwerke
- Wärme- und Schallschutz
- DIN-Normen
- DIN EN-Normen
- VDE-Regeln
- VDI-Richtlinien

Die Kommentierung ist nach klaren Regeln strukturiert, um dem Anwender das Lesen und Verstehen zu vereinfachen. Fachkenntnisse des Baurechts und der Technischen Gebäudeausrüstung (Gebäudetechnik) werden jedoch vorausgesetzt.

Die Struktur der Teile

Teil A: M-LüAR, Grundkommentierung und Stand der baurechtlichen Einführung

Teil B: Baurechtliche und normative Regelwerke

Teil C: Das Verhältnis zu Normen und Regelwerken als allgemein anerkannte Regelwerke der Technik (a.a.R.d.T.)

Teil D: Empfehlungen zur Planung und Ausführung bauüblicher Anlagenkonzepte

Teil E: Hinweise und Anforderungen zur Prüfung und Abnahme von RLT-Anlagen

Teil F: Lüftungstechnische Anlagenkonzepte, die nur indirekt über die M-LüAR abgedeckt sind

Teil G: Mangelbeispiele aus der Praxis

Teil H: Glossar und Definitionen verwendeter Begriffe

Die Darstellungsstruktur ist wie folgt aufgebaut

- Die Originaltexte und Bilder geltender baurechtlicher Regelwerke, z. B. der MBO/M-LüAR bzw. zitierter Normen und Regelwerke werden **in blauer Schrift** dargestellt.
- Eingeschobene Verweisstellen/Zitate/Bilder von o. g. Regelwerken werden **in blauer Schrift** dargestellt.
- Kommentartexte und allgemeine Texte werden **in schwarzer Schrift** dargestellt.
- Hinweise der Autoren werden eingerückt **in schwarzer Schrift** dargestellt.
- Ergänzende Bilder der Kommentierung werden farbig dargestellt.

Alle bildlichen Darstellungen sind als beispielhafte Darstellungen zu sehen, die an die projektspezifischen Anforderungen durch die Fachplaner angepasst werden müssen. Dabei sind die baurechtlichen Abweichungstatbestände und deren formale Abwicklung zu beachten.

Beschreibung der Bildnummern

Bild (Teil) – (Abschnitt der M-LüAR)/(laufende Nummer des Bildes im Kapitel) z. B. **Bild A-II – 4/11** oder Bild (Teil)/(laufende Nummer des Bildes im Kapitel) z. B. **Bild A-II – 5/1 oder Bild B-I – 11**

Verwendete Abkürzungen sind im Teil H zusammengestellt.

Baurechtliche Regelwerke

- MBO 2002 Musterbauordnung, Stand 2012
- M-LüAR Muster-Lüftungsanlagen-Richtlinie, Stand 12/2015
- MLAR Muster-Leitungsanlagen-Richtlinie, Stand 03/2005
- MSysBöR Muster-Systemböden-Richtlinie, Stand 09/2005

Bauteile/Bauarten

Feuerwiderstandsdauer von Bauteilen/Bauarten (FWD)

- F 30/60/90/120 Bauteile/Bauarten mit einer FWD von 30, 60, 90 oder 120 Minuten je nach Anforderung der baurechtlichen Regelwerke
- I 30/60/90 Installationsschächte und -kanäle mit FWD von 30, 60, 90 Minuten je nach Anforderungen der baurechtlichen Regelwerke

Verwendbarkeitsnachweise national

- abZ allgemeine bauaufsichtliche Zulassung
- abP allgemeines bauaufsichtliches Prüfzeugnis
- ZiE Zustimmung im Einzelfall

„Verwendbarkeitsnachweise" europäisch auf Grundlage der Bauproduktenverordnung

- European Technical Approval (ETA) (national: praktische Wirkung wie eine europäisch erteilte Zulassung)
  (CE-Kennzeichen und Konformitätszertifikat)
  - Erteilung bis 30.06.2013
- European Technical Assessment (ETA) (national: praktische Wirkung wie eine europäisch erteilte Zulassung)
  (CE-Kennzeichen, Leistungserklärung mit Stufen und Klassenangaben)
  - Erteilung ab 01.07.2013
- Bauprodukte auf Grundlage von harmonisierten europäischen Bauprodukt-Normen (hEN)
  (CE-Kennzeichen, Leistungserklärung mit Stufen und Klassenangaben)
  - Gültigkeit gem. hEN-Liste

Brandschutzklappen/Lüftungsleitungen europäisch

BSK EI 30/60/90/120 ($v_e h_o$ i↔o) S	Brandschutzklappen nach DIN EN 15650
EI 30/60/90 ($v_e h_o$ i↔o) S	Lüftungsleitungen und -kanäle

Absperrvorrichtungen auf Grundlage von Brandschutzklappen/Lüftungsleitungen national

BSK K 30/60/90	Brandschutzklappen für Abluft gewerblicher Küchen mit abZ
BSK K 30/60/90 - U	Brandschutzklappen für feuerwiderstandsfähig abgehängte Decken mit abz
L 30/60/90	Lüftungsleitungen und -kanäle mit Anforderungen an die Feuerwiderstandsdauer mit abZ/abP
Z-6.50-... Überströmklappen inkl. Rauchauslöseeinrichtung mit abZ Z-19.18-... Überströmklappen und Lüftungsbausteine ohne Rauchmelder	Überströmklappen mit abZ

Absperrvorrichtungen europäisch

EI 30/60/90/120 ($v_e h_o$ i↔o)	Absperrvorrichtungen für Wohnungslüftungsanlagen auf Grundlage DIN EN 15650

Absperrvorrichtungen national

BSK K 30/60/90-18017	Absperrvorrichtungen für Anlagen gemäß DIN 18017-3 mit abZ
BSK K 30/60/90-18017 S	Absperrvorrichtungen für Anlagen gem. DIN 18017-3 mit Systemzulassung inkl. aller zugehörigen Bauteile der Anlage mit abZ

Entrauchungsklappen/Entrauchungsleitungen europäisch

EI 30/60/90 ($v_e h_o$ i↔o) S xx C_{xx} MA multi	Entrauchungsklappe nach DIN EN 12101-8
EI 30/60/90 ($v_e h_o$ i↔o) S	Entrauchungsleitungen und -kanäle nach DIN EN 12101-7

Entrauchungsklappen/-leitungen national

EK 30/60/90	Entrauchungsklappe mit abZ
	Entrauchungsleitungen und -kanäle mit und ohne Feuerwiderstandsfähigkeit, jeweils mit abZ/abP

Rohr- und Elektroabschottungen europäisch

EI 30/60/90/120 c/u	Rohrabschottungen i. d. R. für nichtbrennbare Rohrleitungen
EI 30/60/90/120 u/u	Rohrabschottungen i. d. R. für brennbare Rohrleitungen
EI 30/60/90/120 u/c	Rohrabschottungen i. d. R. für brennbare Versorgungsleitungen
EI 30/60/90/120	Elektroabschottungen

Rohr- und Elektroabschottungen national

R 30/60/90	Rohrabschottungen mit abZ/abP
S 30/60/90	Kabelabschottungen/Kombischotts mit abZ

Teil A: Muster-Richtlinie über brandschutztechnische Anforderungen an Lüftungsanlagen

A-I. Muster-Richtlinie über brandschutztechnische Anforderungen an Lüftungsanlagen
(Muster-Lüftungsanlagen-Richtlinie M-LüAR[1])
Stand: 29.09.2005, zuletzt geändert durch Beschluss der Fachkommission Bauaufsicht vom 11. Dezember 2015

Inhalt

1 Geltungsbereich
2 Begriffe
3 Anforderungen an das Brandverhalten von Baustoffen
3.1 Grundlegende Anforderungen
3.2 Verwendung brennbarer Baustoffe
3.2.1 Lüftungsleitungen
3.2.2 Beschichtungen und Bekleidungen sowie Dämmschichten
3.2.3 Lokal begrenzte Baustoffe und kleine Bauteile von Lüftungsanlagen
3.2.4 Übrige Bauteile und Einrichtungen von Lüftungsanlagen
4 Anforderungen an die Feuerwiderstandsfähigkeit von Lüftungsleitungen und Absperrvorrichtungen von Lüftungsanlagen
4.1 Grundlegende Anforderungen
4.2 Anwendungs- und Ausführungsbestimmungen für die Verwendung
5 Anforderungen an die Installation von Lüftungsleitungen
5.1 Auswahl und Anordnung der Bauteile
5.1.1 Lüftungsleitungen mit erhöhter Brand-, Explosions- oder Verschmutzungsgefahr sowie mit chemischer Kontamination
5.1.2 Mündungen von Außenluft- und Fortluftleitungen
5.1.3 Zuluftanlagen
5.1.4 Umluftanlagen
5.1.5 Lüftungsleitungen und andere Installationen
5.2 Verlegung von Lüftungsleitungen
5.2.1 Alle Leitungsabschnitte
5.2.1.1 Begrenzung von Kräften
5.2.1.2 Durchführung durch feuerwiderstandsfähige, raumabschließende Bauteile
5.2.1.3 Abstände zu brennbaren Baustoffen
5.2.2 Leitungsabschnitte, die feuerwiderstandsfähig sein müssen
5.2.3 Leitungen im Freien
5.2.4 Lüftungsleitungen oberhalb von Unterdecken
5.2.5 Brandschutz im Dachraum

6 Einrichtungen zur Luftaufbereitung und Lüftungszentralen
6.1 Lufterhitzer
6.2 Filtermedien, Kontaktbefeuchter und Tropfenabscheider
6.3 Wärmerückgewinnungsanlagen
6.4 Lüftungszentralen für Ventilatoren und Luftaufbereitungseinrichtungen
6.4.1 Grundlegende Anforderung
6.4.2 Bauteile, Fußböden und Öffnungen der Lüftungszentralen
6.4.3 Ausgänge von Lüftungszentralen
6.4.4 Lüftungsleitungen in Lüftungszentralen
7 Lüftungsanlagen für besondere Nutzungen
7.1 Lüftungsanlagen zur Be- und Entlüftung von Wohnungen bzw. abgeschlossenen Nutzungseinheiten max. 200 m²
7.2 Lüftungsanlagen mit Ventilatoren für die Lüftung von Bädern und Toilettenräumen
7.3 Lüftung von nichtgewerblichen Küchen
8 Abluftleitungen von gewerblichen oder vergleichbaren Küchen, ausgenommen Kaltküchen
8.1 Baustoffe und Feuerwiderstandsfähigkeit der Abluftleitungen
8.2 Ventilatoren
8.3 Fettdichtheit der Abluftleitungen
8.4 Vermeidung von Verschmutzungen; Reinigungsöffnungen
9 Gemeinsame Abführung von Küchenabluft und Abgas aus Feuerstätten
9.1 Grundlegende Anforderungen
9.2 Küchenabluft und Abgas aus Feuerstätten für gasförmige Brennstoffe
9.3 Küchenabluft und Abgas aus Kochgeräten für feste Brennstoffe
10 Anforderungen an Lüftungsanlagen in Sonderbauten

Schematische Darstellungen

---

[1] Notifiziert gemäß der Richtlinie (EU) 2015/1535 des Europäischen Parlaments und des Rates vom 9. September 2015 über ein Informationsverfahren auf dem Gebiet der technischen Vorschriften und der Vorschriften für die Dienste der Informationsgesellschaft (ABl. L 241 vom 17.9.2015, S. 1).

1 Geltungsbereich

Diese Richtlinie gilt für den Brandschutz von Lüftungsanlagen, an die Anforderungen nach § 41 MBO gestellt werden.

Sie gilt nicht für mit Luft arbeitende Transportanlagen (z. B. Späneabsaugung, Rohrpostanlagen).

Die erforderlichen Verwendbarkeitsnachweise für Bauprodukte oder Anwendbarkeitsnachweise für Bauarten, die zur Errichtung von Lüftungsanlagen verwendet werden, richten sich nach den Regelungen des §§ 17 ff MBO i. V. m. den Bauregellisten[2] in der jeweils geltenden Fassung. Die Zuordnung gleichwertiger europäischer Klassifizierungen zu den nationalen Anforderungen an die Feuerwiderstandsfähigkeit ist in den Bauregellisten bestimmt.

2 Begriffe

Lüftungsanlagen i. S. dieser Richtlinie sind auch Klimaanlagen, raumlufttechnische Anlagen und Warmluftheizungen.

Lüftungsanlagen bestehen aus Lüftungsleitungen und allen zu ihrer Funktion erforderlichen Bauteilen und Einrichtungen.

Lüftungsleitungen bestehen aus allen von Luft durchströmten Bauteilen, wie Lüftungsrohren, -formstücken, -schächten und -kanälen, Schalldämpfern, Ventilatoren, Luftaufbereitungseinrichtungen, Brandschutzklappen und anderen Absperrvorrichtungen gegen die Übertragung von Feuer und Rauch und Absperrvorrichtungen gegen Rauchübertragung (Rauchschutzklappen) sowie aus ihren Verbindungen, Befestigungen, Dämmschichten, brandschutztechnischen Ummantelungen, Dampfsperren, Folien, Beschichtungen und Bekleidungen.

3 Anforderungen an das Brandverhalten von Baustoffen
3.1 Grundlegende Anforderungen

Gemäß § 41 Abs. 2 der Musterbauordnung müssen Lüftungsleitungen sowie deren Bekleidungen und Dämmstoffe aus nichtbrennbaren Baustoffen bestehen. Brennbare Baustoffe sind zulässig, wenn ein Beitrag der Lüftungsleitung zur Brandentstehung und Brandweiterleitung nicht zu befürchten ist.

Bei der Kombination von Baustoffen ist auf die Verbundwirkung gemäß den Hinweisen in den Verwendbarkeitsnachweisen zu achten.

3.2 Verwendung brennbarer Baustoffe
3.2.1 Lüftungsleitungen

Die Verwendung schwerentflammbarer Baustoffe ist zulässig für

1. Lüftungsleitungen, die nicht durch Bauteile hindurchgeführt werden, für die eine Feuerwiderstandsfähigkeit aus Gründen des Raumabschlusses vorgeschrieben ist,
2. Lüftungsleitungen mit Brandschutzklappen am Durchtritt durch Bauteile, für die eine Feuerwiderstandsfähigkeit aus Gründen des Raumabschlusses vorgeschrieben ist; die Brandschutzklappen müssen mindestens feuerhemmend sein; die höheren Anforderungen an die Feuerwiderstandsfähigkeit aufgrund der Abschnitte 4 bis 6 bleiben unberührt oder
3. Lüftungsleitungen, die mindestens feuerhemmend sind (schwerentflammbare Baustoffe jedoch nur für die innere Schale) sowie für Lüftungsleitungen, die in einem mindestens feuerhemmenden Schacht verlegt sind; die höheren Anforderungen an die Feuerwiderstandsfähigkeit aufgrund der Abschnitte 4 bis 6 bleiben unberührt.

Abweichend von Satz 1 Nr. 1 und 2 sind brennbare Baustoffe nicht zulässig für Lüftungsleitungen

1. in notwendigen Treppenräumen, in Räumen zwischen den notwendigen Treppenräumen und den Ausgängen ins Freie, in notwendigen Fluren, es sei denn, diese Leitungen sind mindestens feuerhemmend oder
2. über Unterdecken, die tragende Bauteile brandschutztechnisch schützen müssen.

Abweichend von Satz 1 Nr. 1 bis 3 sind brennbare Baustoffe nicht zulässig für Lüftungsleitungen, in denen

1. Luft mit Temperaturen von mehr als 85 °C gefördert wird oder
2. sich im besonderen Maße brennbare Stoffe ablagern können (z. B. Abluftleitungen für gewerbliche Küchen, Raumlüftungsanlagen in holzverarbeitenden Betrieben).

3.2.2 Beschichtungen und Bekleidungen sowie Dämmschichten

Für Dämmschichten, Dampfsperren, Folien, Beschichtungen und Bekleidungen für Lüftungsleitungen gilt Abschnitt 3.2.1 sinngemäß. Anstelle schwerentflammbarer Baustoffe dürfen für Dampfsperren, Folien und Beschichtungen mit einer Dicke von nicht mehr als 0,5 mm Baustoffe verwendet werden, die im eingebauten Zustand normalentflammbar sind.

Aus brennbaren Baustoffen bestehende Dampfsperren, Folien und Beschichtungen mit einer Dicke von nicht mehr als 0,5 mm dürfen durch Bauteile, für die eine Feuerwiderstandsfähigkeit aus Gründen des Raumabschlusses vorgeschrieben ist, hindurchgeführt werden.

---

[2] DIBt Mitteilungen des Deutschen Instituts für Bautechnik zu Bauregellisten A und B und Liste C in der jeweils geltenden Fassung
Vertrieb: http://www.dibt.de/de/Geschaeftsfelder/GF-BRL-TB.html

3.2.3 Lokal begrenzte und kleine Bauteile von Lüftungsanlagen

Für lokal begrenzte Bauteile, wie in Einrichtungen zur Förderung und Aufbereitung der Luft und zur Regelung der Lüftungsanlage sowie für kleine Teile, wie Bedienungsgriffe, Dichtungen, Lager, Messeinrichtungen dürfen brennbare Baustoffe verwendet werden.

Dies gilt auch für elektrische und pneumatische Leitungen, soweit sie außerhalb von Lüftungsleitungen liegen und den zur Lüftungsanlage gehörenden Einrichtungen in Lüftungsleitungen von außen auf kürzestem Wege zugeführt sind.

Ein- und Auslässe von Lüftungsleitungen dürfen aus brennbaren Baustoffen bestehen.

3.2.4 Übrige Bauteile und Einrichtungen von Lüftungsanlagen

Für die übrigen Bauteile und Einrichtungen dürfen brennbare Baustoffe nur nach Maßgabe der Anforderungen der nachfolgenden Abschnitte 5.2.3, 6.2 und 6.4.4 sowie der entsprechenden schematischen Darstellungen verwendet werden.

4 Anforderungen an die Feuerwiderstandsfähigkeit von Lüftungsleitungen und Absperrvorrichtungen von Lüftungsanlagen

4.1 Grundlegende Anforderungen

Die Anforderungen des § 41 Abs. 2 MBO gelten als erfüllt, wenn die Anforderungen der folgenden Abschnitte 5 bis 8 eingehalten werden und die Lüftungsanlagen entsprechend den schematischen Darstellungen der Bilder 1 bis 6 nach Maßgabe der Bildunterschriften ausgebildet werden.

Dabei gilt, dass die Feuerwiderstandsfähigkeit der Brandschutzklappen der vorgeschriebenen Feuerwiderstandsfähigkeit der Bauteile, die von den Lüftungsleitungen durchdrungen werden, entsprechen muss (in feuerhemmenden Bauteilen Klappen der Klassifizierung EI 30($v_e h_o$ i↔o)-S [ehemalige nationale Klassifizierung: K 30], in hochfeuerhemmenden Bauteilen Klappen EI 60($v_e h_o$ i↔o)-S [ehemalige nationale Klassifizierung: K 60] und in feuerbeständigen Bauteilen Klappen EI 90($v_e h_o$ i↔o)-S [ehemalige nationale Klassifizierung: K 90]) oder die Feuerwiderstandsfähigkeit der Lüftungsleitungen bei erforderlicher Ausführung in feuerwiderstandsfähiger Bauart der höchsten vorgeschriebenen Feuerwiderstandsfähigkeit der von ihnen durchdrungenen raumabschließenden Bauteile entsprechen muss.

In notwendigen Fluren mit feuerhemmenden Wänden genügen anstelle von feuerhemmenden Lüftungsleitungen Lüftungsleitungen aus Stahlblech, ohne Öffnungen, mit Abhängern aus Stahl, vgl. Bild 3.1 und Bild 3.2.

4.2 Anwendungs- und Ausführungsbestimmungen für die Verwendung

Zur Verhinderung der Übertragung von Feuer und Rauch dürfen in den raumabschließenden Bauteilen mit Anforderungen an die Feuerwiderstandsfähigkeit nur Brandschutzklappen verwendet werden, die folgende Leistungsmerkmale aufweisen bzw. Anforderungen erfüllen:

Brandschutzklappen müssen im Wesentlichen aus nichtbrennbaren Baustoffen (mindestens Klasse A2-s1, d0 nach DIN EN 13501-1) bestehen.

Die Nennauslösetemperatur der thermischen Auslöseeinrichtung der Brandschutzklappen darf maximal 72 °C betragen; in Zuluftleitungen in Warmluftheizungsanlagen maximal 95 °C.

Brandschutzklappen mit mechanischem Absperrelement und motorischem Antrieb, die auch bedarfsgemäß und unabhängig von der Schutzfunktion geöffnet oder geschlossen werden sollen, dürfen in Lüftungsleitungen von Lüftungsanlagen einschließlich Warmluftheizungsanlagen nur verwendet werden, wenn die Dauerhaftigkeit der Betriebssicherheit für mindestens 10.000 Betätigungen nachgewiesen wurde.

Brandschutzklappen mit mechanischem Absperrelement dürfen in Lüftungsleitungen von Lüftungsanlagen einschließlich Warmluftheizungsanlagen nur mit einer Achslage des mechanischen Absperrelements verwendet werden, die durch die Feuerwiderstandsprüfung nach EN 1366-2 nachgewiesen wurde.

Brandschutzklappen dürfen zusätzlich zur thermischen Auslösung mit Auslöseeinrichtungen angesteuert werden, die auf Rauch ansprechen (Rauchauslöseeinrichtungen), wenn für diese Rauchauslöseeinrichtungen die Verwendbarkeit nachgewiesen ist. Die Rauchauslöseeinrichtungen müssen für den Anschluss an die jeweilige Brandschutzklappe geeignet und in Lüftungsleitungen installiert sein.

Für die Verwendung der Brandschutzklappen sind die vom Hersteller oder seinem Vertreter angefertigten, detaillierten Produktspezifikationen zu beachten (Montage- und Betriebsanleitung). Dazu gehören auch die vom Hersteller oder seinem Vertreter in der Betriebsanleitung für die Inbetriebnahme, Inspektion, Wartung, Instandsetzung sowie Überprüfung der Funktion der Brandschutzklappe gemachten notwendigen Angaben.

5 Anforderungen an die Installation von Lüftungsleitungen

5.1 Auswahl und Anordnung der Bauteile

5.1.1 Lüftungsleitungen mit erhöhter Brand-, Explosions- oder Verschmutzungsgefahr sowie mit chemischer Kontamination

Lüftungsleitungen, in denen sich in besonderem Maße brennbare Stoffe ablagern können (z. B. Abluftleitungen von Dunstabzugshauben) oder die der Lüftung von Räumen mit erhöhter Brand- oder Explosionsgefahr dienen, dürfen untereinander und mit anderen Lüftungsleitungen nicht verbunden sein, es sei denn, die Übertragung von Feuer und Rauch ist durch geeignete Brandschutzklappen verhindert.

Abluftleitungen, über die bestimmungsgemäß mit chemischen Bestandteilen kontaminierte Luft abgeführt werden soll, sind in der höchsten vorgeschriebenen Feuerwiderstandsfähigkeit der von ihnen durchdrungenen raumabschließenden Bauteile auszuführen (siehe Bild 4).

Andernfalls sind Brandschutzklappen, deren Brauchbarkeit auch für eine derartige Belastung nachgewiesen ist, in diesen Bauteilen mindestens der entsprechenden Feuerwiderstandsklasse vorzusehen.

Darüber hinaus bestehen gegen eine Verwendung von Brandschutzklappen in Laborabzügen keine Bedenken, wenn in der Abluft die AGW-Werte (Arbeitsplatzgrenzwerte TRGS 900) eingehalten werden und für die verwendeten Stoffe seitens der Brandschutzklappenhersteller keine Verwendungsausschlüsse gemacht sind.

5.1.2 Mündungen von Außenluft- und Fortluftleitungen

Außenluft- und Fortluftöffnungen (Mündungen) von Lüftungsleitungen, aus denen Brandgase ins Freie gelangen können, müssen so angeordnet oder ausgebildet sein, dass durch sie Feuer oder Rauch nicht in andere Geschosse, Brandabschnitte, Nutzungseinheiten, notwendige Treppenräume, Räumen zwischen den notwendigen Treppenräumen und den Ausgängen ins Freie oder notwendige Flure übertragen werden können. Dies gilt durch Einhaltung einer der folgenden Anforderungen als erfüllt:

1. Baustoffen und entsprechenden Verkleidungen mindestens 2,5 m entfernt sein; dies gilt nicht für die Holzlattung hinterlüfteter Fassaden.
   Ein Abstand zu Fenstern und anderen ähnlichen Öffnungen in Wänden ist nicht erforderlich, wenn diese Öffnungen gegenüber der Mündung durch 1,5 m auskragende, feuerwiderstandsfähige (entsprechend den Decken) und öffnungslose Bauteile aus nichtbrennbaren Baustoffen geschützt sind.
   Die Mündungen von Lüftungsleitungen über Dach müssen Bauteile aus brennbaren Baustoffen mindestens 1 m überragen oder von diesen - waagerecht gemessen - 1,5 m entfernt sein. Diese Abstände sind nicht erforderlich, wenn diese Baustoffe von den Außenflächen der Lüftungsleitungen bis zu einem Abstand von mindestens 1,5 m gegen Brandgefahr geschützt sind (z. B. durch eine mindestens 5 cm dicke Bekiesung oder durch mindestens 3 cm dicke, fugendicht verlegte Betonplatten).
2. Die Mündungen von Lüftungsleitungen sind durch Brandschutzklappen gesichert.

5.1.3 Zuluftanlagen

Über Zuluftanlagen darf kein Rauch in das Gebäude übertragen werden. Die Übertragung von Rauch über die Außenluft ist durch Brandschutzklappen mit Rauchauslöseeinrichtungen oder durch Rauchschutzklappen zu verhindern.

Auf die Anordnung der Klappen kann verzichtet werden, wenn das Ansaugen von Rauch aufgrund der Lage der Außenluftöffnung ausgeschlossen werden kann.

5.1.4 Umluftanlagen

Bei Lüftungsanlagen mit Umluft muss die Zuluft gegen Eintritt von Rauch aus der Abluft durch Brandschutzklappen mit Rauchauslöseeinrichtungen oder durch Rauchschutzklappen geschützt sein.

Die Rauchauslöseeinrichtungen hierzu können in der Umluftleitung oder in der Abluftleitung angeordnet sein. Sie können jedoch auch in der Zuluftleitung nach Zusammenführung von Außenluft und Umluft angeordnet sein, wenn hierdurch gleichzeitig die Außenluftansaugung gegen Raucheintritt gesichert werden soll.

Die Anordnung der Rauchauslöseeinrichtungen darf deren Wirksamkeit durch Verdünnungseffekte nicht beeinträchtigen.

Bei Ansprechen der Rauchauslöseeinrichtungen müssen die Ventilatoren abgeschaltet werden, soweit der Weiterbetrieb nicht der Rauchausbreitung entgegenwirkt.

5.1.5 Lüftungsleitungen und andere Installationen

Im luftführenden Querschnitt von Lüftungsleitungen dürfen nur Einrichtungen von Lüftungsanlagen und zugehörigen Leitungen vorhanden sein. Diese Leitungen dürfen keine brennbaren oder toxischen Stoffe (z. B. Brennstoffe, organische Wärmeträger oder Flüssigkeiten für hydraulische Systeme) und keine Stoffe mit Temperaturen von mehr als 110 °C führen; zulässig sind jedoch Leitungen, die Lufterhitzern von außen Wärmeträger mit höheren Temperaturen auf dem kürzesten Wege zuführen.

In Schächten und Kanälen der Feuerwiderstandsklasse L 30/60/90 gemäß DIN 4102-4:1994-03, Abschnitte 8.5.1 bis 8.5.6, oder europäisch hierzu gleichwertigen Klassifizierungen dürfen neben den Lüftungsleitungen auch Leitungen für Wasser, Abwasser und Wasserdampf bis 110 °C sowie für Druckluft verlegt werden, wenn sie einschließlich eventuell vorhandener Dämmschichten aus nichtbrennbaren Baustoffen bestehen. Zwischen Schacht und Lüftungszentrale ist keine brandschutztechnische Abtrennung notwendig (siehe Bild 1.2, Anordnung 2).

Darüber hinaus sind in Schächten und Kanälen, deren Wände der Feuerwiderstandsklasse F 30/60/90 oder europäisch hierzu gleichwertigen Klassifizierungen (Feuerwiderstandsfähigkeit gemäß Abschnitt 4.1) entsprechen und deren Öffnungen in diesen Wänden dichte Verschlüsse (z. B. mit umlaufendem Anschlag) mit derselben Feuerwiderstandsfähigkeit wie die Wände haben, neben den Lüftungsleitungen auch andere (z. B. brennbare) Installationen zulässig, wenn alle ein- und ausführenden Lüftungsleitungen an den Durchtrittsstellen (auch zur Lüftungszentrale) durch Brandschutzklappen EI 30/60/90($v_e h_o$ i↔o)-S [ehemalige nationale Klassifizierung: K 30/60/90] (Feuerwiderstandsfähigkeit gemäß Abschnitt 4), (ohne Zusatzkennzeichnung für eine einschränkende Verwendung) gesichert sind (siehe Bild 1.2, Anordnung 1). Die Notwendigkeit brandschutztechnischer Maßnahmen für diese anderen Installationen bleibt unberührt.

5.2 Verlegung von Lüftungsleitungen
5.2.1 Alle Leitungsabschnitte
5.2.1.1 Begrenzung von Kräften

Lüftungsleitungen sind so zu führen oder herzustellen, dass sie infolge ihrer Erwärmung durch Brandeinwirkung keine erheblichen Kräfte auf tragende oder notwendig feuerwiderstandsfähige Wände und Stützen ausüben können.

Dies ist erfüllt, wenn ausreichende Dehnungsmöglichkeiten, bei Lüftungsleitungen aus Stahl ca. 10 mm pro lfd. Meter Leitungslänge, vorhanden sind.

Bei anderen Baustoffen der Lüftungsleitungen, wie hochlegierten Stählen und Nichteisenmetallen, ist deren Längenausdehnungskoeffizient zu berücksichtigen.

Bei zweiseitig fester Einspannung der Leitungen ist Satz 1 erfüllt, wenn:

1. die Leitungen so ausgeführt werden, dass sie keine erhebliche Längssteifigkeit besitzen (z. B. Spiralfalzrohre mit Steckstutzen bis 250 mm Durchmesser oder Flexrohre),
2. durch Winkel und Verziehungen in den Lüftungsleitungen auftretende Längenänderungen durch Leitungsverformungen (z. B. Ausknickungen) aufgenommen werden (siehe Bild 5) oder
3. Kompensatoren (z. B. Segeltuchstutzen) verwendet werden (Reaktionskraft < 1 kN).

5.2.1.2 Durchführung durch feuerwiderstandsfähige, raumabschließende Bauteile

Leitungsabschnitte, die brandschutztechnisch zu trennende Abschnitte überbrücken, sind in der höchsten vorgeschriebenen Feuerwiderstandsfähigkeit der durchdrungenen raumabschließenden Bauteile auszuführen; andernfalls sind Brandschutzklappen in den Bauteilen vorzusehen (Schematische Darstellungen 1.1 [siehe Bild 1.1 bis Bild 1.4] und 1.2).

Brandschutzklappen dürfen außerhalb dieser Bauteile nur installiert werden, wenn der Verwendbarkeitsnachweis dies zulässt.

Soweit Lüftungsleitungen ohne Brandschutzklappen durch raumabschließende Bauteile, für die eine Feuerwiderstandsfähigkeit vorgeschrieben ist, hindurchgeführt werden dürfen, sind die verbleibenden Öffnungsquerschnitte mit geeigneten nichtbrennbaren mineralischen Baustoffen dicht und in der Dicke dieser Bauteile zu verschließen. Ohne weiteren Nachweis gelten Stopfungen aus Mineralfasern mit einem Schmelzpunkt > 1000 °C bis zu einer Spaltbreite des verbleibenden Öffnungsquerschnittes von höchstens 50 mm als geeignet. Durch weitere Installationen darf die Stopfung nicht gemindert werden.

Bei feuerwiderstandsfähigen Lüftungsleitungen muss die Feuerwiderstandsfähigkeit der Leitungen auch in den feuerwiderstandsfähigen, raumabschließenden Bauteilen gegeben sein.

5.2.1.3 Abstände zu brennbaren Baustoffen

Leitungsabschnitte, deren äußere Oberflächen im Betrieb Temperaturen von mehr als 85 °C erreichen können, müssen von flächig angrenzenden, ungeschützten Bauteilen mit brennbaren Baustoffen einen Abstand von mindestens 40 cm einhalten.

5.2.2 Leitungsabschnitte, die feuerwiderstandsfähig sein müssen

Feuerwiderstandsfähige Leitungsabschnitte müssen an Bauteilen mit entsprechender Feuerwiderstandsfähigkeit befestigt sein.

5.2.3 Leitungen im Freien

Leitungsabschnitte im Freien, die von Brandgasen durchströmt werden können, müssen

1. feuerwiderstandsfähig sein gemäß Abschnitt 4.1 Satz 2 zweiter Halbsatz oder
2. aus Leitungsbauteilen aus Stahlblech bestehen, wenn ein Abstand von mindestens 40 cm zu Bauteilen aus brennbaren Baustoffen eingehalten ist; der Abstand braucht nur 20 cm zu betragen, wenn die brennbaren Baustoffe durch eine mindestens 2 cm dicke Schicht aus mineralischen, nichtbrennbaren Baustoffen gegen Entflammen geschützt sind.

Abweichend davon dürfen auf Flachdächern Leitungsabschnitte, die im Brandfall von Brandgasen durchströmt werden, aus schwerentflammbaren Baustoffen ausgeführt werden, wenn

1. sie gegen Herabfallen, auch im Hinblick auf den Brandfall, gesichert sind,
2. der Abstand von Bauteilen aus brennbaren Baustoffen mindestens 1,5 m beträgt, sofern nicht diese Baustoffe bis

zu diesem Abstand gegen Entflammen geschützt sind und

3. die Dachoberfläche aus brennbaren Baustoffen unterhalb des Leitungsabschnittes in einer Breite von jeweils 1,5m - bezogen auf die Außenkante - gegen Entflammen geschützt ist (z. B. durch eine mindestens 5 cm dicke Bekiesung oder durch mindestens 3 cm dicke, fugendicht verlegte Betonplatten).

5.2.4 Lüftungsleitungen oberhalb von Unterdecken

Werden Lüftungsleitungen oberhalb von Unterdecken, für die als selbstständiges Bauteil eine Feuerwiderstandsfähigkeit gefordert wird, verlegt, so sind diese Lüftungsleitungen so zu befestigen, dass sie auch im Brandfall nicht herabfallen können (siehe DIN 4102-4:1994-03, Abschnitt 8.5.7.5).

5.2.5 Brandschutz im Dachraum

Führen Lüftungsleitungen durch einen Dachraum, müssen bei der Durchdringung einer Decke, die feuerwiderstandsfähig sein muss, zwischen oberstem Geschoss und Dachraum

1. Brandschutzklappen eingesetzt werden (siehe Bild 2.1),
2. die Teile der Lüftungsanlage im Dachraum mit einer feuerwiderstandsfähigen Umkleidung (bei Leitungen, die ins Freie führen, bis über die Dachhaut) versehen werden oder
3. die Lüftungsleitungen selbst feuerwiderstandsfähig ausgebildet sein.

6 Einrichtungen zur Luftaufbereitung und Lüftungszentralen

6.1 Lufterhitzer

Bei Lufterhitzern, deren Heizflächentemperaturen mehr als 160 °C erreichen können, muss ein Sicherheitstemperaturbegrenzer im Abstand von 50 cm bis 100 cm in Strömungsrichtung hinter dem Lufterhitzer in die Lüftungsleitung eingebaut werden, der den Lufterhitzer bei Erreichen einer Lufttemperatur von 110 °C selbsttätig abschaltet.

Bei direkt befeuerten Lufterhitzern muss zusätzlich ein Strömungswächter vorhanden sein, der beim Nachlassen oder Ausbleiben des Luftstroms die Beheizung selbsttätig abschaltet, es sei denn, dass die Anordnung des Sicherheitstemperaturbegrenzers auch in diesen Fällen die rechtzeitige Abschaltung der Beheizung gewährleistet.

6.2 Filtermedien, Kontaktbefeuchter und Tropfenabscheider

Bei Filtermedien, Kontaktbefeuchtern und Tropfenabscheidern aus brennbaren Baustoffen muss durch ein im Luftstrom nachgeschaltetes engmaschiges Gitter oder durch eine geeignete nachgeschaltete Luftaufbereitungseinrichtung aus nichtbrennbaren Baustoffen sichergestellt sein, dass brennende Teile nicht vom Luftstrom mitgeführt werden können.

6.3 Wärmerückgewinnungsanlagen

Bei Wärmerückgewinnungsanlagen ist die Brandübertragung zwischen Abluft und Zuluft durch installationstechnische Maßnahmen (z. B. getrennter Wärmeaustausch über Wärmeträger bei Zu- und Abluftleitungen, Schutz der Zuluftleitung durch Brandschutzklappen mit Rauchauslöseeinrichtungen oder durch Rauchschutzklappen) oder andere geeignete Vorkehrungen auszuschließen.

6.4 Lüftungszentralen für Ventilatoren und Luftaufbereitungseinrichtungen

6.4.1 Grundlegende Anforderung

Innerhalb von Gebäuden müssen Ventilatoren und Luftaufbereitungseinrichtungen in besonderen Räumen (Lüftungszentralen) aufgestellt werden, wenn an die Ventilatoren oder Luftaufbereitungseinrichtungen in Strömungsrichtung anschließende Leitungen in mehrere Geschosse (nicht in Gebäuden der Gebäudeklasse 3) oder Brandabschnitte führen.

Diese Räume können selbst luftdurchströmt sein (Kammerbauweise). Die Lüftungszentralen dürfen nicht anderweitig genutzt werden.

6.4.2 Bauteile, Fußböden und Öffnungen der Lüftungszentralen

Tragende, aussteifende und raumabschließende Bauteile zu anderen Räumen müssen der höchsten notwendigen Feuerwiderstandsfähigkeit der Decken und Wände entsprechen, durch die Lüftungsleitungen von der Lüftungszentrale aus hindurchgeführt werden; dabei bleiben Kellerdecken unberücksichtigt.

Andere Wände und Decken sowie Fußböden müssen aus nichtbrennbaren Baustoffen bestehen oder durch mindestens 2 cm dicke Schichten aus mineralischen, nichtbrennbaren Baustoffen gegen Entflammen geschützt sein.

Öffnungen in den Wänden zu anderen Räumen müssen durch mindestens feuerhemmende dicht- und selbstschließende Abschlüsse geschützt sein; die Abschlüsse zu notwendigen Treppenräumen müssen zusätzlich rauchdicht sein.

Lüftungszentralen dürfen keine Öffnungen zu Aufenthaltsräumen haben.

6.4.3 Ausgänge von Lüftungszentralen

Von jeder Stelle der Lüftungszentrale muss in höchstens 35 m Entfernung ein Ausgang zu einem Flur in der Bauart notwendiger Flure, zu Treppenräumen in der Bauart notwendiger Treppenräume oder unmittelbar ins Freie erreichbar sein.

6.4.4 Lüftungsleitungen in Lüftungszentralen

Lüftungsleitungen in Lüftungszentralen müssen

1. aus Stahlblech (nicht mit brennbaren Dämmschichten) hergestellt sein,
2. der Feuerwiderstandsfähigkeit der Decken und Wände der Lüftungszentrale zu anderen Räumen entsprechen oder
3. am Ein- und Austritt der Lüftungszentrale (ausgenommen Fortluft- oder Außenluftleitungen, die unmittelbar ins Freie führen) Brandschutzklappen mit einer Feuerwiderstandsfähigkeit entsprechend Abschnitt 6.4.2 Satz 1 haben; die Brandschutzklappen müssen mit Rauchauslöseeinrichtungen ausgestattet sein.

Die Verwendung von Lüftungsleitungen aus schwerentflammbaren Baustoffen in Lüftungszentralen ist ohne Einhaltung der Anforderungen nach Satz 1 Nr. 2 und 3 zulässig, wenn (siehe auch Bild 4):

1. die Lüftungszentrale im obersten Geschoss liegt,
2. die Lüftungszentrale im Dach eine selbsttätig öffnende, durch Rauchmelder in der Lüftungszentrale auslösende Rauchabzugseinrichtung hat; deren freier Querschnitt mindestens das 2,5-fache des lichten Querschnitts der größten in die Lüftungszentrale eingeführten Abluftleitung haben muss,
3. die Lüftungsleitungen durch das Dach der Lüftungszentrale unmittelbar ins Freie geführt werden und
4. in der Lüftungszentrale Bauteile von Lüftungsleitungen aus brennbaren Baustoffen gegenüber entsprechenden Bauteilen anderer Lüftungsleitungen gegen Entflammen geschützt sind entweder durch

    a) einen Abstand von mindestens 40 cm zwischen den entsprechenden Bauteilen beider Leitungen
    b) einen mindestens 2 cm dicken Strahlungsschutz aus mineralischen nichtbrennbaren Baustoffen dazwischen oder
    c) andere mindestens gleich gut schützende Bauteile.

7 Lüftungsanlagen für besondere Nutzungen
7.1 Lüftungsanlagen zur Be- und Entlüftung von Wohnungen sowie abgeschlossene Nutzungseinheiten max. 200 m²

Abweichend von den Abschnitten 3 - 6 dieser Richtlinie sind in Lüftungsanlagen für Wohnungen sowie für Nutzungseinheiten mit nicht mehr als 200 m² Fläche anstelle von Brandschutzklappen auch Absperrvorrichtungen – ausgenommen Absperrvorrichtungen mit allgemeiner bauaufsichtlicher Zulassung für die Verwendung in Abluftleitungen nach DIN 18017-3 – zulässig, wenn die folgenden Bedingungen erfüllt sind:

Die Bestimmungen der Abschnitte 3 bis 6 dieser Richtlinie sind zu beachten, soweit nicht nachfolgend abweichende Regelungen zu Absperrvorrichtungen, die anstelle von Brandschutzklappen eingesetzt werden dürfen, sowie zu den Maximalquerschnitten luftführender Hauptleitungen getroffen sind.

Der Querschnitt der luftführenden Hauptleitung beträgt max. 2000 cm² und eine vollständige Inspektion und Reinigung kann erfolgen.

Die Möglichkeit der vollständigen Inspektion und Reinigung ist gegeben, wenn

a) die luftführende Hauptleitung in einem Schacht geführt wird und die Absperrvorrichtungen in den jeweiligen Anschlussleitungen installiert sind oder
b) geöffnete Absperrvorrichtungen den luftführenden Querschnitt der Hauptleitung nicht verringern.

Die Absperrvorrichtungen müssen mindestens die Klassifizierungen EI 30/60/90 ($v_e h_o$ i↔o) gemäß DIN EN 13501-3 aufweisen, zusammen mit den Absperrvorrichtungen müssen jeweils Sperren zur Verhinderung der Übertragung von Rauch aus einer Nutzungseinheit in andere Nutzungseinheiten installiert werden (siehe Bild 6.1), und die luftführende Hauptleitung muss in einem Schacht geführt werden.

7.2 Lüftungsanlagen mit Ventilatoren für die Lüftung von Bädern und Toilettenräumen (Bad-/WC-Lüftungsanlagen)

Bad-/WC-Lüftungsanlagen dürfen gemäß Abschnitt 7.1 ausgeführt werden.

Daneben werden die Anforderungen des Brandschutzes auch erfüllt, wenn bei Verwendung von Absperrvorrichtungen mit allgemeiner bauaufsichtlicher Zulassung für die Verwendung in Abluftleitungen von Entlüftungsanlagen nach DIN 18017-3:2009-09 die folgenden Bestimmungen eingehalten werden:

Die Absperrvorrichtungen sind zur Verhinderung einer Brandübertragung innerhalb von Geschossen nicht zulässig (z. B. bei der Überbrückung von Flur- oder Trennwänden).

Der Querschnitt der Absperrvorrichtungen (Anschlussquerschnitt) darf maximal 350 cm² betragen.

Für die zugehörigen Lüftungsleitungen müssen die nachfolgenden Bedingungen erfüllt sein (siehe Bilder 6.2 und 6.3):

1. Vertikale feuerwiderstandsfähige Lüftungsleitungen (Hauptleitungen) müssen aus nichtbrennbaren Baustoffen bestehen und eine Feuerwiderstandsklasse haben, die der Feuerwiderstandsfähigkeit der durchdrungenen Decken entspricht (L 30/60/90 oder F 30/60/90 oder europäisch hierzu gleichwertige Klassifizierungen).
2. Schächte für Lüftungsleitungen müssen aus nichtbrennbaren Baustoffen bestehen und eine Feuerwiderstandsklasse haben, die der Feuerwiderstandsfähigkeit der durchdrungenen Decken entspricht (L 30/60/90 oder F 30/60/90 oder europäisch hierzu gleichwertige Klassifizierungen).

3. Hauptleitungen im Innern von feuerwiderstandsfähigen Schächten sowie gegebenenfalls außerhalb der Schächte liegende Anschlussleitungen zwischen Absperrvorrichtung und luftführender Hauptleitung müssen aus Stahlblech bestehen. Die Anschlussleitungen zwischen Schachtwandung und außerhalb des Schachtes angeordneten Absperrvorrichtungen dürfen jeweils nicht länger als 6 m sein; die Anschlussleitungen dürfen keine Bauteile mit geforderter Feuerwiderstandsfähigkeit überbrücken. Anschlussleitungen innerhalb von Schächten müssen aus nichtbrennbaren Baustoffen bestehen.

Luftführende Hauptleitungen dürfen einen maximalen Querschnitt von 1000 cm² nicht überschreiten. Sie dürfen

1. als feuerwiderstandsfähige Lüftungsleitungen oder als feuerwiderstandsfähiger Schacht ausgebildet werden; innerhalb dieser luftführenden Hauptleitung dürfen keine Installationen verlegt sein und die Absperrvorrichtungen müssen im Wesentlichen aus nichtbrennbaren Baustoffen bestehen (siehe Bild 6.3.1),
2. in einem feuerwiderstandsfähigen Schacht bis 1000 cm² Querschnitt verlegt werden; die Absperrvorrichtung muss im Wesentlichen aus nichtbrennbaren Baustoffen bestehen; weitere Installationen im Schacht sind unzulässig (siehe Bild 6.3.2); oder
3. in einem feuerwiderstandsfähigen Schacht größer 1000 cm² Querschnitt verlegt werden, wenn der Restquerschnitt zwischen Schacht und luftführender Hauptleitung mit einem mindestens 100 mm dicken Mörtelverguss in der Ebene der jeweiligen Geschossdecke vollständig verschlossen ist; weitere Installationen sind nur aus nichtbrennbaren Baustoffen für nichtbrennbare Medien zulässig (siehe Bild 6.3.3); die Notwendigkeit brandschutztechnischer Maßnahmen für diese weiteren Installationen bleibt unberührt.

Auch in Zuluftleitungen dürfen die Absperrvorrichtungen für Entlüftungsanlagen nach DIN 18017-3:2009-09 verwendet werden, wenn diese Leitungen nur der unmittelbaren Belüftung der entlüfteten Bäder und Toilettenräume dienen. Die Absperrvorrichtungen müssen hierfür geeignet sein.

7.3 Lüftung von nichtgewerblichen Küchen

Die Be- und Entlüftung von Küchen kann erfolgen über Anlagen gemäß

1. Abschnitt 7.1 oder
2. Abschnitt 7.2, die im Übrigen nur Bäder und Toilettenräume entlüften.

Der Anschluss von Dunstabzugsanlagen oder Dunstabzugshauben ist nur an eigene Abluftleitungen, die die Regelungen der Abschnitte 8 und 9 erfüllen, zulässig.

Abweichend von Abschnitt 8.1 Satz 2 dürfen Abluftleitungen aus Stahlblech von Dunstabzugshauben in Wohnungsküchen gemeinsam in einem feuerwiderstandsfähigen Schacht (Feuerwiderstandsfähigkeit gemäß Abschnitt 4.1) verlegt sein; die Schächte dürfen keine anderen Leitungen enthalten.

8 Abluftleitungen von gewerblichen oder vergleichbaren Küchen, ausgenommen Kaltküchen

8.1 Baustoffe und Feuerwiderstandsfähigkeit der Abluftleitungen

Abluftleitungen müssen aus nichtbrennbaren Baustoffen bestehen. Sie müssen vom Austritt aus der Küche an mindestens die Feuerwiderstandsklasse L 90 oder eine europäisch hierzu gleichwertige Klassifizierung aufweisen, sofern die Ausbreitung von Feuer und Rauch nicht auf andere Weise, z. B. durch Absperrvorrichtungen, für die ein bauaufsichtlicher Verwendbarkeitsnachweis für diesen Zweck vorliegt, verhindert wird.

Für Leitungsabschnitte im Freien gilt Abschnitt 5.2.3 sinngemäß.

8.2 Ventilatoren

Ventilatoren müssen so ausgeführt und eingebaut sein, dass sie leicht zugänglich sind und leicht kontrolliert und gereinigt werden können. Sie müssen von der Küche aus abgeschaltet werden können. Die Antriebsmotoren müssen sich außerhalb des Abluftstromes befinden.

8.3 Fettdichtheit der Abluftleitungen

Durch die Wandungen der Abluftleitungen darf weder Fett noch Kondensat austreten können. Lüftungsleitungen aus Blech mit gelöteten, geschweißten oder mittels dauerelastischem und gegen chemische und mechanische Beanspruchung unempfindlichem Dichtungsmaterial hergestellten Verbindungsstellen können als fettdicht angesehen werden.

8.4 Vermeidung von Verschmutzungen; Reinigungsöffnungen

Innerhalb einer Küche kann die Abluft mehrerer Abzugseinrichtungen zusammen- und über eine Lüftungsleitung aus der Küche abgeführt werden.

In oder unmittelbar hinter Abzugseinrichtungen, wie Hauben oder Lüftungsdecken, sind geeignete Fettfilter oder andere geeignete Fettabscheideeinrichtungen anzuordnen. Filter und Abscheider müssen einschließlich ihrer Befestigungen aus nichtbrennbaren Baustoffen bestehen. Filter müssen leicht ein- und ausgebaut werden können. Die innere Oberfläche der Abluftleitungen muss leicht zu reinigen sein. Leitungen mit profilierten Wandungen, wie flexible Rohre, und Leitungen aus porösen oder saugfähigen Baustoffen sind unzulässig.

Die Abluftleitungen müssen an jeder Richtungsänderung, vor und hinter den Absperrvorrichtungen und in ausreichender Anzahl in gerade geführten Leitungsabschnitten Reinigungsöffnungen haben.

Im Bereich der Fettfilter und anderer Fettabscheideeinrichtungen sind Reinigungsöffnungen erforderlich, sofern nicht eine Reinigung dieses Leitungsbereiches von der

Abzugseinrichtung aus möglich oder durch technische Maßnahmen eine ausreichende Reinigung sichergestellt ist.

Die Abmessung der Reinigungsöffnungen muss mindestens dem lichten Querschnitt der Abluftleitung entsprechen; es genügt jedoch ein lichter Querschnitt von 3600 cm².

Die Abluftleitungen müssen an geeigneter Stelle Einrichtungen zum Auffangen und Ablassen von Kondensat und Reinigungsmittel haben.

9 Gemeinsame Abführung von Küchenabluft und Abgas aus Feuerstätten
9.1 Grundlegende Anforderungen

Nach § 41 Abs. 4 Satz 1 MBO dürfen Lüftungsanlagen nicht in Abgasanlagen eingeführt werden. Eine gemeinsame Benutzung von Lüftungsleitungen zur Lüftung und zur Ableitung der Abgase von Feuerstätten ist zulässig, wenn keine Bedenken wegen der Betriebssicherheit und des Brandschutzes bestehen.

9.2 Küchenabluft und Abgas aus Feuerstätten für gasförmige Brennstoffe

Zulässig i. S. von Abschnitt 9.1 ist die Abführung der Abgase von Küchen-Gasgeräten über die Abzugseinrichtungen und Abluftleitungen der Küchen, sofern hierbei nach der technischen Regel des DVGW „G 631:März 2012 – Installation von gewerblichen Gasgeräten in Bäckerei und Konditorei, Fleischerei, Gastronomie und Küchen, Räucherei, Reifung, Trocknung sowie Wäscherei" verfahren wird.

9.3 Küchenabluft und Abgas aus Kochgeräten für feste Brennstoffe

Zulässig i. S. von Abschnitt 9.1 ist die Abführung der Abgase von Kochgeräten für feste Brennstoffe (z. B. Holzkohlegrillanlagen) über die Abzugseinrichtungen und Abluftleitungen der Küchen, sofern die Lüftungsleitungen in der Bauart von Schornsteinen ausgeführt sind. In die Wandungen dieser Lüftungsleitungen darf Fett in gefahrdrohender Menge nicht eindringen können.

Bei Lüftungsleitungen mit Innenrohren aus geschweißten oder nahtlosen Rohren aus Edelstahl und mit gegen chemische und mechanische Beanspruchung unempfindlichen Dichtungen ist dies erfüllt. Diese Lüftungsleitungen müssen an jeder Richtungsänderung Reinigungsöffnungen haben.

10 Anforderungen an Lüftungsanlagen in Sonderbauten

Die Anforderungen der vorstehenden Abschnitte 3 bis 9 entsprechen in der Regel den brandschutztechnischen Erfordernissen für Lüftungsanlagen in Sonderbauten.

Bei gesondert gelagerten Einzelfällen ist für Sonderbauten zu prüfen, ob zusätzliche oder andere brandschutztechnische Maßnahmen notwendig werden, z. B. zusätzliche Rauchauslöseeinrichtungen für Brandschutzklappen zur Verhinderung der Rauchübertragung. Die Anordnung der Rauchauslöseeinrichtungen darf deren Wirksamkeit durch Verdünnungseffekte nicht beeinträchtigen.

Schematische Darstellungen

1 Durchführung von Lüftungsleitungen durch raumabschließende Bauteile

1.1 Durchführung vertikaler Lüftungsleitungen durch raumabschließende Decken, an die Anforderungen hinsichtlich der Feuerwiderstandsfähigkeit gestellt werden

Bild 1.1: Schottlösung
Brandschutzklappen an den Durchdringungsstellen der feuerwiderstandsfähigen Decken

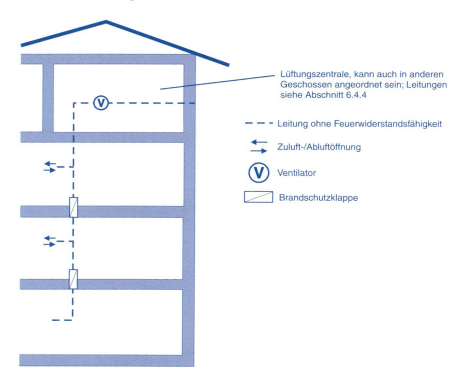

Lüftungszentrale, kann auch in anderen Geschossen angeordnet sein; Leitungen siehe Abschnitt 6.4.4

– – – Leitung ohne Feuerwiderstandsfähigkeit

⇌ Zuluft-/Abluftöffnung

Ⓥ Ventilator

▱ Brandschutzklappe

Bild 1.2: Schachtlösung
Brandschutzklappen an den Durchdringungsstellen der feuerwiderstandsfähigen Schachtwände

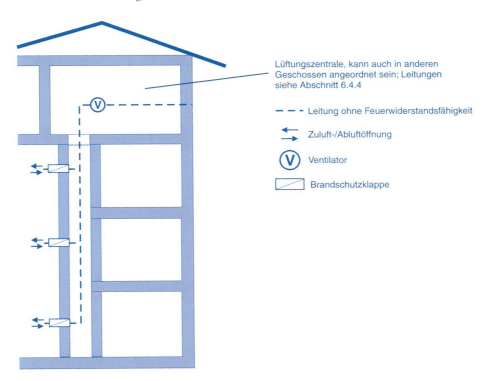

Folgende Anordnungen sind zulässig:

1) feuerwiderstandsfähiger Schacht aus Wänden der Feuerwiderstandsklasse F30/F60/F90 aus nichtbrennbaren Baustoffen z. B. nach DIN 4102 Teil 4 oder
2) feuerwiderstandsfähiger Schacht gemäß L-Klassifikation oder
3) selbständige feuerwiderstandsfähige Lüftungsleitung der Klassifikation L30/L60/L90 (Schacht = luftführende Hauptleitung)

und jeweils Brandschutzklappen bei Abzweigen in den Geschossen an den Durchtrittsstellen durch den Schacht bzw. an den Anschlussstellen der Lüftungsleitung.

zu 1) Der Schacht aus F-Bauteilen bildet brandschutztechnisch einen eigenen Abschnitt im Gebäude, in dem auch andere Installationen zulässig sind. Diese Installationen dürfen auch aus brennbaren Baustoffen bestehen oder brennbare Medien führen, wenn alle Ein- und Ausführungen von Lüftungsleitungen (also auch die zur Lüftungszentrale) durch Brandschutzklappen EI 30/60/90($v_e h_o$ i↔o)-S geschützt sind (siehe auch Abschnitt 5.1.4). Schacht-Zugangstüren müssen die gleiche Feuerwiderstandsfähigkeit (z. B. T30/T60/T90) wie die Schachtwände erfüllen und zu notwendigen Rettungswegen zudem rauchdicht sein.

zu 2) Der Schacht gemäß L-Klassifikation lässt neben den Lüftungsleitungen nur nichtbrennbare Installationen mit nichtbrennbaren Medien bis 110 °C zu (siehe auch Abschnitt 5.1.5). Zwischen Schacht und Lüftungszentrale ist keine brandschutztechnische Abtrennung notwendig.

zu 3) In feuerwiderstandsfähigen Lüftungsleitungen selbst dürfen nur Einrichtungen von Lüftungsanlagen und zugehörige Leitungen eingebaut werden.

Bild 1.3: Lüftungsanlagen mit getrennten Haupt- und getrennten Außenluft- oder Fortluftleitungen ohne Absperrvorrichtungen

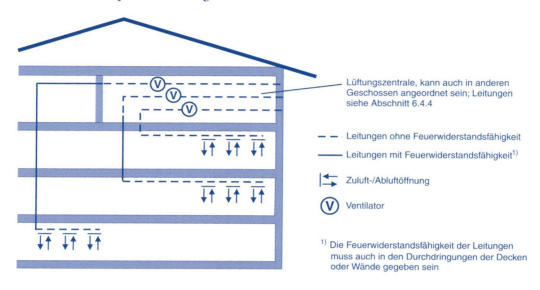

Bild 1.4: Lüftungsanlagen mit getrennten Hauptleitungen und gemeinsamer Außenluft- oder Fortluftleitung mit Rauchschutz

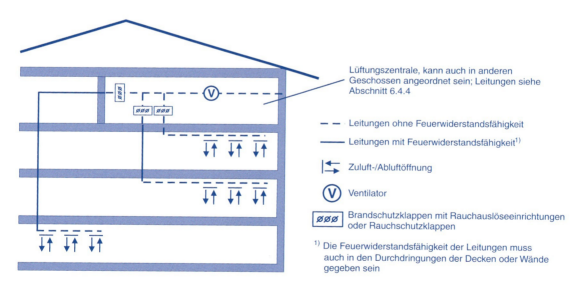

1.2 Durchführung horizontaler Lüftungsleitungen durch raumabschließende Wände, an die Anforderungen hinsichtlich der Feuerwiderstandsfähigkeit gestellt werden

Die in den Bildern 1.1 bis 1.4 dargestellten Lösungen gelten für Lüftungsanlagen, ausgenommen Lüftungsanlagen nach DIN 18017-3:2009-09, mit horizontal geführten Leitungen, die feuerwiderstandsfähige raumabschließende Wände durchdringen, entsprechend.

Die Bilder 1.1 bis 1.4 sind in diesen Fällen als Horizontalschnitte durch das Gebäude anzuwenden.

Die Regelungen der Leitungsdurchführung durch feuerwiderstandsfähige Wände notwendiger Flure sind in den Bildern 3.1 und 3.2 enthalten.

2 Brandschutz im Dachraum

Führen Lüftungsleitungen durch einen Dachraum, müssen bei der Durchdringung einer Decke, die feuerwiderstandsfähig sein muss, zwischen oberstem Geschoss und Dachraum
1. Absperrvorrichtungen eingesetzt werden (siehe Bild 2.1),
2. die Teile der Lüftungsanlage im Dachraum mit einer feuerwiderstandsfähigen Umkleidung (bei Leitungen, die ins Freie führen, bis über die Dachhaut) versehen werden oder
3. die Lüftungsleitungen selbst feuerwiderstandsfähig ausgebildet sein.

Bild 2.1: Schottlösung

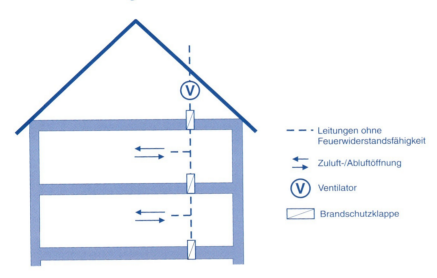

Bild 2.2: Schachtlösung

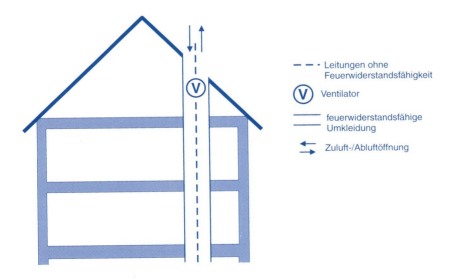

3 Leitungsführung durch raumabschließende Wände notwendiger Flure, an die Anforderungen hinsichtlich der Feuerwiderstandsfähigkeit gestellt werden

Bild 3.1: notwendiger Flur unbelüftet

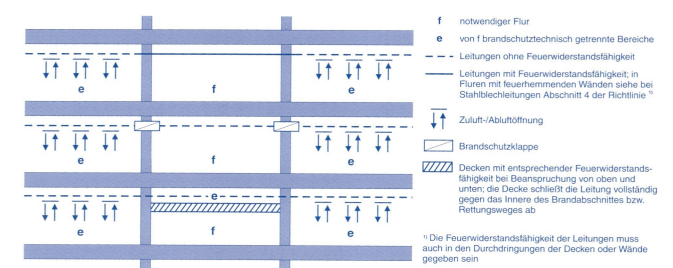

Bild 3.2: notwendiger Flur belüftet

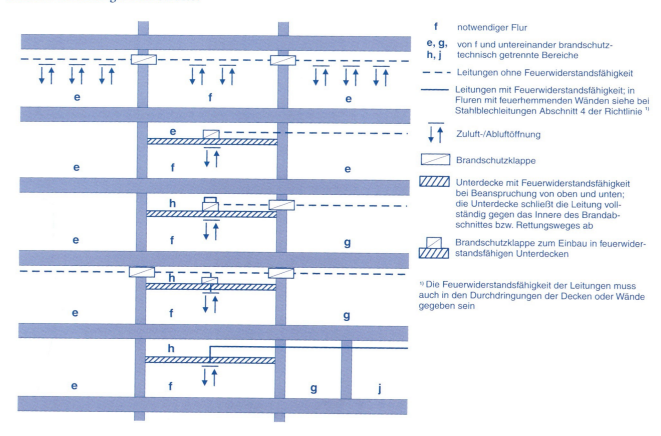

4 Abluftanlagen mit Leitungen und Ventilatoren aus brennbaren Baustoffen ohne Absperrvorrichtungen
(siehe auch Abschnitte 5.1.1 und 6.4.4)

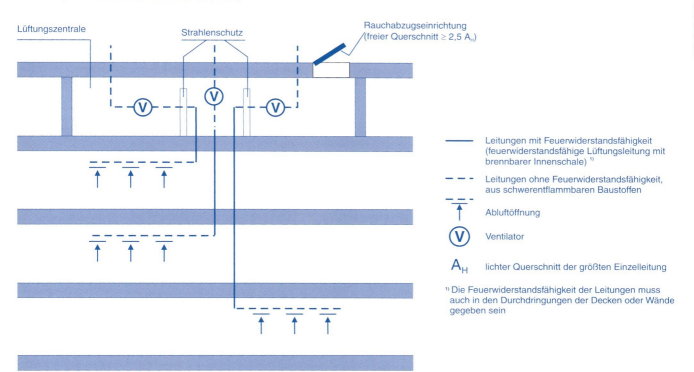

5 Begrenzung der Krafteinleitung durch Lüftungsleitungen in Bauteile des Gebäudes im Brandfall durch Winkel und Verziehungen (siehe auch Abschnitt 5.2.1.1)

Bild 5.1: Begrenzung der Krafteinleitung mit Leitungsverziehung

Bild 5.2: Begrenzung der Krafteinleitung mit Bogen

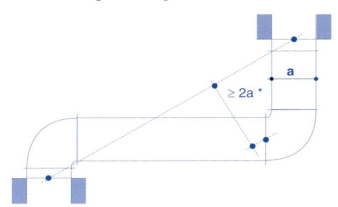
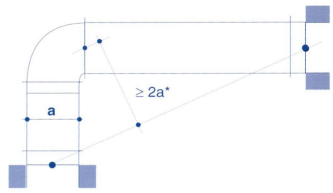

a = Kantenlänge des Lüftungskanals oder Durchmesser der Lüftungsleitung.
* Es gilt die entfernteste Verbindungsstelle zwischen Bogen und Leitung

Beispielhafte Darstellung von Winkel und Verziehungen, die in den Lüftungsleitungen auftretende Längenänderungen durch Leitungsverformungen z.B. durch Ausknicken aufnehmen

6 Lüftungsanlagen für besondere Nutzungen

Bild 6.1: Lüftungsanlagen zur Be- und Entlüftung von Wohnungen bzw. abgeschlossene Nutzungseinheiten max. 200 m²

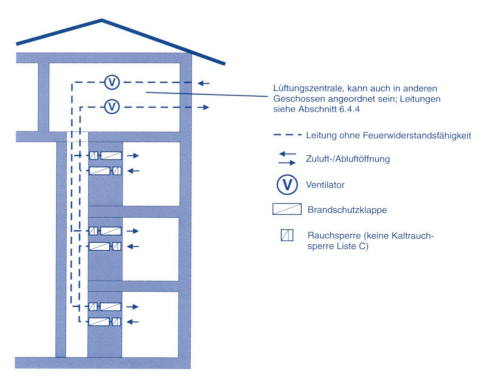

Lüftungszentrale, kann auch in anderen Geschossen angeordnet sein; Leitungen siehe Abschnitt 6.4.4

– – – Leitung ohne Feuerwiderstandsfähigkeit

← Zuluft-/Abluftöffnung

(V) Ventilator

▱ Brandschutzklappe

▰ Rauchsperre (keine Kaltrauchsperre Liste C)

Bild 6.2: Beispiel für Schottlösung für Lüftungsanlagen nach DIN 18017-3:2009-09 maximaler Anschlussquerschnitt der Absperrvorrichtungen: 350 cm²

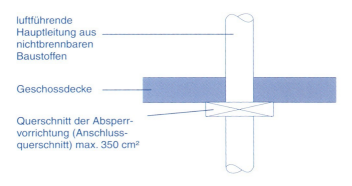

luftführende Hauptleitung aus nichtbrennbaren Baustoffen

Geschossdecke

Querschnitt der Absperrvorrichtung (Anschlussquerschnitt) max. 350 cm²

Bild 6.3: Schachtlösung für Lüftungsanlagen nach DIN 18017-3:2009-09

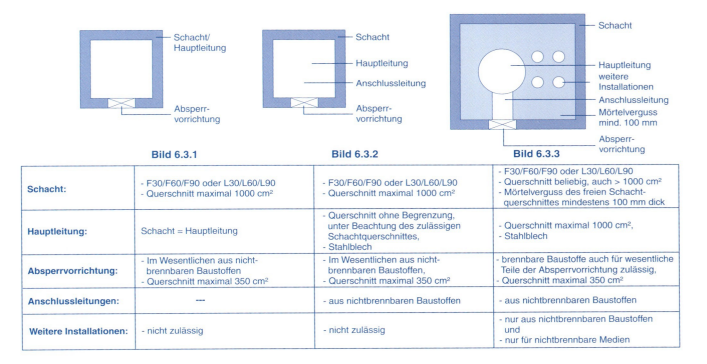

	Bild 6.3.1	Bild 6.3.2	Bild 6.3.3
Schacht:	- F30/F60/F90 oder L30/L60/L90 - Querschnitt maximal 1000 cm²	- F30/F60/F90 oder L30/L60/L90 - Querschnitt maximal 1000 cm²	- F30/F60/F90 oder L30/L60/L90 - Querschnitt beliebig, auch > 1000 cm² - Mörtelverguss des freien Schachtquerschnittes mindestens 100 mm dick
Hauptleitung:	Schacht = Hauptleitung	- Querschnitt ohne Begrenzung, unter Beachtung des zulässigen Schachtquerschnittes, - Stahlblech	- Querschnitt maximal 1000 cm², - Stahlblech
Absperrvorrichtung:	- Im Wesentlichen aus nichtbrennbaren Baustoffen - Querschnitt maximal 350 cm²	- Im Wesentlichen aus nichtbrennbaren Baustoffen, - Querschnitt maximal 350 cm²	- brennbare Baustoffe auch für wesentliche Teile der Absperrvorrichtung zulässig, - Querschnitt maximal 350 cm²
Anschlussleitungen:	---	- aus nichtbrennbaren Baustoffen	- aus nichtbrennbaren Baustoffen
Weitere Installationen:	- nicht zulässig	- nicht zulässig	- nur aus nichtbrennbaren Baustoffen und - nur für nichtbrennbare Medien

Alle Fachinformationen zum vorbeugenden Brandschutz mobil in einer Anwendung: FeuerTRUTZ Medien App

Eine Online-Anwendung für alle Publikationen von FeuerTRUTZ

Mit der FeuerTRUTZ Medien-App haben Sie Zugriff auf alle Publikationen von FeuerTRUTZ:

- ✓ Brandschutzatlas
- ✓ FeuerTRUTZ Magazin
- ✓ Fachbücher (eBooks)

Mit FeuerTRUTZ Medien haben Sie in einer Anwendung alle **wichtigen Fachinformationen zum vorbeugenden Brandschutz immer griffbereit**: sowohl als **App** für iOS und Android als auch als **Browser-Anwendung** für Ihren Computer.

Bei dem Kauf eines Produktes erhalten Sie Zugangsdaten, mit denen Sie in der App bzw. Browser-Version die entsprechenden Inhalte freischalten können.

Weitere Informationen erhalten Sie unter www.feuertrutz.de/app

FeuerTRUTZ Network GmbH
Stolberger Straße 84, 50933 Köln
Telefon: 0221 5497-120
Telefax: 0221 5497-130
service@feuertrutz.de
www.feuertrutz.de

A-II. Muster-Richtlinie über brandschutztechnische Anforderungen an Lüftungsanlagen inkl. Kommentierungen

A-II. Muster-Richtlinie über brandschutztechnische Anforderungen an Lüftungsanlagen
(Muster-Lüftungsanlagen-Richtlinie M-LüAR[1])
Stand: 29.09.2005, zuletzt geändert durch Beschluss der Fachkommission Bauaufsicht vom 11. Dezember 2015
mit Kommentierungen Stand März 2016

Inhalt

1	**Geltungsbereich**	6	**Einrichtungen zur Luftaufbereitung und Lüftungszentralen**
2	**Begriffe**	6.1	Lufterhitzer
3	**Anforderungen an das Brandverhalten von Baustoffen**	6.2	Filtermedien, Kontaktbefeuchter und Tropfenabscheider
3.1	Grundlegende Anforderungen	6.3	Wärmerückgewinnungsanlagen
3.2	Verwendung brennbarer Baustoffe	6.4	Lüftungszentralen für Ventilatoren und Luftaufbereitungseinrichtungen
3.2.1	Lüftungsleitungen	6.4.1	Grundlegende Anforderung
3.2.2	Beschichtungen und Bekleidungen sowie Dämmschichten	6.4.2	Bauteile, Fußböden und Öffnungen der Lüftungszentralen
3.2.3	Lokal begrenzte Baustoffe und kleine Bauteile von Lüftungsanlagen	6.4.3	Ausgänge von Lüftungszentralen
3.2.4	Übrige Bauteile und Einrichtungen von Lüftungsanlagen	6.4.4	Lüftungsleitungen in Lüftungszentralen
4	**Anforderungen an die Feuerwiderstandsfähigkeit von Lüftungsleitungen und Absperrvorrichtungen von Lüftungsanlagen**	7	**Lüftungsanlagen für besondere Nutzungen**
		7.1	Lüftungsanlagen zur Be- und Entlüftung von Wohnungen bzw. abgeschlossenen Nutzungseinheiten max. 200 m²
4.1	Grundlegende Anforderungen	7.2	Lüftungsanlagen mit Ventilatoren für die Lüftung von Bädern und Toilettenräumen
4.2	Anwendungs- und Ausführungsbestimmungen für die Verwendung	7.3	Lüftung von nichtgewerblichen Küchen
5	**Anforderungen an die Installation von Lüftungsleitungen**	8	**Abluftleitungen von gewerblichen oder vergleichbaren Küchen, ausgenommen Kaltküchen**
5.1	Auswahl und Anordnung der Bauteile		
5.1.1	Lüftungsleitungen mit erhöhter Brand-, Explosions- oder Verschmutzungsgefahr sowie mit chemischer Kontamination	8.1	Baustoffe und Feuerwiderstandsfähigkeit der Abluftleitungen
5.1.2	Mündungen von Außenluft- und Fortluftleitungen	8.3	Fettdichtheit der Abluftleitungen
5.1.3	Zuluftanlagen	8.2	Ventilatoren
5.1.4	Umluftanlagen	8.4	Vermeidung von Verschmutzungen; Reinigungsöffnungen
5.1.5	Lüftungsleitungen und andere Installationen	9	**Gemeinsame Abführung von Küchenabluft und Abgas aus Feuerstätten**
5.2	Verlegung von Lüftungsleitungen	9.1	Grundlegende Anforderungen
5.2.1	Alle Leitungsabschnitte	9.2	Küchenabluft und Abgas aus Feuerstätten für gasförmige Brennstoffe
5.2.1.1	Begrenzung von Kräften		
5.2.1.2	Durchführung durch feuerwiderstandsfähige, raumabschließende Bauteile	9.3	Küchenabluft und Abgas aus Kochgeräten für feste Brennstoffe
5.2.1.3	Abstände zu brennbaren Baustoffen		
5.2.2	Leitungsabschnitte, die feuerwiderstandsfähig sein müssen	10	**Anforderungen an Lüftungsanlagen in Sonderbauten**
5.2.3	Leitungen im Freien		**Schematische Darstellungen**
5.2.4	Lüftungsleitungen oberhalb von Unterdecken		
5.2.5	Brandschutz im Dachraum		

Hinweis zum Lesen der Kommentierung:
- Die Originaltexte der M-LüAR sind blau dargestellt.
- Ergänzungen in den Bildern sind rot dargestellt
- Die Kommentierungen sind schwarz dargestellt.

---

[1] Notifiziert gemäß der Richtlinie (EU) 2015/1535 des Europäischen Parlaments und des Rates vom 9. September 2015 über ein Informationsverfahren auf dem Gebiet der technischen Vorschriften und der Vorschriften für die Dienste der Informationsgesellschaft (ABl. L 241 vom 17.9.2015, S. 1).

1 Geltungsbereich

Diese Richtlinie gilt für den Brandschutz von Lüftungsanlagen, an die Anforderungen nach § 41 MBO gestellt werden.

Die Lüftungsanlagen-Richtlinie gilt für alle Lüftungsanlagen in Gebäuden, an die in § 41 MBO Anforderungen bezüglich des Brandschutzes gestellt werden. Dies sind alle Gebäude der Gebäudeklassen 3, 4 und 5. Allerdings gilt in diesen Gebäuden die M-LüAR nicht innerhalb von Wohnungen und nicht innerhalb ein und derselben Nutzungseinheit mit nicht mehr als 400 m² in nicht mehr als zwei Geschossen.

Anforderungen an die Installationsschächte und -kanäle ergeben sich aus § 40 MBO. Zu diesen Schächten und Kanälen gehören auch Installationsschächte nach DIN 4102-11. In DIN 4102-11 Installationsschächten können Lüftungsleitungen zwar verlegt werden, aber es gibt derzeit keine Brandschutzklappen, die in den schachtabschließenden Bauteilen installiert werden dürfen. Diese Brandschutzklappen bedürfen eines Nachweises für den Einbau in I-klassifizierte Umfassungsbauteile.

Die M-LüAR gilt somit

- in Gebäuden mit mehr als zwei Nutzungseinheiten,
- in Gebäuden mit Nutzungseinheiten von insgesamt mehr als 400 m²,
- in Gebäuden mit einer Höhe (Oberkante Fußboden oberster Aufenthaltsraum) von mehr als 7 m und
- in allen Sonderbauten.

In den Sonderbauverordnungen und -richtlinien werden hinsichtlich des Brandschutzes keine weitergehenden Anforderungen an Lüftungsanlagen gestellt, ausgenommen die Bestimmung der Muster-Hochhaus-Richtlinie (MHHR) zur Verhinderung einer „Kaltrauchübertragung".

Lüftungsanlagen können einem der folgenden Zwecke dienen:

- Be- und Entlüftung,
- nur Belüftung,
- nur Entlüftung.

Zu den Lüftungsanlagen im Sinne der Lüftungsanlagen-Richtlinie gehören auch raumlufttechnische Anlagen, die der kontrollierten Wohnungslüftung dienen, sofern sich diese in Mehrfamilienhäusern (> 2 Nutzungseinheiten) befinden und über zentrale Zu- und Abluftleitungen versorgt werden.

Ein Lüftungsgerät (z. B. dezentral in der Fassade angeordnet) ist keine Lüftungsanlage, da es unmittelbar aus dem Freien nur dem zu be- und entlüftenden Raum Luft zu- und/oder abführt.

Sie gilt nicht für mit Luft arbeitende Transportanlagen (z. B. Späneabsaugung, Rohrpostanlagen).

Keine Anwendung findet die M-LüAR auf Anlagen, in denen Bauteile, die in Lüftungsanlagen üblicherweise eingesetzt werden, den einwandfreien Betrieb stören würden. So sind z. B. Absperrvorrichtungen (Brandschutzklappen) nicht für eine abrasive Beanspruchung durch Späne geprüft. Weitere Anlagen, in denen die Lösungsvorschläge zur Einhaltung der Anforderungen des Brandschutzes nicht nach der M-LüAR umgesetzt werden können, sind zentrale Staubsauganlagen und Rohrpostanlagen. Die in der M-LüAR gemachte Aufzählung ist nicht abschließend.

Bei all diesen mit Luft als Fördermedium arbeitenden Anlagen, muss für jeden Einzelfall entschieden werden, wie der Brandschutz auszuführen ist.

Die erforderlichen Verwendbarkeitsnachweise für Bauprodukte oder Anwendbarkeitsnachweise für Bauarten, die zur Errichtung von Lüftungsanlagen verwendet werden, richten sich nach den Regelungen des §§ 17 ff MBO i. V. m. den Bauregellisten[2] in der jeweils geltenden Fassung. Die Zuordnung gleichwertiger europäischer Klassifizierungen zu den nationalen Anforderungen an die Feuerwiderstandsfähigkeit ist in den Bauregellisten bestimmt.

Bauprodukte und Bauarten müssen gebrauchstauglich für die Dauer der Verwendung in den baulichen Anlagen sein, insbesondere in den Anlagen der Technischen Gebäudeausrüstung. Für die Bauprodukte und Bauarten, an die wegen der öffentlichen Sicherheit und Ordnung – also auch wegen des Brandschutzes – Anforderungen hinsichtlich der zu erfüllenden Eigenschaften gestellt werden, sind entsprechende Nachweise zu erbringen.

Als Nachweise für die Bauprodukte und Bauarten, auf die wegen der brandschutztechnischen Eigenschaften ein besonderes Augenmerk zu richten ist, galten bisher die allgemeinen bauaufsichtlichen Zulassungen und Prüfzeugnisse sowie die Zustimmungen im Einzelfall. Seitdem es für viele Bauprodukte europäische harmonisierte Normen (auf Grundlage der europäischen Bauproduktenverordnung mandatiert) gibt und die Bauprodukte mit CE-Zeichen europaweit bei Konformität zu den Produktnormen in Verkehr gebracht werden, darf es für diese Produkte keine nationalen Ver- bzw. Anwendbarkeitsnachweise mehr geben. Insofern stellt die Erklärung des Herstellers für CE-gekennzeichnete Bauprodukte praktisch den „europäischen Verwendbarkeitsnachweis" dar. Leistungsstufen und Leistungsklassen, für die der Hersteller das Produkt europaweit handeln will, sind in der Leistungserklärung auszuweisen. Für die Festlegung der Leistungsstufen und Leistungsklassen sind die jeweiligen EU-Mitgliedsstaaten für ihren Hoheitsbereich verantwortlich.

---

[2] DIBt Mitteilungen des Deutschen Instituts für Bautechnik zu Bauregellisten A und B und Liste C in der jeweils geltenden Fassung
Vertrieb: http://www.dibt.de/de/Geschaeftsfelder/GF-BRL-TB.html

Hinweis: Es ist beabsichtigt, in der Musterbauordnung im Jahr 2016 die bauordnungsrechtlichen Regelungen für Bauprodukte neu zu fassen. Hintergrund ist das EuGH-Urteil C-100/13 vom 16.10.2014. Darin hat der EuGH entschieden, dass bestehende zusätzliche Anforderungen an CE-gekennzeichnete Bauprodukte gegen die Bauproduktenrichtlinie (89/106/EWG) verstießen. Die Bauministerkonferenz hat daher beschlossen, das System der landesbauordnungsrechtlichen Regulierung von Bauwerken und Bauprodukten zu prüfen und anzupassen.

Die Musterbauordnung 2016 wird dann die bauordnungsrechtlich relevanten Sachverhalte aufgrund der europäischen Bauproduktenverordnung (unmittelbar geltendes Recht in allen Mitgliedsstaaten) und den national umzusetzenden europäischen Richtlinien (z. B. Maschinenrichtlinie, Richtlinie zur elektromagnetischen Verträglichkeit umgesetzt z. B. durch Produktsicherheitsverordnungen) berücksichtigen.

Zur vertiefenden Einführung in die Thematik der Ver- und Anwendbarkeit der Bauprodukte und Bauarten wird auf **Teil B-II.** verwiesen.

2 Begriffe

Lüftungsanlagen i. S. dieser Richtlinie sind auch Klimaanlagen, raumlufttechnische Anlagen und Warmluftheizungen.

Lüftungsanlagen bestehen aus Lüftungsleitungen und allen zu ihrer Funktion erforderlichen Bauteilen und Einrichtungen.

Lüftungsleitungen bestehen aus allen von Luft durchströmten Bauteilen, wie Lüftungsrohren, -formstücken, -schächten und -kanälen, Schalldämpfern, Ventilatoren, Luftaufbereitungseinrichtungen, Brandschutzklappen und anderen Absperrvorrichtungen gegen die Übertragung von Feuer und Rauch und Absperrvorrichtungen gegen Rauchübertragung (Rauchschutzklappen) sowie aus ihren Verbindungen, Befestigungen, Dämmschichten, brandschutztechnischen Ummantelungen, Dampfsperren, Folien, Beschichtungen und Bekleidungen.

Im einführenden Satz des Abschnittes 2 wird die Regelung des § 41 Abs. 6 MBO aufgegriffen („Für raumlufttechnische Anlagen und Warmluftheizungen gelten die Absätze 1 bis 5 entsprechend."). Damit wird nochmals hervorgehoben, dass alle Lüftungsanlagen den Anforderungen der MBO genügen müssen:

- natürliche Lüftung (Zu- und Abluftanlagen ohne Ventilator, z. B. Batterieräume, WC-Lüftung),
- maschinelle Lüftungsanlagen ohne Luftbehandlungsfunktionen (Zu- und/oder Abluft, z. B.
  - Be- und Entlüftungsanlagen,
  - nur Lüftungsanlage zur Belüftung,
  - nur Lüftungsanlage zur Entlüftung,
  - Lüftungsanlagen als Ausführung zu Laborabzügen),
- Voll- und Teilklimaanlagen.

Im Rahmen der technischen Baubestimmung erfolgt eine Erläuterung der unbestimmten Begriffe *Lüftungsanlage und Lüftungsleitungen* aus dem § 41 MBO – Lüftungsanlage.

An dieser Stelle ist zu erkennen, dass der Gesetzgeber bei der Wahl seiner Begriffsdefinitionen nicht unbedingt die in den a.a.R.d.T., insbesondere den DIN-Normen und den VDI-Richtlinien, beschriebenen Begriffe in derselben Bedeutung verwendet. So wird in einigen Normen mittlerweile von „Luftleitungen" gesprochen, dies wird mit der analogen Definition zum Begriff „Wasserleitungen" erklärt, in dem auf das geforderte Medium Bezug genommen wird. Bei den Begriffen „Stahlleitung" und „Kupferleitung" richtet sich der Bezug hingegen auf den Werkstoff.

Insofern ist es sinnvoll, dass der Gesetzgeber den seit langem bewährten und im Kontext des Lüftungsanlagenbaus etablierten Begriff „Lüftungsleitungen" unverändert beibehält.

Hinweis: In der jetzigen Fassung der M-LüAR wird der Begriff „Brandschutzklappe" nur noch für Bauprodukte nach DIN EN 15650 verwendet.
Der Begriff „Absperrvorrichtung" gegen die Übertragung von Feuer und Rauch wird verwendet für alle nicht oder nicht nur unter der Norm DIN EN 15650 verwendeten Produkte.

3 Anforderungen an das Brandverhalten von Baustoffen

3.1 Grundlegende Anforderungen

Gemäß § 41 Abs. 2 der Musterbauordnung müssen Lüftungsleitungen sowie deren Bekleidungen und Dämmstoffe aus nichtbrennbaren Baustoffen bestehen. Brennbare Baustoffe sind zulässig, wenn ein Beitrag der Lüftungsleitung zur Brandentstehung und Brandweiterleitung nicht zu befürchten ist.

Bei der Kombination von Baustoffen ist auf die Verbundwirkung gemäß den Hinweisen in den Verwendbarkeitsnachweisen zu achten.

Grundsätzlich sind für die Herstellung (Ausführung) von Lüftungsleitungen nichtbrennbare Baustoffe, z. B. aus Blech (Wickelfalzrohre und/oder Blechkanäle), Aluminium oder Brandschutzbauplatten zu verwenden.

Sollen brennbare Baustoffe für die Herstellung (Ausführung) von Lüftungsleitungen verwendet werden, muss beurteilt werden, ob dadurch ein Beitrag der Lüftungsleitungen zur Brandübertragung möglich ist.

Welche Baustoffklassen (B 1 schwerentflammbar, B 2 normalentflammbar oder B 3 leichtentflammbar) unter welchen Bedingungen verwendet werden dürfen (also eine zulässige Verwendung vorliegt), ist in dem Abschnitt 3.2 ausgeführt.

Zusätzlich zu den bisherigen nationalen Zuordnungen müssen zukünftig die europäisch gleichwertigen berücksichtigt werden.

Aus der Bauregelliste A Teil 1 sind derzeit (noch) die „Übersetzungen" der bauaufsichtlichen Anforderungen zu den Klassifizierungen nach DIN 4102 zu entnehmen. Dazu wird auf Anlage 0.1.1 verwiesen, ein Auszug ist im Folgenden abgedruckt:

Anlage 0.1.1 (2004/1)
Die in DIN 4102-2:1977-09, Abschnitt 8.8.2, Tabelle 2 angegebenen Bezeichnungen entsprechen folgenden Anforderungen in bauaufsichtlichen Verwendungsvorschriften:

Bauaufsichtliche Anforderungen	Klassen nach DIN 4102-2	Kurzbezeichnung nach DIN 4102-2
feuerhemmend	Feuerwiderstandsklasse F 30	F 30 - B[1]
feuerhemmend und aus nichtbrennbaren Baustoffen	Feuerwiderstandsklasse F 30 und aus nichtbrennbaren Baustoffen	F 30 - A[1]
hochfeuerhemmend	Feuerwiderstandsklasse F 60 und in den wesentlichen Teilen aus nichtbrennbaren Baustoffen	F 60 - AB[2]
hochfeuerhemmend	Feuerwiderstandsklasse F 60 und aus nichtbrennbaren Baustoffen	F 60 - A[2]
feuerbeständig	Feuerwiderstandsklasse F 90 und in den wesentlichen Teilen aus nichtbrennbaren Baustoffen	F 90 - AB[3/4]
feuerbeständig und aus nichtbrennbaren Baustoffen	Feuerwiderstandsklasse F 90 und aus nichtbrennbaren Baustoffen	F 90 - AB[3/4]

[1] bei nichttragenden Außenwänden auch W 30 zulässig
[2] bei nichttragenden Außenwänden auch W 60 zulässig
[3] bei nichttragenden Außenwänden auch W 90 zulässig
[4] nach bestimmten bauaufsichtlichen Verwendungsvorschriften einiger Länder auch F 120 gefordert

Tabelle 1

Aus der Bauregelliste A Teil 1 sind derzeit (noch) die „Übersetzungen" der bauaufsichtlichen Anforderungen bzgl. des Brandverhaltens zu den europäischen Klassifizierungen nach DIN EN 13501-1 zu entnehmen. Dazu wird auf Anlage 0.2.2 verwiesen, ein Auszug ist im Folgenden abgedruckt:

Anlage 0.2.2 (2009/1)
Die nach DIN EN 13501-1 klassifizierten Eigenschaften zum Brandverhalten von Baustoffen (ausgenommen Bodenbeläge) entsprechen folgenden bauaufsichtlichen Anforderungen in bauaufsichtlichen Verwendungsvorschriften:

Bauaufsichtliche Anforderung	Zusatzanforderungen		Europäische Klasse nach DIN EN 13501-1[1/2]	
	kein Rauch	kein brennendes Abfallen/Abtropfen	Bauprodukte, ausgenommen lineare Rohrdämmstoffe	lineare Rohrdämmstoffe
Nichtbrennbar	X	X	A1	A1L
	X	X	A2 – s1, d0	A2L – s1, d0
Schwerentflammbar	X	X	B – s1, d0 C – s1, d0	BL – s1, d0 CL – s1, d0
		X	A2 – s2, d0 A2 – s3, d0 B – s2, d0 B – s3, d0 C – s2, d0 C – s3, d0	A2L – s2, d0 A2L – s3, d0 BL – s2, d0 BL – s3, d0 CL – s2, d0 CL – s3, d0
	X		A2 – s1, d1 A2 – s1, d2 B – s1, d1	A2L – s1, d1 A2L – s1, d2 BL – s1, d1
			B – s1, d2 C – s1, d1 C – s1, d2	BL – s1, d2 CL – s1, d1 CL – s1, d2
			A2 – s3, d2 B – s3, d2 C – s3, d2	A2L – s3, d2 BL – s3, d2 CL – s3, d2
Normalentflammbar		X	D – s1, d0 D – s2, d0 D – s3, d0 E	DL – s1, d0 DL – s2, d0 DL – s3, d0 EL
			D – s1, d1 D – s2, d1 D – s3, d1 D – s1, d2 D – s2, d2 D – s3, d2	DL – s1, d1 DL – s2, d1 DL – s3, d1 DL – s1, d2 DL – s2, d2 DL – s3, d2
			E – d2	EL – d2
Leichtentflammbar			F	FL

[1] In den europäischen Prüf- und Klassifizierregeln ist das Glimmverhalten von Baustoffen nicht erfasst. Für Verwendungen, in denen das Glimmverhalten erforderlich ist, ist das Glimmverhalten nach nationalen Regeln nachzuweisen.
[2] Mit Ausnahme der Klassen A1 (ohne Anwendung der Fußnote c zu Tabelle 1 der DIN EN 13501-1) und E kann das Brandverhalten von Oberflächen von Außenwänden und Außenwandbekleidungen (Bauarten) nach DIN EN 13501-1 nicht abschließend klassifiziert werden.

Tabelle 2 (ausgenommen Bodenbeläge)

3.2 Verwendung brennbarer Baustoffe
3.2.1 Lüftungsleitungen

Brennbare Dämmstoffe aus z. B. synthetischem Kautschuk (Baustoffklasse schwerentflammbar/normalentflammbar, z. B. für Außenluftleitungen) werden häufig aus bauphysikalischer Sicht angewendet. Die entsprechenden Anforderungen sind in Abschnitt 3.2.2 beschrieben.

Ferner sind die Anforderungen des Abschnittes 6.4.4 für die Ausführung der Lüftungsleitungen in Lüftungszentralen zu beachten.

Brennbare Stoffe sind für die Herstellung (Ausführung) von Lüftungsleitungen in schwerentflammbarer Bauart für bestimmte Anwendungen erforderlich. So sind bspw. Blechleitungen gegen chemische Beanspruchungen nicht ausreichend widerstandsfähig. Dementsprechend werden in diesem Fall i. d. R. schwerentflammbare Lüftungsleitungen verwendet oder Lüftungsleitungen mit brennbaren Beschichtungen (siehe Abschnitt 3.2.2).

Die Verwendung schwerentflammbarer Baustoffe ist zulässig für

1. Lüftungsleitungen, die nicht durch Bauteile hindurchgeführt werden, für die eine Feuerwiderstandsfähigkeit aus Gründen des Raumabschlusses vorgeschrieben ist,

Lüftungsleitungen, die ausschließlich innerhalb eines Brandabschnittes bzw. innerhalb von Brandbekämpfungsabschnitten verlegt werden, leisten keinen Beitrag bei der Brandübertragung in andere Bereiche. Entsprechend sind in diesen Fällen schwerentflammbare Baustoffe zulässig.

2. Lüftungsleitungen mit Brandschutzklappen am Durchtritt durch Bauteile, für die eine Feuerwiderstandsfähigkeit aus Gründen des Raumabschlusses vorgeschrieben ist; die Brandschutzklappen müssen mindestens feuerhemmend sein; die höheren Anforderungen an die Feuerwiderstandsfähigkeit aufgrund der Abschnitte 4 bis 6 bleiben unberührt oder

Werden Lüftungsleitungen gemäß 1. aus dem Brandabschnitt bzw. Brandbekämpfungsabschnitt in andere Abschnitte geführt, sind zur Verhinderung der Brandübertragung Absperrvorrichtungen (Brandschutzklappen) in den feuerwiderstandsfähigen Bauteilen vorzusehen.

3. Lüftungsleitungen, die mindestens feuerhemmend sind (schwerentflammbare Baustoffe jedoch nur für die innere Schale) sowie für Lüftungsleitungen, die in einem mindestens feuerhemmenden Schacht verlegt sind; die höheren Anforderungen an die Feuerwiderstandsfähigkeit aufgrund der Abschnitte 4 bis 6 bleiben unberührt.

Bei Überbrückung feuerwiderstandsfähig getrennter Bereiche müssen Lüftungsleitungen grundsätzlich der höchsten Feuerwiderstandsdauer der durchdrungenen raumabschließenden Bauteile entsprechen. Es genügt nicht, eine Kunststoffleitung lediglich mit feuerwiderstandsfähigem Material (ähnlich wie in DIN 4102-4 für Stahlblechleitungen beschrieben) zu bekleiden. Bei Kunststoffleitungen bedeutet dies, dass sie ausschließlich im Inneren einer feuerwiderstandsfähigen Lüftungsleitung oder im Inneren eines feuerwiderstandsfähigen Schachtes verlegt werden dürfen (Verwendbarkeitsnachweise sind dabei zu beachten!).

Werden wegen korrosiver Medien schwerentflammbare, jedoch chemisch widerstandsfähige Baustoffe verwendet, so können anstelle der Ausführungen feuerhemmender Leitungen mit innen liegender schwerentflammbarer Leitung auch Brandschutzklappen verwendet werden, wenn diese für eine solche Anwendung zulässig sind (d. h., im Rahmen der Erteilung der Zulassung/ETA geprüft wurden) (siehe **Teil B-II.**).

Abweichend von Satz 1 Nr. 1 und 2 sind brennbare Baustoffe nicht zulässig für Lüftungsleitungen

1. in notwendigen Treppenräumen, in Räumen zwischen den notwendigen Treppenräumen und den Ausgängen ins Freie, in notwendigen Fluren, es sei denn, diese Leitungen sind mindestens feuerhemmend oder
2. über Unterdecken, die tragende Bauteile brandschutztechnisch schützen müssen.

In den aufgeführten Rettungswegen dürfen grundsätzlich keine Brandlasten offen verlegt werden. Daher wird die Verwendung brennbarer Baustoffe für Lüftungsleitungen in den Rettungswegen zunächst grundsätzlich ausgeschlossen. Für brennbare, lokal begrenzte und kleine Bauteile von Lüftungsleitungen, wie z. B. Ein- und Auslässe, ist Abschnitt 3.2.3 zu beachten.

Oberhalb einer klassifizierten Unterdecke (umgangssprachlich: abgehängte Decke), die tragende Bauteile schützt, dürfen keine brennbaren Lüftungsleitungen verlegt werden.

Werden brennbare Lüftungsleitungen in Deckenhohlräumen oberhalb klassifizierter Deckenhohlräume verlegt, müssen diese im Brandfall gegen Herabfallen auf die Decke gesichert werden. Ohne diese Maßnahme wäre die Standfestigkeit der Unterdecke beeinträchtigt.

Hinweis: Brennbare Lüftungsleitungen oberhalb klassifizierter Unterdecken sind gegen ein Herabfallen zu schützen. Dazu ist z. B. eine Stahlblechauffangwanne ausreichend. Weitere Hinweise zu dieser Anforderung werden in Abschnitt 5.2.4 beschrieben, z. B. zum einzuhaltenden Abstand zu Unterdecken.

Abweichend von Satz 1 Nr. 1 bis 3 sind brennbare Baustoffe nicht zulässig für Lüftungsleitungen, in denen

1. Luft mit Temperaturen von mehr als 85 °C gefördert wird oder
2. sich im besonderen Maße brennbare Stoffe ablagern können (z. B. Abluftleitungen für gewerbliche Küchen, Raumlüftungsanlagen in holzverarbeitenden Betrieben).

Besteht aufgrund von Ablagerungen die Gefahr einer inneren Brandlast oder sehr schnellen Brandausbreitung, dürfen grundsätzlich keine brennbaren Lüftungsleitungen zur Anwendung kommen.

Die Abschnitte 3.2.2 und 3.2.3 beschreiben Erleichterungen für die Verwendung brennbarer Baustoffe.

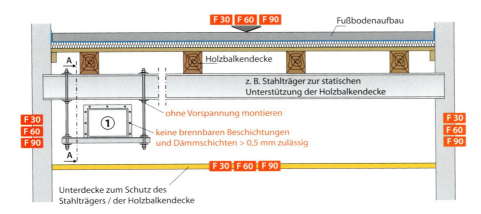

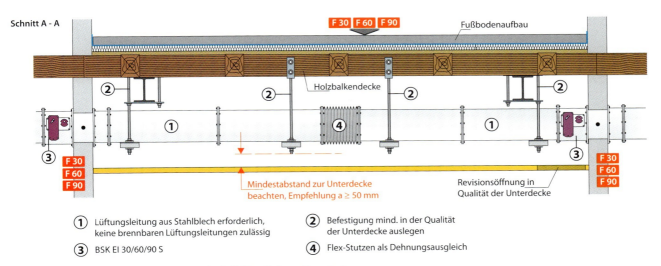

Bild A-II – 3/1: Verlegung von Lüftungsleitungen oberhalb klassifizierter Unterdecken

3.2.2 Beschichtungen und Bekleidungen sowie Dämmschichten

Für Dämmschichten, Dampfsperren, Folien, Beschichtungen und Bekleidungen für Lüftungsleitungen gilt Abschnitt 3.2.1 sinngemäß. Anstelle schwerentflammbarer Baustoffe dürfen für Dampfsperren, Folien und Beschichtungen mit einer Dicke von nicht mehr als 0,5 mm Baustoffe verwendet werden, die im eingebauten Zustand normalentflammbar sind.

Aus brennbaren Baustoffen bestehende Dampfsperren, Folien und Beschichtungen mit einer Dicke von nicht mehr als 0,5 mm dürfen durch Bauteile, für die eine Feuerwiderstandsfähigkeit aus Gründen des Raumabschlusses vorgeschrieben ist, hindurchgeführt werden.

Brennbare Folien bis 0,5 mm Dicke sind damit nur als Trennlage, zwischen Lüftungsleitungen und umlaufenden Vermörtelungen, zulässig.

Beschichtungen von Lüftungsrohren und -kanälen – z. B. Farbanstriche bis 0,5 mm Dicke – sind auch aus brennbaren Baustoffen für den Fall zulässig, dass schwerentflammbare Baustoffe verwendet werden dürfen. Dazu bedarf es keiner besonderen Zulassung.

Die Erleichterungen nach Abschnitt 3.2.2 gelten nicht für die Verlegung innerhalb notwendiger Rettungswege (vgl. Abschnitt 3.2.1, Satz 2, Nr. 1 und Nr. 2).

3.2.3 Lokal begrenzte und kleine Bauteile von Lüftungsanlagen

Für lokal begrenzte Bauteile, wie in Einrichtungen zur Förderung und Aufbereitung der Luft und zur Regelung der Lüftungsanlage sowie für kleine Teile, wie Bedienungsgriffe, Dichtungen, Lager, Messeinrichtungen dürfen brennbare Baustoffe verwendet werden.

Dies gilt auch für elektrische und pneumatische Leitungen, soweit sie außerhalb von Lüftungsleitungen liegen und den zur Lüftungsanlage gehörenden Einrichtungen in Lüftungsleitungen von außen auf kürzestem Wege zugeführt sind.

Ein- und Auslässe von Lüftungsleitungen dürfen aus brennbaren Baustoffen bestehen.

Die Ausführung betrifft im Wesentlichen

- Bauteile innerhalb der Lüftungsgeräte,
- Volumenstromregler,
- elastische Stutzen,
- Schwingungsdämpfer,
- Schläuche,
- Dichtungen,
- Kabeleinführungen,
- Rauchauslöseeinrichtungen für die Lüftungsanlage und
- kleine Messeinrichtungen, die im Brandfall nicht zu einer Brandweiterleitung beitragen können.

Zu den elektrischen Leitungen gehören auch die MSR-Leitungen und Steuergeräte.

Wegen der lokalen Begrenzung kommt es nicht zu einer relevanten Erhöhung brennbarer Materialien.

Dies gilt auch für Ein- und Auslässe der Lüftungsleitungen.

Abschnitt 3.2.3 stellt keinen Bezug zu den Abschnitten 3.2.1 und 3.2.2 her. Von daher kann davon ausgegangen werden, dass diese Erleichterungen generell zulässig sind, soweit nicht explizit in einem Abschnitt eine andere Regelung getroffen wird. Es wird empfohlen, die Verwendung dieser brennbaren Bauteile in notwendigen Rettungswegen zu vermeiden.

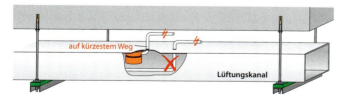

Im luftführenden Querschnitt von Lüftungsleitungen dürfen nur Einrichtungen von Lüftungsanlagen und zugehörigen Leitungen vorhanden sein, z. B.
- Druckdosen/Kanalrauchmelder inkl. Zuleitungen,
- Mess- und Regeltechnik inkl. Zuleitungen,
- Wärmetauscher inkl. Medienzuführung.

Bild A-II – 3/2: Einbau von Komponenten und Leitungen zum Betrieb von Lüftungsanlagen

3.2.4 Übrige Bauteile und Einrichtungen von Lüftungsanlagen

Für die übrigen Bauteile und Einrichtungen dürfen brennbare Baustoffe nur nach Maßgabe der Anforderungen der nachfolgenden Abschnitte 5.2.3, 6.2 und 6.4.4 sowie der entsprechenden schematischen Darstellungen verwendet werden.

4 Anforderungen an die Feuerwiderstandsfähigkeit von Lüftungsleitungen und Absperrvorrichtungen von Lüftungsanlagen

4.1 Grundlegende Anforderungen

Die Anforderungen des § 41 Abs. 2 MBO gelten als erfüllt, wenn die Anforderungen der folgenden Abschnitte 5 bis 8 eingehalten werden und die Lüftungsanlagen entsprechend den schematischen Darstellungen der Bilder 1 bis 6 nach Maßgabe der Bildunterschriften ausgebildet werden.

Dabei gilt, dass die Feuerwiderstandsfähigkeit der Brandschutzklappen der vorgeschriebenen Feuerwiderstandsfähigkeit der Bauteile, die von den Lüftungsleitungen durchdrungen werden, entsprechen muss (in feuerhemmenden Bauteilen Klappen der Klassifizierung EI 30($v_e h_o$ i↔o)-S [ehemalige nationale Klassifizierung: K 30], in hochfeuerhemmenden Bauteilen Klappen EI 60($v_e h_o$ i↔o)-S [ehemalige nationale Klassifizierung: K 60] und in feuerbeständigen Bauteilen Klappen EI 90($v_e h_o$ i↔o)-S [ehemalige nationale Klassifizierung: K 90]) oder die Feuerwiderstandsfähigkeit der Lüftungsleitungen bei erforderlicher Ausführung in feuerwiderstandsfähiger Bauart der höchsten vorgeschriebenen Feuerwiderstandsfähigkeit der von ihnen durchdrungenen raumabschließenden Bauteile entsprechen muss.

In notwendigen Fluren mit feuerhemmenden Wänden genügen anstelle von feuerhemmenden Lüftungsleitungen Lüftungsleitungen aus Stahlblech, ohne Öffnungen, mit Abhängern aus Stahl, vgl. Bild 3.1 und Bild 3.2.

Mit der MBO 2002 (Fassung November 2002, zuletzt geändert durch Beschluss der Bauministerkonferenz vom 21.09.2012) werden Maßnahmen zur Verhinderung der Ausbreitung von Feuer und Rauch gefordert. Bei der Durchführung von Leitungs- und Lüftungsanlagen durch raumabschließende Bauteil, kann dies mittels Abschottungen erreicht werden.

In allen raumabschließenden Bauteilen mit Anforderungen an die Feuerwiderstandsfähigkeit, z. B. einer Feuerwiderstandsdauer von 30, 60, 90 und 120 Minuten, können als Abschottungen Brandschutzklappen oder Brandschutzventile etc. mit Klassifizierung als Brandschutzklappe eingebaut werden. Überbrückungen raumabschließender Bauteile können alternativ mit feuerwiderstandsfähigen Lüftungsleitungen erfolgen. Sollte dabei der überbrückte Bereich lufttechnisch versorgt werden, sind in den Wandungen der feuerwiderstandsfähigen Lüftungsleitungen dafür zulässige Brandschutzklappen einzubringen.

> **Hinweis:** Nachfolgend erfolgen Interpretationen zum Abschnitt 4.1 M-LüAR – auch unter Verwendung von Textteilen und Bildern aus anderen Abschnitten. Diese Interpretationen ergänzen die späteren Kommentierungen zu den jeweiligen Abschnitten, z. B. Abschnitt 5.2.1.2

A) Interpretationen zum Abschnitt 4.1 M-LüAR

> **Hinweis:** In der DIN 4102 Ausgabe 1940 wird der Begriff „hochfeuerbeständig" mit einer Feuerwiderstandsdauer von 180 Minuten normiert; dies entfällt jedoch in den nachfolgenden Überarbeitungen. Insofern ist auch eine Feuerwiderstandsdauer von mehr als 120 Minuten eine höhere Feuerwiderstandsdauer als die in DIN 4102 zu findende Klasse „feuerbeständig".

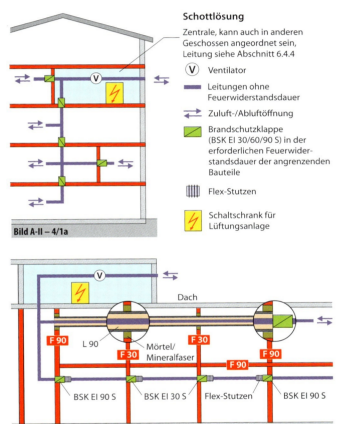

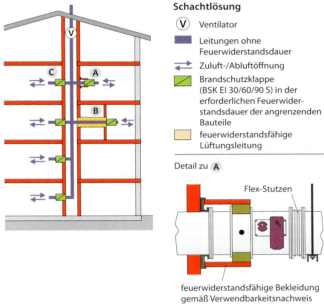

Bild A-II – 4/1 a/b: Brandschutzklappen an den Durchdringungsstellen der feuerwiderstandsfähigen raumabschließenden Decken oder Wände, an die Anforderungen hinsichtlich der Feuerwiderstandsfähigkeit gestellt werden

Wenn raumabschließende, tragende Bauteile mit einer Feuerwiderstandsdauer von 120 Minuten erforderlich sind, werden grundsätzlich Absperrvorrichtungen oder Lüftungsleitungen gleicher Widerstandsdauer gefordert. Dies ist in der Aufzählung in Abschnitt 4 jedoch nicht weiter ausgeführt.

Durchdringen feuerwiderstandsfähige Lüftungsleitungen raumabschließende Bauteile mit einer Klassifizierung von F 120, sind diese mit der gleichen Feuerwiderstandsfähigkeit (L 120/EI 120 S) auszuführen.

Wenn in raumabschließenden Bauteilen mit einer Klassifizierung von F 120 Brandschutzklappen verwendet werden sollen, sind Brandschutzklappen der Kategorie EI 120 ($v_e h_o$ i↔o) S notwendig.

Bild A-II – 4/2: Brandschutzklappen an den Durchdringungsstellen der feuerwiderstandsfähigen raumabschließenden Schachtwände und feuerwiderstandsfähige Lüftungsleitungen, an die Anforderungen hinsichtlich der Feuerwiderstandsfähigkeit gestellt werden

> **Hinweis:** Für Absperrvorrichtungen in raumabschließenden Bauteilen mit einer Feuerwiderstandsfähigkeit von 120 Minuten sind in Deutschland Brandschutzklappen EI 120 ($v_e h_o$ i↔o) S zu verwenden.
> Von dieser Regel abweichende Ausführungen sind nur möglich, wenn sie im Rahmen des Brandschutzkonzeptes beschrieben und im Baugenehmigungsverfahren zugelassen werden.
> Dazu ist die Lösung mit Brandschutzklappen der Kategorie EI 90 ($v_e h_o$ i↔o) S bei einer Durchführung von Stahlblech-Lüftungsleitungen durch Bauteile mit einer Klassifizierung von F 120 im Brandschutzkonzept darzustellen und zu begründen. Bei baulichen Anlagen mit Bauteilen mit einer Klassifizierung von F 120 kann eine derartige Lösung in Zusammenhang mit den weiteren anlagentechnischen Brandschutzmaßnahmen, z. B. selbsttätigen Feuerlöschanlagen und Brandmeldeanlagen, i. d. R. genehmigt werden.

A) Interpretationen zum Abschnitt 4.1 M-LüAR

Schematische Darstellungen

1 Durchführung von Lüftungsleitungen durch raumabschließende Bauteile

1.1 Durchführung vertikaler Lüftungsleitungen durch raumabschließende Decken, an die Anforderungen hinsichtlich der Feuerwiderstandsfähigkeit gestellt werden

Bild 1.1: Schottlösung
Brandschutzklappen an den Durchdringungsstellen der feuerwiderstandsfähigen Decken

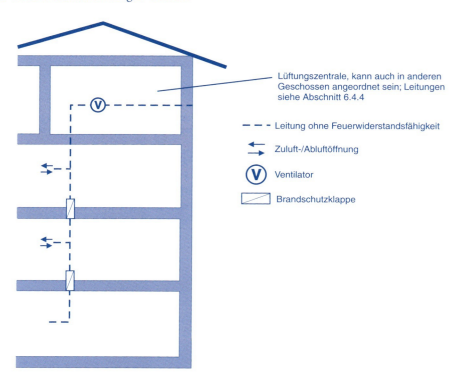

In Bild 1.1 der M-LüAR wird die notwendige Anordnung von Brandschutzklappen in den raumabschließenden Bauteilen der Geschossdecken gezeigt. Die Anordnung der Schottlösung (Brandschutzklappen) kann auch auf die Abschottung raumabschließender Wände übertragen werden, siehe schematische Darstellungen Abschnitt 1.2.

Grundsätzlich ist es möglich, Lüftungsleitungen aus der Lüftungszentrale ohne brandschutztechnische Absperrvorrichtungen in den unmittelbar angrenzenden Nutzungsbereich zu führen. Dabei sind allerdings die Durchführungen durch die Wände und Decken dicht mit mineralischen, nichtbrennbaren Baustoffen zu verschließen, so dass der Raumabschluss der Lüftungszentrale erhalten bleibt. Hierbei werden die Nutzungsbereiche keinesfalls der Lüftungszentrale „zugeschlagen" (der Vorgang wird häufig von Fachplanern in Diskussionen so bezeichnet). Dieser Verzicht auf Absperrvorrichtungen ist eine Erleichterung für die Ausführung.

Im Vorfeld sollte jedoch geprüft werden, ob der Einbau einer Lüftungszentrale erforderlich ist oder ob ein dem Nutzungsbereich zugehöriger Platz/Raum zur Aufstellung des Lüftungsgerätes ausreicht (siehe Abschnitt 6 „Einrichtungen zur Luftaufbereitung und Lüftungszentralen").

B) Interpretationen zum Abschnitt 4.1 M-LüAR

Bild 1.2: Schachtlösung
Brandschutzklappen an den Durchdringungsstellen der feuerwiderstandsfähigen Schachtwände

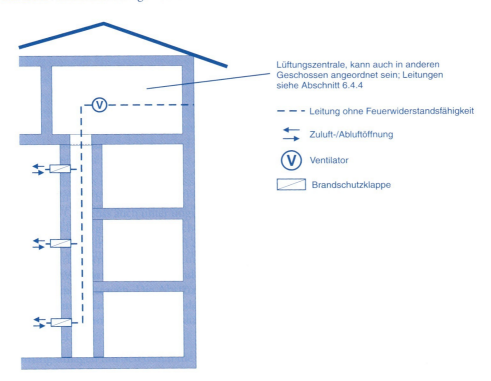

Folgende Anordnungen sind zulässig:

1) feuerwiderstandsfähiger Schacht aus Wänden der Feuerwiderstandsklasse F30/F60/F90 aus nichtbrennbaren Baustoffen z. B. nach DIN 4102 Teil 4 oder
2) feuerwiderstandsfähiger Schacht gemäß L-Klassifikation oder
3) selbständige feuerwiderstandsfähige Lüftungsleitung der Klassifikation L30/L60/L90 (Schacht = luftführende Hauptleitung)

und jeweils Brandschutzklappen bei Abzweigen in den Geschossen an den Durchtrittsstellen durch den Schacht bzw. an den Anschlussstellen der Lüftungsleitung.

zu 1) Der Schacht aus F-Bauteilen bildet brandschutztechnisch einen eigenen Abschnitt im Gebäude, in dem auch andere Installationen zulässig sind. Diese Installationen dürfen auch aus brennbaren Baustoffen bestehen oder brennbare Medien führen, wenn alle Ein- und Ausführungen von Lüftungsleitungen (also auch die zur Lüftungszentrale) durch Brandschutzklappen EI 30/60/90(v_eh_o i↔o)-S geschützt sind (siehe auch Abschnitt 5.1.4). Schacht-Zugangstüren müssen die gleiche Feuerwiderstandsfähigkeit (z. B. T30/T60/T90) wie die Schachtwände erfüllen und zu notwendigen Rettungswegen zudem rauchdicht sein.

zu 2) Der Schacht gemäß L-Klassifikation lässt neben den Lüftungsleitungen nur nichtbrennbare Installationen mit nichtbrennbaren Medien bis 110 °C zu (siehe auch Abschnitt 5.1.5). Zwischen Schacht und Lüftungszentrale ist keine brandschutztechnische Abtrennung notwendig.

zu 3) In feuerwiderstandsfähigen Lüftungsleitungen selbst dürfen nur Einrichtungen von Lüftungsanlagen und zugehörige Leitungen eingebaut werden.

In Bild 1.2 der M-LüAR wird die notwendige Anordnung von Brandschutzklappen in den raumabschließenden feuerwiderstandsfähigen Wänden eines Lüftungs-/Installationsschachtes gezeigt.

Die Lüftungsleitung kann aus dem Schacht ohne brandschutztechnische Absperrvorrichtungen direkt in die Lüftungszentrale geführt werden. Dabei sind allerdings Durchführungen durch die Wände und Decken dicht mit mineralischen Baustoffen zu verschließen, so dass der Raumabschluss der Lüftungszentrale zu anderen Bereichen (Schacht, Räume auf gleichem Geschoss, anderen Geschossen) erhalten bleibt, vgl. Abschnitt 5.2.1.2, Abs. 2. Abweichungen hiervon und die Gleichwertigkeit der auszuführenden Lösungen sind im Brandschutzkonzept darzustellen.

C) Interpretationen zum Abschnitt 4.1 M-LüAR

5.2.1.2 Durchführung durch feuerwiderstandsfähige, raumabschließende Bauteile

Leitungsabschnitte, die brandschutztechnisch zu trennende Abschnitte überbrücken, sind in der höchsten vorgeschriebenen Feuerwiderstandsfähigkeit der durchdrungenen raumabschließenden Bauteile auszuführen; andernfalls sind Brandschutzklappen in den Bauteilen vorzusehen (Schematische Darstellungen 1.1 [siehe Bild 1.1 bis Bild 1.4] und 1.2).

Brandschutzklappen dürfen außerhalb dieser Bauteile nur installiert werden, wenn der Verwendbarkeitsnachweis dies zulässt.

Soweit Lüftungsleitungen ohne Brandschutzklappen durch raumabschließende Bauteile, für die eine Feuerwiderstandsfähigkeit vorgeschrieben ist, hindurchgeführt werden dürfen, sind die verbleibenden Öffnungsquerschnitte mit geeigneten nichtbrennbaren mineralischen Baustoffen dicht und in der Dicke dieser Bauteile zu verschließen. Ohne weiteren Nachweis gelten Stopfungen aus Mineralfasern mit einem Schmelzpunkt > 1000 °C bis zu einer Spaltbreite des verbleibenden Öffnungsquerschnittes von höchstens 50 mm als geeignet. Durch weitere Installationen darf die Stopfung nicht gemindert werden.

Bei feuerwiderstandsfähigen Lüftungsleitungen muss die Feuerwiderstandsfähigkeit der Leitungen auch in den feuerwiderstandsfähigen, raumabschließenden Bauteilen gegeben sein.

Da der Raumabschluss der Lüftungszentrale wie oben beschrieben ausgeführt werden muss und dementsprechend die Feuerwiderstandsfähigkeit sichergestellt ist, können sich Feuer und Rauch lediglich noch über die Lüftungsleitungen ausbreiten.

Wird der Raumabschluss nicht ausgeführt, könnte Rauch von der Lüftungszentrale in den Schacht übertragen werden. Weiterhin könnte Rauch über andere Öffnungen (z. B. Schachtzugangstüren) in den Schacht eindringen und von dort in die Zentrale gelangen.

Hinweis: Vgl. Text zu Bild 1.2 der M-LüAR „Schacht-Zugangstüren müssen die gleiche Feuerwiderstandsfähigkeit (z. B. T 30/60/90) wie die Schachtwände erfüllen und zu notwendigen Rettungswegen zudem rauchdicht sein." Wird von den beschriebenen Lösungen abgewichen, ist zu prüfen, ob das Schutzziel z. B. über rauchdichte Türen oder Rauchabzüge erreicht werden kann.

Brandlasten sollten in feuerwiderstandsfähigen Schächten und Kanälen (F 30 bis F 90) nur in möglichst geringem Umfang eingebracht oder brandschutztechnisch abgetrennt werden. Für die besonderen Anforderungen wird auf Abschnitt 5.1.5 verwiesen.

Grundsätzlich ist es auch möglich, die Lüftungsgeräte im Schacht anzuordnen (siehe Bild 2.2 der M-LüAR). Dabei ist die Ausführung der Schachtkonstruktion in der erforderlichen Feuerwiderstandsfähigkeit, z. B. F 30 bis F 90 oder L 30 bis L 90 (nicht jedoch I 30 bis I 90), notwendig.

Die Belegung der Schachtvarianten mit Leitungsanlagen und Lüftungskanälen wird im Text zu der M-LüAR zu Bild 1.2 und im Abschnitt 5.1.5 beschrieben.

Im Übrigen dürfen in den F- und L-Schächten nur Verschlüsse eingebaut werden, die dafür über einen Verwendbarkeitsnachweis verfügen (Bestandteil der F-/L-Klassifikation), dies sind keine I-klassifizierten Revisionsverschlüsse.

Hinweis: Bei Verlegung von Lüftungsleitungen in I-Schächten nach DIN 4102-11 müssen in den raumabschließenden Bauteilen des I-Schachtes (Decken und Wände) dafür geeignete Brandschutzklappen vorgesehen werden. Zur Zeit sind keine Brandschutzklappen für den Einbau in Schachtwänden bekannt, die für derartige Anwendungen verwendbar sind.

C) Interpretationen zum Abschnitt 4.1 M-LüAR

5.1.5 Lüftungsleitungen und andere Installationen

Im luftführenden Querschnitt von Lüftungsleitungen dürfen nur Einrichtungen von Lüftungsanlagen und zugehörigen Leitungen vorhanden sein. Diese Leitungen dürfen keine brennbaren oder toxischen Stoffe (z. B. Brennstoffe, organische Wärmeträger oder Flüssigkeiten für hydraulische Systeme) und keine Stoffe mit Temperaturen von mehr als 110 °C führen; zulässig sind jedoch Leitungen, die Lufterhitzern von außen Wärmeträger mit höheren Temperaturen auf dem kürzesten Wege zuführen.

Hinweis: Nachfolgender Text beschreibt zu Bild 1.2 der M-LüAR die Ausführung gemäß **Bild A-II – 4/4**, Anordnung 4 feuerwiderstandsfähiger Schacht gemäß L-Klassifikation:

In Schächten und Kanälen der Feuerwiderstandsklasse L 30/60/90 gemäß DIN 4102-4:1994-03, Abschnitte 8.5.1 bis 8.5.6, oder europäisch hierzu gleichwertigen Klassifizierungen dürfen neben den Lüftungsleitungen auch Leitungen für Wasser, Abwasser und Wasserdampf bis 110 °C sowie für Druckluft verlegt werden, wenn sie einschließlich eventuell vorhandener Dämmschichten aus nichtbrennbaren Baustoffen bestehen. Zwischen Schacht und Lüftungszentrale ist keine brandschutztechnische Abtrennung notwendig (siehe Bild 1.2, Anordnung 2).

Hinweis: Nachfolgender Text beschreibt zu Bild 1.2 der M-LüAR die Ausführung gemäß **Bild A-II – 4/3a** Anordnung 1 feuerwiderstandsfähiger Schacht aus Wänden der Feuerwiderstandsklasse F 30/60/90 aus nichtbrennbaren Baustoffen:

Darüber hinaus sind in Schächten und Kanälen, deren Wände der Feuerwiderstandsklasse F 30/60/90 oder europäisch hierzu gleichwertigen Klassifizierungen (Feuerwiderstandsfähigkeit gemäß Abschnitt 4.1) entsprechen und deren Öffnungen in diesen Wänden dichte Verschlüsse (z. B. mit umlaufendem Anschlag) mit derselben Feuerwiderstandsfähigkeit wie die Wände haben, neben den Lüftungsleitungen auch andere (z. B. brennbare) Installationen zulässig, wenn alle ein- und ausführenden Lüftungsleitungen an den Durchtrittsstellen (auch zur Lüftungszentrale) durch Brandschutzklappen EI 30/60/90($v_e h_o$ i↔o)-S [ehemalige nationale Klassifizierung: K 30/60/90] (Feuerwiderstandsfähigkeit gemäß Abschnitt 4), (ohne Zusatzkennzeichnung für eine einschränkende Verwendung) gesichert sind (siehe Bild 1.2, Anordnung 1). Die Notwendigkeit brandschutztechnischer Maßnahmen für diese anderen Installationen bleibt unberührt.

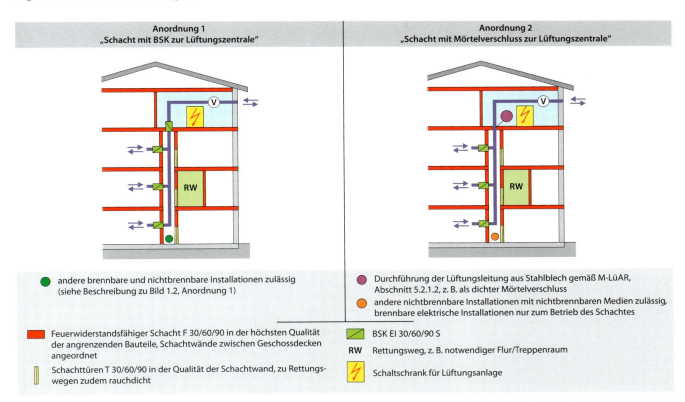

Bild A-II – 4/3a: Beispiele zur Ausführung der Schachtanbindung an die Lüftungszentrale gemäß den Vorgaben der M-LüAR, Bild 1.2

D) Interpretationen zum Abschnitt 4.1 M-LüAR

Exkurs: Bereits in der M-LüAR Fassung 1984 bzw. dem Vorläufer Fassung 1977 waren die Anbindungen aus „Leitungen in Form eines Schachtes oder einem Schacht mit einer Widerstandsdauer(…)" mit einem dichten Verschluss an der Durchführung durch die Decken ohne Brandschutzklappe zur Lüftungszentrale enthalten. Dieses „dichte Verschließen" ist seit 2005 in der textlichen Ausführung des Abschnittes 5.2.1.2. geregelt und in den lediglich erläuternden Bildern der M-LüAR nur durch Andeutung der Fortführung der Decke (gestrichelte Linien in Bild 1.2) zu sehen.

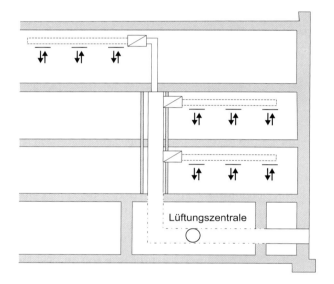
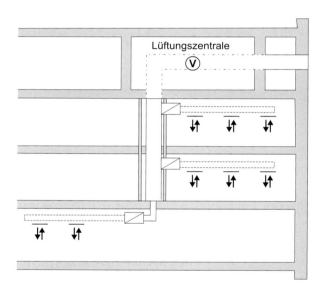

— Leitungen mit Widerstandsdauer gemäß Tabelle 1
---- Leitungen ohne Widerstandsdauer
-·-·- Leitungen ohne Widerstandsdauer, siehe jedoch Abschnitt 5.5.5

||| Leitung in Form eines Schachtes oder in einem Schacht (z.B. Beton), Schächte mit einer Widerstandsdauer gemäß Tabelle 1
◩ Absperrvorrichtung mit Widerstandsdauer gemäß Tabelle 1 (vergl. Anmerkungen)

↕ Zu- bzw. Abluft
Ⓥ Ventilator

M-LüAR 1984: Bilder 10 und 11 … AV (Absperrvorrichtung/Brandschutzklappe) horizontal durchströmt

D) Interpretationen zum Abschnitt 4.1 M-LüAR

Beispielhafte Anordnung 3 „Schacht mit Lüftungszentrale als eine Einheit"	Beispielhafte Anordnung 3 (Darstellung im Schnitt) „Innen liegende Installationsschächte/-leitungen mit Klassifizierung"
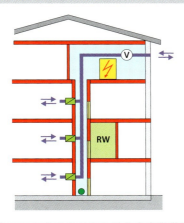	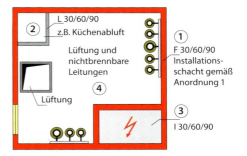

Legende linke Seite:
- Feuerwiderstandsfähiger Schacht F 30/60/90 in der höchsten Qualität der angrenzenden Bauteile, Schachtwände zwischen Geschossdecken angeordnet
- BSK EI 30/60/90 S
- Schachttüren T 30/60/90-RS in der Qualität der Schachtwand rauchdicht mit umlaufendem Falz und umlaufender Dichtung
- **offene Anbindung zwischen Installationsschacht und Lüftungszentrale nur mit Beschreibung der Abweichung über das Brandschutzkonzept möglich**
- andere brennbare und nichtbrennbare Installationen zulässig (siehe Beschreibung zu Bild 1.2, Anordnung 1)
- RW Rettungsweg, z. B. notwendiger Flur/Treppenraum
- Schaltschrank für Lüftungsanlage

Legende rechte Seite:
1. Innerhalb des F 30/60/90-Schachtes können bei Bedarf innenliegende L 30/60/90-Kanäle bzw. I 30/60/90-Installationskanäle angeordnet werden. Jede Schachteinheit ist am Schachteintritt und -austritt entsprechend den jeweiligen Anforderungen abzuschotten.
2. L 30/60/90-Lüftungsleitung mit/ohne innen liegendem Stahlblechkanal
3. I 30/60/90-Installationskanal
4. Belegung mit Installationen im F 30/60/90-Installationsschacht wie in der Anordnung 3 oder in den Anwendungen „Schacht mit Lüftungszentrale als eine Einheit" beschrieben
- Schachttüren wie in Anordnung 3 oder in der Anordnung „Schacht mit Lüftungszentrale als eine Einheit" beschrieben

Bild A-II – 4/3b: Beispiele zur Ausführung der Schachtanbindung an die Lüftungszentrale gemäß den Vorgaben der M-LüAR, Bild 1.2

D) Interpretationen zum Abschnitt 4.1 M-LüAR

Beispielhafte Anordnung 4
„Feuerwiderstandsfähiger L 30/60/90-Installationsschacht"

Beispielhafte Anordnung 5
„Feuerwiderstandsfähiger L 30/60/90-Lüftungsschacht mit anschließender L 90-Leitung"

- 🟥 Feuerwiderstandsfähiger Lüftungsschacht L 30/60/90 in der höchsten Qualität der angrenzenden Bauteile mit innen liegender Stahlblechleitung
- 🔴 Durchführung der Lüftungsleitung aus Stahlblech gemäß M-LüAR, Abschnitt 5.2.1.2, z. B. als dichter Mörtelverschluss
- 🟠 andere nichtbrennbare Installationen zulässig (siehe Beschreibung zu Bild 1.2, Anordnung 2)
- 🟨 Revisionsöffnungen entsprechend den Anforderungen der L 30/60/90-Lüftungsleitung
- **RW** Rettungsweg, z. B. notwendiger Flur/Treppenraum

- 🟥 Feuerwiderstandsfähige durchgängige Lüftungsleitung L 30/60/90
- 🟠 andere Leitungsanlagen **sind nicht zulässig**, außer zum Betrieb der Lüftungsleitung (siehe Beschreibung zu Bild 1.2, Anordnung 3 und **Bild A-II – 3/2**)
- ⚡ Schaltschrank für Lüftungsanlage

Bild A-II – 4/4: Beispiel zur Ausführung mit L 30/60/90-Lüftungsleitungen/-schächten/-kanälen gemäß den Vorgaben der M-LüAR, Bild 1.2

Grundsätzlich ist es möglich, die erforderliche Brandschutzklappe in der Schachtwandung in ein entferntes raumabschließendes Bauteil zu verlegen, wenn der Raumabschluss z. B. durch den Einbau eines L-Kanals in der erforderlichen Feuerwiderstandsdauer gewährleistet wird (siehe **Bild A-II – 4/3b**).

Ebenfalls grundsätzlich möglich ist es, eine notwendige Brandschutzklappe durch den Einbau eines L-Kanals in der erforderlichen Feuerwiderstandsdauer von der Schachtwandung entfernt einzubauen. Der Raumabschluss des Schachtes wird durch den L-Kanal gewährleistet (siehe **Bild A-II – 4/2**).

Schächte gemäß Bild 1.2 der M-LüAR – Anordnung 1) können mit allen Geschossen durchquerenden Schachtwänden oder auch mit Schachtwandkonstruktionen/Abmauerungen zwischen den Geschossdecken erstellt werden (siehe auch Abschnitt 5.1.5 der M-LüAR).

E) Interpretationen zum Abschnitt 4.1 M-LüAR

Lüftungsanlagen mit getrennten Haupt- und getrennten Außenluft- oder Fortluftleitungen ohne Absperrvorrichtungen

Werden, wie in Bild 1.3 der M-LüAR dargestellt, getrennte Lüftungsanlagen für unterschiedliche Nutzungseinheiten geplant, besteht die Möglichkeit, die Lüftungsleitung ab Austritt aus der Lüftungszentrale bis zum Eintritt in den Nutzungsbereich feuerwiderstandsfähig (L 30 bis L 90), in der höchsten erforderlichen Feuerwiderstandsdauer des durchdrungenen Bauteils, herzustellen. Bei dieser Anordnung kann auf den Einbau von Brandschutzklappen verzichtet werden. In der Lüftungszentrale selbst sind die Lüftungsleitungen mit nichtbrennbaren Baustoffen (vgl. Abschnitt 3.1 der M-LüAR) – z. B. mit Stahlblech mit ausschließlich nichtbrennbarer Dämmung – auszuführen.

In Bild 1.3 der M-LüAR wird beispielhaft dargestellt, dass Lüftungsleitungen aus der Lüftungszentrale ohne brandschutztechnische Absperrvorrichtungen in den direkt angrenzenden Nutzungsbereich führen. Dabei sind allerdings die Durchführungen durch die Wände und Decken dicht mit mineralischen Baustoffen zu verschließen, so dass der Raumabschluss der Lüftungszentrale erhalten bleibt.

Durch die Überbrückung mit den klassifizierten Lüftungsleitungen (L 30 bis L 90) wird für andere Nutzungseinheiten gewährleistet, dass eine Übertragung von Feuer und Rauch sicher verhindert wird. Es wird sowohl die Rauchübertragung durch die getrennten Anlagen als auch die Übertragung des Feuers über die langen Brandüberschlagswege verhindert.

Das Anlagenkonzept kann z. B. bei Abluftanlagen industrieller Anwendung und brennbaren Lüftungsleitungen verwendet werden, bei denen der Einbau von Brandschutzklappen aus Betriebsgründen nicht möglich ist.

Bild 1.3: Lüftungsanlagen mit getrennten Haupt- und getrennten Außenluft- oder Fortluftleitungen ohne Absperrvorrichtungen

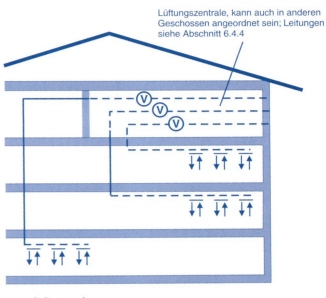

– – Leitungen ohne Feuerwiderstandsfähigkeit
— Leitungen mit Feuerwiderstandsfähigkeit[1]
Zuluft-/Abluftöffnung
V Ventilator

Lüftungszentrale, kann auch in anderen Geschossen angeordnet sein; Leitungen siehe Abschnitt 6.4.4

[1] Die Feuerwiderstandsfähigkeit der Leitungen muss auch in den Durchdringungen der Decken oder Wände gegeben sein

F) Interpretationen zum Abschnitt 4.1 M-LüAR

Lüftungsanlagen mit getrennten Hauptleitungen und gemeinsamer Außenluft- oder Fortluftleitung mit Rauchschutzklappe

Bild 1.4 der M-LüAR zeigt Lüftungsleitungen, die in der Lüftungszentrale an ein Lüftungsgerät angeschlossen werden.

Die Übertragung von Feuer und Rauch wird über die langen Brandüberschlagswege und durch die integrierten Rauchschutzklappen verhindert. Über die Rauchauslöseeinrichtung der Rauchschutzklappen wird diese Klappe selbsttätig geschlossen.

Bei Ansprechen der Rauchauslöseeinrichtungen müssen die Ventilatoren abgeschaltet werden, sofern der Weiterbetrieb nicht der Rauchausbreitung entgegenwirkt. Für die Ausführung der Anlage ist dabei zu untersuchen, wann ein Abschalten von Zuluft- und/oder Abluftventilatoren erforderlich ist. Zu vermeiden sind z. B. Druckverhältnisse, die den Rauch vom brandbeaufschlagten Bereich in andere Bereiche des Geschosses oder andere Geschosse weiterleiten können.

Zulässig ist die Verwendung von Rauchschutzklappen (siehe Bild 1.4 der M-LüAR) wie auch von Brandschutzklappen mit Rauchauslöseeinrichtung (siehe **Bild A-II – 4/5**).

Hinweis: Die Montage dieser Brandschutzklappe gem Bild 1.4 der M-LüAR ohne Einbau in einer feuerwiderstandsfähigen Wand oder Decke gilt als Erleichterung im Sinne der M-LüAR.

Bild 1.4: Lüftungsanlagen mit getrennten Hauptleitungen und gemeinsamer Außenluft- oder Fortluftleitung mit Rauchschutz

1.2 Durchführung horizontaler Lüftungsleitungen durch raumabschließende Wände, an die Anforderungen hinsichtlich der Feuerwiderstandsfähigkeit gestellt werden

Die in den Bildern 1.1 bis 1.4 dargestellten Lösungen gelten für Lüftungsanlagen, ausgenommen Lüftungsanlagen nach DIN 18017-3:2009-09, mit horizontal geführten Leitungen, die feuerwiderstandsfähige raumabschließende Wände durchdringen, entsprechend.

Die Bilder 1.1 bis 1.4 sind in diesen Fällen als Horizontalschnitte durch das Gebäude anzuwenden.

Die Regelungen der Leitungsdurchführung durch feuerwiderstandsfähige Wände notwendiger Flure sind in den Bildern 3.1 und 3.2 enthalten.

Alle beispielhaften Darstellungen der Bilder 1.1 bis 1.4 der M-LüAR sind sinngemäß auch für die horizontale Anordnung der Lüftungsstränge/Schächte anzuwenden (vgl. schematische Darstellungen Abschnitt 1.2). Hierbei dürfen einzig Brandschutzklappen der Klassifizierung EI 30 ($v_e h_o$ i↔o) S verwendet werden.

Die Brandschutzklappen der Klassifizierung K 30-18017 bis K 90-18017 dürfen grundsätzlich nur entsprechend den Verwendbarkeitsnachweisen angewendet werden. Der Einbau in Trennwänden von Nutzungseinheiten oder Flurtrennwänden ist nicht zulässig.

Deckenhohlräume als Installationsbereiche, z. B. in notwendigen Fluren, sind keine Lüftungsschächte oder -kanäle, somit ist die Anwendung der genannten 18017-Brandschutzklappen dort nicht zugelassen.

Für „Überströmöffnungen" sind Erläuterungen und Lösungsmöglichkeiten in **Teil F-II.** aufgeführt.

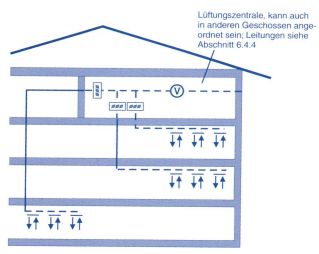
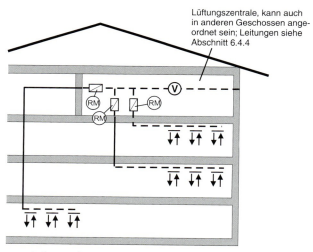

Bild A-II – 4/5: Umsetzung von Bild 1.4 der M-LüAr mit Brandschutzklappen und Rauchauslöseeinrichtungen

G) Interpretationen zum Abschnitt 4.1 M-LüAR

2 Brandschutz im Dachraum

Führen Lüftungsleitungen durch einen Dachraum, müssen bei der Durchdringung einer Decke, die feuerwiderstandsfähig sein muss, zwischen oberstem Geschoss und Dachraum
1. Absperrvorrichtungen eingesetzt werden (siehe Bild 2.1),
2. die Teile der Lüftungsanlage im Dachraum mit einer feuerwiderstandsfähigen Umkleidung (bei Leitungen, die ins Freie führen, bis über die Dachhaut) versehen werden oder
3. die Lüftungsleitungen selbst feuerwiderstandsfähig ausgebildet sein.

Bei der beispielhaften Schottlösung des Bildes 2.1 der M-LüAR befindet sich das Lüftungsgerät z. B. auf dem Dachboden eines Gebäudes.

Bestehen keine Anforderungen an die Feuerwiderstandsdauer der oberen Geschossdecke zum Dachraum, müssen keine brandschutztechnischen Maßnahmen berücksichtigt werden.

Bestehen Anforderungen an die Feuerwiderstandsdauer der oberen Geschossdecke zum Dachraum (F 30 bis F 90), müssen Brandschutzklappen – wie in Bild 2.1 der M-LüAR gezeigt – eingebaut werden.

Alternativ kann, gemäß Bild 2.2 der M-LüAR, die Lüftungsleitung als feuerwiderstandsfähige Lüftungsleitung mit integriertem Ventilator bis zur Dachhaut geführt werden.

Entweder kann, gemäß Bild 2.1 der M-LüAR, eine Schottlösung oder, gemäß Bild 2.2 der M-LüAR, eine durchgängige Schachtlösung geplant werden. Dabei ist es unerheblich, ob an die oberste Geschossdecke zum Dachgeschoss Anforderungen an die Feuerwiderstandsdauer gestellt werden. Die Schachtwandqualität ist in der höchsten Qualität der durchdrungenen Bauteile zu erstellen. Die Schnittstelle zwischen dem L-Kanal und der Dachhaut ist so auszuführen, dass eine Brandweiterleitung, z. B. über brennbare Baustoffe der Dachhaut, ausgeschlossen wird.

Weitere Details zur Schachtlösung können den Informationen zu Bild 1.2 der M-LüAR entnommen werden.

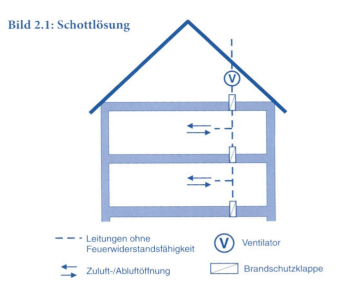

Bild 2.1: Schottlösung

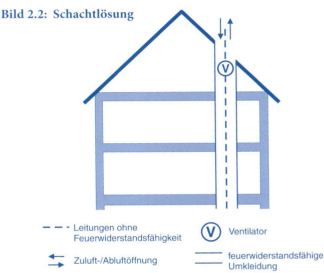

Bild 2.2: Schachtlösung

Einbaualternative zu Bild 2.1 und Bild 2.2

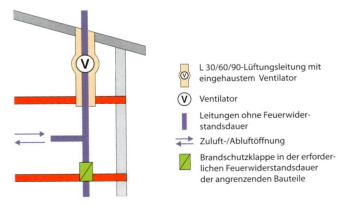

Bild A-II – 4/6: Alternativdetail zu Bild 2.1 und Bild 2.2 der M-LüAR-Schottlösung kombiniert mit einer Schachtlösung zum Brandschutz im Dachraum

H) Interpretationen zum Abschnitt 4.1 M-LüAR

3   Leitungsführung durch raumabschließende Wände notwendiger Flure, an die Anforderungen hinsichtlich der Feuerwiderstandsfähigkeit gestellt werden

In Bild 3.1 und Bild 3.2 der M-LüAR werden Prinzipschemata zu den Anforderungen an Lüftungsleitungen und deren Abschottung in Verbindung mit notwendigen Fluren aufgezeigt.

Mögliche Lösungen für unbelüftete, notwendige Flure sind in Bild 3.1 der M-LüAR dargestellt.

Bild 3.1: notwendiger Flur unbelüftet

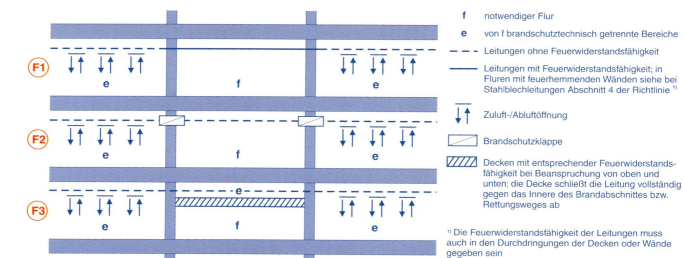

Erläuterung: Kennzeichnung F1 bis F3: Flurtypbezeichnung

Stahlblechleitungen bei Leitungsdurchführungen durch notwendige Flure mit feuerhemmenden Wänden (letzter Absatz Abschnitt 4.1 M-LüAR) können auch Stahlblechwickelfalz- und Stahlflexleitungen sein. Nicht zulässig sind somit Alu-Flex-Leitungen und Kunststoffleitungen.

Mögliche Lösungen für belüftete, notwendige Flure sind in Bild 3.2 der M-LüAR aufgezeigt.

H) Interpretationen zum Abschnitt 4.1 M-LüAR

Bild 3.2: notwendiger Flur belüftet

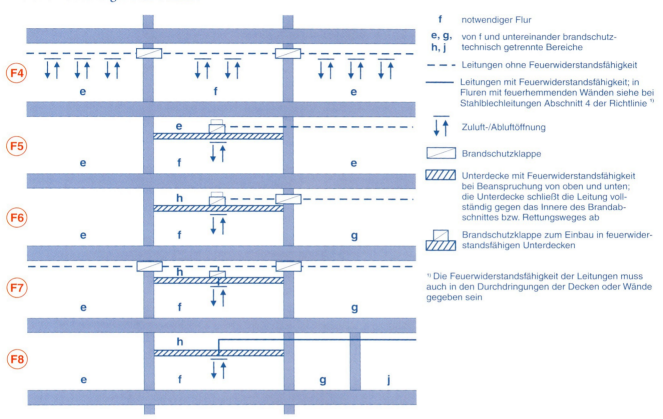

Erläuterung: Kennzeichnung F4 bis F8: Flurtypbezeichnung

Im Bild 3.2 der M-LüAR wird davon ausgegangen, dass der notwendige Flur durch einen Nutzungsbereich geführt wird. Werden innerhalb dieses Bereiches Lüftungsleitungen ohne Öffnungen durch den Flur hindurchgeführt, z. B. um das Verteilnetz zu optimieren, sind diese Leitungen

- innerhalb des Flures als feuerwiderstandsfähige Leitungen in der höchsten Feuerwiderstandsfähigkeit der Flurtrennwände auszuführen oder
- mit Brandschutzklappen in den Flurtrennwänden zu versehen und dann innerhalb des Flures als nichtbrennbare Lüftungsleitungen zu führen oder
- oberhalb einer feuerwiderstandsfähigen „Flurdecke" als nichtbrennbare Lüftungsleitungen zu führen.

Dabei muss die Feuerwiderstandsfähigkeit auch in den Durchdringungen der raumabschließenden Bauteile gegeben sein.

Bei F 30-Flurtrennwänden gelten gemäß Bild 3.1 der M-LüAR für Lüftungsleitungen aus Stahlblech Erleichterungen. Anstelle feuerhemmender Lüftungsleitungen (L 30) genügen für diesen Fall ungedämmte Lüftungsleitungen aus Stahlblech, z. B. Wickelfalzrohre mit Abhängern aus Stahl.

Bei der Anwendung der Prinzipschemen ist zwingend zu prüfen, ob beidseitig des notwendigen Flures identische oder unterschiedliche Nutzungen – also brandschutztechnisch zu trennende Bereiche – vorliegen.

Im lüftungstechnischen Teil des Brandschutzkonzeptes müssen diese Zuordnungen zu den verschiedenen Nutzungseinheiten berücksichtigt werden und erkennbar sein.

Brandschutztechnisch zu trennende Bereiche können z. B. sein:

- unterschiedliche Firmen (A-B)
- Büro- gegenüber Labornutzung (A-B)
- Büronutzung gegenüber Nutzung zur Lagerung nicht büroüblicher Stoffe (A-B)
- durchgängige Deckenhohlräume bei unterschiedlichen Nutzungen (A-B-C)
- Zuordnung von Deckenhohlräumen zu einer Nutzung (A-B)
- Hotelzimmer in Verbindung mit notwendigen Fluren (A-B-C)
- Bereiche mit Anforderungen an die brandschutztechnische Trennung von Nutzungseinheiten in Verbindung mit notwendigen Fluren (A-B-C)

H) Interpretationen zum Abschnitt 4.1 M-LüAR

Beschreibung der Lüftungsvarianten als Zuordnung zu den dargestellten „Flurtypen F1 bis F8":

F1, F2 unbelüftete, notwendige Flure, gleiche Nutzungen (Bild 3.1 – 1. und 2. Zeile):

Feuerwiderstandsfähige Flurtrennwände, beidseitig identische Nutzungen, ohne Luftauslässe im notwendigen Flur.

Ist eine der Flurwände feuerbeständig oder hochfeuerhemmend, ist die Leitungsquerung in der höchsten Feuerwiderstandsdauer der Flurwände oder mit Brandschutzklappen auszuführen. Sind ausschließlich feuerhemmende Flurwände vorhanden, darf die Verbindung der Räume innerhalb der Nutzungseinheit mit Stahlblechleitungen, z. B. mit Wickelfalzrohren oder Stahlflexleitungen, erfolgen. Brandschutzklappen sind nicht erforderlich. Die Befestigungen der Stahlblechleitungen müssen im Flurbereich aus Stahl sein. Aluflexleitungen sind im Flurbereich nicht zulässig. Die Wanddurchführungen sind dicht zu verschließen (Abschnitt 5.2.1.2).

F3 unbelüftete, notwendige Flure, gleiche Nutzungen und feuerwiderstandsfähige Unterdecke (Bild 3.1 – 3. Zeile):

Feuerwiderstandsfähige Flurtrennwände, beidseitig identische Nutzung, ohne Luftauslässe im notwendigen Flur, Lüftungsleitung oberhalb der Unterdecke.

- Der Bereich beidseitig des Flures und oberhalb der Unterdecke wird als ein Nutzungsbereich gewertet.
- Brandschutzklappen und feuerwiderstandsfähige Leitungsausführungen sind nicht erforderlich.
- Die Installationen oberhalb der Unterdecke sind so zu befestigen, dass sie im Brandfall nicht herabfallen und so zu einem Versagen der Unterdecken führen können. Die Befestigung der Lüftungsleitung ist in Anlehnung an die Regelungen für feuerwiderstandsfähige Lüftungsleitungen gemäß DIN 4102-4 auszuführen. Dabei beträgt der Abstand der Abhängungen (Metalldübel aus Stahl) maximal 1,5 m.

F4 belüftete, notwendige Flure, gleiche und verschiedene Nutzungen (Bild 3.2 – 1. Zeile):

Feuerwiderstandsfähige Flurtrennwände, beidseitig identische Nutzungen, mit Luftauslässen in den notwendigen Flur und in die Nutzungsbereiche.

- In den Flurtrennwänden sind Brandschutzklappen mit der Feuerwiderstandsfähigkeit der jeweiligen Wand erforderlich. Brandschutztechnische Anforderungen an die Luftauslässe bestehen nicht.

F5 belüftete, notwendige Flure, gleiche Nutzungen und Unterdecken (Bild 3.2 – 2. Zeile):

Feuerwiderstandsfähige Flurtrennwände, beidseitig identische Nutzungen, Luftauslässe nur im notwendigen Flur.

- In den Flurtrennwänden sind Brandschutzklappen nicht erforderlich.
- In der feuerwiderstandsfähigen Unterdecke sind Brandschutzklappen/Brandschutzventile mit einer entsprechenden Feuerwiderstandsdauer einzubauen. Es ist darauf zu achten, dass diese Absperrvorrichtungen für den Einbau in die jeweilige Decke zugelassen sind.
- Die Installationen oberhalb der Unterdecke sind so zu befestigen, dass sie im Brandfall nicht herabfallen und so zu einem Versagen der Unterdecken führen können. Die Befestigung der Lüftungsleitung ist in Anlehnung an die Regelungen für feuerwiderstandsfähige Lüftungsleitungen gemäß DIN 4102-4 auszuführen. Dabei beträgt der Abstand der Abhängungen (Metalldübel aus Stahl) maximal 1,5 m.

F6 belüftete, notwendige Flure, verschiedene Nutzungen und Unterdecken (Bild 3.2 – 3. Zeile):

Feuerwiderstandsfähige Flurtrennwände, beidseitig und oberhalb der Unterdecke verschiedene Nutzungen, Luftauslässe nur im notwendigen Flur.

- In den Flurtrennwänden sind Brandschutzklappen mit einer entsprechenden Feuerwiderstandsdauer erforderlich.
- In der feuerwiderstandsfähigen Unterdecke sind Brandschutzklappen/Brandschutzventile mit einer entsprechenden Feuerwiderstandsdauer einzubauen. Es ist darauf zu achten, dass diese Absperrvorrichtungen für den Einbau in die jeweilige Decke zugelassen sind.
- Die Installationen oberhalb der Unterdecke sind so zu befestigen, dass sie im Brandfall nicht herabfallen und so zu einem Versagen der Unterdecken führen können. Die Befestigung der Lüftungsleitung ist in Anlehnung an die Regelungen für feuerwiderstandsfähige Lüftungsleitungen gemäß DIN 4102-4 auszuführen. Dabei beträgt der Abstand der Abhängungen (Metalldübel aus Stahl) maximal 1,5 m.

F7 belüftete, notwendige Flure, verschiedene Nutzungen und Unterdecken (Bild 3.2 – 4. Zeile):

Feuerwiderstandsfähige Flurtrennwände, beidseitig und oberhalb der Unterdecke verschiedene Nutzungen, Luftauslässe nur im notwendigen Flur, Leitungsführung durch alle Bereiche.

- In den Flurtrennwänden sind Brandschutzklappen mit einer entsprechenden Feuerwiderstandsdauer erforderlich.
- In der feuerwiderstandsfähigen Unterdecke sind Brandschutzklappen/Brandschutzventile mit einer entsprechenden Feuerwiderstandsdauer einzubauen. Es ist darauf zu achten, dass diese Absperrvorrichtungen für den Einbau in die jeweilige Decke zugelassen sind.
- Die Installationen oberhalb der Unterdecke sind so zu befestigen, dass sie im Brandfall nicht herabfallen und so zu einem Versagen der Unterdecken führen können. Die Befestigung der Lüftungsleitung ist gemäß DIN 4102-4:1994-03, Abschnitt 8.5.7.5 auszuführen. Dabei beträgt der Abstand der Abhängungen (Metalldübel aus Stahl) maximal 1,5 m.

H) Interpretationen zum Abschnitt 4.1 M-LüAR

F8 belüftete, notwendige Flure, verschiedene Nutzungen und Unterdecken (Bild 3.2 – 5. Zeile):

Feuerwiderstandsfähige Flurtrennwände, beidseitig und oberhalb der Unterdecke verschiedene Nutzungen, Luftauslässe nur im notwendigen Flur, Luftzuführung über feuerwiderstandsfähige Leitungsführung.

In den Flurtrennwänden sind Brandschutzklappen nicht erforderlich.

Die Installationen oberhalb der Unterdecke sind so zu befestigen, dass sie im Brandfall nicht herabfallen und so zu einem Versagen der Unterdecken führen können. Die Befestigung der Lüftungsleitung ist gemäß Verwendbarkeitsnachweis auszuführen.

Hinweis: Es ist darauf zu achten, dass die Lüftungsleitung an die Unterdecke angeschlossen werden darf.

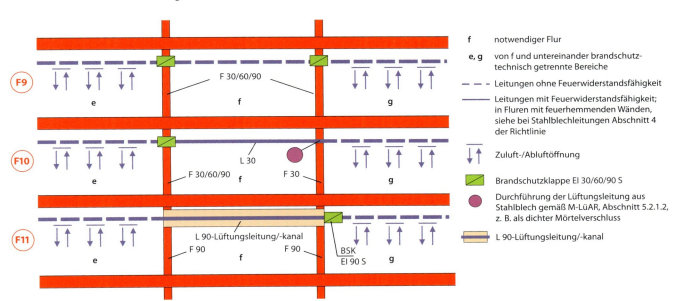

Erläuterung: Kennzeichnung F9 bis F11, Flurtypbezeichnung

Bild A-II – 4/7: Musterlösung Lüftung im notwendigen Flur

F9 bis F11 unbelüftete, notwendige Flure, unterschiedliche Nutzungen

F9 In den Flurtrennwänden sind Brandschutzklappen mit der Feuerwiderstandsfähigkeit der jeweiligen Wand erforderlich. Brandschutztechnische Anforderungen an die Lüftungsleitungen bestehen nicht.

F10 Alternativ kann eine feuerwiderstandsfähige Lüftungsleitung mit der Feuerwiderstandsdauer der durchdrungenen Flurwand angeordnet werden. Auf einer Seite ist eine Brandschutzklappe in der Feuerwiderstandsdauer der gegenüberliegenden Flurwand anzuordnen.

H) Interpretationen zum Abschnitt 4.1 M-LüAR

F11 Ist eine der Flurwände feuerbeständig oder hochfeuerhemmend, ist die Leitungsquerung in der höchsten Feuerwiderstandsdauer der Flurwände oder mit Brandschutzklappen auszuführen.

Das Prinzipschema **Bild A-II – 4/8** beschreibt eine Kombination der Flurtypen F 1 „beidseitig gleiche Nutzungen" mit F 4 „belüfteter notwendiger Flur". Durch diese Kombination lassen sich die Brandschutzklappen in den Flurtrennwänden der Version F 4 einsparen.

Das Prinzipschema **Bild A-II – 4/9** beschreibt eine Kombination der Flurtypen F 9 „beidseitig unterschiedliche Nutzungen" mit F 4 „belüfteter notwendiger Flur". Durch diese Kombination lassen sich die Brandschutzklappen in den Flurtrennwänden der Version F 4 einsparen.

Werden F 30-Unterdecken aufgrund von Kabelbrandlasten im Deckenhohlraum (Anforderung siehe Leitungsanlagen-Richtlinie MLAR 2005 Abschnitt 3.5) eingebaut, muss in der F 30-Unterdecke eine Brandschutzklappe mit K 30 U eingebaut werden. Der Einbau muss entsprechend der allgemeinen bauaufsichtlichen Zulassung, in der dafür geeigneten Unterdecke, erfolgen. Bei Abweichungen ist die Kombinierbarkeit im projektspezifischen Fall mit den Herstellern der Brandschutzklappe abzuklären.

Bild 4-II – 4/10 stellt eine schematische Detaillösung zum Einbau von Brandschutzklappen in feuerhemmenden (F 30) Unterdecken dar.

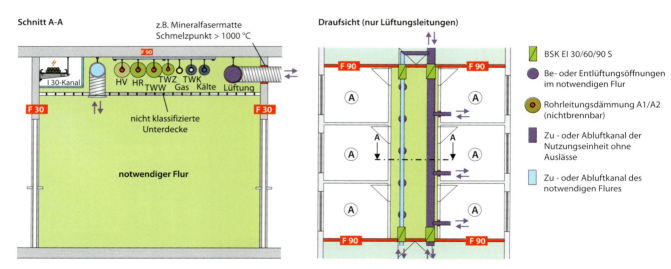

Bild A-II – 4/8: Musterlösung mit beidseitiger gleicher Nutzung und belüftetem notwendigem Flur: Verlegung der Lüftungs- und Leitungsanlagen oberhalb einer nicht klassifizierten Unterdecke. Bei Anwendungen mit feuerhemmenden Unterdecken gilt das identische Lüftungsschema, jedoch unter Verwendung einer feuerwiderstandsfähigen Unterdeckendurchführung mit allgemeiner bauaufsichtlicher Zulassung.

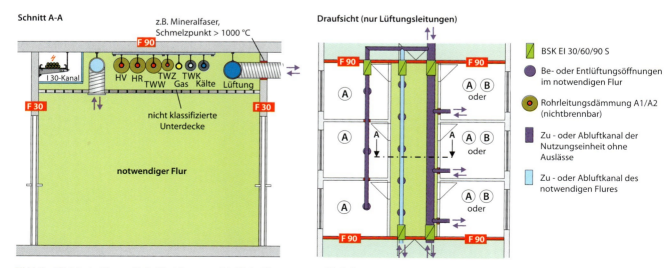

Bild A-II – 4/9: Musterlösung für beidseitig unterschiedliche Nutzungen und belüftetem notwendigem Flur: Verlegung der Lüftungs- und Leitungsanlagen oberhalb einer nicht klassifizierten Unterdecke. Bei Anwendungen mit feuerhemmenden Unterdecken gilt das identische Lüftungsschema, jedoch unter Verwendung einer feuerwiderstandsfähigen Unterdeckendurchführung mit allgemeiner bauaufsichtlicher Zulassung.

I) Interpretationen zum Abschnitt 4.1 M-LüAR

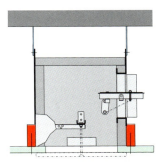

Anordnung von Brandschutzventilen in feuerhemmenden Unterdecken

Der Einbau muss entsprechend der allgemeinen bauaufsichtlichen Zulassung des Brandschutzventils erfolgen. Der Einbau muss ebenfalls durch den allgemeinen bauaufsichtlichen Verwendbarkeitsnachweis der Unterdecke abgedeckt sein. Eine Abstimmung ist im Vorfeld erforderlich.

Anordnung mit Brandschutzklappe, z.B. K 30 U in feuerhemmenden Unterdecken

Der Einbau muss entsprechend der allgemeinen bauaufsichtlichen Zulassung der Brandschutzklappe K 30 U erfolgen. Der Einbau muss ebenfalls durch den allgemeinen bauaufsichtlichen Verwendbarkeitsnachweis der Unterdecke abgedeckt sein. Eine Abstimmung im Vorfeld ist erforderlich.

Bild A-II – 4/10: Schematische Detaillösungen zum Einbau von Absperrvorrichtungen in feuerhemmenden Unterdecken

Abluftanlagen mit Leitungen und Ventilatoren aus brennbaren Baustoffen ohne Absperrvorrichtungen (siehe auch Abschnitte 5.1.1 und 6.4.4 der M-LüAR)

In Bild 4 der M-LüAR wird ein Abluftschema, z. B. für die Abführung korrosiver Laborabluft, dargestellt. Bei korrosiven Luftbestandteilen, z. B. in Verbindung mit der Abluft von Digistorien, werden elektrolytbeständige Lüftungsleitungen – die i. d. R. brennbar sind – eingesetzt.

Als Lösung bietet es sich in diesen Fällen an, nur feuerwiderstandsfähige Lüftungsleitungen mit brennbarer Innenschale auszuführen. Bei der Bekleidung der brennbaren Abluftleitungen mit Brandschutzbauplatten ist darauf zu achten, dass die Verwendbarkeitsnachweise i. d. R. ausschließlich für einen Werkstoff der Lüftungsleitung – z. B. PVC oder PPS – gelten.

In der Lüftungszentrale (eigener Nutzungsbereich mit Anforderungen an die Feuerwiderstandsdauer) werden i. d. R. in solchen Fällen Ventilatoren mit brennbarem Gehäuse verwendet. Es müssen zur Sicherstellung der Schutzziele, Verhinderung der Brandübertragung zwischen den Ventilatoren und Lüftungsleitungen Strahlungsschutzwände – wie schematisch gezeigt – aufgestellt werden oder ausreichende Abstände von mindestens 40 cm eingehalten werden (siehe auch Abschnitt 6.4.4 der M-LüAR).

Wegen der höheren Brandgefahr der brennbaren Lüftungsleitungen muss die Lüftungszentrale im obersten Geschoss liegen und mit einer Rauchabzugsöffnung ausgestattet sein. Der freie Querschnitt der Rauchabzugsöffnung muss mindestens das 2,5-fache des lichten Querschnitts der größten in die Lüftungszentrale eingeführten Abluftleitung betragen. Ist der Rauchabzug direkt ins Freie nicht möglich, ist die Rauchableitung anders sicherzustellen. Eine mechanische Entrauchungsanlage mit einem äquivalenten Volumenstrom kann alternativ eingebaut werden.

Es wird empfohlen, im Brandschutzkonzept den erforderlichen Nachströmungsquerschnitt sowie das Auslösen des Rauchabzuges bzw. der Entrauchungsanlage zu beschreiben.

J) Interpretationen zum Abschnitt 4.1 M-LüAR

4 Abluftanlagen mit Leitungen und Ventilatoren aus brennbaren Baustoffen ohne Absperrvorrichtungen
(siehe auch Abschnitte 5.1.1 und 6.4.4)

Bild 4

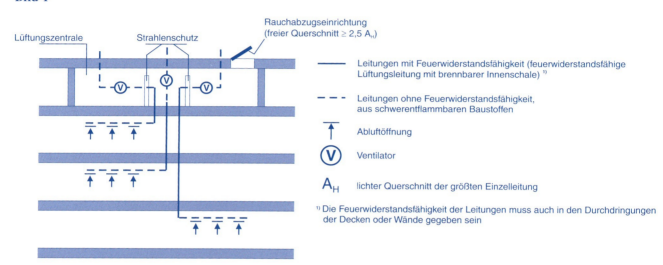

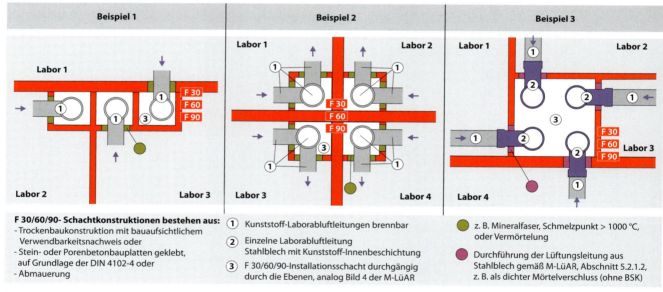

Bild A-II – 4/11: Beispiele 1 und 2:
Erstellung von feuerwiderstandsfähigen Leitungsschächten F 30/60/90 mit innenliegenden brennbaren Kunststoff-Laborabluftleitungen und Mörtelverschlüssen zur Lüftungszentrale
Beispiel 3:
Alternativ mehrere nichtbrennbare innenbeschichtete Laborabluftleitungen in einem feuerwiderstandsfähigen Lüftungsschacht F 30/60/90 mit Mörtelverschlüssen zur Lüftungszentrale (siehe auch **Bild A-II – 6/9**)

Hinweis: Bei den aufgeführten einzelnen Laborabluftleitungen dürfen keine Leitungen anderer Geschosse angeschlossen werden.

4.2 Anwendungs- und Ausführungsbestimmungen für die Verwendung

Zur Verhinderung der Übertragung von Feuer und Rauch dürfen in den raumabschließenden Bauteilen mit Anforderungen an die Feuerwiderstandsfähigkeit nur Brandschutzklappen verwendet werden, die folgende Leistungsmerkmale aufweisen bzw. Anforderungen erfüllen:

Brandschutzklappen müssen im Wesentlichen aus nichtbrennbaren Baustoffen (mindestens Klasse A2-s1, d0 nach DIN EN 13501-1) bestehen.

Die Nennauslösetemperatur der thermischen Auslöseeinrichtung der Brandschutzklappen darf maximal 72 °C betragen; in Zuluftleitungen in Warmluftheizungsanlagen maximal 95 °C.

Brandschutzklappen mit mechanischem Absperrelement und motorischem Antrieb, die auch bedarfsgemäß und unabhängig von der Schutzfunktion geöffnet oder geschlossen werden sollen, dürfen in Lüftungsleitungen von Lüftungsanlagen einschließlich Warmluftheizungsanlagen nur verwendet werden, wenn die Dauerhaftigkeit der Betriebssicherheit für mindestens 10.000 Betätigungen nachgewiesen wurde.

Brandschutzklappen mit mechanischem Absperrelement dürfen in Lüftungsleitungen von Lüftungsanlagen einschließlich Warmluftheizungsanlagen nur mit einer Achslage des mechanischen Absperrelements verwendet werden, die durch die Feuerwiderstandsprüfung nach EN 1366-2 nachgewiesen wurde.

Brandschutzklappen dürfen zusätzlich zur thermischen Auslösung mit Auslöseeinrichtungen angesteuert werden, die auf Rauch ansprechen (Rauchauslöseeinrichtungen), wenn für diese Rauchauslöseeinrichtungen die Verwendbarkeit nachgewiesen ist. Die Rauchauslöseeinrichtungen müssen für den Anschluss an die jeweilige Brandschutzklappe geeignet und in Lüftungsleitungen installiert sein.

Für die Verwendung der Brandschutzklappen sind die vom Hersteller oder seinem Vertreter angefertigten, detaillierten Produktspezifikationen zu beachten (Montage- und Betriebsanleitung). Dazu gehören auch die vom Hersteller oder seinem Vertreter in der Betriebsanleitung für die Inbetriebnahme, Inspektion, Wartung, Instandsetzung sowie Überprüfung der Funktion der Brandschutzklappe gemachten notwendigen Angaben.

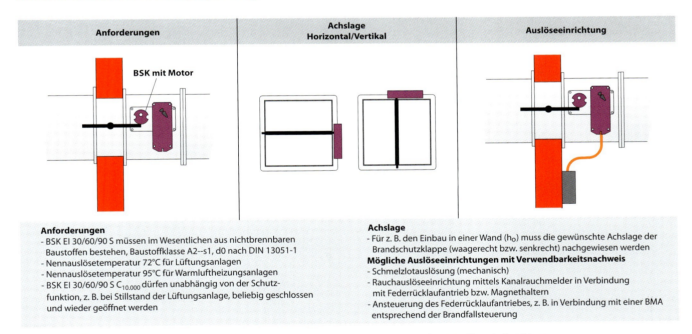

Bild A-II – 4/12: Übersicht zu den Anwendungs- und Ausführungsbestimmungen für die Verwendung von Brandschutzklappen

Die bisher in der Muster-Liste der technischen Bestimmungen Teil 2 – M-LTB – zu findenden Anwendungsregeln zu Brand-
schutzklappen wurden im Vorgriff auf die zu erwartende Änderung der Bauregelliste und der Liste der technischen Baubestimmung als neuer Abschnitt 4.2 in der Lüftungsanlagenrichtlinie aufgenommen. Damit sind die technischen Bestimmungen für Lüftungsanlagen in nur noch einem Regelwerk zusammengefasst.

Die maximal zulässigen Zeitabstände der Instandhaltung und damit auch die Überprüfung durch direkte Inaugenscheinnahme der Brandschutzklappen müssen die Hersteller festlegen. Normativ ist ein Zeitraum von 6 Monaten in der DIN EN 15650 Abschnitt 8.3 vorgesehen. Der bisherige Zeitraum von einem Jahr (wie er auch in allen alten allgemeinen bauaufsichtlichen Zulassungen zu finden ist) könnte nur unter Berücksichtigung der tatsächlichen Verwendung festgelegt werden.

Empfehlungen hierzu befinden sich im **Teil D-XI.**

5 Anforderungen an die Installation von Lüftungsleitungen
5.1 Auswahl und Anordnung der Bauteile
5.1.1 Lüftungsleitungen mit erhöhter Brand-, Explosions- oder Verschmutzungsgefahr sowie mit chemischer Kontamination

Lüftungsleitungen, in denen sich in besonderem Maße brennbare Stoffe ablagern können (z. B. Abluftleitungen von Dunstabzugshauben) oder die der Lüftung von Räumen mit erhöhter Brand- oder Explosionsgefahr dienen, dürfen untereinander und mit anderen Lüftungsleitungen nicht verbunden sein, es sei denn, die Übertragung von Feuer und Rauch ist durch geeignete Brandschutzklappen verhindert.

Abluftleitungen, über die bestimmungsgemäß mit chemischen Bestandteilen kontaminierte Luft abgeführt werden soll, sind in der höchsten vorgeschriebenen Feuerwiderstandsfähigkeit der von ihnen durchdrungenen raumabschließenden Bauteile auszuführen (siehe Bild 4).

Andernfalls sind Brandschutzklappen, deren Brauchbarkeit auch für eine derartige Belastung nachgewiesen ist, in diesen Bauteilen mindestens der entsprechenden Feuerwiderstandsklasse vorzusehen.

Darüber hinaus bestehen gegen eine Verwendung von Brandschutzklappen in Laborabzügen keine Bedenken, wenn in der Abluft die AGW-Werte (Arbeitsplatzgrenzwerte TRGS 900) eingehalten werden und für die verwendeten Stoffe seitens der Brandschutzklappenhersteller keine Verwendungsausschlüsse gemacht sind.

Abschnitt 5.1.1 berücksichtigt besondere Brandgefahren, wenn durch die Nutzung der Räume in Verbindung mit Lüftungsanlagen weitere brandschutztechnische Maßnahmen erforderlich werden. Lüftungsleitungen für sich alleine betrachtet haben keine erhöhte Brand-, Verschmutzungs- oder Explosionsgefahr. Gefahren entstehen im Wesentlichen durch die luftgetragene Abführung von Gasen über die Abluft in die Lüftungsleitung. Dies gilt ebenso für Lüftungsleitungen, die durch partikelbelastete Abluft leicht verschmutzt werden können. Um eine Brand- und Explosionsweiterleitung über die Lüftungsleitungen zu verhindern, darf keine Verbindung zwischen zu trennenden Bereichen hergestellt werden. Wird die Übertragung von Feuer und Rauch durch geeignete Brandschutzklappen verhindert, kann von dieser Regel abgewichen werden. Hier dürfen jedoch keine Absperrvorrichtungen benutzt werden, die ausschließlich für die Verwendung in Anlagen der Bauart DIN 18017 zugelassen sind.

In Abs. 1 bedeutet „untereinander (...) nicht verbunden sein", dass zwei Lüftungsleitungen, in denen sich jeweils brennbare Stoffe ablagern können, bzw. dem genannten Raum nicht verbunden werden dürfen. „Mit anderen Lüftungsleitungen nicht verbunden sein" bedeutet, dass keine Verbindung zwischen einer Lüftungsleitung, in der sich brennbare Stoffe ablagern können, bzw. dem genannten Raum und einer Lüftungsleitung, in der sich üblicherweise keine brennbaren Stoffe ablagern, hergestellt werden darf.

Eine gemeinsame Abluftleitung ist nur dann zulässig, wenn die Anforderungen des Abs. 1 erfüllt sind. Es sind geeignete Brandschutzklappen zu verwenden, die Eignung ist den Verwendbarkeitsnachweisen zu entnehmen. Ist z. B. in den allgemeinen bauaufsichtlichen Zulassungen festgelegt, dass „der Nachweis der Eignung des Zulassungsgegenstandes für den Anschluss an Dunstabzugshauben im Rahmen des Zulassungsverfahrens nicht geführt wurde", können solche Brandschutzklappen hier nicht verwendet werden. Dieser Ausschluss ist ebenfalls bei Absperrvorrichtungen der Widerstandsklassen K 30-18017 bis K 90-18017 zu finden.

Als Beispiel für Abluftleitungen, in denen sich brennbare Stoffe ablagern können, wurden Fortluftleitungen von Wohnküchen („Wrasenabzug-Leitungen") genannt. Weitere Beispiele für Abluftleitungen, in denen sich brennbare Stoffe ablagern können sind Leitungen aus Räumen mit starker Verschmutzung der Luft, wie Abluft von Diskotheken, Operationsräumen, Produktionsstätten, Umkleideräumen und Nasszellen. Verschmutzungen ergeben sich dabei z. B. durch die Flusen der Kleidung und Nebeleffekte der Discos, aber auch durch Stäube und Ölnebel. Diese lagern sich durch die Feuchtanteile in der Luft gut an den Leitungswandungen ab.

Ebenso sind Räume zu berücksichtigen, aus deren Nutzung sich eine erhöhte Brandgefahr (Lagerung normal oder leicht brennbarer Stoffe, wie z. B. Papier, Lacke, Reifen) oder eine erhöhte Explosionsgefahr (Ausweisung als explosionsgefährdeter Bereich, oder Lagerung leicht brennbarer oder explosiver Stoffe, wie z. B. Lösemittel, Feuerwerkskörper, Munition, Sprengstoffe) ergibt.

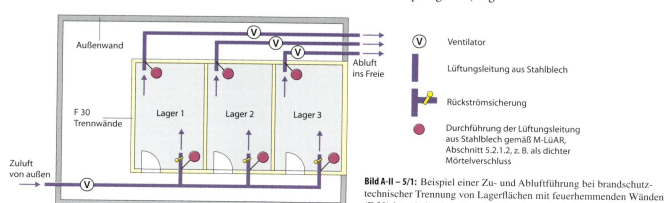

Bild A-II – 5/1: Beispiel einer Zu- und Abluftführung bei brandschutztechnischer Trennung von Lagerflächen mit feuerhemmenden Wänden (F 30) innerhalb eines Brandbekämpfungsabschnittes

> **Hinweis zu Abschnitt 5.1.1:**
> Die Lüftung von nichtgewerblichen Küchen, z. B. Wohungsküchen, ist jetzt in Abschnitt 7.3 geregelt. Der Umgang mit den auch in Abschnitt 5.1.1 Absatz 1 beschriebenen Dunstabzugshauben, Wrasenabzügen und Umlufthauben wird dort kommentiert.

5.1.2 Mündungen von Aussenluft- und Fortluftleitungen

Außenluft- und Fortluftöffnungen (Mündungen) von Lüftungsleitungen, aus denen Brandgase ins Freie gelangen können, müssen so angeordnet oder ausgebildet sein, dass durch sie Feuer oder Rauch nicht in andere Geschosse, Brandabschnitte, Nutzungseinheiten, notwendige Treppenräume, Räumen zwischen den notwendigen Treppenräumen und den Ausgängen ins Freie oder notwendige Flure übertragen werden können. Dies gilt durch Einhaltung einer der folgenden Anforderungen als erfüllt:

1. Baustoffen und entsprechenden Verkleidungen mindestens 2,5 m entfernt sein; dies gilt nicht für die Holzlattung hinterlüfteter Fassaden.
   Ein Abstand zu Fenstern und anderen ähnlichen Öffnungen in Wänden ist nicht erforderlich, wenn diese Öffnungen gegenüber der Mündung durch 1,5 m auskragende, feuerwiderstandsfähige (entsprechend den Decken) und öffnungslose Bauteile aus nichtbrennbaren Baustoffen geschützt sind.
   Die Mündungen von Lüftungsleitungen über Dach müssen Bauteile aus brennbaren Baustoffen mindestens 1 m überragen oder von diesen - waagerecht gemessen - 1,5 m entfernt sein. Diese Abstände sind nicht erforderlich, wenn diese Baustoffe von den Außenflächen der Lüftungsleitungen bis zu einem Abstand von mindestens 1,5 m gegen Brandgefahr geschützt sind (z. B. durch eine mindestens 5 cm dicke Bekiesung oder durch mindestens 3 cm dicke, fugendicht verlegte Betonplatten).
2. Die Mündungen von Lüftungsleitungen sind durch Brandschutzklappen gesichert.

Dieser Abschnitt führt das Schutzziel der Landesbauordnungen – Verhinderung der Brandübertragung – weiter aus. Es ist der Gefahr vorzubeugen, dass Feuer und Rauch das Gebäude an einer Stelle ins Freie über Lüftungsleitungen „verlassen" und an anderer Stelle wieder in das Gebäude „eindringen" können.

Dies ist erfüllt, wenn entweder alle Anforderungen gemäß Nummer 1 oder gemäß Nummer 2 eingehalten sind.

Nummer 1 bedeutet für eine Mündung:

- Einhalten der Abstände 2,5 m zu Fenstern (siehe **Bild A-II – 5/3**),
- Einhalten der Abstände 2,5 m zu Öffnungen in der Fassade (siehe **Bild A-II – 5/2** und **Bild A-II – 5/3**),
- Einhalten der Abstände 2,5 m zu brennbaren Baustoffen der Fassade (nicht Holzlattung hinterlüfteter Fassaden) (siehe **Bild A-II – 5/3**),
- Einhaltung der Abstände 1,0 m vertikal zu brennbaren Dachflächen (Teerpappe) und Bauteilen (siehe **Bild A-II – 5/4**),
- Einhaltung der Abstände 1,5 m horizontal zu brennbaren Dachflächen (Teerpappe) und Bauteilen (siehe **Bild A-II – 5/4**).

Erleichternd hiervon genügt es, wenn

- an der Fassade anstelle des Mindestabstandes zu Fenstern und Öffnungen ein 1,5 m auskragendes feuerwiderstandsfähiges und öffnungsloses Bauteil vorhanden ist (siehe **Bild A-II – 5/3**) und
- über der Dachfläche anstelle der Mindestabstände zu brennbaren Baustoffen ein Strahlungsschutz mindestens bis zu einem Abstand von 1,5 m umlaufend vorhanden ist (siehe **Bild A-II – 5/4**).

Der Strahlungsschutz kann durch eine Abdeckung aus z. B. einer mindestens 5 cm dicken Bekiesung oder mindestens 3 cm dicken, fugendicht verlegten Betonplatten erfolgen.

Der Abstand zu Öffnungen in der Fassade schließt den Abstand zu anderen Mündungen (die auch Öffnungen darstellen) ein (in der LüAR NRW Fassung Mai 2003 ist der Text in Abschnitt 5.1.2 hierzu detaillierter).

Nummer 2 bietet eine Lösung an, bei der keine Abstände eingehalten werden müssen, jedoch sind dann Brandschutzklappen in der Ebene der Decken oder Wände anzuordnen. Es ist darauf zu achten, dass die Brandschutzklappen in die Bauteile eingebaut werden dürfen. Probleme entstehen dabei, wenn die Bauteile keine Feuerwiderstandsfähigkeit aufweisen müssen; solche Anwendungen sind in Verwendbarkeitsnachweisen von Brandschutzklappen nicht geregelt.

Eine Anforderung, dass alle Mündungen einheitlich (also nur nach Nummer 1 oder nur nach Nummer 2) ausgeführt sein müssen, besteht nicht.

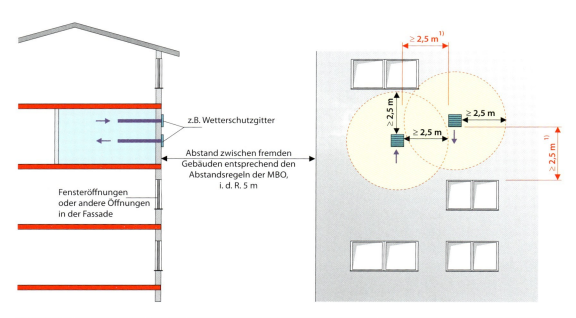

[1] Die Reduzierung der Abstände ist über das genehmigte Brandschutzkonzept der Lüftungsanlagen möglich, wenn die Ansaugung von Rauch über technische Maßnahmen verhindert wird, z. B. über Brand-/Rauchschutzklappen und Kanalmelder mit Abschaltung der Lüftungsanlage.

 Im Umkreis von 2,5 m sind keine brennbaren Fassaden zulässig (ausgenommen Holzlattungen hinter nichtbrennbaren Fassaden)

Bild A-II – 5/2: Mindestabstände von Bauteilöffnungen, z. B. Fenstern und anderen Ansaugöffnungen in der Fassade

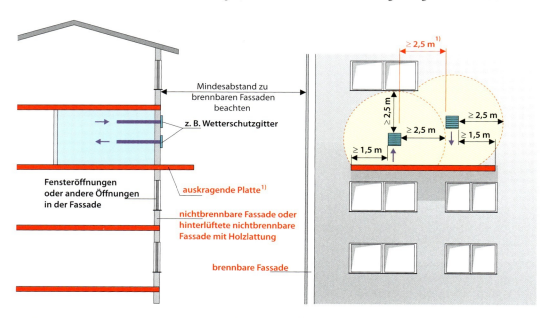

[1] Die auskragende Platte kann entfallen, wenn die lüftungstechnischen Öffnungen über technische Maßnahmen im Brandfall geschlossen werden, z. B. Brand-/Rauchschutzklappen *und* Kanalmelder mit Abschaltung der Lüftungsanlagen

 Im Abstand von mind. 2,5 m bzw. oberhalb der auskragenden Platte sind keine brennbaren Fassaden zulässig (ausgenommen Holzlattungen hinter nichtbrennbaren Fassaden)

Bild A-II – 5/3: Reduzierung der Mindestabstände z. B. von Fenstern und anderen Ansaugöffnungen durch auskragende Platten

Die Ansaugung von Rauchgasen aus der Fortluft des Gebäudes kann auf Grundlage der M-LüAR durch Einhaltung der in der Abbildung **Bild A-II – 5/8** dargestellten Mindestabstände weitgehend verhindert werden.

Hinweis: Unabhängig von den brandschutztechnischen Aspekten sollten in jedem Fall hygienische Anforderungen auf Grundlage der VDI-Richtlinie 6022 beachtet werden, um das Problem der Verhinderung der erneuten Ansaugung von Fortluft zu vermeiden.

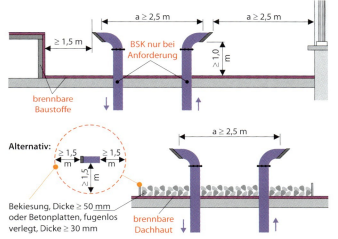

Bild A-II – 5/4: Anordnung von Auslässen und Ansaugöffnungen, z. B. auf Dachflächen mit brennbaren Baustoffen

5.1.3 Zuluftanlagen

Über Zuluftanlagen darf kein Rauch in das Gebäude übertragen werden. Die Übertragung von Rauch über die Außenluft ist durch Brandschutzklappen mit Rauchauslöseeinrichtungen oder durch Rauchschutzklappen zu verhindern.

Auf die Anordnung der Klappen kann verzichtet werden, wenn das Ansaugen von Rauch aufgrund der Lage der Außenluftöffnung ausgeschlossen werden kann.

Abschnitt 5.1.3 der M-LüAR regelt den Schutz vor einem Brand außerhalb des Gebäudes (in der näheren oder ferneren Umgebung) sowie in dem Gebäude selbst. Verhindert werden soll, dass Rauch, unabhängig davon, welches Brandereignis dafür verantwortlich ist, nicht über das Zuluft-Lüftungsleitungssystem in die Räume des Gebäudes transportiert wird.

Für folgende beispielhafte Brandszenarien gilt die oben genannte Anforderung:

- Rauchgase können auf Grund eines Brandgeschehens in der Nachbarschaft angesaugt werden (z. B. Schwimmbadbrand in Mönchengladbach 2001),
- Rauchgase können auf Grund eines Brandgeschehens im Gebäude angesaugt werden (z. B. Saunabrände in Hotels, Luftansaugung auf dem Dach in der Nähe der Fassade),
- Rauchgase können auf Grund eines Brandgeschehens von im Freien aufgestellten und zum Betrieb erforderlichen Anlagen angesaugt werden (z. B. Transformatorbrand neben dem Kernkraftwerk Krümmel 2007),
- Rauchgase können auf Grund eines Fahrzeugbrandes angesaugt werden (z. B. tägliche Gefahr in engen innerstädtischen Bereichen).

Zur Verhinderung der Rauchübertragung werden Brandschutzklappen mit Rauchauslöseeinrichtungen (zusätzlich zum Schmelzlot zur thermischen Auslösung) gefordert, die bei Rauchdetektion sofort schließen. Da an dieser Stelle keine direkte Beanspruchung der Außenluftöffnung mit „Feuer", also heißen Brandgasen, zu erwarten ist, können die Anforderungen zur Erreichung des Schutzzieles auch durch den Einsatz von Rauchschutzklappen erfüllt werden.

Die Rauchauslöseeinrichtungen für Brandschutzklappen benötigen einen Verwendbarkeitsnachweis, ggf. ist die Ausführung im früheren Verwendbarkeitsnachweis der Brandschutzklappe oder in den Hersteller-Einbauanleitungen der Bauprodukte mitgeregelt. Rauchschutzklappen dürfen entsprechend den Verwendbarkeitsnachweisen nur mittels dafür zulässiger Rauchauslöseeinrichtungen angesteuert werden.

Wird an der Außenluftöffnung Rauch festgestellt, trägt ein Abschalten des Zuluftventilators zur Verhinderung eines weiteren Raucheintrags in das Zuluftlüftungsleitungssystem bei.

Wenn die Außenluftöffnung in einem „rauchsicheren" Bereich liegt, d. h. der Eintritt von Rauch ausgeschlossen werden kann, kann auf eine Rauchdetektion verzichtet werden, Rauch- oder Brandschutzklappen sind dann in der Außenluftöffnung nicht erforderlich. Da hier lediglich von Brandereignissen außerhalb des Gebäudes ausgegangen wird, kann eine spezifische Gefahrenanalyse ausschließlich im jeweiligen Einzelfall bewertet werden. Insbesondere ist hierbei auch das zu erwartende Risiko bei einem Raucheintritt mit geringer Wahrscheinlichkeit zu berücksichtigen.

Bei der Anordnung der Kanalrauchmelder sind mögliche Störeinflüsse zu berücksichtigen. Wird der Kanalrauchmelder in der Außenluftleitung angeordnet, sind Störeinflüsse durch Kondensatbildung möglich. Bei Anordnung des Melders in der Zuluftleitung nach der ersten Filterstufe können im Filter abgeschiedene Rauchgaspartikel nicht mehr detektiert werden. Bei diesen Anlagen können Rauchansaugsysteme mit entsprechender Anordnung der Rauchansaugöffnung verwendet werden. Die zulässigen Einsatzbereiche der Melder sind zu beachten, z. B. Temperaturbereiche.

Wegen der möglichen „Fehldetektionen" auf Grund von Störeinflüssen sollte eine Störung an eine zentrale Stelle gemeldet werden. Die Aufschaltung auf eine Brandmeldeanlage zur Benachrichtigung der Feuerwehr ist nicht zu empfehlen und bauaufsichtlich durch die Regelungen der M-LüAR nicht gefordert.

Bei Rauchdetektion des Kanalrauchmelders muss die Außenluft-Rauchschutzklappe bzw. Zuluft-Brandschutzklappe geschlossen werden, ggf. ist die Zuluftanlage auszuschalten.

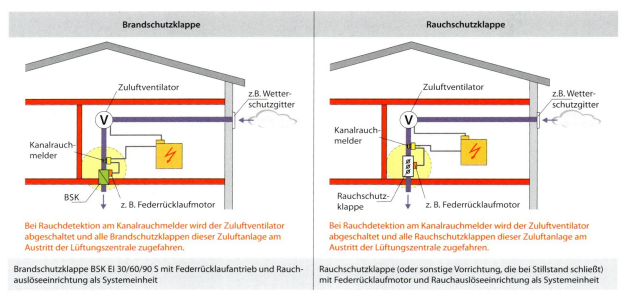

Bild A-II – 5/5: Prinzipdarstellung einer Zuluftüberwachung mit Brand- oder Rauchschutzklappen

5.1.4 Umluftanlagen

Bei Lüftungsanlagen mit Umluft muss die Zuluft gegen Eintritt von Rauch aus der Abluft durch Brandschutzklappen mit Rauchauslöseeinrichtungen oder durch Rauchschutzklappen geschützt sein.

Die Rauchauslöseeinrichtungen hierzu können in der Umluftleitung oder in der Abluftleitung angeordnet sein. Sie können jedoch auch in der Zuluftleitung nach Zusammenführung von Außenluft und Umluft angeordnet sein, wenn hierdurch gleichzeitig die Außenluftansaugung gegen Raucheintritt gesichert werden soll.

Die Anordnung der Rauchauslöseeinrichtungen darf deren Wirksamkeit durch Verdünnungseffekte nicht beeinträchtigen.

Bei Ansprechen der Rauchauslöseeinrichtungen müssen die Ventilatoren abgeschaltet werden, soweit der Weiterbetrieb nicht der Rauchausbreitung entgegenwirkt.

Abschnitt 5.1.4 der M-LüAR regelt den Schutz vor Rauchweiterleitung bei einem Brand innerhalb des Gebäudes. Dabei kann es zu einer Rauchumwälzung über die „Umluftfunktion" der Lüftungsanlage kommen. Über den Rauch in der Abluftleitung kann innerhalb sehr kurzer Zeit Rauch in die Zuluftleitung gelangen.

Kanalrauchmelder sind so anzuordnen, dass Einflüsse von Verdünnungseffekten möglichst vermieden werden. Hier ist zu berücksichtigen, dass die Rauchdichte über die Abluft abgeleiteten Rauches bei Zumischung von Abluft zur zugeführten Außenluft in der Zuluft deutlich geringer sein wird als in der „verrauchten Abluft". Daher ist die Positionierung von Kanalrauchmeldern sorgfältig auszuwählen, so dass sie insbesondere nicht in Kanalbereichen mit sehr geringem Luftaustausch (geringe Luftströmung und -wechsel) platziert werden.

Bei der Anordnung der Kanalrauchmelder sind mögliche Störeinflüsse zu berücksichtigen. Wird ein Kanalrauchmelder in der Außenluftleitung angeordnet, sind Störeinflüsse durch Kondensatbildung möglich. Bei Anordnung eines Melders in der Zuluftleitung nach der ersten Filterstufe können im Filter abgeschiedene Rauchgaspartikel nicht mehr detektiert werden. Bei diesen Anlagen können Rauchansaugsysteme mit entsprechender Anordnung der Rauchansaugöffnung verwendet werden.

So ist zu prüfen, an welcher Stelle der Rauch festgestellt und wie die Rauchübertragung in die Zuluft verhindert wird.

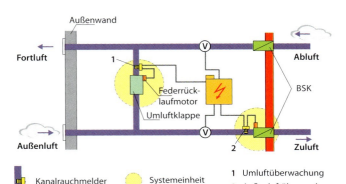

Bild A-II – 5/6: Prinzipdarstellung einer Rauchüberwachung in der Umluft und Zuluft

Hinweis: Die in den Prüfverordnungen der Länder geforderten Wirk-Prinzip-Prüfungen sind nicht zu verwechseln mit einer Prüfung einer „Brandfallsteuerung" oder „Steuermatrix" auf Sinnhaftigkeit oder Richtigkeit. Derartige Prüfungen können viel Zeit beanspruchen.

Wirk-Prinzip-Prüfungen gem. der Prüfverordnungen bestätigen nur das bestimmungsgemäße Zusammenwirken der gemäß Prüfverordnung zu prüfenden technischen Anlagen. Auch wenn durch die Baugenehmigung i. V. m. dem Brandschutzkonzept in einem nicht-prüfpflichtigen Gebäude das Prüfen von technischen Anlagen gefordert wird, dürfen Prüfsachverständige Wirk-Prinzip-Prüfungen nur für die in den Prüfverordnungen genannten Anlagen durchführen.

Zugelassene Rauchschutzklappen dürfen entsprechend den Verwendbarkeitsnachweisen ausschließlich mittels dafür geeigneter zulässiger Rauchauslöseeinrichtungen angesteuert werden. Die Rauchauslöseeinrichtungen für Brandschutzklappen bedürfen eines Verwendbarkeitsnachweises, ggf. ist die Ausführung im früheren Verwendbarkeitsnachweis der Brandschutzklappe oder in den Hersteller-Einbauanleitungen der Bauprodukte mit geregelt.

Da bei Umluftanlagen die Zuluft mit einer Brandschutz- oder Rauchschutzklappe gegen den Eintrag von Rauch aus der Abluft geschützt werden muss, muss bei einer Rauchdetektion diese Klappe geschlossen werden.

Hinweis: Die in Kasten-Lüftungsgeräten vorhandene Umluftklappe erfüllt nicht die Anforderungen an eine Rauchschutzklappe. Die Umluftklappen sind nicht entsprechend wie Rauchschutzklappen z. B. auf Rauchdichtigkeit, geprüft und verfügen i. d. R. auch nicht über Federrücklaufmotoren. Außerdem werden diese Umluftklappen i. d. R. so angesteuert, dass sie bei Anlagenstillstand öffnen.

Die Folgefunktionen bei Rauchdetektion eines Kanalrauchmelders sind bei der Planung der Lüftungsanlage ebenso zu beschreiben wie zusätzliche Maßnahmen, die ggf. daran angeknüpft sein müssen.

Bei Raucherkennung sollen die Zu- und Abluftanlagen abgeschaltet werden. Allerdings kann ein gezielter Weiterbetrieb der Anlagen möglicherweise der weiteren Rauchausbreitung im Gebäude entgegenwirken.

Positionierung der Rauchmelder	Vorteil	Nachteil
in der Abluft bzw. Umluft	Eindeutiges Zuordnen der Rauchquelle möglich, Rauchentstehung im Gebäude	Raucherkennung in der Außenluft zusätzlich erforderlich
in der Außenluft	Erkennen von Bränden außerhalb des Gebäudes	Kein Erkennen von Rauch in der Abluft und Rauchentstehung im Gebäude, weiterer Rauchmelder erforderlich
in der Zuluft nach der Zusammenführung vom Umluftanteilen der Abluft und der Außenluft	Erkennen von Rauch aus der Abluft und Außenluft	Keine Unterscheidung der Rauchquelle

Tabelle A-II – 5/1: Vor- und Nachteile bei Positionierung der Rauchmelder

Diese Betriebsweisen sind im Brandschutzkonzept im Einzelnen zu beschreiben.

Bei einem Weiterbetrieb der Lüftungsanlagen ist zu berücksichtigen:

- Eine Abluftanlage kann bis zum thermischen Auslösen der Absperrvorrichtungen weiterhin unterstützend Rauch aus dem Gebäude ableiten. Sie wird dadurch nicht zu einer Entrauchungsanlage. Hierbei kann auch eine Zuluftanlage weiterbetrieben werden oder es ist eine entsprechende Nachströmöffnung aus dem Freien zu öffnen. Wird eine Absperrvorrichtung in der Abluft ausgelöst, ist die Abluftanlage auszuschalten. Eine Zuführung von Zuluft in die vom Brand betroffenen Räume muss dann unterbunden werden, andernfalls würde Rauch aus diesen Räumen in andere Räume verdrängt. Ggf. sind daher Zuluftanlagen auszuschalten.

- Zuluftanlagen, die Rettungswege belüften, können weiterbetrieben werden, wenn sichergestellt wird, dass kein Rauch in diese Bereiche eindringen kann. Oftmals kann dadurch ein Eindringen von Rauch aus Brandbereichen in notwendige Flure verhindert werden.
- Weiterhin ist ein Weiterbetrieb möglich, wenn die Abluft-Brandschutzklappen mit Rauchauslöseeinrichtung ausgerüstet sind. Bei Ansprechen einer Rauchauslöseeinrichtung werden diese Klappen und die zu diesem Bereich zugehörigen Zuluft-Brandschutzklappen geschlossen. Somit ist dieser Brandabschnittsbereich geschlossen und die anderen, nicht vom Brand betroffenen Bereiche können weiter be- und entlüftet werden.

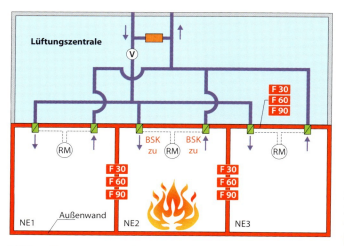

Bild A-II – 5/7: Schematisches Beispiel zum Weiterbetrieb einer Lüftungsanlage

Im Brandfall werden die Zu- und Abluft-BSK der betroffenen Nutzungseinheit (NE) z. B. entsprechend der Brandfallsteuermatrix (RM) zugefahren.

Vorteile: - Keine Rauchverteilung über das Lüftungssystem trotz leichtem Überdruck im Brandraum
- Kein Überdruck im Brandraum durch laufende Zuluft bei geschlossenen Abluft-BSK und damit keine Risiken von zu hohen Türöffnungskräften
- Reduzierung der Verunreinigungen im Lüftungssystem durch stark belastende Rauchgase

Nachteile: - Keine

Ansteuerung: Entsprechend der in der BMA hinterlegten Brandfallsteuermatrix

5.1.5 Lüftungsleitungen und andere Installationen

Im luftführenden Querschnitt von Lüftungsleitungen dürfen nur Einrichtungen von Lüftungsanlagen und zugehörigen Leitungen vorhanden sein. Diese Leitungen dürfen keine brennbaren oder toxischen Stoffe (z. B. Brennstoffe, organische Wärmeträger oder Flüssigkeiten für hydraulische Systeme) und keine Stoffe mit Temperaturen von mehr als 110 °C führen; zulässig sind jedoch Leitungen, die Lufterhitzern von außen Wärmeträger mit höheren Temperaturen auf dem kürzesten Wege zuführen.

In Schächten und Kanälen der Feuerwiderstandsklasse L 30/60/90 gemäß DIN 4102-4:1994-03, Abschnitte 8.5.1 bis 8.5.6, oder europäisch hierzu gleichwertigen Klassifizierungen dürfen neben den Lüftungsleitungen auch Leitungen für Wasser, Abwasser und Wasserdampf bis 110 °C sowie für Druckluft verlegt werden, wenn sie einschließlich eventuell vorhandener Dämmschichten aus nichtbrennbaren Baustoffen bestehen. Zwischen Schacht und Lüftungszentrale ist keine brandschutztechnische Abtrennung notwendig (siehe Bild 1.2, Anordnung 2).

Darüber hinaus sind in Schächten und Kanälen, deren Wände der Feuerwiderstandsklasse F 30/60/90 oder europäisch hierzu gleichwertigen Klassifizierungen (Feuerwiderstandsfähigkeit gemäß Abschnitt 4.1) entsprechen und deren Öffnungen in diesen Wänden dichte Verschlüsse (z. B. mit umlaufendem Anschlag) mit derselben Feuerwiderstandsfähigkeit wie die Wände haben, neben den Lüftungsleitungen auch andere (z. B. brennbare) Installationen zulässig, wenn alle ein- und ausführenden Lüftungsleitungen an den Durchtrittsstellen (auch zur Lüftungszentrale) durch Brandschutzklappen EI 30/60/90($v_e h_o$ i↔o)-S [ehemalige nationale Klassifizierung: K 30/60/90] (Feuerwiderstandsfähigkeit gemäß Abschnitt 4), (ohne Zusatzkennzeichnung für eine einschränkende Verwendung) gesichert sind (siehe Bild 1.2, Anordnung 1). Die Notwendigkeit brandschutztechnischer Maßnahmen für diese anderen Installationen bleibt unberührt.

In diesem Abschnitt werden die zulässige gemeinsame Verlegung von Lüftungsleitungen und Leitungsanlagen sowie die Installation von Leitungsanlagen in Lüftungsleitungen beschrieben. Andere Installationen sind Leitungsanlagen, die zur Lüftungsanlage zugehörig (z. B. Heizleitung beim Wärmetauscher-Register) oder eigene Anlagen sind, z. B., Abwasserleitungen, Leitungen für technische Gase oder elektrische Leitungen anderer Anlagen.

Soweit die Anforderungen des Abschnittes 3.2 – Verwendung brennbarer Baustoffe – erfüllt werden, gelten die Anforderungen dieses Abschnittes 5.1.5 sowohl für brennbare wie auch für nichtbrennbare Lüftungsleitungen.

Brennbare und toxische Stoffe in den Zuleitungen sowie Medientemperaturen > 110 °C sind nicht zulässig.

Aus hygienischen Gründen müssen alle Bauteile leicht zugänglich und zu reinigen sein. Daher empfiehlt es sich, z. B. die Anzahl der elastischen Stutzen auf die erforderliche Mindestanzahl zu beschränken (siehe VDI-Richtlinie 6022).

Bei der Verwendung brennbarer Baustoffe innerhalb des Installationsschachtes, z. B. brennbare Rohre und Lüftungsleitungen, brennbare Dämmstoffe und Elektrokabel, sind beim Ein- und Austritt der Lüftungsleitungen in feuerwiderstandsfähige Lüftungsschächte und -kanäle (mit der Klassifizierung F) geeignete Brandschutzklappen mit der erforderlichen Klassifizierung EI 30/60/90 ($v_e h_o$ i↔o) S vorzusehen. Absperrvorrichtungen K 30/60/90-18017 sind nicht zulässig.

Werden Ausführungen entsprechend der Bilder 1.2 und 2.2 der M-LüAR ausschließlich mit nichtbrennbaren Leitungsanlagen für nichtbrennbare Medien in den Schächten oder Kanälen geplant, können diese Schächte und Kanäle wahlweise in L 30- bis L 90-Qualität oder in F 30- bis F 90-Qualität ausgeführt werden (siehe auch **Bild A-II – 4/3a+b und Bild A-II – 4/4**).

- Es sind ausschließlich nichtbrennbare Leitungsanlagen mit nichtbrennbaren Dämmstoffen zulässig.
- Einzelne elektrische Leitungen zur Steuerung der installierten Lüftungsanlagen (zugehörige Leitungen) sind zulässig.
- Es ist zwingend darauf zu achten, dass die Schachtzugangstüren in der identischen Feuerwiderstandsdauer wie die Schachtwände ausgeführt werden und rauchdicht sind. Geeignet sind T 30-RS- bis T 90-RS-Schachtwandtüren mit umlaufendem Falz und umlaufender Dichtung. Auf den Einbau eines Oberschließers kann verzichtet werden, da diese Schachtwandtüren nur zu Revisionszwecken geöffnet werden. Dies gilt jedoch nur, wenn der Verwendbarkeitsnachweis der Türen dies vorsieht.
  Der Markt bietet entsprechende Schachtwandtüren/-klappen mit allgemeiner bauaufsichtlicher Zulassung an. Die Anforderung ist „dichte Türen". Daher ist ein geringer Rauchaustritt durch eine T-klassifizierte Tür zulässig. Erhöhte Anforderungen, z. B. absenkbare Bodendichtungen, können der M-LüAR nicht entnommen werden. Die Hinweise in Abschnitt 4, **Bild A-II – 4/3a+b** und **Bild A-II – 4/4** und den zugehörigen Texten sind bei der Auswahl der Schachttüren zu beachten.
- Die Ausführungen gelten nur für L-Schächte und Kanäle gem. DIN 4102-4.

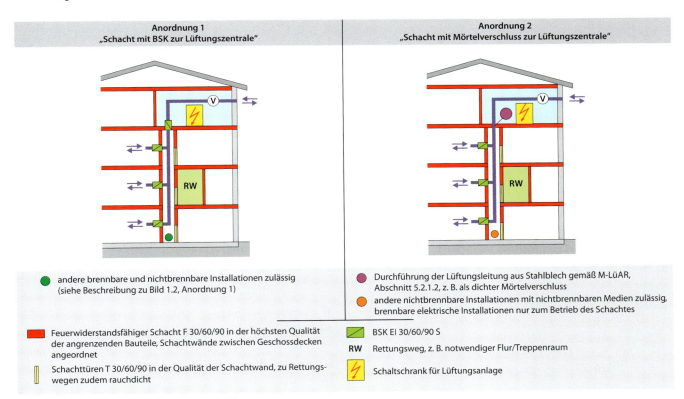

Bild A-II – 5/8: Installationsschächte in der Qualität F 30/60/90 Anordnung 1 und L 30/60/90 Anordnung 2 (weitere Erklärungen siehe **Bild A-II – 4/3a+b** und **Bild A-II – 4/4** sowie dazugehörige Texte)

Hinweis: Im Rahmen der Prüfungen der Feuerwiderstandsfähigkeit dürfen durchaus geringe Rauchvolumenströme durch die „Restspalte" der dichten Türen im Brandfall austreten, es müssen allerdings die Klassifizierungsmerkmale der relevanten Prüfnormen erfüllt sein.

Bei brandlastfreien Leitungsbelegungen des Schachtquerschnittes ist die Einführung der Lüftungsleitung in die Lüftungszentrale ohne eine brandschutztechnische Trennung möglich. Dies bedeutet, dass der Einbau von Brandschutzklappen zwischen Schachtquerschnitt und der Lüftungszentrale nicht erforderlich ist. Ein dichter Verschluss der Durchführungen der Lüftungsleitungen ist allerdings notwendig, ebenfalls sind an den Durchführungen die Leitungsanlagen brandschutztechnisch mindestens entsprechend der MLAR zu schotten (vgl. letzter Satz in Abschnitt 5.1.5).

- Bei Verwendung von Absperrvorrichtungen für Lüftungsanlagen auf Grundlage der DIN 18017-3 (K 30/60/90-18017) muss bei Schachtquerschnitten > 1000 cm² grundsätzlich ein Mörtelverguss über den gesamten Schachtquerschnitt von mind. 100 mm Dicke in Höhe der Geschossdecken eingebracht werden (siehe Abschnitt 7.2 der M-LüAR).
- Werden Abluftleitungen von Gewerbeküchen gemäß Abschnitt 8 der M-LüAR ohne Brandschutzklappen als feuerbeständige Lüftungsleitungen ausgeführt, kann innerhalb der L 30- bis L 90-Schachtkonstruktion nicht auf die feuerwiderstandsfähige Ummantelung der Gewerbe-Abluftleitung verzichtet werden, denn damit wären die Anforderungen des Abschnittes 8 „(...) vom Austritt der Küche (...)" nicht erfüllt.

Lösungen entsprechend den Bildern 1.2 und 2.2 der M-LüAR **mit gemischter Belegung aus Lüftungsleitungen und nichtbrennbaren oder brennbaren Leitungsanlagen** müssen mit Schächten in F 30- bis F 90-Qualität ausgeführt werden.

- In diesen Schächten ist eine Gemischtbelegung mit brennbaren und nichtbrennbaren Leitungen inkl. der Dämmstoffe zulässig. Bei Verwendung von brennbaren Lüftungsleitungen sind am Ein- und Austritt in den Schacht entweder Brandschutzklappen erforderlich, wenn aus verschiedenen Brandabschnitten Lüftungsleitungen in den Schacht eingeführt werden, oder die Lüftungsleitungen sind jeweils feuerwiderstandsfähig auszuführen.
- Elektrotrassen innerhalb des Schachtquerschnittes sind zulässig. Die Durchdringungen sind entsprechend der MLAR auszuführen.
- Es dürfen keine Entlüftungsanlagen gemäß DIN 18017-3 mit Absperrvorrichtungen K 30/60/90-18017 im Rahmen der Gemischtbelegung ausgeführt werden.
- Es ist zwingend darauf zu achten, dass die Schachtzugangstüren in der identischen Feuerwiderstandsdauer wie die Schachtwände ausgeführt werden und rauchdicht zu notwendigen Rettungswegen sind. Geeignet sind T 30-RS- bis T 90-RS-Schachtwandtüren mit umlaufendem Falz und umlaufender Dichtung oder gleichwertiger europäischer Klassifizierung. Auf den Einbau eines Oberschließers kann verzichtet werden, da diese Schachtwandtüren nur zu Revisionszwecken geöffnet werden; dies gilt jedoch nur, wenn die Verwendbarkeitsnachweise der Türen dies vorsehen. Der Markt bietet entsprechende Türen und Klappen an. Die Anforderung ist „dichte Türen". Daher ist ein geringer Rauchaustritt durch eine T-klassifizierte Tür zulässig. Erhöhte Anforderungen, z. B. absenkbare Bodendichtungen, können der M-LüAR nicht entnommen werden.

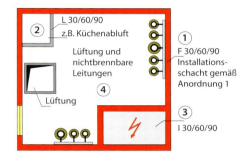

Anordnung 1	Beispielhafte Anordnung „Innen liegende Installationsschächte/-leitungen mit Klassifizierung"
■ Feuerwiderstandsfähiger Schacht F 30/60/90 in der höchsten Qualität der angrenzenden Bauteile, Schachtwände zwischen Geschossdecken angeordnet ▨ BSK EI 30/60/90 S ▯ Schachttüren T 30/60/90 in der Qualität der Schachtwand, zu Rettungswegen zudem rauchdicht ● andere brennbare und nichtbrennbare Installationen zulässig (siehe Beschreibung zu Bild 1.2, Anordnung 1) RW Rettungsweg, z. B. notwendiger Flur/Treppenraum ⚡ Schaltschrank für Lüftungsanlage	① Innerhalb des F 30/60/90-Schachtes können bei Bedarf innenliegende L 30/60/90-Kanäle bzw. I 30/60/90-Installationskanäle angeordnet werden. Jede Schachteinheit ist am Schachteintritt und -austritt entsprechend den jeweiligen Anforderungen abzuschotten. ② L 30/60/90-Lüftungsleitung mit/ohne innen liegendem Stahlblechkanal ③ I 30/60/90-Installationskanal ④ Belegung mit Installationen im F 30/60/90-Installationsschacht wie in der Anordnung 1 bzw. 1B oder in den Anwendungen „Schacht mit Lüftungszentrale als eine Einheit" beschrieben ▯ Schachttüren wie in Anordnung 3 oder in der Anordnung „Schacht mit Lüftungszentrale als eine Einheit" beschrieben

Bild A-II – 5/9: Installationsschächte in der Qualität F 30 bis F 90 mit Gemischtbelegung aus brennbaren (Dämmstoffen und Kabeltrassen) und nichtbrennbaren Installationen (weitere Erklärungen siehe **Bild A-II – 4/3 a+b** und zugehörige Texte)

Hinweis: Im Rahmen der Prüfungen der Feuerwiderstandsfähigkeit dürfen durchaus geringe Rauchvolumenströme durch die „Restspalte" der dichten Türen im Brandfall austreten, es müssen allerdings die Klassifizierungsmerkmale der relevanten Prüfnormen erfüllt sein.

- Bei dieser Leitungsbelegung des Schachtquerschnittes ist die Ein- und Ausführung der Lüftungsleitung sowohl in den Schacht als auch in die Lüftungszentrale ausschließlich mit brandschutztechnischen Trennungen möglich. Dies bedeutet, dass der Einbau von Brandschutzklappen in den Schachtwänden sowie zwischen Schachtquerschnitt und der Lüftungszentrale erforderlich ist. An den Durchführungen sind die Leitungsanlagen brandschutztechnisch mindestens entsprechend der MLAR zu schotten (vgl. letzter Satz in Abschnitt 5.1.5).

- Werden Abluftleitungen von Gewerbeküchen gemäß Abschnitt 8 der M-LüAR ohne Brandschutzklappen als feuerbeständige Lüftungsleitung ausgeführt, kann innerhalb der F 30- bis F 90-Schachtkonstruktion nicht auf die feuerwiderstandsfähige Ummantelung der Gewerbe-Abluftleitung verzichtet werden, denn damit wären die Anforderungen des Abschnittes 8 „(…) vom Austritt der Küche (…)" nicht erfüllt. Alternative Lösungsmöglichkeiten sind im Abschnitt 8 der M-LüAR und im **Teil D-VI.** „Abluftanlagen bei Gewerbeküchen" beschrieben.

Hinweis: Teile von Brandmeldeanlagen, z. B. Rauchmelder nach DIN EN 54, die auf Grund von technischen Regeln von Brandmeldeanlagen in Lüftungsleitungen eingebaut werden sollen, führen zu einem Abweichen von Abschnitt 5.1.5 M-LüAR, vergleiche auch Kommentierung zu Abschnitt 6.4.1.

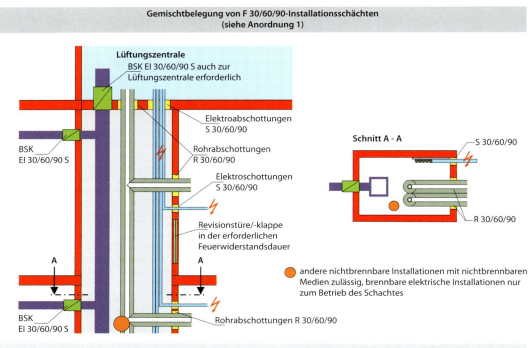

Bild A-II – 5/10: Gemischtbelegung von F 30/60/90-Installationsschächten mit Brandschutzklappen EI 30/60/90($v_e h_o$ i↔o) S und/oder qualifizierten Abschottungen S 30/60/90, R 30/60/90 bzw. nach den Erleichterungen der MLAR-Abschnitte 4.2 bzw. 4.3 aller Ein- und Ausfädelungen, auch zur Lüftungszentrale

5.2 Verlegung von Lüftungsleitungen
5.2.1 Alle Leitungsabschnitte
5.2.1.1 Begrenzung von Kräften

Lüftungsleitungen sind so zu führen oder herzustellen, dass sie infolge ihrer Erwärmung durch Brandeinwirkung keine erheblichen Kräfte auf tragende oder notwendig feuerwiderstandsfähige Wände und Stützen ausüben können.

Dies ist erfüllt, wenn ausreichende Dehnungsmöglichkeiten, bei Lüftungsleitungen aus Stahl ca. 10 mm pro lfd. Meter Leitungslänge, vorhanden sind.

Bei anderen Baustoffen der Lüftungsleitungen, wie hochlegierten Stählen und Nichteisenmetallen, ist deren Längenausdehnungskoeffizient zu berücksichtigen.

Bei zweiseitig fester Einspannung der Leitungen ist Satz 1 erfüllt, wenn:

1. die Leitungen so ausgeführt werden, dass sie keine erhebliche Längssteifigkeit besitzen (z. B. Spiralfalzrohre mit Steckstutzen bis 250 mm Durchmesser oder Flexrohre),
2. durch Winkel und Verziehungen in den Lüftungsleitungen auftretende Längenänderungen durch Leitungsverformungen (z. B. Ausknickungen) aufgenommen werden (siehe Bild 5) oder
3. Kompensatoren (z. B. Segeltuchstutzen) verwendet werden (Reaktionskraft < 1 kN).

Im Brandfall treten bis zum Versagen der Blechkanäle erhebliche Längenänderungen an den Lüftungsleitungen auf. Bei fixierten Montagesituationen sind erhebliche Kräfte (Ausdehnungskräfte) zu erwarten.

Hinweis: Leitungen aus korrosionsbeständigem Stahl (häufig „Edelstahl" genannt) haben einen größeren Längenausdehnungskoeffizienten, daher ist dort mit ca. 16 mm pro lfd. Meter Längenänderung zu kalkulieren.

Die Kompensation der Ausdehnung zwischen den Durchführungen in Massivbauteilen, an denen „Festpunkte" sind (z. B. Brandschutzklappen), ist durch abgewinkelte Lüftungskanäle unter Berücksichtigung der in Bild 5.1 und Bild 5.2 der M-LüAR dargestellten geometrischen Randbedingungen möglich.

Bild 5.1: Begrenzung der Krafteinleitung mit Leitungsverziehung

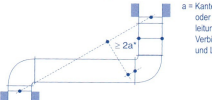

a = Kantenlänge des Lüftungskanals oder Durchmesser der Lüftungsleitung. Es gilt die entfernteste Verbindungsstelle zwischen Bogen und Leitung.

Beispielhafte Darstellung von Winkel und Verziehungen, die in den Lüftungsleitungen auftretende Längenänderungen durch Leitungsverformungen, z. B. durch Ausknicken, aufnehmen.

Bild 5.2: Begrenzung der Krafteinleitung mit Bogen

a = Kantenlänge des Lüftungskanals oder Durchmesser der Lüftungsleitung. Es gilt die entfernteste Verbindungsstelle zwischen Bogen und Leitung.

Beispielhafte Darstellung von Winkel und Verziehungen, die in den Lüftungsleitungen auftretende Längenänderungen durch Leitungsverformungen, z. B. durch Ausknicken, aufnehmen.

Auch wenn in den Verwendbarkeitsnachweisen der Brandschutzklappen ein Anschluss an eine Lüftungsleitung mit elastischen Stutzen nicht vorgeschrieben ist, darf die Krafteinleitung durch die Lüftungsleitung über die fest in der Wand installierte Brandschutzklappe in die Wand den Wert von 1 kN nicht überschreiten. Daher sind auch in diesen Fällen die „mäanderförmige" Führung der Lüftungsleitung oder eine andere Längenkompensation z. B. mittels elastischen Stutzen vorzusehen.

Erwartete Längenänderungen müssen von den elastischen Stutzen im eingebauten Zustand aufgenommen werden können. Hierdurch können neben Längenänderungen der Lüftungsleitungen auch Verformungen von leichten Trennwänden mit Metallständerwerk durch die elastischen Stutzen kompensiert werden.

Hinweis zu gleitenden Deckenanschlüssen:
Werden Brandschutzklappen in nichttragende feuerwiderstandsfähige Wände eingebaut, können durch die Absenkung von darüber befindlichen Geschossdecken erhebliche Kräfte ausgeübt werden. Mit der Absenkung einer Decke senken sich alle an ihr befestigten Bauteile wie Lüftungsleitungen gleichermaßen ab (Fixierung an der Decke). Zu den in den Wänden fixierten Bauteilen wie Brandschutzklappen entsteht ein Höhenversatz. Diesem Höhenversatz sollte durch einen elastischen Stutzen oder gleichwertige andere Maßnahmen begegnet werden. Der „gleitende Deckenanschluss" kompensiert (lediglich) Krafteinwirkungen von der absenkenden Decke auf die Wandkonstruktion.

Die Kompensationsmöglichkeiten der Nummern 1 bis 3 sind bei der Planung von Lüftungskanälen in Verbindung mit Brandschutzklappen zwingend zu beachten. Eine Nichtbe-achtung würde im Brandfall ggf. zu einer Funktionsstörung der Brandschutzklappe und des die Kraft aufnehmenden Bauteils führen. Durch die vorzeitige Zerstörung des Raumabschlusses kann das in der Bauordnung geforderte Schutzziel nicht ausreichend eingehalten werden.

Hinweis (früher):
Beim Einbau von Brandschutzklappen mit allgemeiner bauaufsichtlicher Zulassung, z. B. in Metallständerkonstruktionen mit Anforderungen an die Feuerwiderstandsdauer, musste entsprechend der allgemeinen bauaufsichtlichen Zulassungen auf beiden Seiten der Brandschutzklappe ein elastischer Stutzen zur Aufnahme der Längenausdehnung eingebaut werden. In diesen Einbausituationen reichten die bildlich dargestellten Maßnahmen nicht aus, hier galten die Einbauvorgaben der allgemeinen bauaufsichtlichen Zulassungen und die Montageanleitungen der Hersteller der Brandschutzklappen.

Hinweis (seit 2013):
Bei Brandschutzklappen nach DIN EN 15650 ist der Einbau in den Hersteller-Montage- und -Betriebsanleitungen zu regeln.

Hinweis: Metallständerwände höherer Abmessungen können sich bei Brandbeanspruchung erheblich verformen. Zu prüfen ist, welche horizontale Verschiebung der Wand bei der Bemessung der elastischen Stutzen bei Wandhöhen von mehr als 4 m zusätzlich berücksichtigt werden muss.

Aufgrund der im Brandfall möglichen Leitungslängenänderungen und Verformungen raumabschließender Bauteile ist es zu empfehlen, elastische Stutzen beidseitig der Brandschutzklappen (elastische Stutzen als Kompensatoren) vorzusehen. Bei geraden Lüftungsleitungen, z. B. bei Durchführung durch mehrere nicht feuerwiderstandsfähig abgetrennte Räume wie Lagerräume in Kellern, sind elastischen Stutzen in ausreichender Anzahl und Länge zwischen den Brandschutzklappen in diese Leitungsabschnitte zu integrieren. Bei der Bemessung und Montage der elastische Stutzen ist folgendes zu beachten:

- ausreichende Länge im eingebauten Zustand
- ausreichende Möglichkeit zur Stauchung und Streckung
- ausreichende Berücksichtigung eines i. V. m. gleitendem Deckenanschluss ggf. eintretenden Höhenversatzes

Längenänderung im Brandfall	Stahlblech	Edelstahl*
	10 mm/m Leitung	16 mm/m Leitung
Leitungslänge in m	Kompensationsstrecke elastischer Stutzen	
2	20	32
4	40	64
6	60	96
8	80	128
10	100	160

* korrosionsbeständiger Stahl

Tabelle A-II – 5/2: Erforderliche Länge der elastischen Stutzen

Hinweis: In der M-LüAR ist nur eine Wirkung von Lüftungsleitungen auf Wände und Stützen aufgegriffen, nicht jedoch von Bauteilen auf Lüftungsleitungen. Grundsätzlich sind aufgrund der Vorschriften der MBO jedoch mögliche Lüftungsleitungsänderungen aller raumabschließenden Bauteile (Decken und Wände) im Brandfall zu berücksichtigen. Sinngemäß gelten die Ausführungen für Lüftungsleitungen auch bei der Führung durch Decken.

In **Bild A-II – 5/11** bis **– 16** werden die verschiedenen planerischen Möglichkeiten zur Kompensation der Ausdehnungskräfte aufgezeigt.

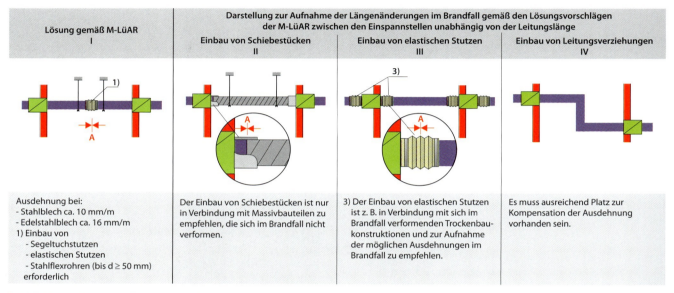

Bild A-II – 5/11: Schematische Darstellung von Möglichkeiten zur Kompensation der Ausdehnungskräfte (gilt für massive Bauteile und Trockenbaukonstruktionen); **A** = erforderliche Ausdehnungsaufnahme

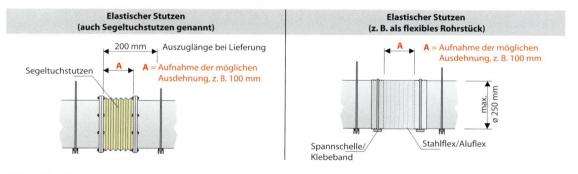

Bild A-II – 5/12: Montagebeispiele von elastischen Stutzen

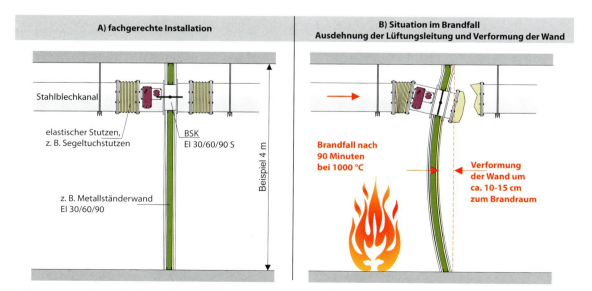

Bild A-II – 5/13: Verformungen im Brandfall. Die entstehenden Kräfte werden über elastischen Stutzen, z. B. Segeltuchstutzen, bzw. über flexible Rohrstücke abgefangen

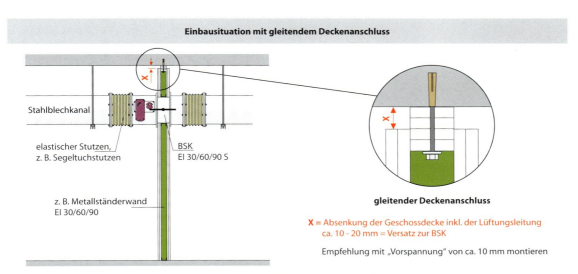

Bild A-II – 5/14: Einbausituation gleitender Deckenanschluss bei Metallständerwänden/Trockenbauwänden

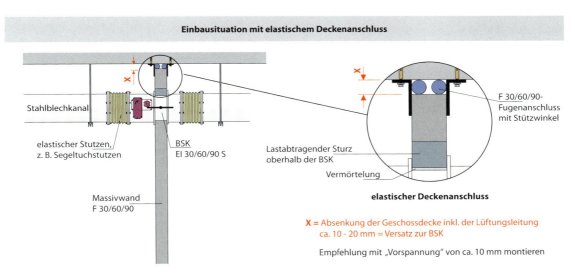

Bild A-II – 5/15: Einbausituation elastischer Deckenanschluss bei Massivwänden

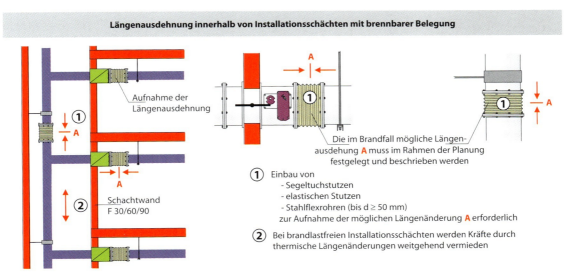

Bild A-II – 5/16: Die Längenausdehnung im Betriebs- und Brandfall sind bei der Planung zu berücksichtigen

Hinweis: Wegen der grundsätzlichen Brandlastfreiheit in notwendigen Fluren ist davon auszugehen, dass keine erheblichen Kräfte im Brandfall vom Flur über Lüftungsleitungen, die innerhalb des Rettungsweges verlegt werden dürfen, auf die Flurtrennwände ausgeübt werden können.

Wenn in den Flurtrennwänden Brandschutzklappen verwendet werden, sind elastische Stutzen im Flur wegen der Brandlastfreiheit nicht notwendig.

Bei der Querung von notwendigen Fluren mit Lüftungsleitungen (ohne BSK) sind brennbare elastische Stutzen im Flur nicht erlaubt und gleitende Führungen der ausreichend feuerwiderstandsfähigen Stahlblech-Lüftungsleitungen (vgl. Abschnitt 8.5.7.5 DIN 4102-4:1994-03) mit nichtbrennbaren Dämmstoffen in den Flurtrennwänden erforderlich.

5.2.1.2 Durchführung durch feuerwiderstandsfähige, raumabschließende Bauteile

Leitungsabschnitte, die brandschutztechnisch zu trennende Abschnitte überbrücken, sind in der höchsten vorgeschriebenen Feuerwiderstandsfähigkeit der durchdrungenen raumabschließenden Bauteile auszuführen; andernfalls sind Brandschutzklappen in den Bauteilen vorzusehen (Schematische Darstellungen 1.1 [siehe Bild 1.1 bis Bild 1.4] und 1.2).

Brandschutzklappen dürfen außerhalb dieser Bauteile nur installiert werden, wenn der Verwendbarkeitsnachweis dies zulässt.

Soweit Lüftungsleitungen ohne Brandschutzklappen durch raumabschließende Bauteile, für die eine Feuerwiderstandsfähigkeit vorgeschrieben ist, hindurchgeführt werden dürfen, sind die verbleibenden Öffnungsquerschnitte mit geeigneten nichtbrennbaren mineralischen Baustoffen dicht und in der Dicke dieser Bauteile zu verschließen. Ohne weiteren Nachweis gelten Stopfungen aus Mineralfasern mit einem Schmelzpunkt > 1000 °C bis zu einer Spaltbreite des verbleibenden Öffnungsquerschnittes von höchstens 50 mm als geeignet. Durch weitere Installationen darf die Stopfung nicht gemindert werden.

Bei feuerwiderstandsfähigen Lüftungsleitungen muss die Feuerwiderstandsfähigkeit der Leitungen auch in den feuerwiderstandsfähigen, raumabschließenden Bauteilen gegeben sein.

Falls ein brandschutztechnisch abzutrennender, fremder Bereich überbrückt wird (da z. B. keine Montagemöglichkeit oder Zugänglichkeit von BSK existiert) oder überbrückt werden soll (Einsparung von BSK und Folgekosten der wiederkehrenden Prüfung) besteht folgende Möglichkeit:

Zwischen den raumabschließenden Bauteilen mit Anforderungen an die Feuerwiderstandsdauer sind die Leitungsabschnitte feuerwiderstandsfähig als L 30- bis L 90- oder F 30- bis F 90-Lüftungsleitungen überbrückend auszuführen.

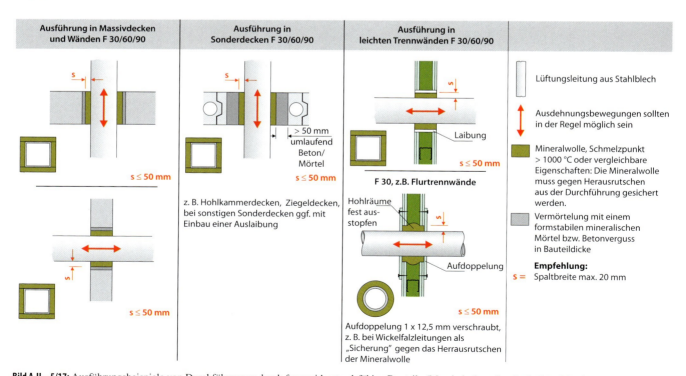

Bild A-II – 5/17: Ausführungsbeispiele von Durchführungen durch feuerwiderstandsfähige Bauteile (Massivdecken, Sonderdecken, Massivwände, leichte Trennwände), wenn aus baurechtlicher Sicht keine Brandschutzklappen erforderlich sind

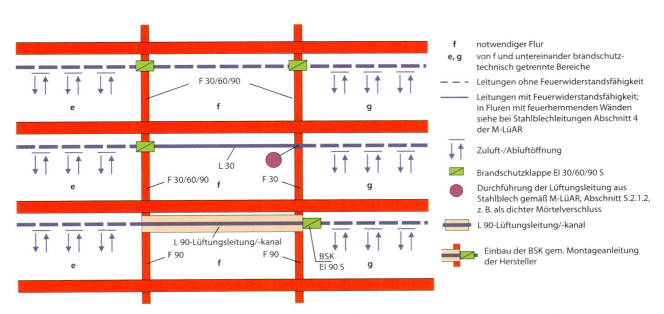

Bild A-II – 5/18: Beispiele zur Überbrückung raumabschließender Bauteile, z. B. Flurquerungen mit beidseitig unterschiedlichen Nutzern (siehe auch **Bild A-II – 4/7** und die zugehörigen Texte)

Soll mit der feuerwiderstandsfähigen Lüftungsleitung ein Bereich überbrückt und zwei brandschutztechnisch zu trennende Bereiche verbunden werden, ist im Verlauf der Leitung mindestens eine Brandschutzklappe vorzusehen. Die Brandschutzklappe kann in dem Fall in einem der beiden raumabschliessenden Bauteile oder im Verlauf der feuerwiderstandsfähigen Leitung an günstiger Stelle entsprechend des Verwendbarkeitsnachweises eingebaut werden. Der Innenraum des Lüftungskanals oder der Verkleidung zählt im dargestellten Beispiel (**Bild A-II-5/18**) brandschutztechnisch zu der angrenzenden Nutzungseinheit ohne Abschottung mit einer Brandschutzklappe.

Die Bauart ist auf vergleichbare Bausituationen übertragbar, bei denen brandschutztechnisch zu trennende Bereiche überbrückt werden sollen, z. B. bei der Überbrückung von notwendigen Fluren und notwendigen Treppenräumen mit Wänden in der Qualität F 90.

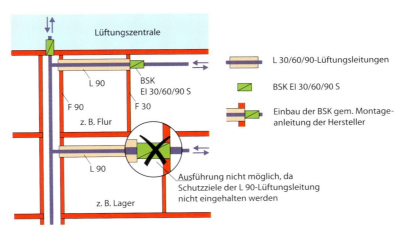

Bild A-II – 5/19: Beispiele zur Überbrückung raumabschließender Bauteile mit einem L 30/60/90-Kanal und einseitiger Montage einer Brandschutzklappe EI 30/60/90 S

Für die Durchführungen der Leitungsanlagen sind die Bestimmungen der MLAR zu beachten.

Die Brandschutzklappen sind so zu montieren, dass ein ungehinderter, leichter Zugang zu den Bedienelementen (z. B. Handauslösung) und Funktionselementen (z. B. Schmelzlot) sowie zu der Reinigungsöffnung (Teil der Brandschutzklappe oder in der direkt anschließenden Lüftungsleitung integriert) gewährleistet ist. Bei Bedarf ist in den Lüftungskanal oder die brandschutztechnische Bekleidung eine Revisionsöffnung in der geforderten Feuerwiderstandsdauer einzubauen.

5.2.1.3 Abstände zu brennbaren Baustoffen

Leitungsabschnitte, deren äußere Oberflächen im Betrieb Temperaturen von mehr als 85 °C erreichen können, müssen von flächig angrenzenden, ungeschützten Bauteilen mit brennbaren Baustoffen einen Abstand von mindestens 40 cm einhalten.

Der Abschnitt regelt den regelmäßigen Betriebsfall und nicht den Brandfall.

In bestimmten Anwendungsfällen, z. B. bei Prozessabluft oder der gemeinsamen Abführung von Abluft und Abgasen aus Küchen, kann die Lufttemperatur so hoch sein, dass die Oberfläche der Lüftungsleitung in Abschnitten eine Temperatur von über 85 °C annehmen kann. Um einer Brandentstehung vorzubeugen wird daher gefordert, dass diese Abschnitte zu flächig angrenzenden Bauteilen mit brennbaren Baustoffen einen ausreichenden Abstand aufweisen.

Die in der Muster-Lüftungsanlagen-Richtlinie erhobene Anforderung ist in gleicher Weise in der MFeuV – Muster-Feuerungsverordnung zu finden.

Der notwendige Abstand lässt sich durch Einbau von nichtbrennbaren Dämmstoffen oder Zwischenlagen aus nichtbrennbaren Dämmstoffen reduzieren. Ziel aller Maßnahmen ist es, den Wärmeeintrag von der Lüftungsleitung auf die brennbaren Baustoffe hinreichend zu reduzieren.

Die Reduzierung des Mindestabstandes ist als Abweichung von einer eingeführten Technischen Baubestimmung gemäß § 3, Absatz 3, Satz 3 der MBO 2002, Stand 2012, zu betrachten (siehe **Teil B-I.**). Der Nachweis der Gleichwertigkeit muss dokumentiert werden.

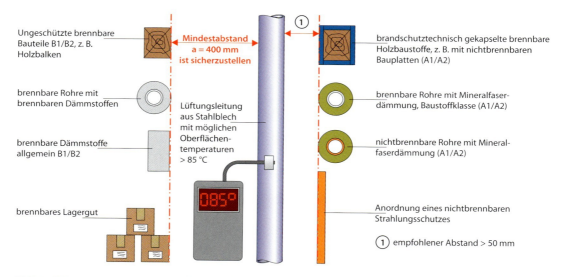

Bild A-II – 5/20: Notwendiger Abstand von Lüftungsleitungen aus Stahlblech mit möglichen Oberflächentemperaturen > 85 °C zu brennbaren ungeschützten Bauteilen

5.2.2 Leitungsabschnitte, die feuerwiderstandsfähig sein müssen

Feuerwiderstandsfähige Leitungsabschnitte müssen an Bauteilen mit entsprechender Feuerwiderstandsfähigkeit befestigt sein.

Im Baurecht gilt der Grundsatz, dass feuerwiderstandsfähige Lüftungsleitungen nur an Bauteilen mit mindestens der identischen Feuerwiderstandsdauer befestigt werden können.

Wird von diesem in Abschnitt 5.2.2 niedergeschriebenen Grundsatz abgewichen, ist im Brandschutzkonzept darzustellen, wie der Feuerwiderstand dieser Bauteile ausreichend lang gewährleistet wird.

Hinweis: Die Bestimmungen der Verwendbarkeitsnachweise der feuerwiderstandsfähigen Lüftungsleitungen sind einzuhalten oder es sind bei wesentlicher Abweichung Zustimmungen im Einzelfall (nicht bei bereits europäisch harmonisierten Bauprodukten möglich) zu beantragen.

Werden bauaufsichtlich Lüftungsleitungen mit einem höheren Feuerwiderstand gefordert als dem höchsten Feuerwiderstand der raumabschließenden Bauteile in dem Gebäude, ist mit der zuständigen Behörde zu klären, ob es genügt, die Leitungsabschnitte nur an Bauteilen mit dem höchsten zur Verfügung stehenden Feuerwiderstand zu befestigen. Zu berücksichtigen ist dabei das Schutzziel. So sind z. B. Küchenabluftleitungen ab Austritt aus der Küche feuerbeständig auszuführen, sofern die Brandausbreitung nicht durch Brandschutzklappen verhindert wird. Sinn dieser Anforderung ist es, die auftretenden Brände im Inneren der Leitungen durch entzündete Fettbeläge ausreichend lang auf den Bereich der Lüftungsleitung zu beschränken, dieses soll auch in Gebäuden der Feuerwiderstandsklassen feuerhemmend oder hochfeuerhemmend gewährleistet sein.

Sind Verzüge notwendig, müssen die Befestigungspunkte den brandschutztechnischen Anforderungen genügen. Ggf. muss eine Abstützung zur Geschossdecke erfolgen, hierzu sind die Hinweise gem. **Teil D-IV.** zu beachten. Bei einer Brandgefahr von innen sind abweichende Lösungen von einer eingeführten Technischen Baubestimmung gemäß § 3, Absatz 3, Satz 3 der MBO 2002 möglich (siehe **Teil B-I.**). Der Nachweis der Schutzzielerfüllung muss dokumentiert werden.

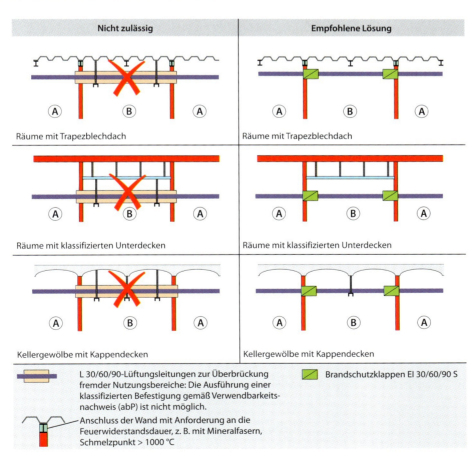

Bild A-II – 5/21a: Beispiele von L 30/60/90-Lüftungsleitungen mit Umsetzungsempfehlungen, sofern keine zulassungskonformen Befestigungen möglich sind

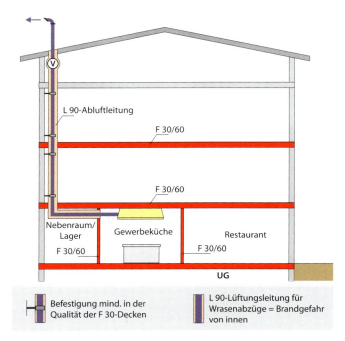

Bild A-II – 5/21b: Befestigung eines L 90-Küchenabluftleitung

5.2.3 Leitungen im Freien

Leitungsabschnitte im Freien, die von Brandgasen durchströmt werden können, müssen

1. feuerwiderstandsfähig sein gemäß Abschnitt 4.1 Satz 2 zweiter Halbsatz oder
2. aus Leitungsbauteilen aus Stahlblech bestehen, wenn ein Abstand von mindestens 40 cm zu Bauteilen aus brennbaren Baustoffen eingehalten ist; der Abstand braucht nur 20 cm zu betragen, wenn die brennbaren Baustoffe durch eine mindestens 2 cm dicke Schicht aus mineralischen, nichtbrennbaren Baustoffen gegen Entflammen geschützt sind.

Für Anwendungsfälle, in denen die Lüftungsanlagen im Freien, z. B. auf Dächern, aufgestellt oder Lüftungsleitungsabschnitte an der Fassade oder über Dächer geführt werden, werden zur Einhaltung der Schutzzielanforderungen unter Berücksichtigung möglicher anderer brandschutztechnischer Risiken als bei Verlegung innerhalb von Gebäuden gesonderte Regelungen getroffen.

Hinweis: Diese Regelungen sind sinngemäß auch bei Entrauchungsleitungen zu berücksichtigen, obwohl diese nicht unter den Anwendungsbereich der M-LüAR fallen.

Feuerwiderstandsfähige Lüftungsleitungen bieten auch im Freien einen hinreichenden Schutz gegen die Brandausbreitung. Zu berücksichtigen ist allerdings, dass diese Leitungen ausreichend gegen die Beanspruchungen durch die Bewitterung, z. B. Materialveränderungen durch Feuchteeinwirkungen (Regen) oder wechselnde Längenänderungen durch Sonneneinstrahlung (Schrumpfen und Ausdehnung), zu schützen sind.

Im Außenbereich reichen nichtbrennbare Lüftungsleitungen aus, wenn die Mindestabstände zu brennbaren Baustoffen von 400 mm eingehalten werden. Die Mindestabstände lassen sich durch einen nichtbrennbaren Entflammungsschutz auf den brennbaren Baustoffen auf 200 mm reduzieren. Alternativ ist auch eine durchgängige Dämmung mit Mineralfaserschalen und einem äußeren nichtbrennbaren Schutzmantel möglich, z. B. Verblechung mit korrosionswiderstandsfähigem Stahl (siehe **Bild A-II – 5/22**).

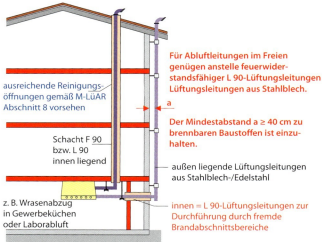

Bild A-II – 5/22: Beispiel zur Führung einer innen- oder außenliegenden Abluftleitung aus einer Gewerbeküche (Wrasenabzug) bzw. bei Laborabluft. Die besonderen Anforderungen von Abschnitt 8 der M-LüAR sind einzuhalten.

Abweichend davon dürfen auf Flachdächern Leitungsabschnitte, die im Brandfall von Brandgasen durchströmt werden, aus schwerentflammbaren Baustoffen ausgeführt werden, wenn

1. sie gegen Herabfallen, auch im Hinblick auf den Brandfall, gesichert sind,
2. der Abstand von Bauteilen aus brennbaren Baustoffen mindestens 1,5 m beträgt, sofern nicht diese Baustoffe bis zu diesem Abstand gegen Entflammen geschützt sind und
3. die Dachoberfläche aus brennbaren Baustoffen unterhalb des Leitungsabschnittes in einer Breite von jeweils 1,5 m - bezogen auf die Außenkante - gegen Entflammen geschützt ist (z. B. durch eine mindestens 5 cm dicke Bekiesung oder durch mindestens 3 cm dicke, fugendicht verlegte Betonplatten).

Oberhalb von Flachdächern dürfen schwerentflammbare Lüftungskanäle eingesetzt werden, wenn diese im Brandfall gegen das Herabfallen auf die brennbare Dachhaut gesichert sind. Die Sicherung kann z. B. durch Verblechung auf der Außenseite erfolgen.

Alternativ kann auf die Sicherung gegen Herabfallen verzichtet werden, wenn die Mindestabstände eingehalten werden und das Flachdach durch eine nichtbrennbare Schutzschicht brandschutztechnisch geschützt wird. Die aufgeführten Mindestmaße sind einzuhalten. Ein Ausführungsbeispiel zeigt **Bild A-II – 5/23**.

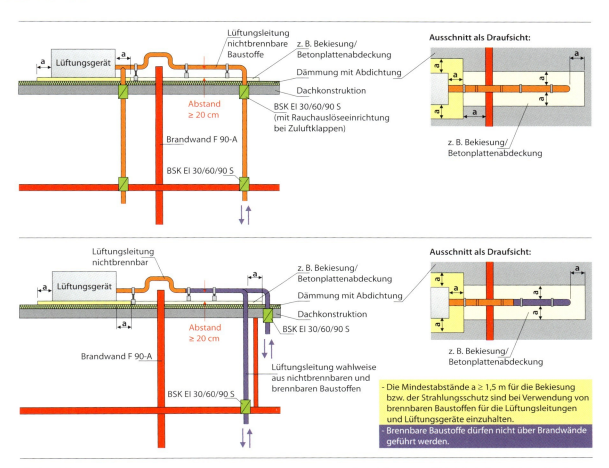

Bild A-II – 5/23: Beispiele zur Aufstellung von Lüftungsgeräten, Führung von Lüftungsleitungen auf Flachdächern und deren Abschottung beim Eintritt ins Gebäude, sofern keine brandschutztechnischen Anforderungen an das Flachdach bestehen: Die Abschottung über die Brandschutzklappen ist zur brandschutztechnischen Trennung der Brandabschnitte erforderlich, wenn die Lüftungsleitung zwei voneinander getrennte Brandabschnitte bzw. Nutzungseinheiten mit F 90-Abtrennung versorgt.

5.2.4 Lüftungsleitungen oberhalb von Unterdecken

Werden Lüftungsleitungen oberhalb von Unterdecken, für die als selbstständiges Bauteil eine Feuerwiderstandsfähigkeit gefordert wird, verlegt, so sind diese Lüftungsleitungen so zu befestigen, dass sie auch im Brandfall nicht herabfallen können (siehe DIN 4102-4:1994-03, Abschnitt 8.5.7.5).

Die Befestigungen der Lüftungsleitungen/-kanäle sind so zu bemessen, dass bei einem Brand im Deckenhohlraum die klassifizierten Unterdecken (F 30 – F 90) durch herabfallende Teile nicht beschädigt werden.

Auch wenn es in der M-LüAR nicht direkt angesprochen wird, ist ein ausreichender Abstand zwischen den Lüftungsleitungen sowie deren Befestigungen und der Unterdecke erforderlich, da im Brandfall auch die Absenkung der Leitungen (Längenänderung der Abhängung unter Last- und Brandeinwirkung) zu erwarten ist.

Bei Hohlräumen bis 50 cm Höhe oberhalb von F 30-Unterdecken wird ein Abstand von mindestens a = 50 mm an allen Punkten zwischen den Installationen und der Unterdecke inkl. Tragkonstruktion empfohlen.

Bei Unterdecken der Qualität F 60/90 sind größere Mindestabstände a gesondert zu ermitteln. Die Hersteller für Befestigungssysteme können die Auslegung i. d. R. vornehmen.

Die Auslegung der Befestigung (Gewindestäbe) kann erforderlich und für Lüftungsleitungen nach DIN 4102-4:1994-03, Nr. 8.5.7.5 erfolgen:

- maximal zulässige Zugspannung in der Gewindestange bei F 30-Unterdecken = 9 N/mm²,
- maximal zulässige Zugspannung in der Gewindestange bei F 90-Unterdecken = 6 N/mm².

Hinweis: Für alle anderen Gewerke ist ebenfalls ein ausreichender Abstand erforderlich (siehe Kommentar zur MLAR, 4. Auflage, Abschnitt 3.5.3)

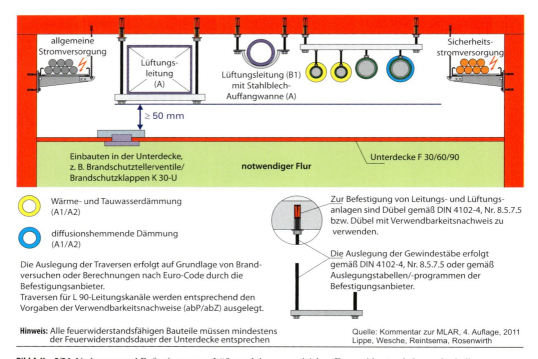

Bild A-II – 5/24: Verlegung und Befestigung von Lüftungsleitungen mit/ohne Feuerwiderstandsdauer oberhalb von Unterdecken mit Anforderungen an die Feuerwiderstandsdauer F 30/60/90

Für die Auslegung der Traversen für nicht klassifizierte Lüftungsleitungen können brandschutztechnisch geprüfte Systeme unter Beachtung der Lasten angewendet werden. Die Hersteller für Befestigungssysteme können die Auslegung i. d. R. vornehmen.

Für die Auslegung der Traversen für klassifizierte Lüftungsleitungen L 30/60/90 müssen die in dem jeweiligen Verwendbarkeitsnachweis der Lüftungsleitung beschriebenen Befestigungsarten eingesetzt werden.

Hinweis: Brennbare Lüftungsleitungen oberhalb klassifizierter Unterdecken sind gegen ein Herabfallen zu schützen. Dazu ist z. B. eine Stahlblechauffangwanne ausreichend.

Bei Montage von nichtbrennbaren Lüftungsleitungen in Deckenhohlräumen mit einer unteren Begrenzung durch klassifizierte Unterdecken (siehe Beispiel **Bild A-II – 5/25**) müssen die Lufteintritts- und Luftaustrittsöffnungen mit Brandschutzklappen oder Brandschutzventilen in der Qualität der klassifizierten Unterdecken geschützt werden.

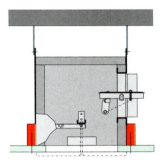

Anordnung von Brandschutzventilen in feuerhemmenden Unterdecken	Anordnung mit Brandschutzklappe, z. B. K 30 U in feuerhemmenden Unterdecken
Der Einbau muss entsprechend der allgemeinen bauaufsichtlichen Zulassung des Brandschutzventils erfolgen. Der Einbau muss ebenfalls durch den allgemeinen bauaufsichtlichen Verwendbarkeitsnachweis der Unterdecke abgedeckt sein. Eine Abstimmung ist im Vorfeld erforderlich.	Der Einbau muss entsprechend der allgemeinen bauaufsichtlichen Zulassung der Brandschutzklappe K 30 U erfolgen. Der Einbau muss ebenfalls durch den allgemeinen bauaufsichtlichen Verwendbarkeitsnachweis der Unterdecke abgedeckt sein. Eine Abstimmung im Vorfeld ist erforderlich.

Bild A-II – 5/25: Beispiele zum Einbau von Brandschutzklappen/-ventilen in klassifizierten Unterdecken F 30/60/90

5.2.5 Brandschutz im Dachraum

Führen Lüftungsleitungen durch einen Dachraum, müssen bei der Durchdringung einer Decke, die feuerwiderstandsfähig sein muss, zwischen oberstem Geschoss und Dachraum

1. Brandschutzklappen eingesetzt werden (siehe Bild 2.1),
2. die Teile der Lüftungsanlage im Dachraum mit einer feuerwiderstandsfähigen Umkleidung (bei Leitungen, die ins Freie führen, bis über die Dachhaut) versehen werden oder
3. die Lüftungsleitungen selbst feuerwiderstandsfähig ausgebildet sein.

Die Detailbilder (**Bild A-II – 5/26**) zu den drei aufgeführten Möglichkeiten der Umsetzung zeigen, dass in der brandschutztechnischen Lüftungsplanung eine Kombination der Schott- und Schachtlösungen möglich ist.

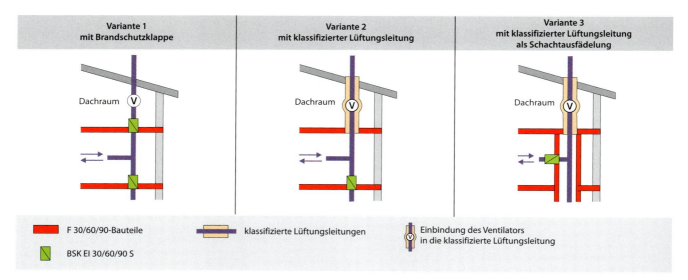

Bild A-II – 5/26: Ergänzende Hinweise zur M-LüAR bei der Durchführung von Lüftungsleitungen

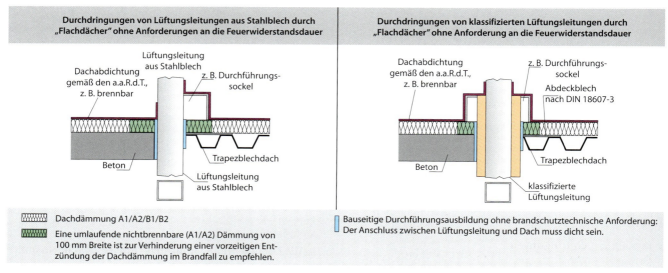

Bild A-II – 5/27: Beispiele zur Durchdringung von Lüftungsleitungen durch Flachdächer aus Beton oder Trapezblech, sofern keine Anforderungen an die Feuerwiderstandsdauer des Flachdaches bestehen

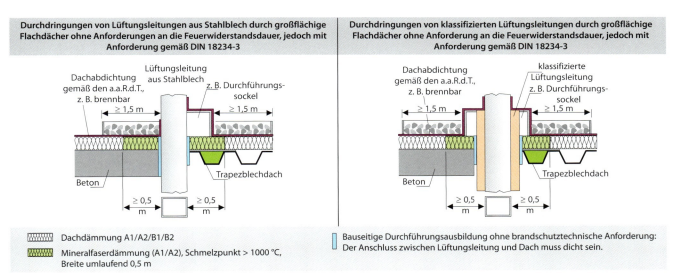

Bild A-II – 5/28: Beispiele zur Durchdringung von Lüftungsleitungen durch großflächige Flachdächer aus Beton oder Trapezblech, wenn keine Anforderungen an die Feuerwiderstandsdauer des Flachdaches bestehen, jedoch Anforderungen der DIN 18234-3 (großflächige Dächer > 2.500 m²) zu beachten sind

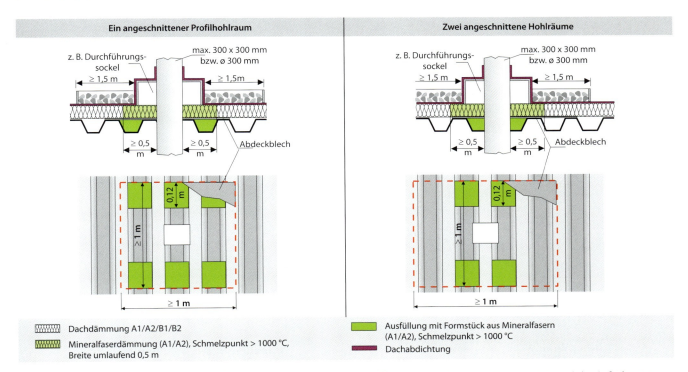

Bild A-II – 5/29: Beispiele zur Durchdringung kleiner Lüftungsleitungen durch großflächige Flachdächer aus Beton oder Trapezblech, wenn keine Anforderungen an die Feuerwiderstandsdauer des Flachdaches bestehen, jedoch Anforderungen der DIN 18234-3 (großflächige Dächer > 2.500 m²) zu beachten sind

Die DIN 18234-3 unterscheidet bei der Ausführung von Durchführungen zwischen:

- kleinen Durchdringungen:
  Leitungsdurchführungen und Lüftungskanäle bis 300 x 300 mm bzw. Außendurchmesser bis 300 mm. Dabei ist die Dachdämmung mit 1 m² Fläche in nichtbrennbarer Qualität (Baustoffklasse A1/A2) auszuführen, Anordnung der nichtbrennbaren Dachdämmung gemäß DIN 18234-3.

- mittleren Durchdringungen:
  Leitungsdurchführungen und Lüftungskanäle bis 3000 x 3000 mm bzw. Außendurchmesser bis 3000 mm. Dabei ist die Dachdämmung umlaufend um die Durchdringung in einer Breite von 500 mm in nichtbrennbarer Qualität (Baustoffklasse A1/A2) auszuführen.

Weitere Details sind der DIN 18234-3 zu entnehmen.

6 Einrichtungen zur Luftaufbereitung und Lüftungszentralen

Die in der M-LüAR berücksichtigt Anforderungen an die brandschutztechnische Ausbildung eines Gebäudes sollen eine Ausbreitung von Feuer und Rauch verhindern. Einrichtungen zur Aufbereitung von Luft werden durch die Partikel der Brandgase besonders beansprucht; die in der M-LüAR beschriebenen Maßnahmen schützen nicht vor diesen Beanspruchungen. Der Einsatz verstärkter, weiterer brandschutztechnischer Maßnahmen zur vorausschauenden Minimierung des Sanierungs- und Reinigungsaufwandes nach einem Brandfall obliegt ausschließlich den Bauherren und Betreibern.

Erfahrungsgemäß können Brandschutzklappen für die Anwendung in modernen, technisch hoch ausgestatteten Gebäuden durch Motorisierung und rauchmeldergesteuert nicht allein im Normalbetrieb deutlich „komfortabler" sein. Motorisierte Brandschutz- oder Rauchschutzklappen können sowohl für die Brandbekämpfung im Allgemeinen als auch im unmittelbaren Gefahrenfall – beispielsweise während einer aktuellen Brandbekämpfung – die bessere Wahl sein. Ansteuerungen der Brandschutzklappen durch für die Lüftungsanlage vorgesehenen Rauchauslöseeinrichtungen können zentral erfolgen.

6.1 Lufterhitzer

Bei Lufterhitzern, deren Heizflächentemperaturen mehr als 160 °C erreichen können, muss ein Sicherheitstemperaturbegrenzer im Abstand von 50 cm bis 100 cm in Strömungsrichtung hinter dem Lufterhitzer in die Lüftungsleitung eingebaut werden, der den Lufterhitzer bei Erreichen einer Lufttemperatur von 110 °C selbsttätig abschaltet.

Bei direkt befeuerten Lufterhitzern muss zusätzlich ein Strömungswächter vorhanden sein, der beim Nachlassen oder Ausbleiben des Luftstroms die Beheizung selbsttätig abschaltet, es sei denn, dass die Anordnung des Sicherheitstemperaturbegrenzers auch in diesen Fällen die rechtzeitige Abschaltung der Beheizung gewährleistet.

Bei Einbau von Lufterhitzern sind die Sicherheitsvorgaben in der Planung umzusetzen.

6.2 Filtermedien, Kontaktbefeuchter und Tropfenabscheider

Bei Filtermedien, Kontaktbefeuchtern und Tropfenabscheidern aus brennbaren Baustoffen muss durch ein im Luftstrom nachgeschaltetes engmaschiges Gitter oder durch eine geeignete nachgeschaltete Luftaufbereitungseinrichtung aus nichtbrennbaren Baustoffen sichergestellt sein, dass brennende Teile nicht vom Luftstrom mitgeführt werden können.

Bei Einbau von z. B. brennbaren Filterelementen oder Bauteilen sind die Sicherheitsvorgaben durch Einbau von engmaschigen nichtbrennbaren Gittern umzusetzen. In der Regel reichen Gitter mit einer Maschenweite von 10 mm aus.

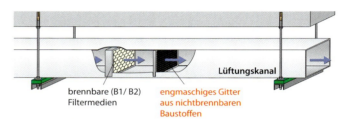

Brennbare Filtermedien (B1/B2) sind zulässig, wenn durch ein engmaschiges Gitter oder durch eine Luftaufbereitungseinrichtung aus nichtbrennbaren Stoffen sichergestellt ist, dass brennbare Teile nicht vom Luftstrom mitgeführt werden können.

Bild A-II – 6/1: Verwendung brennbarer Filtermedien

6.3 Wärmerückgewinnungsanlagen

Bei Wärmerückgewinnungsanlagen ist die Brandübertragung zwischen Abluft und Zuluft durch installationstechnische Maßnahmen (z. B. getrennter Wärmeaustausch über Wärmeträger bei Zu- und Abluftleitungen, Schutz der Zuluftleitung durch Brandschutzklappen mit Rauchauslöseeinrichtungen oder durch Rauchschutzklappen) oder andere geeignete Vorkehrungen auszuschließen.

Unter dem Aspekt der stetig steigenden Auflagen werden in steigender Anzahl Wärmerückgewinnungsanlagen in die Lüftungskreisläufe eingebaut. Diese Geräte haben i. d. R. einen hohen Luftwiderstand auf Grund der engen Luftkanäle innerhalb der Wärmetauscher.

Ausgeführt werden i. d. R. Wärmerückgewinnungsanlagen mit Rotationswärmeaustauschern, Kreuzstromwärmeaustauschern ggf. mit Bypasseinrichtung oder Kreislaufverbundsysteme mit getrennten Wärmeaustauschern in den Zu- und Abluftleitungen.

Durch die Wärmetauscher und die Einbauten in der Lüftungsanlage darf kein Beitrag zur Brandentstehung und Brandweiterleitung entstehen.

6.4 Lüftungszentralen für Ventilatoren und Luftaufbereitungseinrichtungen

6.4.1 Grundlegende Anforderung

Innerhalb von Gebäuden müssen Ventilatoren und Luftaufbereitungseinrichtungen in besonderen Räumen (Lüftungszentralen) aufgestellt werden, wenn an die Ventilatoren oder Luftaufbereitungseinrichtungen in Strömungsrichtung anschließende Leitungen in mehrere Geschosse (nicht in Gebäuden der Gebäudeklasse 3) oder Brandabschnitte führen.

Diese Räume können selbst luftdurchströmt sein (Kammerbauweise). Die Lüftungszentralen dürfen nicht anderweitig genutzt werden.

Werden von den Lüftungszentralen mehrere Geschosse oder brandschutztechnisch getrennte Nutzungseinheiten bzw. unterschiedliche Brandabschnitte versorgt, besteht die Gefahr der Verteilung von Feuer und Rauch. Daher müssen lüftungstechnische Anlagen in Gebäuden der Gebäudeklasse 4 bis 5 und bei Sonderbauten (mit Nutzfläche > 400m²) i. d. R. in Lüftungszentralen aufgestellt werden.

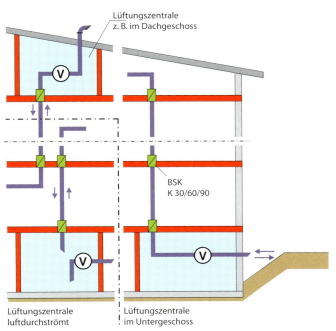
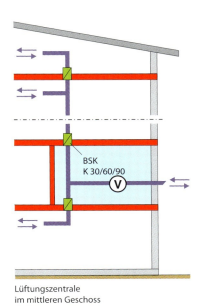

Bild A-II – 6/2a: Schematische Beispiele zur Anordnung von Lüftungszentralen

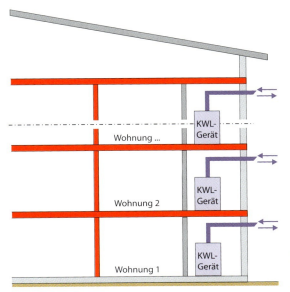

Bild A-II – 6/2b: Schematische Beispiele zur Anordnung von dezentralen KWL-Geräten pro Wohnung. Die Anforderungen der M-LüAR sind nicht zu beachten.

Die Anforderung, dass Lüftungszentralen nicht anderweitig genutzt werden dürfen, ergibt sich aus der Betrachtung, dass von anderen aufgestellten Anlagen und Nutzungen erhebliche Brandrisiken ausgehen könnten. Von den Lüftungszentralen werden in der Regel, ggf. mit mehreren Lüftungsanlagen, verschiedene Bereiche und Geschosse über das Lüftungsleitungsnetz versorgt. Brandlasten durch Lagerung von nicht zur Lüftungsanlage gehörenden Teilen oder Gegenständen sind nicht gestattet. Eine derartige Nutzung ist bei der Konzeption des Brandschutzes nach M-LüAR nicht berücksichtigt und würde sowohl andere als auch weitergehende Schutzmaßnahmen erfordern.

Dementsprechend dürfen bei der Konzeption von Lüftungszentralen keine weiteren Nutzungen im selben Raum integriert werden. Im Bedarfsfall muss eine projektspezifische Schutzzielbetrachtung und Gefahrenanalyse im Brandschutzkonzept dokumentiert werden.

Brandlasten durch die Anordnung von Schaltschränken der Lüftungsanlagen und die elektrische Verkabelung sind unkritisch und gehören zu den Lüftungsanlagen. Schaltschränke für andere Anlagen sind nicht in der Lüftungszentrale aufzustellen.

Brandlasten durch brennbare Entwässerungsleitungen der Lüftungsanlagen sind als unkritisch zu betrachten.

Nach MFeuV dürfen in den Aufstellräumen (nicht den Heizräumen) der Feuerstätten auch andere Anlagen und Einrichtungen aufgestellt werden. Diese Regelung betrifft den Schutz der Feuerungsanlagen. Nach M-LüAR ist der Umkehrschluss nicht generell gegeben. In Lüftungszentralen sind ausschließlich für die Lüftungsanlage benötigte Installationen zulässig, z. B. gasbefeuerte Dampferzeuger für die Luftbefeuchtung.

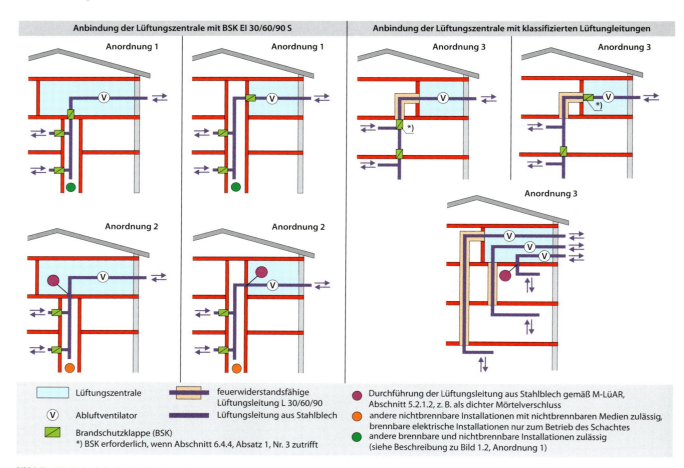

Bild A-II – 6/3: Beispielhafte Anbindung einer Lüftungszentrale an Installationsschächte
(die Zuordnung zu den Anordnungen siehe auch **Bild A-II – 4/3a+b**, **Bild A-II – 4/4** und Abschnitt 5.2.1.2 der M-LüAR)

Grundsätzlich sollen bei einer flächendeckenden Brandmeldeanlage nach den technischen Regeln VDE 0833 und DIN 14675 auch die Lüftungszentralen im Gebäude bei der Überwachung berücksichtigt werden.

> **Hinweis:** Die VDE 0833 fordert für Zu- und Abluft den Einbau von Kanalrauchmeldern mit Anschluss an die BMA. Sofern von den Bestimmungen des Abschnittes 5.1.5 M-LüAR durch den Einbau lüftungsfremder Installationen, z. B. einer BMA, abgewichen werden soll, ist dies für die Erteilung der Baugenehmigung zu begründen.

In jedem Fall muss bei einem Brandgeschehen der Übertritt von Feuer und Rauch (Brandausbreitung) in andere Nutzungseinheiten bzw. Brandabschnitte verhindert werden.

Lüftungsgeräte können, wie in den Bildern 1.2 und 2.2 der M-LüAR als Schachtlösung beschrieben, auch innerhalb der Schächte oder Schachterweiterungen (brandschutztechnisch eingehauste Lüftungsgeräte/Ventilatoren) angeordnet werden.

Werden Lüftungsgeräte für einzelne Lüftungsstränge im Dachraum angeordnet, so sind die Vorgaben von Abschnitt 5.2.5 der M-LüAR zu beachten.

> **Hinweis:** Das Durchführen von fremden einzelnen Rohr- und elektrischen Leitungen (ohne Abzweig, ungeschnitten und ohne Absperr- und Abschaltvorrichtungen) durch eine Lüftungszentrale stellt keine anderweitige Nutzung dar. Teile der Lüftungszentrale dürfen nicht zu Energiekanälen (Leitungstrassen von einer Vielzahl von Versorgungsleitungen) mutieren.

6.4.2 Bauteile, Fußböden und Öffnungen der Lüftungszentralen

Tragende, aussteifende und raumabschließende Bauteile zu anderen Räumen müssen der höchsten notwendigen Feuerwiderstandsfähigkeit der Decken und Wände entsprechen, durch die Lüftungsleitungen von der Lüftungszentrale aus hindurchgeführt werden; dabei bleiben Kellerdecken unberücksichtigt.

Andere Wände und Decken sowie Fußböden müssen aus nichtbrennbaren Baustoffen bestehen oder durch mindestens 2 cm dicke Schichten aus mineralischen, nichtbrennbaren Baustoffen gegen Entflammen geschützt sein.

Öffnungen in den Wänden zu anderen Räumen müssen durch mindestens feuerhemmende dicht- und selbstschließende Abschlüsse geschützt sein; die Abschlüsse zu notwendigen Treppenräumen müssen zusätzlich rauchdicht sein.

Lüftungszentralen dürfen keine Öffnungen zu Aufenthaltsräumen haben.

Werden Lüftungszentralen in Gebäuden der Gebäudeklasse 4 und 5 und in Sonderbauten angeordnet, müssen die raumabschließenden Bauteile (Wände und Decken) der Lüftungszentrale der höchsten notwendigen Feuerwiderstandsdauer angrenzender Nutzungseinheiten und anderer Räume entsprechen. Kellerdecken können dabei unberücksichtigt bleiben, wenn sich an dieser Stelle im Bereich des Schachtes die höchste Anforderung ergibt.

Türen in den Wänden zu anderen Nutzungseinheiten und anderen Räumen müssen in der Mindestqualität T 30 und zu notwendigen Treppenräumen in der Mindestqualität T 30-RS erstellt werden. Die Anordnung der Türen kann beispielhaft dem **Bild A-II – 6/6** entnommen werden.

Direkte Verbindungstüren zwischen Lüftungszentralen und Aufenthaltsräumen sind nicht zulässig.

Werden innerhalb der Lüftungszentrale Teilbereiche abgetrennt, z. B. als Lagerraum für Ersatzteile der Lüftungsanlagen, sind deren Wände und Decken, also die Raumflächen zur Lüftungszentrale, nichtbrennbar auszuführen oder mit mindestens 20 mm dicken mineralischen nichtbrennbaren Baustoffen (z. B. Gipskarton- oder Faserzementplatten) gegen Entflammen zu schützen. Dies gilt auch für die Böden mehrgeschossiger Lüftungszentralen. Diese Anforderung ist nicht auf Dachflächen zu übertragen (Unterscheidung Decken und Dächer vgl. §§ 31 und 32 MBO).

Fußböden müssen aus nichtbrennbaren Baustoffen bestehen; dies wird auch als erfüllt angesehen, wenn der nichtbrennbare Zementestrich mit einem maximal 0,5 mm dicken Anstrich (vgl. DIN 4102-4: 1994-03, Abschnitt 2.2 und 6.5.1.9 bzw. Entwurf DIN 4102-4: 2014-06 Anmerkung 4.1 und 10.10.1 Nr. 2.1) versehen wird.

Lüftungszentrale ohne Feuerwiderstandsdauer zum Dachraum

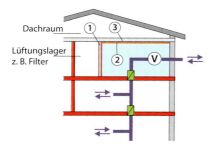

Zweigeschossige Lüftungszentrale

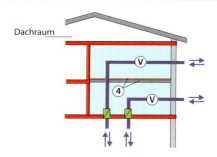

① Leichte Wandkonstruktion nichtbrennbar
② Verkleidung der Decken in der Lüftungszentrale mit mind. 20 mm nichtbrennbaren mineralischen Baustoffen als Wärmedämmung und Beflammungsschutz, z. B. Gipsbau- oder Faserzementplatten
③ Holzbalkendecke ohne Feuerwiderstandsdauer zum Dachraum
④ begehbarer Fußboden mit mind. 20 mm dicken nichtbrennbaren Baustoffen, z. B. Gipsbau- oder Faserzementplatten, belegen.

Bild A-II – 6/4: Beispiel einer Lüftungszentrale in einem oberen Geschoss ohne Anforderungen an die Feuerwiderstandsdauer, mit abgetrennten Bereichen, z. B. zur Lagerung von Filtern und Geräten für laufende Wartungsarbeiten und einer mehrgeschossigen Lüftungszentrale

Lüftungszentrale im Dachgeschoss

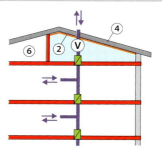

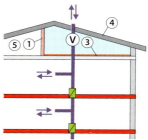

① Leichte Wandkonstruktion nichtbrennbar
② Verkleidung der Decken in der Lüftungszentrale mit mind. 20 mm nichtbrennbaren mineralischen Baustoffen, als Wärmedämmung und Beflammungsschutz z. B. Gipsbau- oder Faserzementplatten
③ Beflammungsschutz für die Holzbalkendecke von oben in ② beschrieben
④ Es sind ausschließlich die Anforderungen an Dächer einzuhalten. Ein Beflammungsschutz ist zu empfehlen.
⑤ Dachraum
⑥ anders genutzte Räume

Bild A-II – 6/5: Beispiel einer Lüftungszentrale unterhalb einer Dachfläche

6.4.3 Ausgänge von Lüftungszentralen

Von jeder Stelle der Lüftungszentrale muss in höchstens 35 m Entfernung ein Ausgang zu einem Flur in der Bauart notwendiger Flure, zu Treppenräumen in der Bauart notwendiger Treppenräume oder unmittelbar ins Freie erreichbar sein.

Ausgänge von Lüftungszentralen müssen so geplant werden, dass die Zentrale von jeder Stelle aus in maximal 35 m Entfernung Luftlinie verlassen werden kann. Der Ausgang muss in einen notwendigen Treppenraum, einen notwendigen Flur oder direkt ins Freie führen. Fluchttüren in Aufenthaltsräume anderer Nutzungseinheiten sind nicht zulässig.

Ist die Anbindung nicht direkt an einen notwendigen Flur im Sinne der MBO, sondern ausschließlich an einen Flur als Fluchtweg aus Technikzentralen mit Kabelbrandlasten möglich, ist der Feuerabschluss in der Qualität der Feuerwider-standsfähigkeit der Wand (z. B. bei F 90-Wänden – T 90 RS, bei F 30-Wänden – T 30 RS) herzustellen. Abweichungen sind im Brandschutzkonzept zu dokumentieren und zu begründen.

Werden die Lüftungsanlagen/Ventilatoren nicht in Lüftungszentralen, sondern direkt in den Nutzungseinheiten aufgestellt, dann gelten die Fluchtweglängen der jeweiligen Nutzung bzw. der jeweiligen Sonderbauverordnungen/-richtlinien.

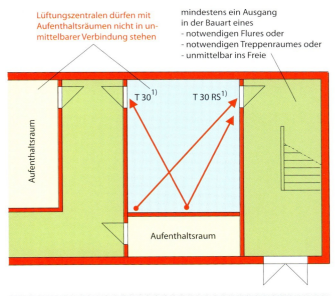

Bild A-II – 6/6: Beispielhafte Darstellung der Anforderungen an Feuerabschlüsse und Fluchtwege in Lüftungszentralen

6.4.4 Lüftungsleitungen in Lüftungszentralen

Lüftungsleitungen in Lüftungszentralen müssen

1. aus Stahlblech (nicht mit brennbaren Dämmschichten) hergestellt sein,
2. der Feuerwiderstandsfähigkeit der Decken und Wände der Lüftungszentrale zu anderen Räumen entsprechen oder
3. am Ein- und Austritt der Lüftungszentrale (ausgenommen Fortluft- oder Außenluftleitungen, die unmittelbar ins Freie führen) Brandschutzklappen mit einer Feuerwiderstandsfähigkeit entsprechend Abschnitt 6.4.2 Satz 1 haben; die Brandschutzklappen müssen mit Rauchauslöseeinrichtungen ausgestattet sein.

Die Verwendung von Lüftungsleitungen aus schwerentflammbaren Baustoffen in Lüftungszentralen ist ohne Einhaltung der Anforderungen nach Satz 1 Nr. 2 und 3 zulässig, wenn (siehe auch Bild 4):

1. die Lüftungszentrale im obersten Geschoss liegt,
2. die Lüftungszentrale im Dach eine selbsttätig öffnende, durch Rauchmelder in der Lüftungszentrale auslösende Rauchabzugseinrichtung hat; deren freier Querschnitt mindestens das 2,5-fache des lichten Querschnitts der größten in die Lüftungszentrale eingeführten Abluftleitung haben muss,
3. die Lüftungsleitungen durch das Dach der Lüftungszentrale unmittelbar ins Freie geführt werden und
4. in der Lüftungszentrale Bauteile von Lüftungsleitungen aus brennbaren Baustoffen gegenüber entsprechenden Bauteilen anderer Lüftungsleitungen gegen Entflammen geschützt sind entweder durch

   a) einen Abstand von mindestens 40 cm zwischen den entsprechenden Bauteilen beider Leitungen
   b) einen mindestens 2 cm dicken Strahlungsschutz aus mineralischen nichtbrennbaren Baustoffen dazwischen oder
   c) andere mindestens gleich gut schützende Bauteile.

Werden am Ein- und Austritt einer Lüftungszentrale Brandschutzklappen mit Rauchauslöseeinrichtung in der Feuerwiderstandsdauer der Bauteile angeordnet, besteht in der Zentrale größtmögliche Freiheit bei der Materialauswahl (brennbare Dämmstoffe etc.).

Brandlasten durch bauphysikalisch und energetisch notwendige brennbare Dämmungen, z. B. an Außenluftkanälen (z. B. synthetischer Kautschuk, schwerentflammbar) und Dämmungen an Pumpengehäusen (schwerentflammbar/normalentflammbar), sind nicht als kritisch zu betrachten, wenn für die Kapselung der brennbaren Kautschukdämmung eine dichte durchgängige Verblechung und Konstruktion, z. B. nach DIN 4140, im BSK beschrieben wird.

Hinweis: Weitere Anforderungen zur Anordnung von Brandschutzklappen in Verbindung mit Installationsschächten können dem Abschnitt 4 inkl. den **Bildern A-II – 4/3a+b** und **A-II – 4/4** entnommen werden.

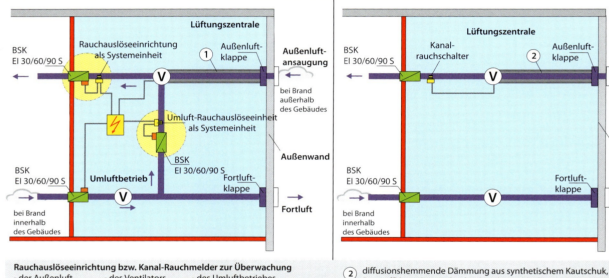

Bild A-II – 6/7: Schematische Darstellung zur Ausführung gemäß Abschnitt 6.4.4 Abs. 1 Nr. 3 der M-LüAR: Brandschutzklappen mit Rauchauslöseeinrichtung bzw. Kanalrauchschaltern

Ausführungsvarianten von Lüftungsleitungen in Lüftungszentralen entsprechend der M-LüAR, Abschnitt 6.4.4-Nr.1, 2 und 3

Abschnitt 6.4.4 der M-LüAR	Lüftungsleitungen		zulässige Ausstattung der Lüftungszentrale		zugehörige Anlagen und Bauteile		Fremdnutzungen
	Lüftungsleitung aus Stahlblech mit nichtbrennbaren Dämmschichten	Lüftungsleitungen brennbar mit nichtbrennbaren oder brennbaren Dämmschichten	Lüftungsleitungen zur Außenluftansaugung mit diffusionshemmender Dämmung ...	Schachtanschluss Übergang von Lüftungsleitungen in Schächte gem. Bild A-II – 6/3	Lüftungsventilatoren inkl. zugehöriger Leitungen und Schaltschränke die für den Betrieb der Lüftungsanlagen benötigt werden	Zum Betrieb der Lüftungsanlagen benötigte Anlagen und Ausstattungen, z. B.	andere Nutzungen, in der Zentrale aufgestellte andere Anlagen oder durch die Zentrale durchgeführte Leitungen, anderer Gewerke
Abschnitt 6.4.4, Nr. 1, Lüftungsleitungen aus Stahlblech und nichtbrennbaren Dämmschichten (nicht mit brennbaren Dämmschichten)	✓		- nichtbrennbar			- Kälteanlagen	- brennbare Entwässerungsleitungen ✓
		✗	- brennbar B1 (schwerentflammbar) ✗	**Anordnung 2** ohne Brandschutzklappen möglich, wenn im Schacht ausschließlich nichtbrennbare Installationen mit nichtbrennbaren Medien montiert worden sind oder wenn die direkt anschließende Nutzungseinheit ausschließlich aus dieser Lüftungszentrale versorgt wird ✓	✓	- Luftbefeuchtungsanlagen ✗	- nicht für Lüftungsanlage benötigte Anlagen und Schaltschränke ✗
			- brennbar B1 (schwerentflammbar) mit Verblechung gem. DIN 4140 ✗			- gasbefeuerte Dampferzeuger inkl. der zugehörigen Leitungen ✗	- Durchführungen von fremden Rohrleitungen und elektrischen Leitungen gem. Kommentierung zu Abschnitt 6.4.1 ✓
			nur wenn durch Beschreibung im Brandschutzkonzept/-nachweis genehmigt (ggf. ✓)			- Beschichtung von Fußböden gem. Kommentierung zu Abschnitt 6.4.2 ✓	
Abschnitt 6.4.4, Nr. 2, L 90-Lüftungsleitungen innerhalb der Lüftungszentrale	Lüftungsleitungen L 90 in Kombination mit anderen Stahlblechleitungen mit nichtbrennbarer Dämmung, gemäß Abschnitt 6.4.4, Nr. 1	✗ jedoch feuerwiderstandsfähige Leitungen mit innerer brennbarer Lüftungsleitung möglich	entsprechend Abschnitt 6.4.4, Nr. 1 bzw. gem. Beschreibung im Brandschutzkonzept/-nachweis	**Anordnung 5** Abluft von Gewerbeküchen durch Lüftungszentrale bzw. gem. Beschreibung im Brandschutzkonzept/-nachweis (siehe auch **Bild A-II–6/8**, mittlere Darstellung) ✓	✓	entsprechend Abschnitt 6.4.4, Nr. 1 bzw. gem. Beschreibung im Brandschutzkonzept/-nachweis	entsprechend Abschnitt 6.4.4, Nr. 1 bzw. gem. Beschreibung im Brandschutzkonzept/-nachweis

Ausführungsvarianten von Lüftungsleitungen in Lüftungszentralen entsprechend der M-LüAR, Abschnitt 6.4.4-Nr.1, 2 und 3

Abschnitt	zulässige Ausstattung der Lüftungszentrale			Fremdnutzungen
	Lüftungsleitungen	Schachtanschluss	zugehörige Anlagen und Bauteile	
Abschnitt 6.4.4 der M-LüAR	Lüftungsleitung aus Stahlblech mit nichtbrennbaren Dämmschichten ✓ Lüftungsleitungen brennbar mit nichtbrennbaren oder brennbaren Dämmschichten ✓ Lüftungsleitungen zur Außenluftansaugung mit diffusionshemmender Dämmung … ✓ Übergang von Lüftungsleitungen in Schächte gem. Bild A-II – 6/3	- nichtbrennbar ✓ - brennbar B1 (schwerentflammbar) ✓ - brennbar B1 (schwerentflammbar) mit Verblechung gem. DIN 4140 und Beschreibung im Brandschutzkonzept/-nachweis ✓	Lüftungsventilatoren inkl. zugehöriger Leitungen und Schaltschränke die für den Betrieb der Lüftungsanlagen benötigt werden ✓ - Kälteanlagen ✓ - Luftbefeuchtungsanlagen ✓ - gasbefeuerte Dampferzeuger inkl. der zugehörigen Leitungen ✓ - Beschichtung von Fußböden gem. Kommentierung zu Abschnitt 6.4.2 ✓	Zum Betrieb der Lüftungsanlagen aufgestellte andere Anlagen und Ausstattungen, z. B. - brennbare Entwässerungsleitungen ✓ - nicht für Lüftungsanlagen benötigte Anlagen und Schaltschränke, (nur wenn im Brandschutzkonzept/-nachweis beschrieben und genehmigt) (ggf. ✓) - Durchführungen von fremden Rohrleitungen und elektrischen Leitungen gem. Kommentierung zu Abschnitt 6.4.1 ✗ andere Nutzungen, in der Zentrale aufgestellte andere Anlagen oder durch die Zentrale durchgeführte Leitungen, anderer Gewerke ✓
Abschnitt 6.4.4, Nr. 3, ohne spezifische Beschränkungen der Brandlasten, jedoch unter Nutzung als Lüftungszentrale (Brandschutzklappen mit Rauchauslöseeinrichtung am Ein- und Austritt in Zentrale bzw. zu anderen Räumen)		*Anordnung 1* mit Brandschutzklappen und Rauchauslöseeinrichtung¹⁾ brennbare und nichtbrennbare Installationen im Schacht oder in direkt anschließenden Nutzungseinheiten ✓		

¹⁾ Abweichend von der Rauchauslöseeinrichtung an der BSK kann die Ansteuerung auch über die BMA bzw. Gebäudeleittechnik erfolgen. Grundlage ist die genehmigte Brandfallmatrix.

Hinweis: Sollten die Ausführungen gemäß **Bild A-II – 6/7** nicht möglich sein,
a) sind alle Lüftungsleitungen innerhalb der Zentrale aus Stahlblech und ausschließlich mit nichtbrennbaren Dämmschichten zu erstellen oder
b) sind alle Lüftungsleitungen feuerwiderstandsfähig auszuführen.

Die brandschutztechnischen Vorgaben des Abschnitt 6.4.1 der M-LüAR sind bezüglich der Ansteuerung der Lüftungsanlagen/Ventilatoren und Brandschutzklappen am Ein- und Austritt der Lüftungszentrale zu beachten.

Hinweis: Eine Kombination der Lüftungsanlagen nach Bild 4 der M-LüAR mit anderen Lüftungsanlagen in der Lüftungszentrale ist zu vermeiden.

Bei einer Anordnung von Lüftungsanlagen in Zentralen nach M-LüAR (vgl. Bild 4) – z. B. für Laboratorien und Laborabzüge (Digistorien) mit korrosiven Medien – werden üblicherweise Lüftungsleitungen aus schwerentflammbaren Baustoffen eingesetzt. Diese Lüftungsleitungen werden i. d. R. durch klassifizierte Lüftungskanäle L 30 bis L 90 beim Durchtritt durch andere Nutzungsbereiche brandschutztechnisch geschützt. In diesem Anwendungsfall müssen die Anforderungen des Abschnittes 6.4.4 Abs. 2 Nr. 1 - 4 eingehalten werden.

Hinweis: Eine Kombination der Lüftungsanlagen nach Bild 4 der M-LüAR, mit anderen Lüftungsanlagen in der Lüftungszentrale, ist zu vermeiden.

Die Lüftungszentralen nach Bild 4 der M-LüAR sollten im Rahmen des Brandschutzkonzeptes grundsätzlich in die Brandmeldeüberwachung mit einbezogen werden.

4 Abluftanlagen mit Leitungen und Ventilatoren aus brennbaren Baustoffen ohne Absperrvorrichtungen (siehe auch Abschnitte 5.1.1 und 6.4.4)

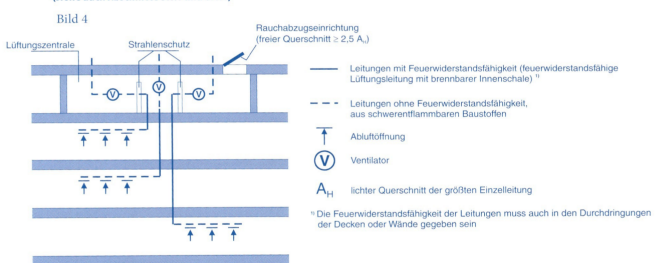

Bild 4

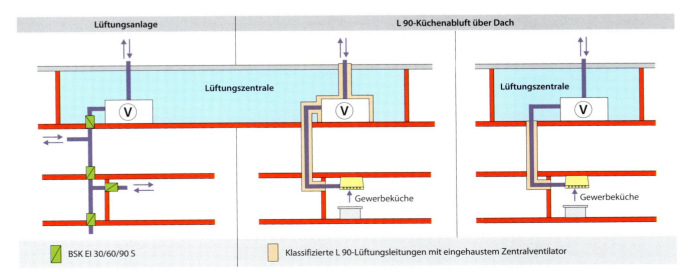

Bild A-II – 6/8: Schematische Darstellung einer Lüftungszentrale, in der unterschiedliche Lüftungsanlagen ausgeführt werden

Bild 1.3: Lüftungsanlagen mit getrennten Haupt- und getrennten Außenluft- oder Fortluftleitungen ohne Absperrvorrichtungen

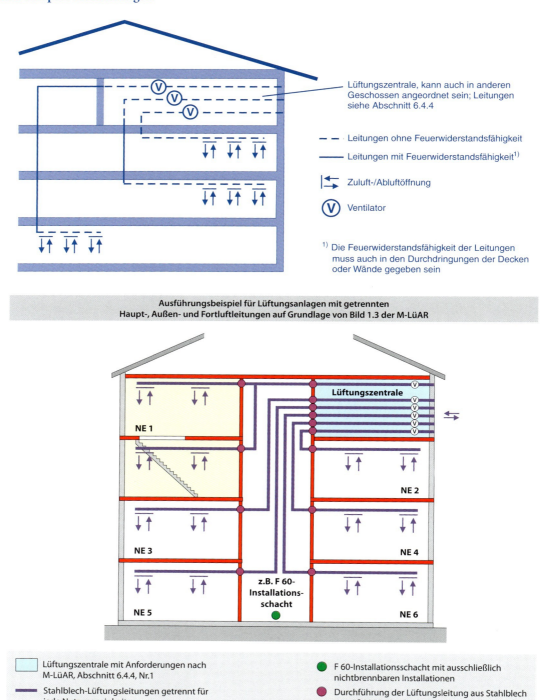

Bild A-II – 6/9: Ausführungsbeispiel, z. B. in einem Gebäude GK 4, mit getrennten Haupt-, Außen- und Fortluftleitungen, aus Stahlblech, ohne Absperrvorrichtungen auf Grundlage von Bild 1.3 der M-LüAR

Die Lüftungszentralen nach Bild 4 der M-LüAR sollten im Rahmen des Brandschutzkonzeptes grundsätzlich in die Brandmeldeüberwachung einbezogen werden.

Weitere Informationen zur Ausbildung von Lüftungszentralen und Ausführung der Anlagen sind **Teil D-II.** zu entnehmen.

7 Lüftungsanlagen für besondere Nutzungen

Für Lüftungsanlagen mit Ventilatoren für die Lüftung von Bädern und Toilettenräumen (Bad-/WC-Lüftungsanlagen) gab es in der Fassung M-LüAR 1984 bei Bild 8 und 9 für „Entlüftungsanlagen nach DIN 18017 Teil 3" die erleichternde Regelung, „Absperrvorrichtungen gegen Brandübertragung in Lüftungsleitungen entsprechend DIN 18017" verwenden zu dürfen.

In der Fassung M-LüAR 2005 wurde dazu ein eigener Textabschnitt aufgenommen, der diese erleichternden Regelungen in einem bauaufsichtlich vertretbaren Maß zusammengestellt hatte. Dies war der Abschnitt 7 „Besondere Bestimmungen für Lüftungsanlagen nach DIN 18017-3:1990-08". Zum 1. Juli 2010 wurde der Abschnitt 7 „Besondere Bestimmungen für Lüftungsanlagen nach DIN 18017-3:2009-09" auf den letzten Stand der DIN 18017-3 angepasst.

Die erleichternden Regelungen zur Verwendung der Absperrvorrichtungen mit der Klassifizierung K 30/60/90-18017 oder K 30/60/90-18017 S entsprechend den Bestimmungen der allgemeinen bauaufsichtlichen Zulassung wurden häufig nicht eingehalten. Die Absperrvorrichtungen wurden in anderen Lüftungsanlagen eingebaut, die nicht der Entlüftung der Bäder und Toilettenräume dienten. Damit ist die Erfüllung der bauordnungsrechtlichen Schutzziele in diesen Fällen nicht durch einen Verwendbarkeitsnachweis nachgewiesen.

In der jetzigen Fassung der M-LüAR ist der Abschnitt 7 neu formuliert und in drei Unterabschnitte aufgeteilt:

- 7.1 Lüftung von Wohnungen und Nutzungseinheiten vergleichbarer Größe (siehe Abschnitt 7.1 der M-LüAR),
- 7.2 Lüftung von Bädern und Toilettenräumen (Bad-/WC-Lüftungsanlagen), (siehe Abschnitt 7.2 der M-LüAR),
- 7.3 Lüftung von nichtgewerblichen Küchen. (siehe Abschnitt 7.3 der M-LüAR).

Diese Lüftungsanlagen für besondere Nutzungen dürfen somit alternativ zu den Lüftungsanlagen nach den Abschnitten 3 – 6 errichtet werden.

7.1 Lüftungsanlagen zur Be- und Entlüftung von Wohnungen sowie abgeschlossene Nutzungseinheiten max. 200 m²

Abweichend von den Abschnitten 3 - 6 dieser Richtlinie sind in Lüftungsanlagen für Wohnungen sowie für Nutzungseinheiten mit nicht mehr als 200 m² Fläche anstelle von Brandschutzklappen auch Absperrvorrichtungen – ausgenommen Absperrvorrichtungen mit allgemeiner bauaufsichtlicher Zulassung für die Verwendung in Abluftleitungen nach DIN 18017-3 – zulässig, wenn die folgenden Bedingungen erfüllt sind:

Die Bestimmungen der Abschnitte 3 bis 6 dieser Richtlinie sind zu beachten, soweit nicht nachfolgend abweichende Regelungen zu Absperrvorrichtungen, die anstelle von Brandschutzklappen eingesetzt werden dürfen, sowie zu den Maximalquerschnitten luftführender Hauptleitungen getroffen sind.

Der Querschnitt der luftführenden Hauptleitung beträgt max. 2000 cm² und eine vollständige Inspektion und Reinigung kann erfolgen.

Die Möglichkeit der vollständigen Inspektion und Reinigung ist gegeben, wenn

a) die luftführende Hauptleitung in einem Schacht geführt wird und die Absperrvorrichtungen in den jeweiligen Anschlussleitungen installiert sind oder
b) geöffnete Absperrvorrichtungen den luftführenden Querschnitt der Hauptleitung nicht verringern.

Die Absperrvorrichtungen müssen mindestens die Klassifizierungen EI 30/60/90 ($v_e h_o$ i↔o) gemäß DIN EN 13501-3 aufweisen, zusammen mit den Absperrvorrichtungen müssen jeweils Sperren zur Verhinderung der Übertragung von Rauch aus einer Nutzungseinheit in andere Nutzungseinheiten installiert werden (siehe Bild 6.1), und die luftführende Hauptleitung muss in einem Schacht geführt werden.

Bild 6.1: Lüftungsanlagen zur Be- und Entlüftung von Wohnungen bzw. abgeschlossene Nutzungseinheiten max. 200 m²

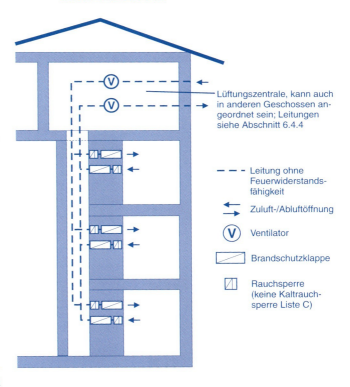

Absatz 1 greift die brandschutztechnisch immer zulässige Ausführung einer Lüftungsanlage auf:
Grundsätzlich erfüllen Lüftungsanlagen für Wohnungen, die entsprechend der Regelungen der Abschnitte 3 – 6 ausgeführt sind, alle brandschutzrechtlichen Anforderungen an Lüftungsanlagen gemäß des § 42 MBO. In diesen Fällen besteht auch keine Begrenzung der Wohnungsgröße, denn die Grenzen ergeben sich durch die raumabschließenden feuerwiderstandsfähigen Wände und Decken. Gleiches gilt für andere Nutzungseinheiten.

Dabei wurde die bisher immer zulässige Ausführung der Verwendung von Brandschutzklappen auch neu geregelt.

Für die Be- und Entlüftung von Wohnungen gibt es jetzt folgende Varianten:

Brandschutzklappe mit Schmelzlot oder Motorisierung und der Klassifizierung EI 30/60/90 ($v_e h_o$ i↔o) S in Wohngebäuden der Gebäudeklasse 1 – 5

Dies entspricht der Lösung nach den Abschnitten 3 – 6 M-LüAR.

Absperrvorrichtungen mit Schmelzlot oder Motorisierung und der Klassifizierung EI 30/60/90 ($v_e h_o$ i↔o) in Wohngebäuden der Gebäudeklasse 1 – 5

Zu diesen Absperrvorrichtungen (entsprechen den bereits genormten Brandschutzklappen der Klassifikation EI) muss zusätzlich zur Erfüllung der bauordnungsrechtlichen Anforderungen eine Rauchsperre vorgesehen werden.

Durch die Begrenzung des Querschnittes auf 2000 cm² wird die mögliche Anzahl anzubindender Nutzungseinheiten begrenzt (äquivalent etwa 10 Wohnungen).

Hinweis: Erleichternd wurden für Wohnungen und Nutzungseinheiten mit nicht mehr als 200 m² Fläche eine weitere neue Möglichkeit zur Erreichung eines ausreichenden Brandschutzes in der Technischen Baubestimmung eingeführt. Dabei wurde für die brandschutztechnische Klassifizierung auf das Merkmal „S" zugunsten einer Rauchsperre (nicht Kaltrauchsperre) verzichtet. Dies ist eine erleichternde Regelung für den Betrieb und die Instandhaltung ausschließlich für Wohnungslüftungsanlagen und vergleichbare Nutzungen.

Absperrvorrichtungen K 30/60/90-18017

Diese Absperrvorrichtungen K 30/60/90-18017 und K 30/60/90-18017 S können für Anlagen zur Entlüftung innenliegender Bäder oder WC entsprechend ihres Verwendbarkeitsnachweises eingesetzt werden (siehe Abschnitt 7.2).

Hinweis: Absperrvorrichtungen K 30/60/90-18017 dürfen in Anlagen zur Be- und/oder Entlüftung von Wohnungen **nicht verwendet** werden.

7.2 Lüftungsanlagen mit Ventilatoren für die Lüftung von Bädern und Toilettenräumen (Bad-/WC-Lüftungsanlagen)

Hinweise zum Technischen Regelwerk DIN 18017-3:2009-09:

Die in der M-LüAR im Abschnitt 7 beschriebenen besonderen Bestimmungen sind mit einem statischen Verweis auf die Fassung der Norm vom September 2009 bezogen. Daher gelten die Erleichterungen der M-LüAR nur für diese Neufassung.

Hinweis zur Anwendung:
Die Anwendung kann in Gebäuden der Gebäudeklassen 1 bis 5 einschließlich der Sonderbauten erfolgen.

Verwendbarkeitsnachweise Absperrvorrichtungen K-30/60/90 – 18017 oder K 30/60/90-18017 S

Absperrvorrichtungen, für die ein Verwendbarkeitsnachweis für den ausschließlichen Einsatz in Lüftungsanlagen der Bauart nach DIN 18017 vorliegt – Kennzeichnung K 30/60/90-18017 oder K 30/60/90-18017 S – dürfen nicht in anderen Lüftungsanlagen verwendet werden.

Die Verwendbarkeit der Absperrvorrichtungen K30/60/90-18017 oder K 30/60/90-18017 S wird nach spezifischen, anderen Prüf- und Zulassungskriterien beurteilt als diejenigen, die für die Erreichung eines Verwendbarkeitsnachweises für Brandschutzklappen einer Klassifizierung EI 30/60/90 ($v_e h_o$ i↔) S gelten.

Die Absperrvorrichtungen K30/60/90-18017 oder K 30/60/90-18017 S haben lediglich einen eingeschränkten Anwendungsbereich. Brandschutzklappen der Klassifizierungen EI 30/60/90 ($v_e h_o$ i↔o) S (frühere nationale Klassifikation K 30/60/90) dürfen hingegen auch in allen Lüftungsanlagen, also auch der Bauart DIN 18017, verwendet werden.

Hinweis: Ausführungen zur Verwendung der Absperrvorrichtungen K30/60/90-18017 oder K 30/60/90-18017 S zum Anschluss von Lüftungsleitungen zur Entlüftung von Wohnungsküchen sind in Abschnitt 7.3 beschrieben.

Für die Be- und Entlüftung von WC und Bädern gibt es – zusätzlich zu den Lösungen für die Wohnungslüftung – folgende erleichternde Varianten:

- **Absperrvorrichtungen der Klassifizierung K 30/60/90-18017 oder K 30/60/90-18017 S**
  Die Überprüfung der Funktion dieser Absperrvorrichtungen sind unter Berücksichtigung der Grundmaßnahmen zur Instandhaltung nach DIN EN 13306 i. V. m. DIN 31051 und den Bestimmungen der Zulassungen zur Überprüfung und Instandhaltung durchzuführen, siehe **Teil D-XI**.

Hinweis: DIN EN 15650 Abschnitt 1 i. V. m. Abschnitt 3 ist zu entnehmen, dass Absperrvorrichtungen zur Verhinderung der Brandausbreitung, die in Lüftungsanlagen vorgesehen werden, vom Anwendungsbereich der Norm erfasst sind; Ausnahmen gibt es nur für besonders belastete Abluft, die zur Korrosion führen könnte. Somit sind rein normativ auch Absperrvorrichtungen für Entlüftungsanlagen nach DIN 18017 von der DIN EN 15650 erfasst. National ist (noch) zu bestimmen, welche Stufen und Klassen diese Absperrvorrichtungen erfüllen müssen. Bei Verwendung von Absperrvorrichtungen K 30/60/90-18017 bzw. K 30/60/90-18017 S mit allgemeiner bauaufsichtlicher Zulassung bestehen brandschutztechnisch keine Bedenken; die Einhaltung der Vorschriften zum Inverkehrbringen nach EU-Bauproduktenverordnung sind von anderen Stellen zu beurteilen.

Bad-/WC-Lüftungsanlagen dürfen gemäß Abschnitt 7.1 ausgeführt werden.

Daneben werden die Anforderungen des Brandschutzes auch erfüllt, wenn bei Verwendung von Absperrvorrichtungen mit allgemeiner bauaufsichtlicher Zulassung für die Verwendung in Abluftleitungen von Entlüftungsanlagen nach DIN 18017-3:2009-09 die folgenden Bestimmungen eingehalten werden:

Die Absperrvorrichtungen sind zur Verhinderung einer Brandübertragung innerhalb von Geschossen nicht zulässig (z. B. bei der Überbrückung von Flur- oder Trennwänden).

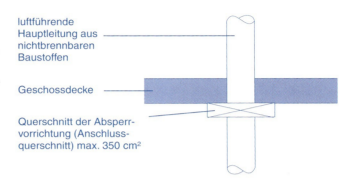

Bild 6.2: Beispiel für Schottlösung für Lüftungsanlagen nach DIN 18017-3:2009-09 maximaler Anschlussquerschnitt der Absperrvorrichtungen: 350 cm²

Bild 6.3: Schachtlösung für Lüftungsanlagen nach DIN 18017-3:2009-09

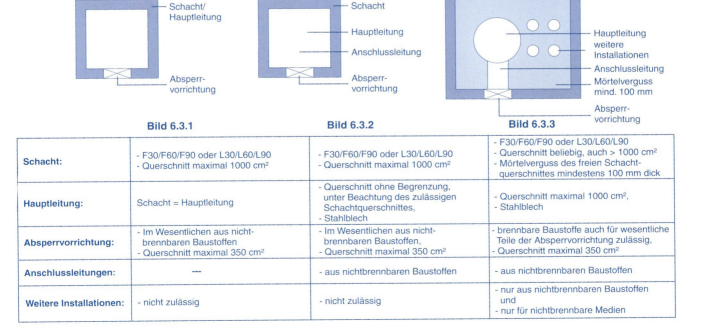

	Bild 6.3.1	Bild 6.3.2	Bild 6.3.3
Schacht:	- F30/F60/F90 oder L30/L60/L90 - Querschnitt maximal 1000 cm²	- F30/F60/F90 oder L30/L60/L90 - Querschnitt maximal 1000 cm²	- F30/F60/F90 oder L30/L60/L90 - Querschnitt beliebig, auch > 1000 cm² - Mörtelverguss des freien Schachtquerschnittes mindestens 100 mm dick
Hauptleitung:	Schacht = Hauptleitung	- Querschnitt ohne Begrenzung, unter Beachtung des zulässigen Schachtquerschnittes, - Stahlblech	- Querschnitt maximal 1000 cm², - Stahlblech
Absperrvorrichtung:	- Im Wesentlichen aus nichtbrennbaren Baustoffen - Querschnitt maximal 350 cm²	- Im Wesentlichen aus nichtbrennbaren Baustoffen - Querschnitt maximal 350 cm²	- brennbare Baustoffe auch für wesentliche Teile der Absperrvorrichtung zulässig, - Querschnitt maximal 350 cm²
Anschlussleitungen:	---	- aus nichtbrennbaren Baustoffen	- aus nichtbrennbaren Baustoffen
Weitere Installationen:	- nicht zulässig	- nicht zulässig	- nur aus nichtbrennbaren Baustoffen und - nur für nichtbrennbare Medien

In der M-LüAR werden folgende Anwendungsbereiche für die Verwendung von Absperrvorrichtungen K 30/60/90-18017 oder K 30/60/90-18017 S erfasst:

1. Anwendung gem. dem Anwendungsbereich der DIN 18017-3:2009-09 (klassische Nur-Abluft-Anlage Bad/WC)
2. Anwendung in Abluftanlagen von Toiletten und Bädern in nicht zu Wohnzwecken genutzten Gebäuden (damit in allen Gebäuden inkl. Sonderbauten zulässig)

Hinweis: Die Be- und Entlüftung von Wohnküchen ist jetzt in Abschnitt 7.3 geregelt.

Die DIN 18017-3:2009-09 „Lüftung von Bädern und Toilettenräumen ohne Außenfenster – Teil 3: Lüftung mit Ventilatoren" beschreibt eine spezifische Form von Entlüftungsanlagen mit Ventilator. In dieser Norm werden zwei Bauarten unterschieden:
Einzelentlüftungsanlagen und Zentralentlüftungsanlagen. **Einzelentlüftungsanlagen** haben für jeden zu entlüftenden Raum einen eigenen Abluftventilator; die Abluft kann über getrennte oder gemeinsame Abluftleitungen ins Freie geführt werden. **Zentralentlüftungsanlagen** haben lediglich einen zentralen Abluftventilator.

Werden Entlüftungsanlagen nach DIN 18017-3 errichtet, dürfen in den Schachtwandungen auch die für diesen Anwendungszweck zugelassenen Absperrvorrichtungen der Kategorien K 30-18017 bis K 90-18017 eingesetzt werden. Alternativ sind Brandschutzventile K 30-18017 bis K 90-18017 mit/ohne Kaltrauchsperre zum Einbau in der klassifizierten Schachtwand oder Systemlösungen mit allgemeiner bauaufsichtlicher Zulassung gestattet.

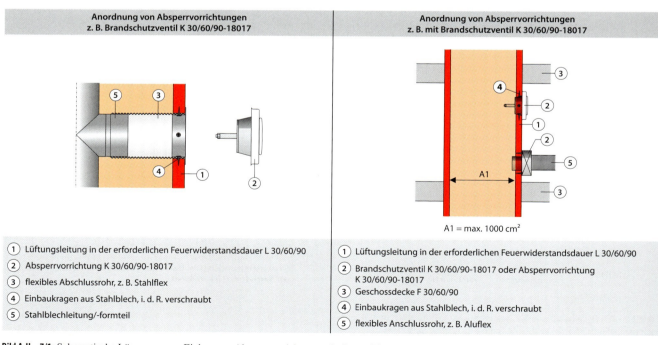

Bild A-II – 7/1: Schematische Lösungen zum Einbau von Absperrvorrichtungen in feuerwiderstandsfähigen Lüftungsleitungen:
Der Einbau der Brandschutzventile oder Brandschutzklappen K 90-18017 muss auf Grundlage der jeweiligen Verwendbarkeitsnachweise erfolgen.

Beispielhafte in der Praxis umgesetzte Lüftungsschemata von Abluftanlagen mit Decken- und Wand-Absperrvorrichtungen K 30/60/90-18017 in Verbindung mit Einzellüftern und Zentrallüftern

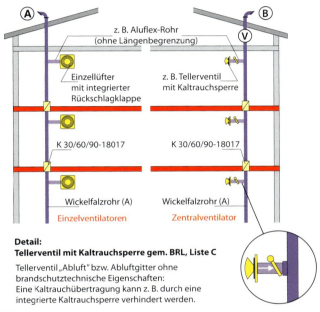

Bild A-II – 7/2: Beispielhaftes Lüftungsschema mit Absperrvorrichtung K 30/60/90-18017, analog Bild 6.2 der M-LüAR

Hinweis zu Bild A-II – 7/2 Variante A und 7/3 Variante C:
Einzellüfter mit Rückschlagklappe: Die Rückschlagklappe dient der Verhinderung der Übertragung von Gerüchen im Lüftungsbetrieb und der Rauchübertragung.

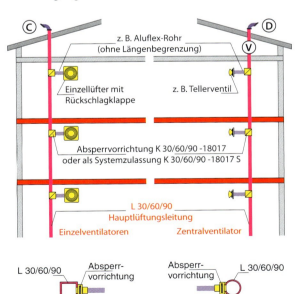

Bild A-II – 7/3: Beispielhaftes Lüftungsschema mit einer L 90-Hauptlüftungsleitung und seitlich aufgesetzten Absperrvorrichtungen K 30/60/90-18017 S als Systemzulassung

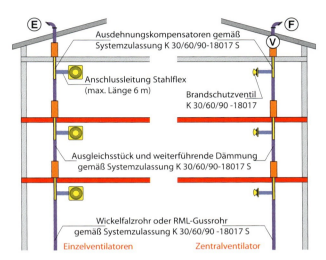

Bild A-II – 7/4: Beispielhaftes Lüftungsschema mit Absperrvorrichtungen in den Einzellüftern oder mit Brandschutzventilen

In den allgemeinen bauaufsichtlichen Zulassungen für Absperrvorrichtungen in Lüftungsanlagen der Bauart nach DIN 18017-3 werden i. d. R. folgende Anwendungen aufgenommen:

- Abluftanlagen für Sanitärräume ohne Fenster (gegen eine Verwendung in Räumen mit Fenstern bestehen brandschutztechnisch keine Bedenken),
- Abluftanlagen für die Raumentlüftung von Küchen und Kochnischen (keine Wrasenabzüge) in Wohnungen (siehe auch **Bild A-II – 5/3**) (jetzt in Abschnitt 7.3 M-LüAR) und
- Zuluftanlagen für die Räume, die durch Anlagen der Bauart nach DIN 18017 entlüftet werden, z. B. Sanitärräume ohne Fenster/mit Fenster, Zimmer mit Abluft über die Bäder (Hotel, Wohnheime).

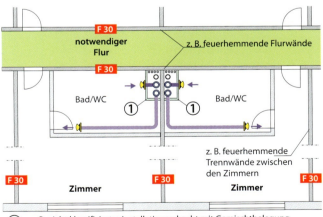

Hinweis: Der gemeinsame Anschluss nebeneinander liegender Bäder ist gemäß DIN 18017-3 und den Zulassungen der Absperrvorrichtungen K 30/60/90-18017 oder K 30/60/90-18017 S nicht zulässig.

Bild A-II – 7/5: Beispielhaftes Lüftungsschema zur Be- und Entlüftung von Hotelzimmern: Die Umsetzung kann wahlweise – wie in den Systemvarianten der **Bilder A-II – 7/2** bis **A-II – 7/4** beschrieben – erfolgen.

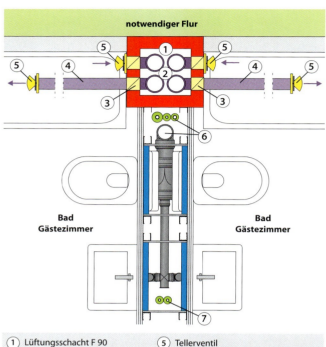

① Lüftungsschacht F 90
② Lüftungsleitungen
③ Absperrvorrichtung K 90-18017
④ Aluflexrohre
⑤ Tellerventil
⑥ z. B. Trinkwasser-, Abwasserleitungen mit Deckenabschottung
⑦ z. B. Heizungsleitungen mit Deckenabschottung

Bild A-II – 7/6: Beispielhafte Anordnung einer Zu- und Abluftsituation im Badezimmer eines mehrgeschossigen Hotels, in Verbindung mit einem durchgängigen F 90-Installationsschacht inkl. Mörtelverguss in Höhe der Geschossdecke (siehe Bild 6.2.3 der M-LüAR)

Hinweis: Der gemeinsame Anschluss brandschutztechnisch getrennter nebeneinander liegender Bäder ist gemäß DIN 18017-3 und den allgemeinen bauaufsichtlichen Zulassungen der Absperreinrichtungen K 30/60/90-18017 oder K 30/60/90-18017 S nicht zulässig. Ein gemeinsamer Anschluss ist lediglich möglich, wenn die nebeneinander liegenden Hotelzimmer im genehmigten Brandschutzkonzept als eine Nutzungseinheit – z. B. bei entsprechender Kompensation über Brandfrüherkennung – mit / ohne Sprinklerung beschrieben werden. In dem Fall müssen allerdings Telefonieschalldämpfer eingebaut und die hygienischen Anforderungen berücksichtigt werden.

Hinweis: Die Be- und Entlüftung von Teeküchen wird weder in der DIN 18017-3:2009-09 noch in der M-LüAR besonders geregelt. Bei einer ausschließlichen Entlüftung von Teeküchen über Anlagen der Bauart nach DIN 18017-3 mit Zentralventilatoren bestehen keine Bedenken, da dies von Abschnitt 7.3 der M-LüAR erfasst ist. Damit werden unzulässige Geruchsübertragungen z. B. aus WC-Räumen ausgeschlossen und die brandschutztechnischen Anforderungen erfüllt. Eine Entlüftung weiterer Räume (z. B. Putzmittelräume, Kopierräume) über diese Entlüftungsanlagen darf nicht erfolgen.

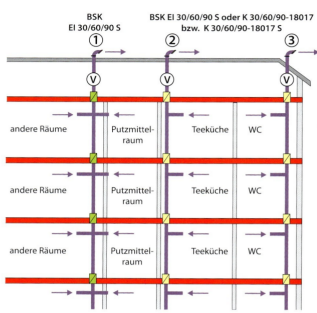

① Lüftungsanlage gemäß DIN 13779
② Abluftanlage für „hygienisch saubere Räume", z. B. Küche/Teeküche einer Nutzungseinheit gemäß DIN 18017-3, Zuluft über die Nutzungseinheit, z. B. durch Unterschnitte an den Türen oder über Zuluftanlagen
③ Abluftanlagen für „WC-Räume" innerhalb einer Nutzungseinheit gemäß DIN 18017-3, Zuluft über die Nutzungseinheit, z. B. Unterschnitte an den Türen oder Zuluftanlagen

Eine Kombination von Anlagen ② und ③ sollte aus hygienischer Sicht und den Schutzzielanforderungen aus § 41 MBO 2002 vermieden werden.

Bild A-II – 7/7a: Beispielhaftes Lüftungsschema für Abluftanlagen

Die Absperrvorrichtungen K 30/60/90-18017 oder K 30/60/90-18017 S können in allen Gebäudeklassen GK 1 bis GK 5 sowie in Sonderbauten verwendet werden.

Sollen innenliegende Elektro-Verteilerräume, Serverräume und Räume für Kopierer u.ä. Zwecke über Anlagen der Bauart nach DIN 18017-3 be- und/oder entlüftet werden, sind zwei Voraussetzungen zu erfüllen:

1. Es muss eine allgemeine bauaufsichtliche Zulassung vorliegen und deren Bestimmungen müssen eingehalten werden (zum Zeitpunkt der Kommentierung waren keine allgemeinen bauaufsichtlichen Zulassungen für diese Anwendungen bekannt).
2. Im Brandschutzkonzept ist zu beschreiben, wie die brandschutzrechtlichen Anforderungen erfüllt werden, als ggf. weitere Lüftungsanlage für besondere Nutzungen.

Bzgl. der besonderen Anforderungen bei Zuluftnachströmung aus anderen Räumen wird auf die Notwendigkeit der Verwendung von Abschlüssen besonderer Bauart und Verwendung (Zulassungsbereich des DIBt Z-6.50-... oder Z-19.18 ... „Überströmöffnungen") hingewiesen (siehe auch Hinweise im **Teil F-II** „Überströmöffnungen/-klappen in Bauteilen mit Anforderungen an die Feuerwiderstandsdauer").

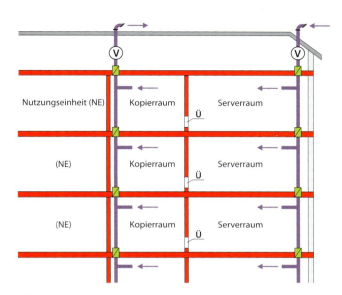

 Zum Verschließen der Überströmöffnungen sind geeignete Bauprodukte zu verwenden, z. B. mit Überströmeinrichtungen, die im DiBt-Zulassungsbereich „Z-6.50-…" oder „Z-19.18-…" beschrieben sind

Die Notwendigkeit von Überströmeinrichtungen muss im Brandschutzkonzept dargestellt und bauordnungsrechtlich genehmigt werden

Kopierraum und Serverraum sind im Beispiel brandschutztechnisch F 90/T 30-RS von einander getrennt

 Brandschutzklappe EI 30/60/90 S. Der Einbau von Absperrvorrichtungen K 30/60/90-18017 oder K 30/60/90-18017 S sind nur nach dem im Text beschriebenen Verfahren möglich

Bild A-II – 7/7b: Beispielhaftes Lüftungsschema für Zu- und Abluftanlagen von Elektro-Verteilerräumen, Server- und Kopiererräumen mit einer Zuluftversorgung oder einer Zuluftweiterleitung über Überströmöffnungen

Die Anwendung von Absperrvorrichtungen für Anlagen der Bauart DIN 18017 ist nicht zulässig:

- als Abschottung in den Zu- und Abluftleitungen der Anlagen der kontrollierten Wohnungslüftung (Durchgang durch die raumabschließenden Wohnungstrennwände)
- als Abschottungen bei Überbrückung von feuerwiderstandsfähigen Wänden, z. B. Flur- und Trennwänden (siehe auch **Bild A-II – 7/8**)
- als Abschottung zum Anschluss von zwei durch raumabschließende Bauteile getrennte Nutzungseinheiten (siehe auch **Bild A-II – 7/8**)
- bei abweichenden Einsatzbereichen von der Norm und den allgemeinen bauaufsichtlichen Zulassungen
- als Abschottung für den Anschluss von Dunstabzugshauben an Einzel- oder Sammelleitungen

z. B. zum Abschluss von zwei unterschiedlichen Nutzungseinheiten pro Strang und Etage

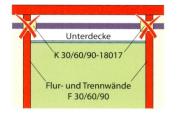

z. B. zur Überbrückung notwendiger Flure mit/ohne Unterdecke F 30/60/90

Bild A-II – 7/8: Beispiele grundsätzlich nicht zulässiger Verwendungen von Absperrvorrichtungen K 30/60/90-18017 oder K 30/60/90-18017 S

Der Querschnitt der Absperrvorrichtungen (Anschlussquerschnitt) darf maximal 350 cm² betragen.

Für die zugehörigen Lüftungsleitungen müssen die nachfolgenden Bedingungen erfüllt sein (siehe Bilder 6.2 und 6.3):

1. Vertikale feuerwiderstandsfähige Lüftungsleitungen (Hauptleitungen) müssen aus nichtbrennbaren Baustoffen bestehen und eine Feuerwiderstandsklasse haben, die der Feuerwiderstandsfähigkeit der durchdrungenen Decken entspricht (L 30/60/90 oder F 30/60/90 oder europäisch hierzu gleichwertige Klassifizierungen).
2. Schächte für Lüftungsleitungen müssen aus nichtbrennbaren Baustoffen bestehen und eine Feuerwiderstandsklasse haben, die der Feuerwiderstandsfähigkeit der durchdrungenen Decken entspricht (L 30/60/90 oder F 30/60/90 oder europäisch hierzu gleichwertige Klassifizierungen).
3. Hauptleitungen im Innern von feuerwiderstandsfähigen Schächten sowie gegebenenfalls außerhalb der Schächte liegende Anschlussleitungen zwischen Absperrvorrichtung und luftführender Hauptleitung müssen aus Stahlblech bestehen. Die Anschlussleitungen zwischen Schachtwandung und außerhalb des Schachtes angeordneten Absperrvorrichtungen dürfen jeweils nicht länger als 6 m sein; die Anschlussleitungen dürfen keine Bauteile mit geforderter Feuerwiderstandsfähigkeit überbrücken. Anschlussleitungen innerhalb von Schächten müssen aus nichtbrennbaren Baustoffen bestehen.

Sowohl in den Schottlösungen gemäß Bild 6.2 der M-LüAR wie auch den Schachtlösungen gemäß den Bildern 6.3.1 bis 6.3.3 der M-LüAR darf der Querschnitt der verwendeten Absperrvorrichtung maximal 350 cm² (DN 200) betragen. Die Hauptleitungen sind aus nichtbrennbaren Baustoffen auszuführen, der maximale Querschnitt darf 1.000 cm² (DN 350) betragen.

Hinweis zur Sachverständigenprüfung von Lüftungsanlagen:

Unterliegen Lüftungsanlagen in Sonderbauten einer Prüfpflicht durch Sachverständige, so sind auch Anlagen der Bauart nach DIN 18017-3 gleichfalls wiederkehrend zu prüfen. Je nach Prüfverordnung des jeweiligen Landes sind ausschließlich die brandschutztechnischen Maßnahmen, also die Abschottungen, oder die gesamte Anlage zu prüfen. Prüfungen der Schornsteinfeger auf Grundlage besonderer Landesregelungen (bis 2009 aufgrund der Kehr- und Überprüfungsordnungen der Länder) ersetzen nicht die Sachverständigenprüfungen aufgrund der Prüfverordnungen, denn Schornsteinfeger verfügen nicht über eine Anerkennung als Prüfsachverständige gemäß bauordnungsrechtlicher Vorschriften.

Luftführende Hauptleitungen dürfen einen maximalen Querschnitt von 1000 cm² nicht überschreiten. Sie dürfen

1. als feuerwiderstandsfähige Lüftungsleitungen oder als feuerwiderstandsfähiger Schacht ausgebildet werden; innerhalb dieser luftführenden Hauptleitung dürfen keine Installationen verlegt sein und die Absperrvorrichtungen müssen im Wesentlichen aus nichtbrennbaren Baustoffen bestehen (siehe Bild 6.3.1),
2. in einem feuerwiderstandsfähigen Schacht bis 1000 cm² Querschnitt verlegt werden; die Absperrvorrichtung muss im Wesentlichen aus nichtbrennbaren Baustoffen bestehen; weitere Installationen im Schacht sind unzulässig (siehe Bild 6.3.2); oder
3. in einem feuerwiderstandsfähigen Schacht größer 1000 cm² Querschnitt verlegt werden, wenn der Restquerschnitt zwischen Schacht und luftführender Hauptleitung mit einem mindestens 100 mm dicken Mörtelverguss in der Ebene der jeweiligen Geschossdecke vollständig verschlossen ist; weitere Installationen sind nur aus nichtbrennbaren Baustoffen für nichtbrennbare Medien zulässig (siehe Bild 6.3.3); die Notwendigkeit brandschutztechnischer Maßnahmen für diese weiteren Installationen bleibt unberührt.

Schachtlösungen werden gemäß den Bildern 6.3.1 bis 6.3.3 der M-LüAR in Verbindung mit den Verwendbarkeitsnachweisen, z. B. der allgemeinen bauaufsichtlichen Zulassung, ausgeführt.

Werden Absperrvorrichtungen K 30/60/90-18017 horizontal eingebaut, dürfen diese ausschließlich in Schachtwänden oder der Anschlussleitung an den Schacht montiert werden. Die maximale Länge von 6 m der Anschlussleitung gilt ausschließlich, wenn

- die Lüftungsleitung bis zur Absperrvorrichtung aus Stahlblech, z. B. Wickelfalzrohr oder Stahlflexrohr, besteht und
- keine feuerwiderstandsfähigen Bauteile überbrückt werden.

Die Absperrvorrichtung kann als Einzelabsperrvorrichtung – z. B. ein Brandschutzventil am Endpunkt der Leitung – oder in Verbindung mit einem integrierten Einzelventilator ausgeführt werden (siehe auch **Bilder A-II – 7/2 bis – 7/4**).

In den allgemeinen bauaufsichtlichen Zulassungen der Abschottungen K 30/60/90-18017 werden die jeweils zulässigen Einbaupositionen und Randbedingungen ausführlich beschrieben. Üblicherweise dürfen lediglich nichtbrennbare Lüftungsleitungen als Hauptleitungen – z. B. Wickelfalzrohre – zum Einsatz kommen. Ausnahmen sind möglich, wenn diese in den allgemeinen bauaufsichtlichen Zulassungen ausdrücklich beschrieben sind. Die notwendigen Abstände der Abschottungen untereinander sind der allgemeinen bauaufsichtlichen Zulassung zu entnehmen. Werden die Abschottungen in der klassifizierten Schachtwand angeordnet, bestehen für die weitere Anschluss-Lüftungsleitung bis zum Luftauslass keine Längenbegrenzungen. In diesen Fällen können auch Aluflex-Anschlussleitungen zum Einsatz kommen.

Auch in Zuluftleitungen dürfen die Absperrvorrichtungen für Entlüftungsanlagen nach DIN 18017-3:2009-09 verwendet werden, wenn diese Leitungen nur der unmittelbaren Belüftung der entlüfteten Bäder und Toilettenräume dienen. Die Absperrvorrichtungen müssen hierfür geeignet sein.

Mit dieser Regel wird die zulässige Verwendung der Absperrvorrichtungen K 30/60/90-18017 oder K 30/60/90-18017 S von der reinen Entlüftungsleitung aus Bädern und Toilettenräumen durch die Technische Baubestimmung auch in den Leitungen zur unmittelbaren Zuluftzuführung in diese Räume als nicht wesentliche Abweichung von dem Verwendbarkeitsnachweis betrachtet (siehe Beispiele **Bilder A-II – 7/5** und **– 7/6**).

Ausführungsbeispiele und Brandszenarien unterschiedlicher Anlagenkonzepte für Abluftanlagen gemäß DIN 18017-3

A) Luftführende Hauptleitung aus Wickelfalzrohren mit Decken-Absperrvorrichtungen K 30/60/90-18017 und Einzellüftern; Anschlussleitungen z. B. aus Aluflex.

B) Luftführende Hauptleitung aus Wickelfalzrohren mit Decken-Absperreinrichtungen K 30/60/90-18017, Zentralventilator und Tellerventilen mit Kaltrauchsperre; Anschlussleitungen z. B. aus Aluflex.

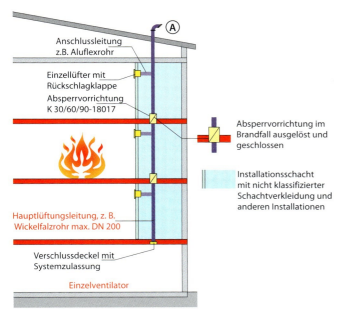

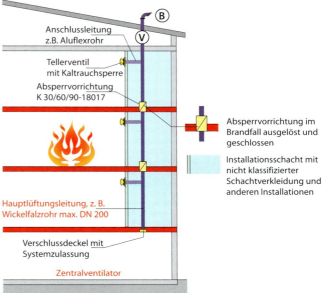

Bild A-II – 7/9: Beispielhaftes Lüftungsschema einer Abluftanlage gemäß DIN 18017-3 mit Decken-Absperrvorrichtungen K 30/60/90-18017 in Verbindung zu nichtklassifizierten Schachtverkleidungen (Vorwandinstallationen) in Anlehnung an Bild 6.2 der M-LüAR, Abluft über Einzelventilatoren

Bild A-II – 7/10: Beispielhaftes Lüftungsschema einer Abluftanlage gemäß DIN 18017-3 mit Decken-Absperrvorrichtungen K 30/60/90-18017 in Verbindung zu nichtklassifizierten Schachtverkleidungen (Vorwandinstallationen) in Anlehnung an Bild 6.2 der M-LüAR, Abluft über Zentralventilator

Brandszenario zu A): Bei einem Brandgeschehen verbrennen der Einzellüfter und das Aluflexrohr im Brandraum. Das obere Deckenschott schließt bei einer der Zulassung entsprechenden Auslösetemperatur. Durch den Überdruck im Brandraum kann es zu einem Rauchübertritt nach unten kommen, da das untere Schott mangels Erreichen der notwendigen Auslösetemperatur i. d. R. nicht oder mit erheblicher Zeitverzögerung schließen wird. Ein Austreten von Rauch wird durch die in den Einzellüftern integrieren Rückschlagklappen verhindert. So kann sichergestellt werden, dass ein Übertritt von Feuer und Rauch in andere Nutzungseinheiten verhindert wird.

Der Einbau von Kaltrauchsperren ist bei dieser Anordnung nicht erforderlich, da die Rückschlagklappe diese Funktion übernimmt.

Brandszenario zu B): Bei einem Brandgeschehen verbrennen das Tellerventil und das Aluflexrohr im Brandraum. Das obere Deckenschott schließt bei einer der Zulassung entsprechenden Auslösetemperatur. Durch den Überdruck im Brandraum kann es zu einem Rauchübertritt nach unten kommen, da das untere Schott mangels Erreichen der notwendigen Auslösetemperatur i. d. R. nicht oder mit erheblicher Zeitverzögerung schließen wird. Ein Austreten von Rauch wird durch die eingebauten Kaltrauchsperren verhindert, da sich diese bei Stillstand des Ventilators oder Schließen der über dem Brandraum liegenden Abschottung selbsttätig schließen. Damit wird ein Übertritt von Feuer und Rauch in andere Nutzungseinheiten verhindert.

Die Kaltrauchsperren öffnen im Normalbetrieb bei einer Druckdifferenz von ca. 15 Pa. Die Kaltrauchsperren sind auf Grundlage der Bauregelliste Liste C, Nr. 3.3 ohne besonderen Verwendbarkeitsnachweis anwendbar, insofern ist eine allgemeine bauaufsichtliche Zulassung nicht erforderlich.

Hinweis: In Zuluftanlagen ist das Abschotten in horizontalen Lüftungsleitungen (sinngemäß Bild 1.2 M-LüAR– Schachtlösung) dem Abschotten in den Geschossdecken (sinngemäß Bild 1.1 M-LüAR – Schottlösung) vorzuziehen.

C) Luftführende Hauptleitung aus feuerwiderstandsfähigen Leitungen mit System-Absperreinrichtungen und Einzellüftern, Anschlussleitungen z. B. aus Aluflex: Für die Anwendung existiert eine K 30/60/90-18017 S-Systemzulassung.

D) Luftführende Hauptleitung aus feuerwiderstandsfähigen Leitungen mit System-Absperreinrichtungen, Zentralventilator und Tellerventilen: Für die Anwendung existiert eine K 30/60/90-18017 S-Systemzulassung.

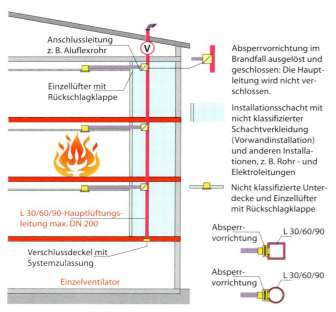

Bild A-II – 7/11: Beispielhaftes Lüftungsschema einer Abluftanlage gemäß DIN 18017-3 mit einer Systemzulassung K 30/60/90-18017 S in Verbindung zu nichtklassifizierten Schachtverkleidungen (Vorwandinstallationen) in Anlehnung an Bild 6.3.1 der M-LüAR, Abluft über Einzelventilatoren

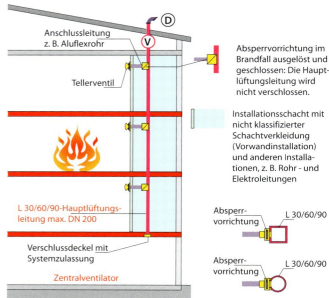

Bild A-II – 7/12: Beispielhaftes Lüftungsschema einer Abluftanlage gemäß DIN 18017-3 mit einer Systemzulassung K 30/60/90-18017 S in Verbindung zu nichtklassifizierten Schachtverkleidungen (Vorwandinstallationen) in Anlehnung an Bild 6.3.1 der M-LüAR, Fortluft über einen Zentralventilator

Brandszenario zu C): Bei einem Brandgeschehen verbrennen der Einzellüfter und das Aluflexrohr im Brandraum. Die Absperreinrichtung schließt bei einer der Zulassung entsprechenden Auslösetemperatur. Trotz Überdruckes im Brandraum kommt es dann zu keinem Rauchübertritt in die luftführende Hauptleitung. Der Einbau von Kaltrauchsperren ist bei dieser Anordnung nicht erforderlich.

Brandszenario zu D): Bei einem Brandgeschehen verbrennen das Tellerventil und das Aluflexrohr im Brandraum. Die Absperreinrichtung an der feuerwiderstandsfähigen luftführenden Hauptleitung schließt bei einer der Zulassung entsprechenden Auslösetemperatur. Trotz Überdruckes im Brandraum kommt es zu keinem Rauchübertritt in die luftführende Hauptleitung. Der Einbau von Kaltrauchsperren ist bei dieser Anordnung nicht erforderlich.

E) Luftführende Hauptleitung aus Wickelfalzrohren oder RML-Stahlrohren mit System-Absperrvorrichtungen in den Einzellüftern. Anschlussleitungen z. B. aus Stahlflex. Für die Anwendung existiert eine K 30/60/90-18017 S-Systemzulassung.

F) Luftführende Hauptleitung aus Wickelfalzrohren oder RML-Stahlrohren, Zentralventilator und Brandschutzventilen K30/60/90-18017 S, Anschlussleitungen z. B. aus Stahlflex.

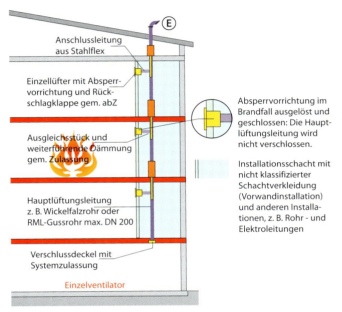

Bild A-II – 7/13: Beispielhaftes Lüftungsschema einer Abluftanlage gemäß DIN 18017-3 mit einer Systemzulassung K 30/60/90-18017 S in Verbindung zu nichtklassifizierten Schachtverkleidungen (Vorwandinstallationen) in Anlehnung an Bild 6.3.1 der M-LüAR, Abluft über Einzelventilatoren

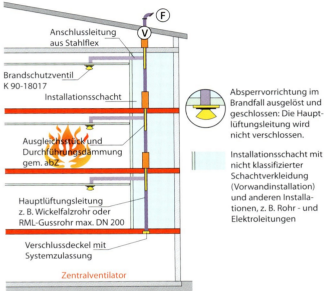

Bild A-II – 7/14: Beispielhaftes Lüftungsschema einer Abluftanlage gemäß DIN 18017-3 mit einer Systemzulassung K 30/60/90-18017 S in Verbindung zu nichtklassifizierten Schachtverkleidungen (Vorwandinstallationen) in Anlehnung an Bild 6.3.1 der M-LüAR, Abluft über einen Zentralventilator

Brandszenario zu E): Bei einem Brandgeschehen verbrennt das Gehäuse des Einzellüfters im Brandraum. Die am Übergang zwischen Einzellüfter und Stahlflex-Anschlussleitung integrierte Auslöseeinrichtung verschließt das Stahlflexrohr brandschutztechnisch bei einer der Zulassung entsprechenden Auslösetemperatur. Trotz Überdruckes im Brandraum kommt es durch den dortigen Verschluss sowie die integrierten Rückschlagklappen der anderen Einzellüfter zu keinem Rauchübertritt in andere Nutzungseinheiten.

Brandszenario zu F): Bei einem Brandgeschehen verschließt das Brandschutzventil im Brandraum das Stahlflexrohr brandschutztechnisch bei einer der Zulassung entsprechenden Auslösetemperatur. Trotz Überdruckes im Brandraum kommt es zu keinem Rauchübertritt in andere Nutzungseinheiten. Der Einbau von Kaltrauchsperren ist bei dieser Anordnung nicht erforderlich.

Verwendung von Brandschutzklappen EI 30/60/90 ($v_e h_o$ i↔o) S in Anlagen der Bauart 18017-3

Wie in den Hinweisen zum Technischen Regelwerk für Anlagen gemäß DIN 18017-3 beschrieben, dürfen Brandschutzklappen mit einer Klassifizierung EI 30/60/90 ($v_e h_o$ i↔o) S hingegen auch in allen Lüftungsanlagen, also auch der Bauart DIN 18017, verwendet werden.

Maßgeblich für die Ausführungen sind die Anforderungen des § 41 MBO.

Bei Querung und Durchführung der Entlüftungsleitungen durch feuerwiderstandsfähige Bauteile außerhalb der lotrechten Führung der Hauptleitung müssen Brandschutzklappen EI 30/60/90 ($v_e h_o$ i↔o) S vorgesehen werden. Alternativ zu diesen Brandschutzklappen sind feuerwiderstandsfähige Lüftungsleitungen zulässig. Entgegenstehende Bestimmungen von allgemeinen bauaufsichtlichen Zulassungen führen zu dem Erfordernis der Genehmigung von Abweichungen.

Die folgenden Beispiele dokumentieren die Notwendigkeit der Kombination:

Andere Anlagenbeispiele:

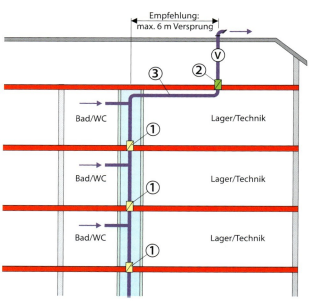

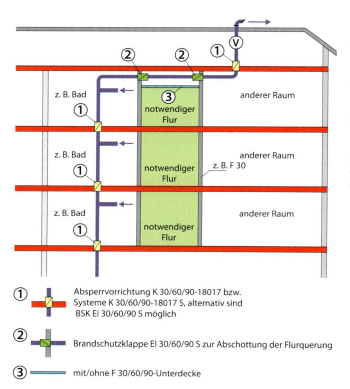

Bild A-II – 7/15: Beispielhaftes Lüftungsschema bei der Querung von raumabschließenden Bauteilen, z. B. notwendiger Flure:
Deckenhohlräume oberhalb von F 30-Unterdecken gelten nicht als Installationsschächte, daher ist der Einbau von Absperrvorrichtungen K 30/60/90-18017 nicht zulässig

Bild A-II – 7/16: Verzug von Abluftleitungen bei Anlagen gemäß DIN 18017 durch andere Räume inkl. Austritt aus einer nicht klassifizierten Installationsschachtverkleidung

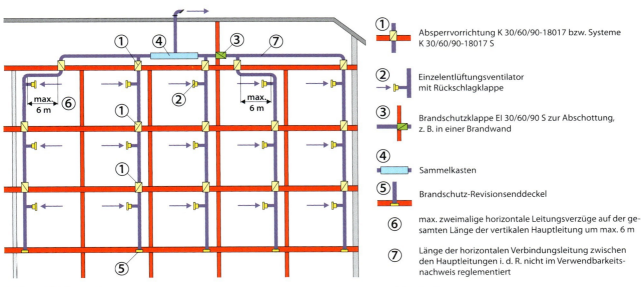

Bild A-II – 7/17: Beispielhafte Zusammenfassung von Hauptlüftungsleitungen bei Anlagen gemäß DIN 18017 mit Einzellüfter auf Grundlage der DIN 18017-3:2009-09

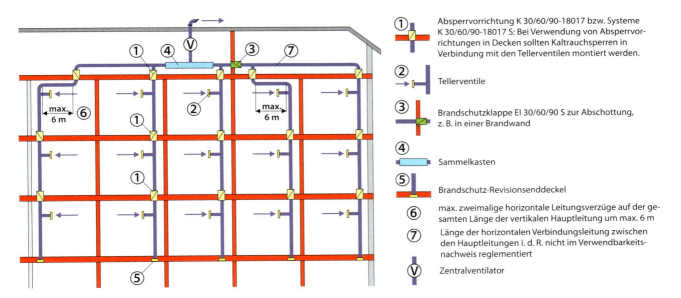

Bild A-II – 7/18: Beispielhafte Zusammenfassung von Hauptlüftungsleitungen bei Anlagen gemäß DIN 18017 mit Zentralventilator auf Grundlage der DIN 18017-3:2009-09

7.3 Lüftung von nichtgewerblichen Küchen

Die Be- und Entlüftung von Küchen kann erfolgen über Anlagen gemäß

1. Abschnitt 7.1 oder
2. Abschnitt 7.2, die im Übrigen nur Bäder und Toilettenräume entlüften.

Der Anschluss von Dunstabzugsanlagen oder Dunstabzugshauben ist nur an eigene Abluftleitungen, die die Regelungen der Abschnitte 8 und 9 erfüllen, zulässig.

Abweichend von Abschnitt 8.1 Satz 2 dürfen Abluftleitungen aus Stahlblech von Dunstabzugshauben in Wohnungsküchen gemeinsam in einem feuerwiderstandsfähigen Schacht (Feuerwiderstandsfähigkeit gemäß Abschnitt 4.1) verlegt sein; die Schächte dürfen keine anderen Leitungen enthalten.

Mit der Neufassung des Abschnittes 7 ist nun ein eigener Unterabschnitt für die Lüftung von nichtgewerblichen Küchen aufgenommen worden. Damit ist ergänzend zu den Abschnitten 8 und 9 (die im Wesentlichen Regelungen treffen wegen der Gefahren der Brandausbreitung aus gewerblichen und vergleichbaren Küchen über Lüftungsanlagen oder Abgasanlagen, auch in Kombination mit Gasfeuerstätten und Holzkohlegrillanlagen) für die „Restmenge" an Küchen – nämlich die nichtgewerblichen – dargestellt, was brandschutztechnisch erforderlich ist.

Zu unterscheiden ist dabei
- die ausschließliche Be- oder Entlüftung der Küchenräume und
- die Abfuhr von Kochwrasen über Dunstabzugshauben oder Wrasenabzüge.

Nummer 1 (Abschnitt 7.1) bietet die Möglichkeit, nichtgewerbliche Küchen so zu be- und entlüften, wie es in Wohnungen und vergleichbaren Nutzungseinheiten brandschutzrechtlich gestattet ist.

Nummer 2 (Abschnitt 7.2) ist die Verlagerung der bisher in Abschnitt 7 zusammen mit den Bestimmungen für die Entlüftungsanlagen von Bädern und Toilettenräumen geregelten Anwendung von Absperrvorrichtungen K30/60/90-18017 in Abluftanlagen für die Entlüftung von innenliegenden Wohnungsküchen und Wohnungs-Kochnischen. Bei einer ausschließlichen Be- und Entlüftung von Teeküchen über Anlagen der Bauart nach DIN 18017-3 mit Zentralventilatoren bestehen somit keine Bedenken.

Eine Entlüftung weiterer Räume (z. B. Putzmittelräume, Kopierräume) über diese Entlüftungsanlagen darf nicht erfolgen.

Nachfolgend wird klargestellt, dass der Anschluss von Dunstabzugshauben oder Wrasenabzügen nur an Lüftungsanlagen gestattet ist, die die Bestimmungen der Abschnitte 8 und 9 erfüllen.

Als Erleichterung wird die bisher in Abschnitt 5.1 zu findende Regelung zur Einzelabführung der „Kochstellenabluft" (Wrasen) aus Wohnungsküchen übernommen. Ausschließlich für Wohnungsküchen darf von jedem Wrasenabzug und von jeder Dunstabzugshaube über eigene, dichte Stahlblechleitungen, die in einem feuerwiderstandsfähigen Schacht gemeinsam geführt werden dürfen, die Abluft abgeführt werden.

Ein Anschluss von Sammelleitungen für Dunstabzugshauben ist an Lüftungsleitungen nach DIN 18017-3 mit den Absperrvorrichtungen 18017-3 nicht zulässig.

Hinweis: Der Anschluss von Sammelleitungen für Dunstabzugshauben an Lüftungsleitungen ist laut Bestimmungen der allgemeinen bauaufsichtlichen Zulassung für diese Anwendungen nicht geprüft, insofern stellt diese Ausführung eine wesentliche Abweichung von der Zulassung dar.

Abluftleitungen von Dunstabzugshauben in Wohnungsküchen dürfen gemäß Satz 3 erleichternd nur dann zusammen in einem Schacht verlegt werden, wenn die einzelnen Leitungen aus Stahlblech sind und so eine getrennte Abluftführung gewährleistet ist. Die Schachtwände müssen die höchste Feuerwiderstandsfähigkeit der durchdrungenen raumabschließenden Bauteile (dazu gehören auch die Decken) aufweisen (siehe **Bild A-II – 7/20**).

Eine gemeinsame Abluftleitung ist nur dann zulässig, wenn die Anforderungen der M-LüAR, Abschnitte 3 – 6 erfüllt sind. Es sind geeignete Brandschutzklappen zu verwenden, die Eignung ist den Verwendbarkeitsnachweisen zu entnehmen. Ist z. B. in den allgemeinen bauaufsichtlichen Zulassungen festgelegt, dass „der Nachweis der Eignung des Zulassungsgegenstandes für den Anschluss an Dunstabzugshauben im Rahmen des Zulassungsverfahrens nicht geführt wurde", können solche Brandschutzklappen hier nicht verwendet werden. Dieser Ausschluss ist ebenfalls bei Absperrvorrichtungen der Widerstandsklasse K 30/60/90-18017 oder K 30/60/90-18017 S zu finden.

Anschluss von Wrasenabzügen auf Grundlage von Vorgaben in den allgemeinen bauaufsichtlichen Zulassungen

Der Anschluss von Wrasenabzügen ohne eigenen Ventilator – im Prinzip lediglich eine „Dunstabzugsesse" – ist ausschließlich entsprechend der allgemeinen bauaufsichtlichen Zulassungen – in denen solche Anwendungen benannt sind – statthaft. Handelsübliche Küchenabzugshauben enthalten jedoch einen Ventilator und dürfen an diese Anlagen nicht angeschlossen werden. Außerdem sind aus hygienischen Gründen die Abluftleitungen der Küchenabluft und Toiletten- bzw. Badezimmerabluft zu trennen.

Es ist darauf zu achten, dass diese Bauart ausschließlich im Unterdruckbetrieb mit Zentralventilatoren möglich ist (Verhinderung der Geruchs- und Rauchübertragung in andere Nutzungseinheiten). Ein Betrieb der Lüftungsanlage kann nicht wohnungsweise erfolgen.
(siehe auch **Bild A-II – 7/18**)

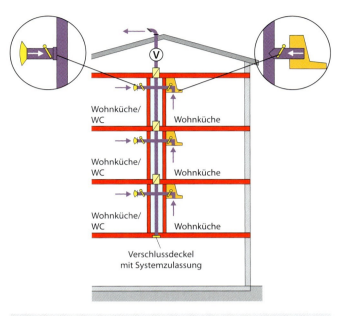

Wichtige Hinweise: Es dürfen keine Wrasenabzüge mit eigenen Ventilatoren verwendet werden.
Achtung: Diese Bauart ist ausschließlich auf Grundlage einer allgemeinen bauaufsichtlichen Zulassung möglich. Der Betrieb darf lediglich mit einem Zentralventilator in Verbindung mit Rückströmverschlüssen/Kaltrauchsperren erfolgen.
Aus hygienischen Gründen wird der Einbau dieser Kombination nicht empfohlen.

Bild A-II – 7/19: Beispielhaftes Lüftungsschema einer Abluftanlage für Wrasenabzüge in Anlehnung an DIN 18017-3 auf Grundlage von spezifischen Vorgaben in den allgemeinen bauaufsichtlichen Zulassungen

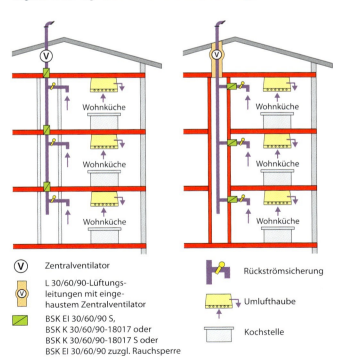

Bild A-II – 7/20: Raumabluft aus der Wohnküche bei Verwendung einer Umlufthaube für die Wrasen der Wohnküche: Durch Rückströmsicherungen in den Anschlussleitungen, z. B. Kaltrauchsperren, ist sicherzustellen, dass keine Geruchsübertragung in andere Nutzungseinheiten erfolgt.

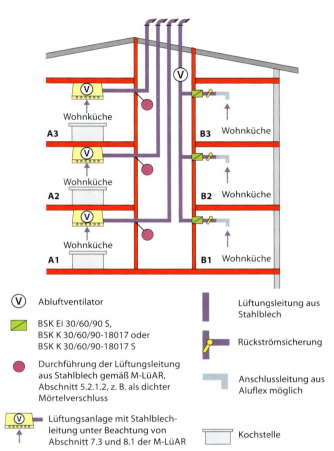

Bild A-II – 7/21: Anschluss der Wohnküchen A1 bis A3 direkt an die jeweilige Abluftanlage: Eine Geruchsübertragung bei ausgeschalteten Anlagen wird durch die Trennung verhindert. Die Raumluftleitungen der Wohnküchen B1 bis B3 können gemeinsam an eine Anlage angeschlossen werden.

Die reduzierten Anforderungen an „Wrasenabzugs-Leitungen" in Wohnküchen werden in den Prinzipschemata des **Bilder A-II – 7/19** und **A-II – 7/20** dargestellt. Die Kombination mit WC-Abluftanlagen in gemeinsamen Strängen pro Wohnung/Nutzungseinheit ist nicht zulässig.

Auch wenn an Abluftleitungen von Wohnungsküchen keine Dunstabzugshauben angeschlossen werden (siehe **Bild A-II – 7/19**), sind doch die Bestimmungen des § 41 Abs. 3 MBO zu berücksichtigen: „Lüftungsanlagen sind so herzustellen, dass sie Gerüche und Staub nicht in andere Raume übertragen." Dementsprechend ist dafür zu sorgen, dass die Geruchsübertragung wirksam verhindert wird, z. B. durch Rückschlagklappen oder permanente Zentralentlüftung.

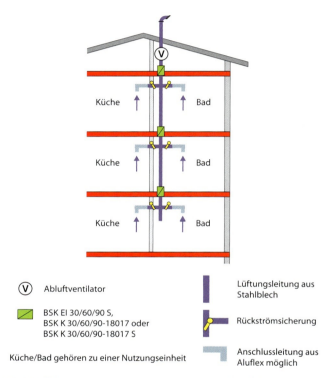

Bild A-II – 7/22: Der gemeinsame Anschluss z. B. von Bad-Entlüftungen in Kombination mit Küchenentlüftungen (keine Wrasenabzüge von Wohnküchen) ist nur möglich, wenn diese Anlagen mit einer permanenten Zentralentlüftung oder mit Rückschlagklappen betrieben werden. Es ist dabei zu prüfen, ob es aus hygienischen Gründen erforderlich ist, getrennte Abluftstränge für die Bad-Entlüftung bzw. die Entlüftung des Gäste-WCs zu führen.

Für Wrasenabzüge (ohne eigenen Ventilator) von Wohnküchen mit gemeinsamen Abluftleitungen werden besondere Anforderungen in den allgemeinen bauaufsichtlichen Zulassungen gestellt.

Einige Hersteller von Deckenabschottungen der Qualität K 30/60/90-18017 haben ihre allgemeinen bauaufsichtlichen Zulassungen über den Geltungsbereich von WC-Abluftanlagen hinaus erweitert und die Abschottung von „Wrasenabzug-Sammelleitungen" mit diesen Deckenabschottungen in das Anwendungsprogramm aufgenommen. Nur auf Grundlage einer noch gültigen allgemeinen bauaufsichtlichen Zulassung ist diese Abweichung von der typischen Anwendung nach DIN 18017-3 zulässig.

8 Abluftleitungen von gewerblichen oder vergleichbaren Küchen, ausgenommen Kaltküchen

Abschnitt 8 stellt besondere Anforderungen für Abluftleitungen von gewerblichen oder vergleichbaren Küchen dar. Diese Anforderungen gehen über die Anforderungen der vorhergehenden Abschnitte hinaus, da in Küchen durch die Zubereitung von Speisen Fett in die Abluftleitungen gelangt. Weitere Hinweise sind **Teil D-VI.** zu entnehmen.

8.1 Baustoffe und Feuerwiderstandsfähigkeit der Abluftleitungen

Abluftleitungen müssen aus nichtbrennbaren Baustoffen bestehen. Sie müssen vom Austritt aus der Küche an mindestens die Feuerwiderstandsklasse L 90 oder eine europäisch hierzu gleichwertige Klassifizierung aufweisen, sofern die Ausbreitung von Feuer und Rauch nicht auf andere Weise, z. B. durch Absperrvorrichtungen, für die ein bauaufsichtlicher Verwendbarkeitsnachweis für diesen Zweck vorliegt, verhindert wird.

Für Leitungsabschnitte im Freien gilt Abschnitt 5.2.3 sinngemäß.

Abluftleitungen von Küchen stellen aufgrund von Fettablagerungen eine erhöhte Brandgefahr dar.

Die brandschutztechnische Abschottung kann z. B. ab Austritt der Lüftungsleitung aus einer Gewerbeküche heraus nach dem „Schachtprinzip" als klassifizierte Lüftungsleitung L 90 bis ins Freie erfolgen. **Da in der M-LüAR die Lüftungsleitung nicht ab der Durchdringung des ersten feuerwiderstandsfähigen raumabschließenden Bauteils in L 90-Qualität auszuführen ist, ist davon auszugehen, dass bereits ab Verlassen des eigentlichen Kochbereiches die Leitung in L 90-Qualität ausgeführt werden soll.** Alternativ ist der Einbau von geeigneten Absperrvorrichtungen für fetthaltige Abluft in der erforderlichen Feuerwiderstandsdauer möglich. Bei Verwendung von Absperrvorrichtungen sollte darauf geachtet werden, dass die Wände des eigentlichen Kochbereiches mit der höchsten Feuerwiderstandsklasse des Gebäudes, maximal jedoch F 90, ausgebildet werden. Die in diesem Abschnitt dokumentierten weiteren Anforderungen sind zwingend zu beachten. Bei Führung der Lüftungsleitungen im Freien sind die Anforderungen der Abschnitte 5.1.1 und 5.2.3 der M-LüAR zu beachten.

In beiden Fällen muss eine entsprechende Reinigung und Instandhaltung regelmäßig erfolgen. Die Reinigung der Kanäle und Auslöseeinrichtungen sollte in die Brandschutzordnung aufgenommen werden. Da gewerbliche Küchen hinsichtlich der Einhaltung hygienischer Anforderungen durch die zuständigen Behörden geprüft werden, kann im Rahmen dieser Prüfungen auch festgestellt werden, ob die Reinigungsverpflichtungen durch die Betreiber erfüllt werden; dies gilt insbesondere für Küchenlüftungen, die nicht in den Anwendungsbereich einer Prüfverordnung fallen.

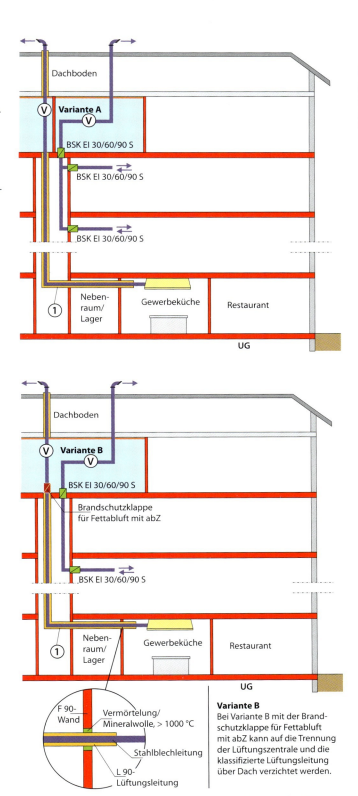

Bild A-II – 8/1: Beispielhaftes Lüftungsschema einer Abluftleitung „Schachtlösung" aus einer Gewerbeküche in einem Gebäude der Gebäudeklasse 5 inkl. Sonderbauten. Der Nebenraum bzw. das Lager gehört im Beispiel nicht zur Küche.

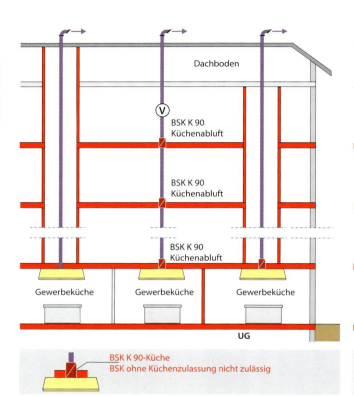

Bild A-II – 8/2: Beispielhafte Lüftungsschemata für Abluftleitungen „Schottlösung" aus einer Gewerbeküche in einem Gebäude der Gebäudeklasse 5, inkl. Sonderbauten

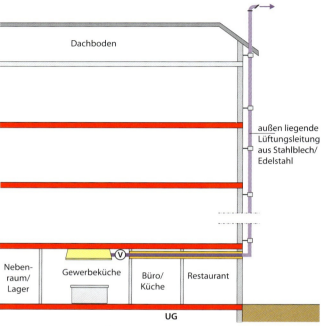

Bild A-II – 8/3: Beispielhaftes Lüftungsschema einer Abluftleitung „Außenliegende Lüftungsleitung" aus einer Gewerbeküche in einem Gebäude der Gebäudeklasse 5, inkl. Sonderbauten. Die L 90-Lüftungsleitung muss ab dem Raum des Kochbereiches geführt werden.

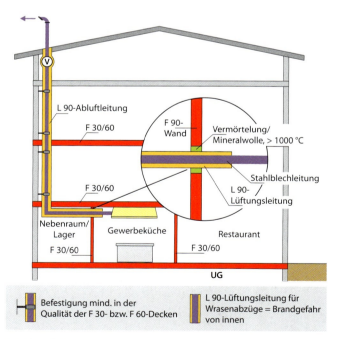

Bild A-II – 8/4: Beispielhaftes Lüftungsschema einer Abluftleitung „Innenliegende L 90-Lüftungsleitung" aus einer Gewerbeküche in einem Gebäude der Gebäudeklasse 1 bis 4, inkl. Sonderbauten. Der Nebenraum bzw. das Lager gehört im Beispiel nicht zur Küche.

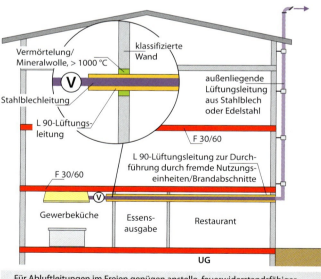

Bild A-II – 8/5: Beispielhaftes Lüftungsschema für eine Abluftleitung „Außenliegende Lüftungsleitung" aus einer Gewerbeküche in einem Gebäude der Gebäudeklasse 1 bis 4, inkl. Sonderbauten. Die L 90-Lüftungsleitung muss ab dem Raum des Kochbereiches geführt werden.

8.2 Ventilatoren

Ventilatoren müssen so ausgeführt und eingebaut sein, dass sie leicht zugänglich sind und leicht kontrolliert und gereinigt werden können. Sie müssen von der Küche aus abgeschaltet werden können. Die Antriebsmotoren müssen sich außerhalb des Abluftstromes befinden.

Zu Instandhaltungs- und Reinigungszwecken muss ausreichende Zugänglichkeit gegeben sein. In Gebäuden ist dazu eine eigene Zentrale sinnvoll oder alternativ eine Aufstellung im Freien vorzusehen.

Die Anforderungen an die Konstruktion und den Einbau der Abluftventilatoren sind zu beachten.

8.3 Fettdichtheit der Abluftleitungen

Durch die Wandungen der Abluftleitungen darf weder Fett noch Kondensat austreten können. Lüftungsleitungen aus Blech mit gelöteten, geschweißten oder mittels dauerelastischem und gegen chemische und mechanische Beanspruchung unempfindlichem Dichtungsmaterial hergestellten Verbindungsstellen können als fettdicht angesehen werden.

Die Anforderungen an die Dichtheit der Lüftungsleitungen sind einzuhalten. Messöffnungen für Volumen-Strömungsmessungen sollten daher seitlich angeordnet werden.

8.4 Vermeidung von Verschmutzungen; Reinigungsöffnungen

Innerhalb einer Küche kann die Abluft mehrerer Abzugseinrichtungen zusammen- und über eine Lüftungsleitung aus der Küche abgeführt werden.

In oder unmittelbar hinter Abzugseinrichtungen, wie Hauben oder Lüftungsdecken, sind geeignete Fettfilter oder andere geeignete Fettabscheideeinrichtungen anzuordnen. Filter und Abscheider müssen einschließlich ihrer Befestigungen aus nichtbrennbaren Baustoffen bestehen. Filter müssen leicht ein- und ausgebaut werden können. Die innere Oberfläche der Abluftleitungen muss leicht zu reinigen sein. Leitungen mit profilierten Wandungen, wie flexible Rohre, und Leitungen aus porösen oder saugfähigen Baustoffen sind unzulässig.

Die Abluftleitungen müssen an jeder Richtungsänderung, vor und hinter den Absperrvorrichtungen und in ausreichender Anzahl in gerade geführten Leitungsabschnitten Reinigungsöffnungen haben.

Im Bereich der Fettfilter und anderer Fettabscheideeinrichtungen sind Reinigungsöffnungen erforderlich, sofern nicht eine Reinigung dieses Leitungsbereiches von der Abzugseinrichtung aus möglich oder durch technische Maßnahmen eine ausreichende Reinigung sichergestellt ist.

Die Abmessung der Reinigungsöffnungen muss mindestens dem lichten Querschnitt der Abluftleitung entsprechen; es genügt jedoch ein lichter Querschnitt von 3600 cm².

Die Abluftleitungen müssen an geeigneter Stelle Einrichtungen zum Auffangen und Ablassen von Kondensat und Reinigungsmittel haben.

Abluftleitungen mehrerer Küchen dürfen nicht zusammengeführt werden. Innerhalb einer Küche bestehen jedoch keine Bedenken, wenn von den dort befindlichen Abzugshauben die Abluft gemeinsam über eine Abluftleitung aus der Küche abgeführt wird. Damit wird verhindert, dass Küchenräume, die durch feuerwiderstandsfähige, raumabschließende Bauteile getrennt sind, durch die Abluftleitungen verbunden werden.

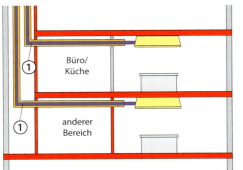

Hinweis:
Jede Gewerbeküche benötigt eine eigenständige Abluftleitung. Eine gemeinsame Führung im Schacht ist möglich.

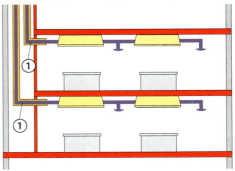

Hinweis:
Die Zusammenführung mehrerer Kochstellenabsaugungen und der Raumluft ist für jede Küche getrennt zulässig.

① Wenn innerhalb des F 90-Installationsschachtes ausschließlich nichtbrennbare Leitungen, nichtbrennbare Dämmstoffe und nichtbrennbare Lüftungsleitungen mit Abschottungen an den Schachtdurchdringungen montiert sind, kann ggf. auf die L 90-Klassifikation für die Küchenabluft innerhalb des F 90-Installationsschachtes verzichtet werden, diese Abweichung ist im Brandschutzkonzept zu beschreiben. Elektrische Steuerleitungen sind zulässig, wenn mindestes 400 mm Abstand von den Küchenabluftleitungen einhalten werden. Planerisch muss bewertet werden, ob die Gefahr einer Brandübertragung von einer zur anderen Leitung, z. B. bei enger Verlegung, möglich ist, ggf. sollte eine oder beide Leitungen z. B. mit einer Drahtnetzmatte gedämmt werden (siehe DIN 4102-4).

Bild A-II – 8/6: Beispielhafte Lüftungsschemata einzelner und mehrerer Wrasenabzüge in mehreren Etagen

Im Zuge der Fachplanung und Ausführung der Lüftungsanlagen sind Reinigungsöffnungen in einer ausreichenden Zahl und Größe vorzusehen. Aus Gründen der notwendigen Dichtheit der Abluftleitungen sollten die Reinigungsöffnungen in die seitlichen, vertikalen Flächen der Lüftungsleitungen eingebracht werden. Dadurch kann ausgeschlossen werden, dass beim Öffnen direkt flüssiges Fett aus der Revisionsöffnung austritt.

Auf ausreichendes Gefälle der Abluftleitungen ist zu achten, so dass beim Reinigen der Lüftungsleitungen eingesetzte Reinigungsmittel an Ablässen aufgefangen werden können.

Die brandschutztechnische und anlagentechnische Sicherheit ist durch eine regelmäßige Reinigung der Lüftungsleitungen zu gewährleisten. Fettfangfilter sind in der Regel häufiger zu reinigen als die Lüftungsleitungen.

Entsprechende Reinigungs- und Wartungsauflagen sind in der Dokumentation der Lüftungsanlage, ggf. auch in der Brandschutzordnung, verbindlich zu beschreiben.

Sind zugelassene Absperrvorrichtungen eingebaut, sind die Instandhaltungsanweisungen, insbesondere die des Herstellers, zu beachten.

Hinweis: Bei der Planung der Küchenablufthauben sind die notwendigen und zulässigen Luftgeschwindigkeiten (i. d. R. 0,75 bis 1,2 m/s) der Aerosolabscheidefilter zu beachten. Bei zu geringen oder zu hohen Geschwindigkeiten können die Fettpartikel nicht ausreichend abgeschieden werden. Bei zu hoher Luftgeschwindigkeit können Flammen durch den ansonsten flammendurchschlagsicheren Filter gelangen. Ein Küchenbetrieb ohne eingesetzte Fettfilterelemente ist nicht zulässig.

9 Gemeinsame Abführung von Küchenabluft und Abgas aus Feuerstätten

9.1 Grundlegende Anforderungen

Nach § 41 Abs. 4 Satz 1 MBO dürfen Lüftungsanlagen nicht in Abgasanlagen eingeführt werden. Eine gemeinsame Benutzung von Lüftungsleitungen zur Lüftung und zur Ableitung der Abgase von Feuerstätten ist zulässig, wenn keine Bedenken wegen der Betriebssicherheit und des Brandschutzes bestehen.

Bei einer gemeinsamen Nutzung der Lüftungsleitung zur Ableitung der Abgase von Feuerstätten und fetthaltiger Luft, z. B. in Küchen, muss der Nachweis der Betriebssicherheit, z. B. durch den Fachplaner, geführt und dokumentiert werden. Sicherheitseinrichtungen sind entsprechend den allgemein anerkannten Regeln der Technik zu planen und umzusetzen.

Weitergehende Hinweise und Anforderungen für die Verwendung gasförmiger Brennstoffe sind der DVGW-TRGI 2008 („Technische Regel für Gasinstallationen") – dem DVGW-Arbeitsblatt G 600 – sowie der zugehörigen Kommentierung „Praxis der Gasinstallation – Der Kommentar zur Technischen Regel für Gasinstallationen – DVGW-TRGI 2008" (Gralapp/Guther/Heinrichs/Klement/Sander, 2008) zu entnehmen.

9.2 Küchenabluft und Abgas aus Feuerstätten für gasförmige Brennstoffe

Zulässig i. S. von Abschnitt 9.1 ist die Abführung der Abgase von Küchen-Gasgeräten über die Abzugseinrichtungen und Abluftleitungen der Küchen, sofern hierbei nach der technischen Regel des DVGW „G 631:März 2012 – Installation von gewerblichen Gasgeräten in Bäckerei und Konditorei, Fleischerei, Gastronomie und Küchen, Räucherei, Reifung, Trocknung sowie Wäscherei" verfahren wird.

Bei Gasfeuerstätten sind außerdem die Anforderungen der TRGI „Technische Richtlinie Gasinstallationen" – DVGW-Arbeitsblatt G 600 – zwingend umzusetzen.

Die Gasmagnetventile der Kochstelle dürfen ausschließlich nur dann öffnen, wenn die Lüftungsanlage/der Wrasenabzug oberhalb der Kochstelle in Betrieb ist.

9.3 Küchenabluft und Abgas aus Kochgeräten für feste Brennstoffe

Zulässig i. S. von Abschnitt 9.1 ist die Abführung der Abgase von Kochgeräten für feste Brennstoffe (z. B. Holzkohlegrillanlagen) über die Abzugseinrichtungen und Abluftleitungen der Küchen, sofern die Lüftungsleitungen in der Bauart von Schornsteinen ausgeführt sind. In die Wandungen dieser Lüftungsleitungen darf Fett in gefahrdrohender Menge nicht eindringen können.

Bei Lüftungsleitungen mit Innenrohren aus geschweißten oder nahtlosen Rohren aus Edelstahl und mit gegen chemische und mechanische Beanspruchung unempfindlichen Dichtungen ist dies erfüllt. Diese Lüftungsleitungen müssen an jeder Richtungsänderung Reinigungsöffnungen haben.

Die Anforderungen an die Dichtheit der Abgasanlagen/Lüftungsleitungen sind einzuhalten. Es ist eine ausreichende Anzahl von Reinigungsöffnungen vorzusehen.

10 Anforderungen an Lüftungsanlagen in Sonderbauten

Die Anforderungen der vorstehenden Abschnitte 3 bis 9 entsprechen in der Regel den brandschutztechnischen Erfordernissen für Lüftungsanlagen in Sonderbauten.

Bei gesondert gelagerten Einzelfällen ist für Sonderbauten zu prüfen, ob zusätzliche oder andere brandschutztechnische Maßnahmen notwendig werden, z. B. zusätzliche Rauchauslöseeinrichtungen für Brandschutzklappen zur Verhinderung der Rauchübertragung. Die Anordnung der Rauchauslöseeinrichtungen darf deren Wirksamkeit durch Verdünnungseffekte nicht beeinträchtigen.

Bei Sonderbauten mit großen Menschenansammlungen oder einer größeren Zahl von Personen mit eingeschränkter Mobilität ist unter Berücksichtigung des jeweiligen Einzelfalls zu prüfen, ob besondere Anforderungen zu stellen sind. Durch den Ersteller des Brandschutzkonzeptes ist festzustellen, ob die beschriebenen Maßnahmen zur Erfüllung der Schutzziele ausreichend sind.

A-III. Stand der baurechtlichen Einführung

A-III. Stand der baurechtlichen Einführung

Die M-LüAR 2005, zuletzt geändert durch Beschluss der Fachkommission Bauaufsicht im Dezember 2015, war zum Zeitpunkt der Fertigstellung dieser 2. Auflage des Kommentars zur M-LüAR der Autoren Lippe, Czepuck, Esser, Vogelsang baurechtlich noch in keinem Bundesland über die Liste der Technischen Baubestimmungen eingeführt.

Die Veröffentlichung erfolgte in den amtlichen Mitteilungen Ausgabe 1 vom 10.02.2016 des DIBt.

Der Einführungsstand der Listen der Technischen Baubestimmungen in den Bundesländern kann den Veröffentlichungen des DIBt unter www.dibt.de im öffentlichen Bereich aentnommen werden.

A-IV. Unterschiede in den baurechtlichen Standards der Bundesländer

A-IV. Unterschiede in den baurechtlichen Standards der Bundesländer

Die M-LüAR 2005, zuletzt geändert durch Beschluss der Fachkommission Bauaufsicht im Dezember 2015, war zum Zeitpunkt der Fertigstellung dieser 2. Auflage des Kommentars zur M-LüAR der Autoren Lippe, Czepuck, Esser, Vogelsang baurechtlich noch in keinem Bundesland über die Liste der Technischen Baubestimmungen eingeführt. Aus diesem Grund können zur Zeit keine Abweichungen beschrieben werden.

Teil B: Baurechtliche und normative Regelwerke in Verbindung mit der M-LüAR

B-I. MBO 2002 bzw. deren baurechtliche Umsetzungen in den Bundesländern, Auszüge aus der Musterbauordnung – MBO 2002, Stand 2012

Hinweis: Download der aktuellen Muster-Vorschriften und -Regeln unter: www.IS-ARGEBAU.de > öffentlicher Bereich > Mustervorschriften/Mustererlasse > Bauaufsicht/Bautechnik

§ 3 Allgemeine Anforderungen

(1) Anlagen sind so anzuordnen, zu errichten, zu ändern und instand zu halten, dass die öffentliche Sicherheit und Ordnung, insbesondere Leben, Gesundheit und die natürlichen Lebensgrundlagen, nicht gefährdet werden.

Mit diesem Absatz wird die „Verkehrssicherungspflicht" des Gebäudebetreibers in jeder Phase des Gebäudebestandes zum Ausdruck gebracht:

- **anzuordnen** ist die Aufgabe der Planungsphase und betrifft Architekten und Objekt- (oder Fach-)Planer, aber auch Handwerker, die bei einer Planung mitwirken,
- **zu errichten** ist die Aufgabe der ausführenden Personen, i. d. R. der Handwerker,
- **zu ändern** ist eine Aufgabe, die Planung und Ausführung beim Bauen (insbesondere im Bestand) betrifft,
- **instand zu halten** ist die Aufgabe während der Nutzungs- und Lebensdauer einer baulichen Anlage und betrifft die Bauherren und Gebäudebetreiber.

(3) Die von der obersten Bauaufsichtsbehörde durch öffentliche Bekanntmachung als Technische Baubestimmungen eingeführten technischen Regeln sind zu beachten. Bei der Bekanntmachung kann hinsichtlich ihres Inhalts auf die Fundstelle verwiesen werden. Von den Technischen Baubestimmungen kann abgewichen werden, wenn mit einer anderen Lösung in gleichem Maße die allgemeinen Anforderungen des Absatzes 1 erfüllt werden; § 17 Abs. 3 und § 21 bleiben unberührt.

Die Lüftungsanlagen-Richtlinien (M-LüAR) und die Leitungsanlagen-Richtlinien (MLAR) werden in den Bundesländern als **E**ingeführte **T**echnische **B**aubestimmungen (ETB) baurechtlich eingeführt. Der Vorteil für Planung und Ausführung ergibt sich aus der Abweichungsmöglichkeit entsprechend § 3 Abs. 3 Satz 3 der MBO 2002, sofern die Gleichwertigkeit der Lösung gegenüber dem Konzeptersteller/der Unteren Bauaufsicht nachgewiesen wird. Eine formale Genehmigung bei Abweichungen von den eingeführten Technischen Baubestimmungen (vielfach auch als „Zustimmung" bezeichnet) durch die „Untere Bauaufsichtsbehörde" (auch als Baurechtsbehörde bezeichnet) ist nicht erforderlich, soweit die landesspezifischen Anforderungen in gleichem Maße erfüllt werden. Eine Darstellung der Abweichungen im Rahmen des Brandschutzkonzeptes ist allerdings erforderlich, um so den für eine Genehmigung notwendigen Nachweis einer Gleichwertigkeit der anderen Maßnahmen zu erbringen.

Beispiele:
Abweichungen bei unterschiedlichen Abschottungen

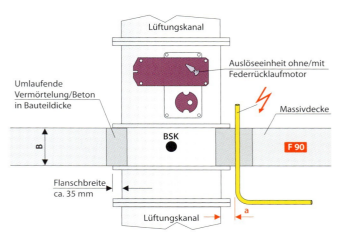

B = Bauteildicke
≥ 150 mm bei Decken
≥ 100 mm bei Wänden

a ≥ 50 mm gemäß MLAR 2005 Abschnitt 4.1.3 für Einzelkabel, Leerrohre und evtl. mehrere Einzelkabel (kleine S 90-Abschottungen)
Abweichend davon gilt ein größerer Abstand, wenn im Verwendbarkeitsnachweis (abZ/abP) bzw. den Montageanleitungen der Hersteller ein Mindestabstand zu fremden Leitungsdurchführungen angegeben wird.

Bild B-I – 1: Beispiel einer Abweichung von Abschnitt 4.1.3 der **MLAR** „Unterschreitung des Mindestabstandes einer einzelnen elektrischen Leitung (= Erleichterung der MLAR, Abschnitt 4.3) zu einer anderen Abschottung (hier: Brandschutzklappe)

Die Regelung der Mindestabstände zwischen Abschottungen oder zwischen Abschottungen und Einzelleitungen nach den Bestimmungen der MLAR, Abschnitt 4.3 (Erleichterungen für einzelne Leitungen) werden auf Grundlage der MLAR, Abschnitt 4.1.3 mit a ≥ 50 mm festgelegt. Brandschutzklappen sind Vorkehrungen im Sinne der baurechtlichen Regelwerke. Der Mindestabstand wird zwischen den äußersten Abmessungen der Schottung – z. B. bei Brandschutzklappen zwischen dem äußeren Bereich (nicht Flansch) der Brandschutzklappe und dem geschotteten Einzelkabel – gemessen.

Als Abweichung von der ETB (= MLAR) im Sinne § 3 Abs. 3 Satz 3 der MBO 2002 und den baurechtlich eingeführten Fassungen der Bundesländer kann die Gleichwertigkeit eines geringeren Abstandes für Einzelkabeldurchführungen, z. B. durch die größere Bauteildicke (gemäß MLAR bei F 90 ≥ 80 mm) nachgewiesen werden. Wichtig ist die Bewertung, dass die Statik der Vermörtelung/des Bauteils im Bereich der Durchführung nicht negativ beeinträchtigt wird. Die Abstimmung erfolgt mit dem vor Ort tätigen Ersteller des Brandschutzkonzeptes/des Brandschutznachweises bzw. dem Fachbauleiter Brandschutz.

Weitere Ausführungshinweise siehe **Teil D-X.** „Abstandsregeln zwischen Abschottungen von Lüftungs- und Leitungsanlagen".

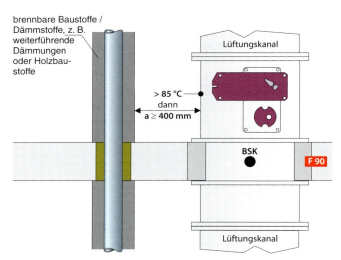

Bild B-I – 2: Beispiel einer Abweichung von Abschnitt 5.2.1.3 der M-LüAR

„Lüftungskanäle, deren äußere Oberflächen im Betrieb Temperaturen von mehr als 85 °C erreichen können, müssen von flächig angrenzenden, ungeschützten Bauteilen mit brennbaren Baustoffen einen Abstand von mindestens 400 mm einhalten"

Die Anforderungen bzgl. der Abstände zwischen Lüftungskanälen mit Medientemperaturen > 85 °C zu brennbaren Baustoffen, z. B. Holztragkonstruktionen oder brennbaren Dämmstoffen, werden in der M-LüAR, Abschnitt 5.2.1.3 mit a ≥ 400 mm geregelt.

Als Abweichung von der ETB (= M-LüAR) im Sinne § 3 Abs. 3 Satz 3 der MBO 2002 und den baurechtlich eingeführten Fassungen der Bundesländer kann die Gleichwertigkeit eines geringeren Abstandes z. B. durch die Anordnung einer Mineralfaserdämmung, Schmelzpunkt > 1000 °C, in der Dicke von ca. 50 mm nachgewiesen werden. Die Abstimmung erfolgt mit dem vor Ort tätigen Ersteller des Brandschutzkonzeptes/des Brandschutznachweises bzw. dem Fachbauleiter Brandschutz.

Weitere Ausführungshinweise siehe **Teil A-II.**, M-LüAR, Abschnitt 5.2.1.3.

§ 14 Brandschutz

Bauliche Anlagen sind so anzuordnen, zu errichten, zu ändern und instand zu halten, dass der Entstehung eines Brandes und der Ausbreitung von Feuer und Rauch (Brandausbreitung) vorgebeugt wird und bei einem Brand die Rettung von Menschen und Tieren sowie wirksame Löscharbeiten möglich sind.

Das Schutzziel für Lüftungsanlagen wird durch die Anforderung „Verhinderung der Ausbreitung von Feuer und Rauch" beschrieben.

Da an dieser Stelle keine spezifische Feuerwiderstandsdauer und keine spezifischen Temperaturen des Rauches angegeben werden, gilt die Anforderung bei allen feuerhemmenden bis feuerbeständigen Bauteilen unabhängig von der Temperatur des Rauches.

Die Formulierung „dass der (…) Ausbreitung von Feuer und Rauch vorgebeugt wird" erfordert bei Lüftungsanlagen i. d. R. den Einbau von Brandschutzklappen oder feuerwiderstandsfähigen Lüftungsleitungen. Die Formulierung kann nicht mit den Begriffen „rauchdicht" und „kein Rauch" gleichgesetzt werden. Eine gewisse Menge Rauch kann bis zum Auslösen der Absperrvorrichtungen akzeptiert werden, eine gewisse Leckage ist auch in den Prüfnormen berücksichtigt.

Weitere Ausführungshinweise siehe **Teil D-VIII.** „Brandschutztechnische Steuerung und Überwachung von Lüftungsanlagen inklusive Feuerwehrschaltung".

§ 17 Bauprodukte

(1) Bauprodukte dürfen für die Errichtung, Änderung und Instandhaltung baulicher Anlagen nur verwendet werden, wenn sie für den Verwendungszweck

1. von den nach Absatz 2 bekannt gemachten technischen Regeln nicht oder nicht wesentlich abweichen (geregelte Bauprodukte)

oder

nach Absatz 3 zulässig sind und wenn sie aufgrund des Übereinstimmungsnachweises nach § 22 das Übereinstimmungszeichen (Ü-Zeichen) tragen

oder

2. nach den Vorschriften
   a) der Verordnung des Europäischen Parlaments und des Rates zur Festlegung harmonisierter Bedingungen für die Vermarktung von Bauprodukten und zur Aufhebung der Richtlinie 89/106/EWG des Rates (Bauproduktenverordnung) vom 09.03.2011 (ABl. EU Nr. L 88 S. 5),

oder

   b) anderer unmittelbar geltender Vorschriften der Europäischen Union

oder

   c) zur Umsetzung von Richtlinien der Europäischen Union, soweit diese die Grundanforderungen an Bauwerke nach Anhang I der Bauproduktenverordnung berücksichtigen,

in den Verkehr gebracht und gehandelt werden dürfen, insbesondere die CE-Kennzeichnung (Art. 8 und 9 Bauproduktenverordnung) tragen und dieses Zeichen die nach Absatz 7 Nr. 1 festgelegten Leistungsstufen oder -klassen ausweist oder die Leistung des Bauprodukts angibt.

Sonstige Bauprodukte, die von allgemein anerkannten Regeln der Technik nicht abweichen, dürfen auch verwendet werden, wenn diese Regeln nicht in der Bauregelliste A bekannt gemacht sind. Sonstige Bauprodukte, die von allgemein anerkannten Regeln der Technik abweichen, bedürfen keines Nachweises ihrer Verwendbarkeit nach Absatz 3.

(3) Bauprodukte, für die technische Regeln in der Bauregelliste A nach Absatz 2 bekanntgemacht worden sind und die von diesen wesentlich abweichen oder für die es Technische Baubestimmungen oder allgemein anerkannte Regeln der Technik nicht gibt (nicht geregelte Bauprodukte), müssen

1. eine allgemeine bauaufsichtliche Zulassung (§ 18),
2. ein allgemeines bauaufsichtliches Prüfzeugnis (§ 19) oder
3. eine Zustimmung im Einzelfall (§ 20)

haben. Ausgenommen sind Bauprodukte, die für die Erfüllung der Anforderungen dieses Gesetzes oder aufgrund dieses Gesetzes nur eine untergeordnete Bedeutung haben und die das Deutsche Institut für Bautechnik im Einvernehmen mit der obersten Bauaufsichtsbehörde in einer Liste C öffentlich bekannt gemacht hat.

Im Rahmen der Lüftungsanlagen-Richtlinie ist – solange nicht für alle Anwendungen harmonisierte europäische Bauproduktnormen unter einem Mandat der Bauproduktenverordnung erstellt wurden – für normativ europäisch noch nicht erfasste Brandschutzklappen eine allgemeine bauaufsichtliche Zulassung erforderlich. Für Lüftungsleitungen gilt dies entsprechend, wobei national ein allgemeines bauaufsichtliches Prüfzeugnis ggf. genügt. Bei wesentlichen Abweichungen von den nationalen Verwendbarkeitsnachweisen abZ und abP ist eine Zustimmung im Einzelfall (ZiE) bei der jeweils zuständigen Bauaufsichtsbehörde zu beantragen, i. d. R. der obersten Bauaufsichtsbehörde. Dies gilt auch, wenn es für die geplante Ausführung keine zugelassenen Bauarten gibt (siehe auch § 20 MBO „Nachweis der Verwendbarkeit von Bauprodukten im Einzelfall").

Für die am Markt angebotenen „Kaltrauchsperren" werden keine Verwendbarkeitsnachweise verlangt. Da es sich hier um keine sicherheitsrelevanten Produkte handelt, werden diese als zulässige Produktanwendung in Liste C der Bauregelliste, Kapitel 3.3 dokumentiert.

§ 18 Allgemeine bauaufsichtliche Zulassung

(1) Das Deutsche Institut für Bautechnik erteilt eine allgemeine bauaufsichtliche Zulassung für nicht geregelte Bauprodukte, wenn deren Verwendbarkeit im Sinne des § 3 Abs. 2 nachgewiesen ist.

Brandschutzklappen (K 30/60/90) sind in der Bauregelliste B Teil 2 Nr. 1.2.1 mittlerweile nicht mehr als nicht geregelte Bauprodukte enthalten, da es die DIN EN 15650 als harmonisierte Norm für Brandschutzklappen gibt. Für Brandschutzklappen, die nicht unter den Anwendungsbereich der DIN EN 15650 fallen, sind weiterhin nationale Verwendbarkeitsnachweise erforderlich, i. d. R. allgemeine bauaufsichtliche Zulassungen – abZ.

§ 19 Allgemeines bauaufsichtliches Prüfzeugnis

(1) Bauprodukte,

1. deren Verwendung nicht der Erfüllung erheblicher Anforderungen an die Sicherheit baulicher Anlagen dient, oder
2. die nach allgemein anerkannten Prüfverfahren beurteilt werden,

bedürfen anstelle einer allgemeinen bauaufsichtlichen Zulassung nur eines allgemeinen bauaufsichtlichen Prüfzeugnisses. Das Deutsche Institut für Bautechnik macht dies mit der Angabe der maßgebenden technischen Regeln und, soweit es keine allgemein anerkannten Regeln der Technik gibt, mit der Bezeichnung der Bauprodukte im Einvernehmen mit der obersten Bauaufsichtsbehörde in der Bauregelliste A bekannt.

Für Lüftungsleitungen liegen allgemein anerkannte Prüfnormen vor, nach denen die Eignung dieser Leitungen geprüft werden kann.

Als Verwendbarkeitsnachweis ist ein allgemeines bauaufsichtliches Prüfzeugnis erforderlich.

§ 20 Nachweis der Verwendbarkeit von Bauprodukten im Einzelfall

Mit Zustimmung der obersten Bauaufsichtsbehörde dürfen im Einzelfall

1. Bauprodukte, die nach Vorschriften zur Umsetzung von Richtlinien der Europäischen Union in Verkehr gebracht und gehandelt werden dürfen, hinsichtlich der nicht berücksichtigten Grundanforderungen an Bauwerke im Sinne des § 17 Abs. 7 Nr. 2,
2. Bauprodukte, die auf der Grundlage von unmittelbar geltendem Recht der Europäischen Union in Verkehr gebracht und gehandelt werden dürfen, hinsichtlich der nicht berücksichtigten Grundanforderungen an Bauwerke im Sinne des § 17 Abs. 7 Nr. 2,
3. nicht geregelte Bauprodukte

verwendet werden, wenn ihre Verwendbarkeit im Sinne des § 3 Abs. 2 nachgewiesen ist. Wenn Gefahren im Sinne des § 3 Abs. 1 nicht zu erwarten sind, kann die oberste Bauaufsichtsbehörde im Einzelfall erklären, dass ihre Zustimmung nicht erforderlich ist.

Ein formeller Nachweis wäre für Einzelfälle über eine allgemeine bauaufsichtliche Zulassung bzw. ein allgemeines bauaufsichtliches Prüfzeugnis zu aufwendig. Wegen ihrer geringen Anwendungshäufigkeit (Einzelfall) wird in diesem

Paragrafen die Nachweismöglichkeit von Bauprodukten geregelt,

- die nur national in Verkehr gebracht werden

oder

- CE-gekennzeichnete Produkte, für die als **Bau**produkte die Grundanforderungen der Bauproduktenverordnung nicht vollständig mit der Konformität der Produkte zu einer harmonisierten Norm (nach EU-Richtlinien) nachgewiesen sind.

Die Gebrauchstauglichkeit der Bauprodukte ist allerdings – wie auch bei der abZ – nachzuweisen. Der wesentliche Unterschied besteht in der Nachweisführung und möglichen Kompensationsmaßnahmen, die bei einer ZiE immer dem Einzelfall angepasst werden können.

§ 21 Bauarten

(1) Bauarten, die von Technischen Baubestimmungen wesentlich abweichen oder für die es allgemein anerkannte Regeln der Technik nicht gibt (nicht geregelte Bauarten), dürfen bei der Errichtung, Änderung und Instandhaltung baulicher Anlagen nur angewendet werden, wenn für sie

1. eine allgemeine bauaufsichtliche Zulassung (§ 18) oder
2. eine Zustimmung im Einzelfall (§ 20)

erteilt worden ist. Anstelle einer allgemeinen bauaufsichtlichen Zulassung genügt ein allgemeines bauaufsichtliches Prüfzeugnis, wenn die Bauart nicht der Erfüllung erheblicher Anforderungen an die Sicherheit baulicher Anlagen dient oder nach allgemein anerkannten Prüfverfahren beurteilt wird. Das Deutsche Institut für Bautechnik macht diese Bauarten mit der Angabe der maßgebenden technischen Regeln und, soweit es keine allgemein anerkannten Regeln der Technik gibt, mit der Bezeichnung der Bauarten im Einvernehmen mit der obersten Bauaufsichtsbehörde in der Bauregelliste A bekannt. § 17 Abs. 5 und 6 sowie §§ 18, 19 Abs. 2 und § 20 gelten entsprechend. Wenn Gefahren im Sinne des § 3 Abs. 1 nicht zu erwarten sind, kann die oberste Bauaufsichtsbehörde im Einzelfall oder für genau begrenzte Fälle allgemein festlegen, dass eine allgemeine bauaufsichtliche Zulassung, ein allgemeines bauaufsichtliches Prüfzeugnis oder eine Zustimmung im Einzelfall nicht erforderlich ist.

Dieses Verfahren wurde für die nicht zum Verwendbarkeitsnachweis konforme Verwendung von Bauprodukten vorgesehen, bei der keine Gefahren zu erwarten sind oder die zum Erlangen bauaufsichtlicher Schutzziele erforderlich ist.

Davon zu unterscheiden sind Bauprodukte, die aufgrund fehlender technischer Regeln und auch nicht zu erwartender Gefahren direkt in Liste C der Bauregelliste aufgenommen wurden, z. B. Kaltrauchsperren in Anlagen nach DIN 18017 Teil 3.

§ 22 Übereinstimmungsnachweis

(1) Bauprodukte bedürfen einer Bestätigung ihrer Übereinstimmung mit den technischen Regeln nach § 17 Abs. 2, den allgemeinen bauaufsichtlichen Zulassungen, den allgemeinen bauaufsichtlichen Prüfzeugnissen oder den Zustimmungen im Einzelfall; als Übereinstimmung gilt auch eine Abweichung, die nicht wesentlich ist.

(2) Die Bestätigung der Übereinstimmung erfolgt durch

1. Übereinstimmungserklärung des Herstellers (§ 23) oder
2. Übereinstimmungszertifikat (§ 24).

Die Bestätigung durch Übereinstimmungszertifikat kann in der allgemeinen bauaufsichtlichen Zulassung, in der Zustimmung im Einzelfall oder in der Bauregelliste A vorgeschrieben werden, wenn dies zum Nachweis einer ordnungsgemäßen Herstellung erforderlich ist. Bauprodukte, die nicht in Serie hergestellt werden, bedürfen nur der Übereinstimmungserklärung des Herstellers nach § 23 Abs. 1, sofern nichts anderes bestimmt ist. Die oberste Bauaufsichtsbehörde kann im Einzelfall die Verwendung von Bauprodukten ohne das erforderliche Übereinstimmungszertifikat gestatten, wenn nachgewiesen ist, dass diese Bauprodukte den technischen Regeln, Zulassungen, Prüfzeugnissen oder Zustimmungen nach Absatz 1 entsprechen.

Wird beim Einbau bspw. von Brandschutzklappen bzw. Lüftungskanälen nicht oder nicht wesentlich von den nationalen allgemeinen Verwendbarkeitsnachweisen (abZ, abP oder ZiE) abgewichen, kann (und muss) der Hersteller (bei Bauprodukten) bzw. der Errichter (als „Hersteller" der Bauart) die Übereinstimmung bestätigen. Die Haftung für den Inhalt der Bestätigung trägt der Aussteller der Bescheinigung. Sollte der Ersteller unsicher in seiner Beurteilung sein, kann er sich diese Einschätzung durch den Inhaber des Verwendbarkeitsnachweises – der die Prüfergebnisse am besten kennt – bestätigen lassen.

Ist auch der Inhaber des Verwendbarkeitsnachweises unsicher, kann dieser die Prüfstelle (z. B. MPA NRW Dortmund, MPA Braunschweig, TUM TU München, MPA Universität Stuttgart) um Stellungnahme bitten. Aussteller und Verantwortlicher der Übereinstimmungserklärung bleibt stets der Errichter.

Wird eine wesentliche Abweichung vom Verwendbarkeitsnachweis festgestellt, muss eine Zustimmung im Einzelfall bei der zuständigen Baubehörde beantragt werden.

Obwohl die gesetzlichen Bestimmungen gemäß §§ 22, 23 und 24 der MBO den Sachverhalt zur „Übereinstimmung" beschreiben, wird regelmäßig in den allgemeinen bauaufsichtlichen Zulassungen und den allgemeinen bauaufsichtlichen Prüfzeugnissen die Übereinstimmungserklärung gefordert. In den Verwendbarkeitsnachweisen wird dies i. d. R. durch das „Muster der Übereinstimmungserklärung" dokumentiert.

Diese Übereinstimmungserklärung muss einmalig für alle identischen im Projekt eingebauten Bauprodukte/Bauarten durch den Ersteller ausgefertigt werden. Mit der Übereinstimmungserklärung bestätigt z. B. der Ersteller einer Abschottung, dass die fachgerechte Vermörtelung in einem Massivbauteil oder der fachgerechte Einbau in einer Trockenbaukonstruktion mit Anforderungen an die Feuerwiderstandsdauer erfolgte. Hierbei ist es unerheblich, ob der Handwerker diese Schnittstellen zum Bauwerk persönlich ausgeführt hat.

Ohne Vorlage der Übereinstimmungserklärungen sollte keine werkvertragliche Abnahme erfolgen.

Die bauaufsichtlich notwendigen Prüfungen durch den Prüfsachverständigen setzt die Vollständigkeit der Übereinstimmungserklärungen und der Verwendbarkeitsnachweise voraus.

§ 29 Trennwände

(1) Trennwände nach Absatz 2 müssen als raumabschließende Bauteile von Räumen oder Nutzungseinheiten innerhalb von Geschossen ausreichend lang widerstandsfähig gegen die Brandausbreitung sein.

(2) Trennwände sind erforderlich

1. zwischen Nutzungseinheiten sowie zwischen Nutzungseinheiten und anders genutzten Räumen, ausgenommen notwendigen Fluren,
2. zum Abschluss von Räumen mit Explosions- oder erhöhter Brandgefahr,
3. zwischen Aufenthaltsräumen und anders genutzten Räumen im Kellergeschoss.

(5) Öffnungen in Trennwänden nach Absatz 2 sind nur zulässig, wenn sie auf die für die Nutzung erforderliche Zahl und Größe beschränkt sind; sie müssen feuerhemmende, dicht- und selbstschließende Abschlüsse haben.

Im Absatz 5 wird baurechtlich geklärt, dass Öffnungen in Trennwänden (gilt auch für Trennwände von Rettungswegen, z. B. notwendige Flure) ausschließlich mit Feuerabschlüssen – z. B. in der Qualität T 30 – geschlossen werden dürfen.

Der Einbau von Überströmbausteinen und Überströmklappen ist ohne eine formelle Klärung der materiellen baurechtlichen Abweichungen der Unteren Baubehörde nicht zulässig.

Überströmbausteine dürfen, gemäß den Vorgaben der allgemeinen bauaufsichtlichen Zulassung, lediglich unter der Voraussetzung eingebaut werden, dass die materielle Abweichung vom Bauordnungsrecht im bauaufsichtlichen Verfahren des Brandschutzkonzeptes oder mit Zustimmung der Unteren Baubehörde erfolgt ist.

Brandschutzklappen können zur Anwendung als Überströmklappen eine allgemeine bauaufsichtliche Zulassung Z-6.50-... haben.

Weitere Ausführungshinweise siehe **Teil F-II.** „Überströmöffnungen/-klappen in Bauteilen mit Anforderungen an die Feuerwiderstandsdauer".

§ 41 Lüftungsanlagen

(1) Lüftungsanlagen müssen betriebssicher und brandsicher sein; sie dürfen den ordnungsgemäßen Betrieb von Feuerungsanlagen nicht beeinträchtigen.

(2) Lüftungsleitungen sowie deren Bekleidungen und Dämmstoffe müssen aus nichtbrennbaren Baustoffen bestehen; brennbare Baustoffe sind zulässig, wenn ein Beitrag der Lüftungsleitung zur Brandentstehung und Brandweiterleitung nicht zu befürchten ist. Lüftungsleitungen dürfen raumabschließende Bauteile, für die eine Feuerwiderstandsfähigkeit vorgeschrieben ist, nur überbrücken, wenn eine Brandausbreitung ausreichend lang nicht zu befürchten ist oder wenn Vorkehrungen hiergegen getroffen sind.

(3) Lüftungsanlagen sind so herzustellen, dass sie Gerüche und Staub nicht in andere Räume übertragen.

(4) Lüftungsanlagen dürfen nicht in Abgasanlagen eingeführt werden; die gemeinsame Nutzung von Lüftungsleitungen zur Lüftung und zur Ableitung der Abgase von Feuerstätten ist zulässig, wenn keine Bedenken wegen der Betriebssicherheit und des Brandschutzes bestehen. Die Abluft ist ins Freie zu führen. [3]Nicht zur Lüftungsanlage gehörende Einrichtungen sind in Lüftungsleitungen unzulässig.

(5) Die Absätze 2 und 3 gelten nicht

1. für Gebäude der Gebäudeklassen 1 und 2,
2. innerhalb von Wohnungen,
3. innerhalb derselben Nutzungseinheit mit nicht mehr als 400 m² in nicht mehr als zwei Geschossen.

(6) Für raumlufttechnische Anlagen und Warmluftheizungen gelten die Absätze 1 bis 5 entsprechend.

Lüftungsanlagen müssen so konzipiert werden, dass

1. Abgase von Feuerstätten weiterhin ordnungsgemäß abgeführt werden und
2. die Zuluftversorgung der Feuerstätten mit Verbrennungsluft gesichert ist.

Der Betrieb der Feuerstätten darf nicht beeinträchtigt werden, z. B. darf bei offenen Kaminen oder Feuerstätten mit raumluftabhängiger Luftversorgung kein Abgas in den Aufstellraum austreten.

Lüftungsleitungen und deren Dämmstoffe müssen aus nichtbrennbaren Baustoffen bestehen.

Werden brennbare Lüftungsleitungen z. B. für korrosive Luftmedien benötigt, so sind für diese Kombinationen besondere zugelassene Brandschutzklappen oder feuerwiderstandsfähige Lüftungsleitungen zu verwenden.

Brennbare Dämmstoffe, z. B. synthetischer Kautschuk (Baustoffklasse B1/B2) für die Dämmung des Außenluftkanals, sind zulässig, wenn im Bereich der Bauteile mit Anforderungen an die Feuerwiderstandsdauer Brandschutzklappen eingebaut werden. Dadurch wird eine Brandweiterleitung in andere Nutzungseinheiten verhindert.

Weitere Ausführungshinweise siehe **Teil A-II.** „M-LüAR, Abschnitt 6.4.4".

Die Anforderungen des § 41 MBO gelten auch im Hinblick auf die Hygieneanforderungen bei Lüftungsanlagen.

Brandschutztechnische Anforderungen an Lüftungsleitungen entfallen

- innerhalb von Gebäuden der Gebäudeklassen 1 und 2 mit maximal 2 Nutzungseinheiten und maximal 400 m² Gesamtfläche im Gebäude,
- innerhalb von Wohnungen (z. B. kontrollierte Wohnungslüftung, wenn die Zu- und Fortluft über die Fassade geführt wird),
- innerhalb von Nutzungseinheiten nach der 400 m²-Regel, und
- innerhalb von Nutzungseinheiten zur altersgerechten Gruppenbetreuung.

In allen anderen Bausituationen müssen Abschottungsmaßnahmen bei allen feuerhemmenden, hochfeuerhemmenden und feuerbeständigen raumabschließenden Bauteilen geplant und ausgeführt werden.

§ 56   Bauleiter

(1) Der Bauleiter hat darüber zu wachen, dass die Baumaßnahme entsprechend den öffentlich-rechtlichen Anforderungen durchgeführt wird und die dafür erforderlichen Weisungen zu erteilen.

Er hat im Rahmen dieser Aufgabe auf den sicheren bautechnischen Betrieb der Baustelle, insbesondere auf das gefahrlose Ineinandergreifen der Arbeiten der Unternehmer zu achten. Die Verantwortlichkeit der Unternehmer bleibt unberührt.

(2) Der Bauleiter muss über die für seine Aufgabe erforderliche Sachkunde und Erfahrung verfügen.

Verfügt er auf einzelnen Teilgebieten nicht über die erforderliche Sachkunde, so sind geeignete Fachbauleiter heranzuziehen. Diese treten insoweit an die Stelle des Bauleiters.

Der Bauleiter hat die Tätigkeit der Fachbauleiter und seine Tätigkeit aufeinander abzustimmen.

Unter dem Begriff „Bauleiter" ist im Sinne der Landesbauordnungen der „Fachbauleiter Brandschutz" zu verstehen. Wenn keine andere Person gegenüber der Bauaufsicht benannt ist, nimmt i. d. R. der Architekt die Funktion als Gesamtkoordinator aller Gewerke wahr.

Als Fachbauleiter wird im Bereich Lüftung der „Fachbauleiter Lüftung" verstanden. Da im Zuge der Übereinstimmungserklärung für die Brandschutzklappen und Lüftungskanäle die fachgerechte Umsetzung der Schnittstellen zum Bauwerk integriert ist, ist der „Fachbauleiter Lüftung" gleichermaßen für diese Ausführungsqualität verantwortlich.

> **Zusammenfassung Teil B-I.:**
>
> In diesem Teil wurden die wesentlichen Anforderungen der MBO 2002, Stand 2012, und der entsprechenden Landesbauordnungen im Hinblick auf die Planung und Umsetzung von Lüftungsanlagen beispielhaft kommentiert.
>
> Die Beachtung des baurechtlichen Zusammenspiels der Landesbauordnungen, der Sonderbauverordnungen/-richtlinien und der **E**ingeführten **T**echnischen **B**aubestimmungen ist durch die Fachplaner und den Fachbauleiter Brandschutz erforderlich.

B-II. Bauregellisten A, B und Liste C

B.II. Bauregellisten A, B und Liste C

Für die Errichtung baulicher Anlagen, z. B. Gebäude oder sonstiger Anlagen wie Lüftungs- oder Leitungsanlagen, werden Bauprodukte benötigt. Neben Bauprodukten wie Brandschutzklappen sind bauordnungsrechtlich auch Baustoffe und Bauteile Bauprodukte, vgl. § 2 MBO. Wenn Gebäude oder Anlagen errichtet werden, können auch Bauarten verwendet werden. Eine Bauart stellt dabei das Zusammenfügen von Bauprodukten dar, z. B. um Wände oder feuerwiderstandsfähige Lüftungsleitungen zu errichten.

Hinweis: DIBt Deutsches Institut für Bautechnik: Um bundesweit sichere Bauprodukte auf dem Markt bereitstellen zu können, wurde am 01.07.1968 auf Grundlage eines Bund-Länder-Abkommens das "Institut für Bautechnik" (IfBt) gegründet. Dem Institut wurde mit dem Abkommen das bundeseinheitliche Zulassungsverfahren übertragen. Nach der Wiedervereinigung traten 1993 auch die neuen Bundesländer dem Abkommen bei, es erfolgte zeitgleich die Umbenennung des Instituts in "Deutsches Institut für Bautechnik" (DIBt).

Zur Umsetzung des europäischen Bauproduktenrechts wurden dem DIBt weitere Aufgaben übertragen. Das DIBt ist seit 2012 die (einzige) nationale Technische Bewertungsstelle sowie notifizierende Behörde. Als gemeinsame Marktüberwachungsbehörde der Länder ist das DIBt seit 2014 aktiv.

Das Deutsches Institut für Bautechnik ist seit der Gründung dafür zuständig, dass sichere Bauprodukte auf den Markt gelangen.

Diese Aufgabe wird sichergestellt durch:
- Erteilung von allgemeinen bauaufsichtlichen Zulassungen,
- Erteilung von ETA – europäischer technischer Bewertungen (früher europäische technische Zulassungen),
- Anerkennung von (nationalen) Prüfstellen, die wiederum allgemeine bauaufsichtliche Prüfzeugnisse ausstellen dürfen,
- die Tätigkeit als Marktüberwachungsbehörde für die nach der Bauproduktenverordnung und harmonisierten Normen in Verkehr gebrachten und mit einer CE-Kennzeichnung versehenen Produkte.

Das DIBt stimmt dabei seine Tätigkeit mit der Bauministerkonferenz (ARGEBAU) ab. Für die Verwendung von Bauprodukten wurden vom DIBt in den Bauregellisten die wichtigen erforderlichen Leistungsklassen oder Leistungsstufen veröffentlicht, Beispiel EI 30/30/90 S für Brandschutzklappen.

Die Musterbauordnung regelt im § 17 die formellen Anforderungen für Bauprodukte. Danach dürfen Bauprodukte für die Errichtung, Änderung und Instandhaltung baulicher Anlagen nur verwendet werden, wenn sie

- den Technischen Regeln nach der Bauregeliste A (gelten als Technische Baubestimmungen) entsprechen und das Ü-Zeichen tragen

oder in Verkehr gebracht werden (verkauft oder gehandelt werden) nach

- den Vorschriften der Bauproduktenverordnung
oder
- anderen unmittelbar geltenden Vorschriften der Europäischen Union
oder
- Vorschriften zur Umsetzung von Richtlinien der Europäischen Union (soweit diese die Grundanforderungen nach Anhang I der BauPVO berücksichtigen).

Sonstige Bauprodukte, die von allgemein anerkannten Regeln der Technik nicht abweichen, dürfen auch verwendet werden, wenn diese Regeln nicht in der Bauregelliste A bekannt gemacht sind.

Für alle verwendeten Bauprodukte gilt, dass gesetzlich geforderte Leistungsstufen oder Leistungsklassen erfüllt werden müssen.

In § 17 Abs. 2 MBO ist geregelt, dass das DIBt in der Bauregelliste A die für Bauprodukte national maßgeblichen technischen Regeln benennt.

§ 17   MBO

(2) Das Deutsche Institut für Bautechnik macht im Einvernehmen mit der obersten Bauaufsichtsbehörde für Bauprodukte, für die nicht nur die Vorschriften nach Absatz 1 Satz 1 Nr. 2 maßgebend sind, in der Bauregelliste A die technischen Regeln bekannt, die zur Erfüllung der in diesem Gesetz und in Vorschriften aufgrund dieses Gesetzes an bauliche Anlagen gestellten Anforderungen erforderlich sind. Diese technischen Regeln gelten als Technische Baubestimmungen im Sinne des § 3 Abs. 3 Satz 1.

Wenn ein Bauprodukt nicht den Technischen Regeln der Bauregelliste A entspricht (= geregelte Bauprodukte nach Bauregelliste A Teil 1) und das Inverkehrbringen auch nicht nach europäischen Regeln erfolgt (CE-Kennzeichnung), ist immer eine allgemeine bauaufsichtliche Zulassung erforderlich. Für häufig verwendete Bauprodukte oder Bauarten hat das DIBt in der Bauregelliste B Teil 2 bzw. Teil 3 oder in der Bauregelliste B Teil 2 konkretisierende Angaben gemacht.

Dazu regelt § 17 Abs. 3 MBO:

§ 17   MBO

(3) Bauprodukte, für die technische Regeln in der Bauregelliste A nach Absatz 2 bekanntgemacht worden sind und die von diesen wesentlich abweichen oder für die es Technische Baubestimmungen oder allgemein anerkannte Regeln der

Technik nicht gibt (nicht geregelte Bauprodukte), müssen

1. eine allgemeine bauaufsichtliche Zulassung (§ 18),
2. ein allgemeines bauaufsichtliches Prüfzeugnis (§ 19) oder
3. eine Zustimmung im Einzelfall (§ 20)

haben.

Ausgenommen sind Bauprodukte, die für die Erfüllung der Anforderungen dieses Gesetzes oder aufgrund dieses Gesetzes nur eine untergeordnete Bedeutung haben und die das Deutsche Institut für Bautechnik im Einvernehmen mit der obersten Bauaufsichtsbehörde in einer Liste C öffentlich bekannt gemacht hat.

Hinweis: Bezugsquelle der kompletten Bauregelliste unter www.dibt.de

Welche Verwendbarkeitsnachweise sind erforderlich?

Aufbau der Bauregellisten A, B und Liste C
– Ausgabe 2015/2 –

Die Landesbauordnungen unterscheiden zwischen geregelten, nicht geregelten und sonstigen Bauprodukten.

Geregelte Bauprodukte sind Produkte, die

- den in der Bauregelliste A Teil 1 bekannt gemachten technischen Regeln entsprechen

oder

- nicht wesentlich von den in der Bauregelliste A Teil 1 bekannt gemachten technischen Regeln abweichen.

Geregelte Bauprodukte sind z. B. Produkte auf Grundlage von DIN-Normen: Betonstahlmatten, Standardbeton, Mauersteine, Gewindestangen.

Nicht geregelte Bauprodukte sind Produkte, die

- wesentlich von den in der Bauregelliste A Teil 1 bekannt gemachten technischen Regeln abweichen

oder

- für die es keine Technischen Baubestimmungen oder allgemein anerkannten Regeln der Technik gibt.

Nicht geregelte Bauprodukte sind Bauprodukte, für die keine anerkannte Norm gibt. Der Verwendbarkeitsnachweis kann in diesem Fall über allgemeine bauaufsichtliche Zulassungen (abZ), über allgemeine bauaufsichtliche Prüfzeugnisse (abP) oder als Zustimmungen im Einzelfall (ZiE) geführt werden.

Die Verwendbarkeit ergibt sich

a) für geregelte Bauprodukte aus der Übereinstimmung mit den bekannt gemachten technischen Regeln,
b) für nicht geregelte Bauprodukte aus der Übereinstimmung mit
   - der allgemeinen bauaufsichtlichen Zulassung oder
   - dem allgemeinen bauaufsichtlichen Prüfzeugnis oder
   - der Zustimmung im Einzelfall.

Geregelte und nicht geregelte Bauprodukte dürfen verwendet werden, wenn ihre Verwendbarkeit in dem für sie geforderten Übereinstimmungsnachweis bestätigt ist und sie deshalb das Übereinstimmungszeichen (Ü-Zeichen) tragen.

Sonstige Bauprodukte sind Produkte, für die es allgemein anerkannte Regeln der Technik gibt. Jedoch müssen nicht alle Produkte in der Bauregelliste aufgeführt werden, sondern nur die Produkte, für die hinsichtlich ihrer Gebrauchstauglichkeit ein Nachweis bestimmter normativer Regelungen geführt werden muss. Darum sind die in § 17 Abs. 1 Satz 2 MBO genannten „sonstigen Bauprodukte" nicht in der Bauregelliste A enthalten. An diese Bauprodukte stellt die Bauordnung zwar die gleichen materiellen Anforderungen, sie verlangt aber weder Verwendbarkeits- noch Übereinstimmungsnachweise.

Die Landesbauordnungen bezeichnen das Zusammenfügen von Bauprodukten zu baulichen Anlagen oder Teilen von baulichen Anlagen als **Bauart. Nicht geregelte Bauarten** sind Bauarten, die von Technischen Baubestimmungen wesentlich abweichen oder für die es keine allgemein anerkannten Regeln der Technik gibt. Die Anwendbarkeit nicht geregelter Bauarten ergibt sich aus der Übereinstimmung mit

- der allgemeinen bauaufsichtlichen Zulassung bzw. dem allgemeinen bauaufsichtlichen Prüfzeugnis oder
- der Zustimmung im Einzelfall.

Die Festlegungen der Bauregelliste A, Teile 1, 2 und 3 und der Liste C betreffen die Voraussetzungen für die Verwendung von Bauprodukten (und die Anwendung von Bauarten im Falle der Bauregelliste A Teil 3).

Hierunter fallen alle Bauprodukte, die den a.a.R.d.T. entsprechend hergestellt werden können und den Baustoffklassen A1/A2/B1/B2 genügen.

Definitionen der Baustoffklassen:

A1 = nichtbrennbare Bauprodukte
A2 = nichtbrennbare Bauprodukte mit geringen brennbaren Bestandteilen
B1 = schwerentflammbar
B2 = normalentflammbar

Bauregelliste A Teil 1

In der Bauregelliste A Teil 1 werden in Spalte 3 im Einvernehmen mit den obersten Bauaufsichtsbehörden ausgewählte technische Regeln für Bauprodukte angegeben, die zur Erfüllung der Anforderungen der Landesbauordnungen von Bedeutung sind und die die betroffenen Produkte hinsichtlich der Erfüllung der für den Verwendungszweck maßgebenden Anforderungen hinreichend bestimmen. Diese technischen Regeln bezeichnen die geregelten Bauprodukte. Im Einzelfall sind technische Regeln ggf. nur für bestimmte Verwendungszwecke maßgeblich. Weitere Bestimmungen sind ggf. in den Anlagen zur Bauregelliste A Teil 1 enthalten.

In der Bauregelliste A Teil 1 werden keine spezifischen Fertigprodukte für Lüftungsanlagen aufgeführt. Neben den in der DIN V 4701-10:2003-08 als technische Regel genannten elektrischen Wärmepumpen, Thermischen Solaranlagen, vorgefertigten Anlagen und Teilanlagen, Solarkollektoren, Solarspeichern, Trinkwasserspeichern, direkt/indirekt (elektr./Gas) beheizten und Pufferspeichern werden in der Bauregelliste A Teil 1 für Lüftungsanlagen folgende spezifische Bauprodukte aufgeführt:

- **Bauregelliste A Teil 1 lfd. Nr. 17.6**

Lüftungsgeräte nach DIN 4719

Diese Wohnungs-Lüftungsgeräte benötigen für die Verwendung eine allgemeine bauaufsichtliche Zulassung. In der Anlage zur Bauregelliste A Teil 1, Tabelle 2 werden die Feuerwiderstandsklassen von Sonderbauteilen nach Normreihe DIN EN 13501 und ihre Zuordnung zu den bauaufsichtlichen Anforderungen aufgeführt.

Ausschnitt aus der Tabelle Feuerwiderstandsklassen von Sonderbauteilen nach DIN EN 13501-2, DIN EN 13501-3 und DIN EN 13501-4 und ihre Zuordnung zu den bauaufsichtlichen Anforderungen

Bauaufsichtliche Anforderung	Zusatzanforderung		Europäische Klasse nach DIN EN13501-1 1 [1,2]
	kein Rauch	kein brennendes Abfallen/Abtropfen	Bauprodukte, ausgenommen lineare Rohrdämmstoffe
Nichtbrennbar	X	X	A 1
	X	X	A 2 - s1,d0
Schwerentflammbar	X	X	B - s1,d0 C - s1,d0
		X	A2 - s2,d0 A2 - s3,d0 B - s2,d0 B - s3,d0 C - s2,d0 C - s3,d0
	X		A2 - s1,d1 A2 - s1,d2 B - s1,d1 B - s1,d2 C - s1,d1 C - s1,d2
			A2 - s3,d2 B - s3,d2 C - s3,d2
Normalentflammbar		X	D - s1,d0 D - s2,d0 D - s3,d0 E
			D - s1,d1 D - s2,d1 D - s3,d1 D - s1,d2 D - s2,d2 D - s3,d2
			E - d2
Leichtentflammbar			F

[1] In den europäischen Prüf- und Klassifizierregeln ist das Glimmverhalten von Baustoffen nicht erfasst. Für Verwendungen, in denen das Glimmverhalten erforderlich ist, ist das Glimmverhalten nach nationalen Regeln nachzuweisen.
[2] Mit Ausnahme der Klassen A1 (ohne Anwendung der Fußnote c zu Tabelle 1 der DIN EN 13501-1) und E kann das Brandverhalten von Oberflächen von Außenwänden und Außenwandbekleidungen (Bauarten) nach DIN EN 13501-1 nicht abschließend klassifiziert werden.

Tabelle B-II – 1: Kriterium/Anforderungen der baurechtlichen Anforderungen:
Quelle: Anlage zur Bauregelliste A Teil 1 – Ausgabe 2015/2

Kriterium/Anforderung	
A	kein Beitrag zum Brand
B	sehr begrenzter Beitrag zum Brand
C	begrenzter Beitrag zum Brand
D	hinnehmbarer Beitrag zum Brand
E	hinnehmbares Brandverhalten
F	keine Leistung festgestellt
s	**Smog** (Rauchentwicklung)
s1	geringe Rauchentwicklung
s2	mittlere Rauchentwicklung
s3	hohe Rauchentwicklung bzw. Rauchentwicklung nicht geprüft
d	**Droplets** (brennbares Abtropfen)
d0	kein brennbares Abtropfen/Abfallen innerhalb von 600 Sek.
d1	kein brennbares Abtropfen/Abfallen mit einer Nachbrennzeit länger als 10 Sek. innerhalb von 600 Sek.
d2	keine Leistung festgestellt

Tabelle B-II – 2: „Übersetzungstabelle" zu den baurechtlichen Anforderungen
Quelle: Josef Mayr

Lüftungsleitungen	Brandschutzklappen in Lüftungsleitungen
EI 30 [v_e h_o i <-> o] S	EI 30 [v_e h_o i <-> o] S
EI 60 [v_e h_o i <-> o] S	EI 60 [v_e h_o i <-> o] S
EI 60 [v_e h_o i <-> o] S	EI 60 [v_e h_o i <-> o] S

Legende zur Tabelle:		
Herleitung des Kurzzeichens	**Kriterium**	**Anwendungsbereich**
E (Étanchéité)	Raumabschluss	zur Beschreibung der Feuerwiderstandsfähigkeit
I (Isolation)	Wärmedämmung (unter Brandeinwirkung)	
i --> o i <-- o i <--> o	Richtung der klassifizierten Feuerwiderstandsdauer	Nichttragende Außenwände, Installationsschächte/-kanäle, Lüftungsanlagen/-klappen
v_e, h_o (vertikal, horizontal)	für vertikalen/ horizontalen Einbau klassifiziert	Lüftungsleitungen, Brandschutzklappen, Entrauchungsleitungen

Quelle: Bauregelliste

Bauregelliste A Teil 2

In der Bauregelliste A Teil 2 sind nicht geregelte Bauprodukte zusammengefasst, deren Verwendung nicht der Erfüllung erheblicher Anforderungen an die Sicherheit baulicher Anlagen dient. Für diese Produkte gibt es keine allgemein anerkannten Regeln der Technik; Technische Baubestimmungen existieren nicht oder nicht für alle Anforderungen – die Bauprodukte können hinsichtlich dieser Anforderungen nach allgemein anerkannten Prüfverfahren beurteilt werden. Für ihre Anwendung ist anstelle einer allgemeinen bauaufsichtlichen Zulassung lediglich ein allgemeines bauaufsichtliches Prüfzeugnis erforderlich. Der Übereinstimmungsnachweis bezieht sich auf die Übereinstimmung mit dem allgemeinen bauaufsichtlichen Prüfzeugnis. Ausgenommen sind die in Liste C aufgeführten nicht geregelten Bauprodukte.

In der Bauregelliste A Teil 2, Ausgabe 2015/2, werden für Lüftungsanlagen folgende spezifische Bauprodukte aufgeführt:

- **Bauregelliste A Teil 2 lfd. Nr. 2.4**
„Vorgefertigte Lüftungsleitungen, an die Anforderungen an die Feuerwiderstandsdauer und/oder den Schallschutz gestellt werden. Ausgenommen sind Absperrvorrichtungen gegen Brandübertragung in Lüftungsleitungen (Brandschutzklappen (BSK))."

In der Bauregelliste A Teil 2 wurden in früheren Ausgaben für Lüftungsanlagen folgende spezifische Bauprodukte aufgeführt, die jetzt aufgrund harmonisierter Normen gestrichen sind:

- **Bauregelliste A Teil 2 lfd. Nr. 2.29**
Das Bauprodukt „Vorgefertigte Entrauchungsleitungen, an die Anforderungen an die Feuerwiderstandsdauer und/oder den Schallschutz gestellt werden. Ausgenommen sind Entrauchungsklappen für ventilatorbetriebene Entrauchungsanlagen" ist in der Liste (Ausgabe 2015/2) gestrichen.

- **Bauregelliste A Teil 2 lfd. Nr. 2.36**
Das Bauprodukt „Vorgefertigte Entrauchungsleitungen, an die keine Anforderungen an die Feuerwiderstandsdauer und/oder den Schallschutz gestellt werden. Ausgenommen sind Entrauchungsklappen für ventilatorbetriebene Entrauchungsanlagen" ist in der Liste (Ausgabe 2015/2) gestrichen.

Bauregelliste A Teil 3

Die Bauregelliste A Teil 3 enthält **nicht geregelte Bauarten,**

- deren Anwendung nicht der Erfüllung erheblicher Anforderungen an die Sicherheit baulicher Anlagen dient und für die es keine allgemein anerkannten Regeln der Technik gibt, oder
- für die es allgemein anerkannte Regeln der Technik nicht gibt oder nicht für alle Anforderungen gibt und die hinsichtlich dieser Anforderungen nach allgemein anerkannten Prüfverfahren beurteilt werden können.

Ihre Anwendung erfordert anstelle einer allgemeinen bauaufsichtlichen Zulassung lediglich ein allgemeines bauaufsichtliches Prüfzeugnis. Der Übereinstimmungsnachweis bezieht sich auf die Übereinstimmung mit dem allgemeinen bauaufsichtlichen Prüfzeugnis. Hierbei hat der Anwender der Bauart zu bestätigen, dass die Bauart entsprechend den Bestimmungen des allgemeinen bauaufsichtlichen Prüfzeugnisses ausgeführt wurde und die hierbei verwendeten Produkte den Bestimmungen des allgemeinen bauaufsichtlichen Prüfzeugnisses entsprechen.

In der Bauregelliste A Teil 3 werden für Lüftungsanlagen folgende spezifische Bauarten aufgeführt:

- **Bauregelliste A Teil 3 lfd. Nr. 2.4**
„Bauarten zur Errichtung von Lüftungsleitungen, an die Anforderungen an die Feuerwiderstandsdauer und/oder den Schallschutz gestellt werden. Ausgenommen sind Absperrvorrichtungen gegen Brandübertragung in Lüftungsleitungen (Brandschutzklappen (BSK))."*

- **Bauregelliste A Teil 3 lfd. Nr. 2.10**
„Bauarten zur Errichtung von Entrauchungsleitungen, an die Anforderungen an die Feuerwiderstandsdauer und/oder den Schallschutz gestellt werden. Ausgenommen sind Entrauchungsklappen für ventilatorgetriebene Entrauchungsanlagen."*

- **Bauregelliste A Teil 3 lfd. Nr. 2.11**
„wie lfd. Nr. 2.10, jedoch ohne Anforderungen an die Feuerwiderstandsdauer und den Schallschutz."*

* Das gilt nicht für diejenigen Teile baulicher Anlagen, an die weitere Anforderungen gestellt werden, wenn die maßgebenden Bauarten von Technischen Baubestimmungen wesentlich abweichen oder wenn es für die maßgebenden Bauarten keine allgemein anerkannten Regeln der Technik gibt.

Die jeweils gültigen Prüfnormen und Hinweise können der Bauregelliste A Teil 3 Spalte 4 entnommen werden.

Bauregelliste B (europäisch) – Ausgabe 2015/2 –

In die Bauregelliste B werden Bauprodukte aufgenommen, die aufgrund der Verordnung EU Nr. 305/2011 vom 9. März 2011 (Bauproduktenverordnung) oder nach Vorschriften der Mitgliedsstaaten der Europäischen Union – einschließlich deutscher Vorschriften – und der Vertragsstaaten des Abkommens über den Europäischen Wirtschaftsraum (EWR) zur Umsetzung von Richtlinien der Europäischen Gemeinschaften in den Verkehr gebracht und gehandelt werden dürfen und die die CE-Kennzeichnung tragen.

Bauregelliste B Teil 1

In die Bauregelliste B Teil 1 werden unter Angabe der vorgegebenen harmonisierten technischen Spezifikation (harmonisierte Normen (Abschnitt 1) oder Europäische Bewertungsdokumente (Abschnitte 2 und 3)) Bauprodukte aufgenommen, die aufgrund der Bauproduktenverordnung in den Verkehr gebracht und gehandelt werden. In der Bauregelliste B Teil 1 wird in Abhängigkeit vom Verwendungszweck festgelegt, welche Klassen und Leistungsstufen, die in den technischen Spezifikationen festgelegt sind, von den Bauprodukten erfüllt sein müssen. Welcher Klasse oder Leistungsstufe ein Bauprodukt entspricht, muss aus der Leistungserklärung erkennbar sein.

In der Bauregelliste B Teil 1 werden folgende spezifische Bauarten für Lüftungsanlagen, Entrauchungsanlagen und Anlagen zur Rauchfreihaltung von Rettungswegen aufgeführt:

- **Bauregelliste B Teil 1 lfd. Nr. 1.17.2**
Maschinelle Rauchabzugsgeräte
DIN EN 12101-3:2001 und DIN EN 12101-3/AC:2005, in Deutschland umgesetzt durch DIN EN 12101-3:2002-06 und DIN EN 12101-3/Berichtigung 1:2006-04, Anlage 01

- **Bauregelliste B Teil 1 lfd. Nr. 1.17.5**
Brandschutzklappen
DIN EN 15650:2010, in Deutschland umgesetzt durch DIN EN 15650:2010-09
Anlage 01, zusätzlich gilt Anlage 1/17.3

- **Bauregelliste B Teil 1 lfd. Nr. 1.17.6**
Entrauchungskanalstücke
DIN EN 12101-7:2011, in Deutschland umgesetzt durch DIN EN 12101-7:2011-08
Anlage 01

- **Bauregelliste B Teil 1 lfd. Nr. 1.17.7**
Entrauchungsklappen
DIN EN 12101-8:2011, in Deutschland umgesetzt durch DIN EN 12101-8:2011-08
Anlage 01, zusätzlich gilt Anlage 1/17.4

In der Bauregelliste B Teil 1 wurde in früheren Ausgaben für Lüftungsanlagen folgendes spezifische Bauprodukt aufgeführt, das jetzt aufgrund harmonisierter Normen gestrichen ist:

- **Bauregelliste B Teil 1 lfd. Nr. 1.17.4**
Das Bauprodukt „Differenzdrucksysteme für die Rauch- und Wärmefreihaltung" ist in der Liste (Ausgabe 2011/2) gestrichen.

Hinweis: Im Rahmen des Brandschutzkonzeptes/des Brandschutznachweises ist darzustellen, wie das Differenzdrucksystem ausgeführt und betrieben werden soll.

Bauregelliste B Teil 2

In die Bauregelliste B Teil 2 werden Bauprodukte aufgenommen, die aufgrund der Vorschriften zur Umsetzung von Richtlinien der Europäischen Gemeinschaften in den Verkehr gebracht und gehandelt werden, wenn die Richtlinien Grundanforderungen nach Artikel 3 Absatz 1 der Bauproduktenverordnung nicht berücksichtigen und wenn für die Erfüllung dieser Anforderungen zusätzliche Verwendbarkeitsnachweise oder Übereinstimmungsnachweise nach den Bauordnungen erforderlich sind; diese Bauprodukte bedürfen neben der CE-Kennzeichnung auch des Übereinstimmungszeichens (Ü-Zeichen) nach den Bauordnungen der Länder. Welche Grundanforderung nach Artikel 3 Absatz 1 der Bauproduktenverordnung von den Richtlinien nicht abgedeckt wird, ist in Spalte 4 der Bauregelliste B Teil 2 angegeben. Die Spalten 5 und 6 enthalten die zur Berücksichtigung dieser Grundanforderung nach den Bauordnungen der Länder erforderlichen Verwendbarkeits- und Übereinstimmungsnachweise. Grundanforderungen nach Artikel 3 Absatz 1 in Verbindung mit Anhang I der Bauproduktenverordnung sind mechanische Festigkeit und Standsicherheit; Brandschutz; Hygiene, Gesundheit und Umweltschutz; Sicherheit und Barrierefreiheit bei der Nutzung; Schallschutz; Energieeinsparung und Wärmeschutz; nachhaltige Nutzung der natürlichen Ressourcen.

Die wesentlichen Anforderungen sind in den Grundlagendokumenten nach Art. 12 der Richtlinie 89/106/EWG sowie im Anhang I der Bauproduktenverordnung präzisiert.

In der Bauregelliste B Teil 2 werden für Lüftungsanlagen folgende spezifische Bauprodukte aufgeführt:

- **Bauregelliste B Teil 2 lfd. Nr. 1.2.2**
„Rauchschutzklappen für Lüftungsleitungen",

- **Bauregelliste B Teil 2 lfd. Nr. 1.2.4**
„Lüftungsgeräte".

In der Bauregelliste B Teil 2 wurden in früheren Ausgaben für Lüftungsanlagen folgende spezifische Bauprodukte aufgeführt, die jetzt aufgrund harmonisierter Normen gestrichen sind:

- **Bauregelliste B Teil 2 lfd. Nr. 1.2.1**
Das Bauprodukt „Brandschutzklappen für Lüftungsleitungen" ist in der Liste (Ausgabe 2014/1) gestrichen.

- **Bauregelliste B Teil 2 lfd. Nr. 1.2.3**
Das Bauprodukt „Entrauchungsklappen für ventilatorbetriebene Entrauchungsanlagen" ist in der Liste (Ausgabe 2014/1) gestrichen.

Liste C (national) – Ausgabe 2015/2

Bauprodukte, für die es weder Technische Baubestimmungen noch allgemein anerkannte Regeln der Technik gibt und die für die Erfüllung bauordnungsrechtlicher Anforderungen nur eine untergeordnete Bedeutung haben, werden in die Liste C aufgenommen. Bei diesen Produkten entfallen Verwendbarkeits- und Übereinstimmungsnachweise. Diese Bauprodukte dürfen kein Übereinstimmungszeichen (Ü-Zeichen) tragen. Die Bedeutung der Liste C liegt also darin, den Verzicht auf einen bauaufsichtlichen Verwendbarkeitsnachweis für bestimmte nicht geregelte Bauprodukte kenntlich zu machen.

Ungeachtet dessen können jedoch je nach Zusammensetzung der Bauprodukte und der Art ihrer Verwendung Anforderungen im Hinblick auf den Brandschutz, Gesundheits- oder Umweltschutz gestellt sein. Solche Anforderungen ergeben sich zum Beispiel aus dem Verwendungsverbot für Baustoffe, die auch in Verbindung mit anderen Baustoffen leichtentflammbar sind, ferner aus stofflichen Verboten oder Beschränkungen sowie allgemeinen Vorschriften oder Grundsätzen anderer Rechtsbereiche (z. B. Chemikaliengesetz, Gefahrstoffverordnung, Wasserhaushaltsgesetz), aus denen einschränkende Bestimmungen abzuleiten wären.

In der Liste C werden für Lüftungsanlagen folgende spezifische Bauprodukte aufgeführt:

- **Liste C lfd. Nr. 3.3**
„Lüftungsleitungen einschließlich Zubehör (z. B. Kaltrauchsperren für Lüftungsanlagen nach DIN 18017-3)".

Interpretation: Der Zusatz „z. B." bedeutet, dass Kaltrauchsperren auch als Zubehör für andere Lüftungsanlagen angesehen werden können.

Allgemeine bauaufsichtliche Zulassungen

Für die im Bereich der nicht geregelten Bauprodukte nach Abschnitt 1 Buchstabe b erteilten allgemeinen bauaufsichtlichen Zulassungen macht das Deutsche Institut für Bautechnik die bauaufsichtlichen Zulassungen nach Gegenstand und wesentlichem Inhalt öffentlich bekannt:

- www.dibt.de,
- Bauaufsichtliche Zulassungen (BAZ) – Amtliches Verzeichnis der allgemeinen bauaufsichtlichen Zulassungen für Bauprodukte und Bauarten nach Gegenstand.

Zusammenfassung Teil B-II.:

In diesem Teil wurden die formellen Anforderungen unter besonderer Berücksichtigung und Darstellung der Zusammenhänge der Bauregelliste zu den Verwendbarkeitsnachweisen dokumentiert.

Nicht geregelte Bauprodukte müssen über eine allgemeine bauaufsichtliche Zulassung (abZ) oder ein allgemeines bauaufsichtliches Prüfzeugnis (abP) nachgewiesen werden.

Für geregelte Bauprodukte gibt es Normen, die als Nachweis ausreichen, z. B.:

- DIN 4102-4 für die Klassifizierung von Standardbauteilen und -bauarten (F 30 bis F 120),
- DIN 4102-4, Abschnitt 8.5.7.5 für den Nachweis von Befestigungen in Betondecken (F 30 bis F 90).

Produkte, die entsprechend der Bauproduktenverordnung nach harmonisierten Spezifikationen (mandatierte harmonisierte Normen oder Europäische Technische Dokumentationen (EAD)) in Verkehr gebracht werden, müssen eine CE-Kennzeichnung tragen. Der Hersteller muss eine Leistungserklärung und eine technische Dokumentation erstellen. Die am Bau Beteiligten haben darauf zu achten, dass diese Produkte eine ausreichende Leistung entsprechend den bauordnungsrechtlichen Vorgaben oder Auflagen aufweisen.

B-III. Das Brandschutzkonzept als Bestandteil der baurechtlichen Genehmigung

B-III. Das Brandschutzkonzept als Bestandteil der baurechtlichen Genehmigung

Gemäß den Anforderungen der MBO 2002 und den auf dieser Grundlage verabschiedeten Gesetzen – den Landesbauordnungen, Sonderbauordnungen und -richtlinien der 16 Bundesländer – müssen bei Sonderbauten Brandschutzkonzepte bzw. Brandschutznachweise erstellt werden.

Das Brandschutzkonzept ist eine schutzzielorientierte Darstellung und Gesamtbewertung des baulichen und abwehrenden Brandschutzes. Es soll von dafür befähigten und von den Ländern anerkannten Prüfsachverständigen oder Fachplanern für den vorbeugenden Brandschutz erstellt werden.

Die baurechtlichen Grundlagen für die Erstellung von Brandschutzkonzepten sind in den Bundesländern in unterschiedlichen Vorschriften geregelt.

Beispiel

§ 9   Abs. 2 BauPrüfVO NRW

(2) Das Brandschutzkonzept muss insbesondere folgende Angaben enthalten:

1. Zu- und Durchfahrten sowie Aufstell- und Bewegungsflächen für die Feuerwehr,
2. den Nachweis der erforderlichen Löschwassermenge sowie den Nachweis der Löschwasserversorgung,
3. Bemessung, Lage und Anordnung der Löschwasser-Rückhalteanlagen,
4. das System der äußeren und der inneren Abschottungen in Brandabschnitte bzw. Brandbekämpfungsabschnitte sowie das System der Rauchabschnitte mit Angaben über die Lage und Anordnung und zum Verschluss von Öffnungen in abschottenden Bauteilen,
5. Lage, Anordnung, Bemessung (ggf. durch rechnerischen Nachweis) und Kennzeichnung der Rettungswege auf dem Baugrundstück und in Gebäuden mit Angaben zur Sicherheitsbeleuchtung, zu automatischen Schiebetüren und zu elektrischen Verriegelungen von Türen,
6. die höchstzulässige Zahl der Nutzer der baulichen Anlage,
7. Lage und Anordnung haustechnischer Anlagen, insbesondere der Leitungsanlagen, ggf. mit Angaben zum Brandverhalten im Bereich von Rettungswegen,
8. Lage und Anordnung der Lüftungsanlagen mit Angaben zur brandschutztechnischen Ausbildung,
9. Lage, Anordnung und Bemessung der Rauch- und Wärmeabzugsanlagen mit Eintragung der Querschnitte bzw. Luftwechselraten sowie der Überdruckanlagen zur Rauchfreihaltung von Rettungswegen,
10. die Alarmierungseinrichtungen und die Darstellung der elektro-akustischen Alarmierungsanlage (ELA-Anlage),
11. Lage, Anordnung und ggf. Bemessung von Anlagen, Einrichtungen und Geräten zur Brandbekämpfung (wie Feuerlöschanlagen, Steigeleitungen, Wandhydranten, Schlauchanschlussleitungen, Feuerlöschgeräte) mit Angaben zu Schutzbereichen und zur Bevorratung von Sonderlöschmitteln,
12. Sicherheitsstromversorgung mit Angaben zur Bemessung und zur Lage und brandschutztechnischen Ausbildung des Aufstellraumes, der Ersatzstromversorgungsanlagen (Batterien, Stromerzeugungsaggregate) und zum Funktionserhalt der elektrischen Leitungsanlagen,
13. Hydrantenpläne mit Darstellung der Schutzbereiche,
14. Lage und Anordnung von Brandmeldeanlagen mit Unterzentralen und Feuerwehrtableaus, Auslösestellen,
15. Feuerwehrpläne,
16. betriebliche Maßnahmen zur Brandverhütung und Brandbekämpfung sowie zur Rettung von Personen (wie Werkfeuerwehr, Betriebsfeuerwehr, Hausfeuerwehr, Brandschutzordnung, Maßnahmen zur Räumung, Räumungssignale),
17. Angaben darüber, welchen materiellen Anforderungen der Landesbauordnung oder in Vorschriften aufgrund der Landesbauordnung nicht entsprochen wird und welche ausgleichenden Maßnahmen stattdessen vorgesehen werden,
18. verwendete Rechenverfahren zur Ermittlung von Brandschutzklassen nach Methoden des Brandschutzingenieurwesens.

Da das Brandschutzkonzept i. d. R. in einer sehr frühen Phase der Gebäudeplanung erstellt wird, kann oftmals auf anlagentechnische Details der Lüftungsanlage nur allgemein eingegangen werden.

Dabei beschränkt sich die Textformulierung im Brandschutzkonzept sehr oft auf die grundsätzliche Aussage:

„Die Lüftungs- und Leitungsanlagen-Richtlinien sind einzuhalten."

Solche pauschalen Aussagen sind unzureichend. Die für ein Brandschutzkonzept erforderlichen Sachverhalte werden damit nicht ausreichend dargestellt und bedürfen weiterer Erläuterungen.

Andernfalls ist diese pauschale Aussage grundlegender Bestandteil einer Baugenehmigung. Mit dieser explizit formulierten Auflage wird der Bauherr durch die Genehmigung verpflichtet, die eingeführten Technischen Baubestimmungen ohne Abweichungen umzusetzen.

Liegt das Lüftungskonzept bei der Erstellung des Brandschutzkonzeptes noch nicht oder unvollständig vor, können ausreichende Angaben zum Brandschutz bzgl. der Lüftungsanlage nicht erfolgen. Das Brandschutzkonzept ist dann im Hinblick auf die Lüftungsanlagen fortzuschreiben und der Genehmigungsbehörde als „Brandschutzkonzept Lüftung" – bzw. in einigen Ländern auch „Lüftungsgesuch" genannt – später erneut mit den Angaben zur Lüftungsanlage und ggf. der dazugehörenden Planung nochmals vorzulegen.

Zu einem Bauantrag gehören auch die Angaben zu den Lüftungsanlagen. Wenn diese Angaben im Brandschutzkonzept nicht aufgeführt sind, ist wegen dieser späteren Vorlage zur Beantragung der baurechtlichen Genehmigung eine Teilbaugenehmigung zu beantragen. Nur dann können später weitere Teilbaugenehmigungen planungs- bzw. errichtungsbegleitend erteilt werden.

Um eine Flexibilität bei der baulichen Umsetzung beizubehalten, sollte in diesem Konzept dargestellt werden, welche Schutzziele unter Berücksichtigung welcher Maßnahmen sichergestellt werden sollen.

Abweichungen von den eingeführten Technischen Baubestimmungen in der jeweils gültigen Fassung sind auf Grundlage des § 3 Abs. 3 Satz 3 MBO 2002, Stand 2012, (bzw. den BauO der Länder) möglich, wenn mit einer anderen Lösung in gleichem Maße die allgemeinen Schutzzielanforderungen erfüllt werden; § 17 Abs. 3 sowie § 21 MBO bleiben hiervon unberührt.

Die Gleichwertigkeit der Lösung muss durch den Ersteller der brandschutztechnischen Maßnahme, z. B. Lüftungsfachplaner oder/und in Zusammenarbeit mit einem beauftragten Brandschutzsachverständigen nachgewiesen werden. Handelt es sich um genehmigungspflichtige Maßnahmen, sollte der Nachweis mit den Unteren Baubehörden abgestimmt werden. Die unterschiedlichen Regelungen der Bundesländer sind zu beachten.

Eine Beurteilung der Abweichungen von Verwendbarkeitsnachweisen (abZ bzw. abP sowie ZiE) durch den Ersteller des Brandschutzkonzeptes bzw. den Fachbauleiter Brandschutz ist nicht ausreichend. Dem Brandschutzkonzeptersteller bzw. Fachbauleiter wird nach den Vorschriften für diese Fälle keine „Genehmigungskompetenz" übertragen.

Weitere Inhalts- und Gliederungsempfehlungen zur Erstellung von Brandschutzkonzepten können folgenden Quellen entnommen werden:

- Homepages der Bauministerien der Bundesländer, zu finden über den Link www.mlpartner.de > Links > Ministerien
- Vfdb-Merkblatt zur Erstellung von Brandschutzkonzepten, www.vfdb.de
- Brandschutzleitfaden für Gebäude des Bundes, www.bmub.bund.de (Suchbegriff: Brandschutzleitfaden)

Wichtiger Hinweis: Nach Abschluss der technischen Lüftungsplanung sollte die Darstellung der Brandschutzmaßnahmen inkl. der Brandfallsteuerung und aller relevanten Angaben zu den Anlagen des Brandschutzkonzeptes unter Beteiligung der Fachplaner in einem „brandschutztechnischen Lüftungskonzept" dokumentiert werden. Bei Sonderbauten sind häufig weitere technische Anlagen zu beachten. In diesen Fällen sollte eine Steuermatrix/Brandfallsteuerung von dem Ersteller des Brandschutzkonzeptes unter Beteiligung der entsprechenden Fachplaner gemeinsam entwickelt, fortgeschrieben und ergänzt werden.

Das endgültige Brandschutzkonzept ist inkl. aller Fortschreibungen den Genehmigungsbehörden vorzulegen.

Bei aufwendigen Anlagenkonzepten sollten die Planungsunterlagen im Vorfeld mit dem späteren Prüfsachverständigen Lüftung abgestimmt werden. Dadurch können potenzielle Ausführungsfehler schon in einem frühen Stadium korrigiert werden. Weitere Details zur Prüfung und Abnahme von Lüftungsanlagen können dem **Teil E-I.** entnommen werden.

Zusammenfassung Teil B-III.:

In diesem Teil wurden die formellen Anforderungen an das Brandschutzkonzept im Hinblick auf die Anwendung der eingeführten Technischen Baubestimmungen dokumentiert.

B-IV. Muster-Richtlinie über brandschutztechnische Anforderungen an Leitungsanlagen (MLAR) in Verbindung mit der Muster-Lüftungsanlagen-Richtlinie (M-LüAR)

B-IV. Muster-Richtlinie über brandschutztechnische Anforderungen an Leitungsanlagen (MLAR) in Verbindung mit der Muster-Lüftungsanlagen-Richtlinie (M-LüAR)

Wie die brandschutztechnischen Anforderungen für Leitungsanlagen erfüllt werden können, ist in der MLAR beschrieben.

1 Geltungsbereich

Diese Richtlinie gilt für

a) Leitungsanlagen in notwendigen Treppenräumen, in Räumen zwischen notwendigen Treppenräumen und Ausgängen ins Freie, in notwendigen Fluren ausgenommen in offenen Gängen vor Außenwänden,
b) die Führung von Leitungen durch raumabschließende Bauteile (Wände und Decken),
c) den Funktionserhalt von elektrischen Leitungsanlagen im Brandfall.

Sie gilt nicht für Lüftungs- und Warmluftheizungsanlagen. Für Lüftungsanlagen ist die Musterrichtlinie über die brandschutztechnischen Anforderungen an Lüftungsanlagen (M-LüAR 2005) zu beachten. Die Musterrichtlinie über brandschutztechnische Anforderungen an hochfeuerhemmende Bauteile in Holzbauweise (M-HFHHolzR) bleibt unberührt.

Die Leitungsanlagen-Richtlinie kann nicht für die brandschutztechnische Bewertung z. B. von Wickelfalzrohren mit dem Medium „Luft zu Lüftungszwecken" herangezogen werden.

Das Vermörteln nichtbrennbarer Wickelfalzrohre gemäß der MLAR, Abschnitt 4.2 und 4.3 – „Erleichterungen für nichtbrennbare Rohre mit nichtbrennbaren Gasen" – reicht für die Abschottung von Lüftungsrohren nicht aus. Auf den Geltungsbereich der Lüftungsanlagen-Richtlinie (M-LüAR) wird hier ausdrücklich hingewiesen.

Bei der brandschutztechnischen Bewertung der Mindestabstände zwischen z. B. Brandschutzklappen und feuerwiderstandsfähigen Lüftungsleitungen gelten vorrangig die Bestimmungen in den Verwendbarkeitsnachweisen. Für Brandschutzklappen sind die Einbauanweisungen der Hersteller zu beachten. Der normative Mindestabstand von 200 mm untereinander und 75 mm zu tragenden Bauteilen darf nur i. V. m. Brandversuchen reduziert werden; dies haben bereits viele Hersteller erfüllt.

Haben die Hersteller keine Mindestabstände zu „fremden" Abschottungen oder Durchführungen geregelt, kann die Ausführung für Leitungsanlagen unter Beachtung der Bestimmungen der MLAR, Abschnitt 4.1.3 erfolgen.

Hinweis: Unter „fremden" Abschottungen sind Abschottungen mit unterschiedlichen Verwendbarkeitsnachweisen (abP/abZ) oder gegenüber Durchführungen nach den Erleichterungen der MLAR, Abschnitt 4.2 und 4.3 zu verstehen).

Rohrleitungssysteme sind i. d. R. geschlossene Systeme, Lüftungsanlagen sind hingegen offene Systeme. Bei Lüftungsanlagen ist somit die Übertragung von Feuer und Rauch leichter möglich.

Hinweis: Für mit Luft arbeitende Transportanlagen, z. B. Spanabsauganlagen und Rohrpostanlagen, gilt nicht die M-LüAR. Die Lösungsmöglichkeiten zur Erfüllung der brandschutztechnischen Anforderungen an die Leitungen dieser Anlagen sind auch unter Berücksichtigung der MLAR festzulegen.

Medium	Füllungsgrad (Regelfall)		Leitungsmaterial Beispiele	
	vollgefüllt	teilgefüllt	brennbar	nichtbrennbar
brennbare Gase (z. B. Erdgas, Lachgas) - MLAR	X		Kunststoff	Stahl, Kupfer
unbrennbare Gase (z. B. Dampf, Druckluft, Stickstoff) - MLAR	X		Kunststoff	Stahl, Kupfer
Wasser (z. B. Heizung, Trinkwasser) - MLAR	X		Kunststoff Verbundwerkstoff	Stahl, Kupfer
Abwasser - MLAR		X	Kunststoff	Stahl, Guß
elektrischer Strom - MLAR	Vollmaterial mit Isolierstoffmantel		Isolierstoffhülle	Kupfer Kabelleiter
Lüftung - M-LüAR Medium Luft	vollgefüllt		B1 Kunststoffe Textilschläuche	- Stahlblech - Aluflex - Stahlflex - Brandschutzbauplatten - Leitungen aus nichtbrennbaren Massivbaustoffen

Tabelle B-IV – 1: Übersicht von Leitungsarten und Lüftungsleitungen zur Einstufung gemäß MLAR und M-LüAR

Werden Brandschutzklappen, Absperrvorrichtungen oder feuerwiderstandsfähige Lüftungsleitungen in Gebäuden in Holzbauweise eingebaut, so sind bauordnungsrechtlich neben den Anforderungen der Holzbau-Richtlinie auch die Anforderungen der M-LüAR und für die Einhaltung der Mindestabstände gegenüber Leitungsanlagen auch die MLAR einzuhalten.

Abschnitt 4 der MLAR:

4 Führung von Leitungen durch raumabschließende Bauteile (Wände und Decken)
4.1 Grundlegende Anforderungen

4.1.3 Der Mindestabstand zwischen Abschottungen, Installationsschächten oder -kanälen sowie der erforderliche Abstand zu anderen Durchführungen (z. B. Lüftungsleitungen) oder anderen Öffnungsverschlüssen (z. B. Feuerschutztüren) ergibt sich aus den Bestimmungen der jeweiligen Verwendbarkeits- oder Anwendbarkeitsnachweise; fehlen entsprechende Festlegungen, ist ein Abstand von mindestens 50 mm erforderlich.

Brandschutzklappen und Absperrvorrichtungen gegen Feuer und Rauch in Lüftungsleitungen dürfen keinesfalls mit dem Begriff „Abschottungen" der MLAR verwechselt werden.

Unter Lüftungsleitungen werden in Abschnitt 4.1.3 MLAR alle zulässigen Bauformen (rund, eckig) verstanden. Dabei sind die speziellen Anforderungen an die Feuerwiderstandsfähigkeit ebenfalls zu berücksichtigen.

Der Mindestabstand von a ≥ 50 mm zwischen den Abschottungen ist – sofern in den Verwendbarkeitsnachweisen der Bauprodukte keine Maßangaben getroffen sind – auch als Mindestabstand zwischen Brandschutzklappen und Leitungsabschottungen gemäß MLAR, Abschnitt 4.1 (z. B. R 30/60/90, S 30/60/90 mit abP/abZ) bzw. Leitungsdurchführungen nach den Erleichterungen der MLAR, Abschnitte 4.2 und 4.3 zu berücksichtigen. Bei geforderten größeren Mindestabständen, z. B. 1 x d bei ungedämmten Abflussrohren, sind diese ebenfalls einzuhalten.

Hinweis: In den Einbauanweisungen für Brandschutzklappen wird festgelegt, was, ohne die brandschutztechnische Ausführung zu schwächen, in den zum Einbau der Brandschutzklappen notwendigen Mörtelschottungen verlegt werden darf. Es kann davon ausgegangen werden, dass in den Mörtelschottungen der Brandschutzklappen keine Leitungen – auch keine einzelnen elektrischen Kabel – durchgeführt werden dürfen. Somit gelten alle Abstände als Abstand zweier vollständiger Schottungen untereinander.

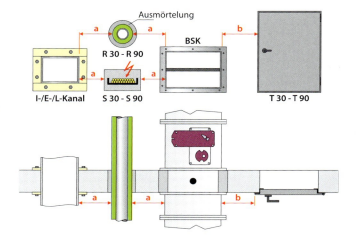

a ≥ 50 mm gemäß MLAR, Abschnitt 4.1.3, wenn keine größeren Abstände in den Ver- und Anwendbarkeitsnachweisen gegenüber „fremden Abschottungen und Einrichtungen" vorgegeben werden. Bei zwei unterschiedlichen Anforderungen gilt das größte Maß von beiden b ≥ 200 bzw. 100 mm je nach Angaben im Verwendbarkeitsnachweis bzw. den Montageanleitungen der Hersteller.

Bild B-IV – 1: Einhaltung von Mindestabständen zwischen Abschottungen und Brandschutzklappen

[1] alle Abstände a < 50 mm sind formal als Abweichung von einer eingeführten Technischen Baubestimmung zu betrachten.

Bild B-IV – 2: Einhaltung von Mindestabständen zwischen Abschottungen und Brandschutzklappen

Gegen eine Anordnung von Einzelkabeln für Bauteile der Lüftungsanlage, z. B. für Endschalter oder Federrücklaufmotoren direkt in der Durchführung neben der BSK, bestehen bei einem Abstand von a = 25 mm keine Bedenken.

Der fachgerechte Einbau der Brandschutzklappe wird auf Grundlage der technischen Dokumentation beurteilt. Die Kabeldurchführung ist nicht Bestandteil der Verwendbarkeitsnachweise.

Die brandschutztechnische Bewertung der Einzelkabeldurchführung kann auf Grundlage der MLAR 2005, Abschnitt 4.3 „Erleichterungen für Einzelkabel" erfolgen. Hier reicht eine Vermörtelung im Bereich der Einzelkabeldurchführung in der Mindestdicke von ≥ 80 mm aus. Das Einhalten der Mindestvermörtelungsdicke der Brandschutzklappe garantiert stets auch das Einhalten der Vermörtelungsdicke im Bereich der Einzelkabeldurchführung.

B-IV. Muster-Richtlinie über brandschutztechnische Anforderungen an Leitungsanlagen (MLAR) in Verbindung mit der Muster-Lüftungsanlagen-Richtlinie (M-LüAR)

Aus statischer Sicht ist die Anordnung der zur Brandschutzklappe gehörenden Einzelkabel oder Leerrohre bis d = 32 mm für diese Einzelkabel brandschutztechnisch als unkritisch anzusehen. Leerrohre müssen gemäß MLAR brandschutztechnisch verschlossen werden.

Rohrdurchführungen und S 30- bis S 90-Kabelschottungen mit Vermörtelung sind brandschutztechnisch im Abstand a ≥ 50 mm unkritisch, wenn durch die Größe und Anordnung die Statik der Einmörtelung der Brandschutzklappe nicht negativ beeinträchtigt wird. Die Vorgaben der Verwendbarkeitsnachweise sind zu berücksichtigen.

Die Anordnung von großen S 30- bis S 90-Weichschotts ist bei einem zu geringen Abstand als kritisch für die Statik der Einmörtelung der Brandschutzklappe anzusehen.

Als Empfehlung ist ein Abstand von a ≥ 100 mm für solche Einbausituationen einzuhalten. Hier sollte aus der Schutzzielbetrachtung heraus – abweichend von der MLAR 2005, Abschnitt 4.1.3 – ein statisch ausreichend bemessener Trennsteg eingebaut werden.

Die folgenden Beispiele zeigen schematisch die praxisgerechte Handhabung der Abstandsregeln zwischen Brandschutzklappen und feuerwiderstandsfähigen Lüftungsleitungen.

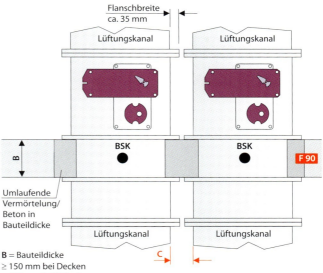

B = Bauteildicke
≥ 150 mm bei Decken
≥ 100 mm bei Wänden

C = Mindestabstand der BSK untereinander gemäß Verwendbarkeitsnachweis (abZ/abP) bzw. den Montageanleitungen der Hersteller

Bild B-IV – 3b: Beispielhafte Anordnung von Brandschutzklappen in einer feuerwiderstandsfähigen Massivdecke

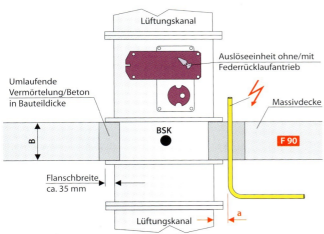

B = Bauteildicke
≥ 150 mm bei Decken
≥ 100 mm bei Wänden

a ≥ 50 mm gemäß MLAR 2005, Abschnitt 4.1.3 für Einzelkabel, Leerrohre und evtl. mehrere Einzelkabel

Abweichend davon gilt ein größerer Abstand, wenn im Verwendbarkeitsnachweis (abZ/abP) bzw. den Montageanleitungen der Hersteller ein Mindestabstand zu fremden Leitungsdurchführungen angegeben wird.

Bild B-IV – 3a: Beispielhafte Anordnung von Brandschutzklappen in einer feuerwiderstandsfähigen Massivdecke

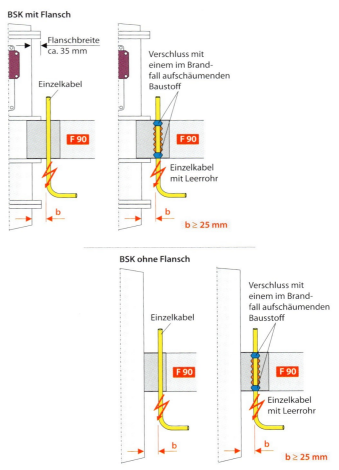

Bild B-IV – 4: Beispielhafte Anordnung von Kabeldurchführungen zur Ansteuerung von Brandschutzklappen und für Endschalter neben den Brandschutzklappen

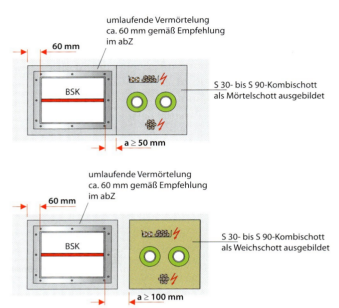

Bild B-IV – 5: Beispielhafte Anordnung von S 30/60/90-Kombiabschottungen neben Brandschutzklappen innerhalb einer feuerwiderstandsfähigen Massivwand

Das Beispiel in **Bild B-IV – 5** zeigt die statischen Grenzen bei „großen Leitungsdurchführungen" neben Brandschutzklappen – z. B. in massiven Wänden – auf. Die Umsetzung ist gemäß Beispiel nur möglich, wenn der Trennsteg als statisch ausreichend bemessenes Bauteil tragfähig in der Wandung des Durchbruchs verankert ist.

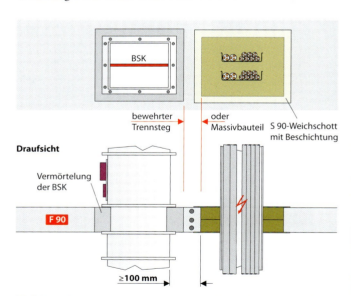

Bild B-IV – 6: Beispielhafte Anordnung einer S 30/60/90-Abschottung neben einer Brandschutzklappe in einer feuerwiderstandsfähigen Massivwand

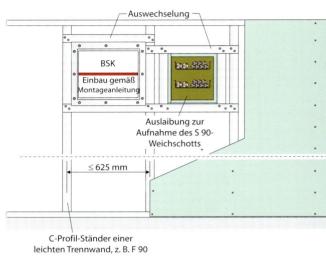

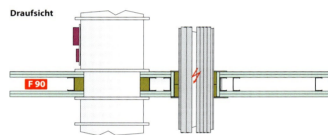

Bild B-IV – 7: Beispielhafte Anordnung einer S 90-Abschottung neben einer Brandschutzklappe in einer leichten feuerwiderstandsfähigen Trennwand

Die Beispiele in **Bild B-IV – 6** und **B-IV – 7** zeigen die statischen Grenzen bei „kombinierten Leitungsdurchführungen" neben Brandschutzklappen – z. B. in feuerwiderstandsfähigen leichten Trennwänden mit Metallständern – auf. Die Umsetzung mit einem Abstand von a ≤ 50 mm ist in dem Beispiel aufgrund der zulassungskonformen UW- und CW-Profile der Trennwand in Leichtbauweise nicht möglich.

In diesen Fällen müssen in erster Linie das zulassungskonforme Ständerwerk und die Auswechselung montiert werden. Sollte dann noch Platz sein, können die Leitungsdurchführungen auf Grundlage der Verwendbarkeitsnachweise oder der Erleichterungen der MLAR 2005, Abschnitt 4.2 oder 4.3 montiert werden.

Zusammenfassung Teil B-IV.:

In diesem Teil wurden die wesentlichen Anforderungen der Abstandsregeln zwischen Brandschutzklappen und feuerwiderstandsfähigen Lüftungsleitungen zu Leitungsanlagen aufgezeigt.

Es ist festzustellen, dass die Fachplanung Brandschutz, Fachplanung Lüftung und die Fachplanung Leitungsanlagen eine qualifizierte Gesamtplanung abstimmen müssen, um die Kombination der unterschiedlichen Schutzzielanforderungen brandschutztechnisch abdecken zu können.

B-V. Baurechtliche Einbindung der Musterbauvorlagenverordnung

B-V. Baurechtliche Einbindung der Musterbauvorlagenverordnung

In der Musterbauvorlagenverordnung werden ebenfalls Anforderungen an die Planung und Dokumentation von Lüftungsanlagen im Rahmen des Brandschutzkonzeptes gestellt.

Muster einer Verordnung über Bauvorlagen und bauaufsichtliche Anzeigen (Musterbauvorlagenverordnung) – MBauVorlV –
Fassung Februar 2007

Auszug:

§ 8 Bauzeichnungen

(1) Für die Bauzeichnungen ist ein Maßstab von mindestens 1:100 zu verwenden. Ein größerer Maßstab ist zu wählen, wenn er zur Darstellung der erforderlichen Eintragung notwendig ist; ein kleinerer Maßstab kann gewählt werden, wenn er dafür ausreicht.

(2) In den Bauzeichnungen sind darzustellen:

1. die Grundrisse aller Geschosse mit Angabe der vorgesehenen Nutzung der Räume und mit Einzeichnung der
   - f) Installationsschächte, -kanäle und Lüftungsleitungen, soweit sie raumabschließende Bauteile durchdringen,
   - g) Räume für die Aufstellung von Lüftungsanlagen.

(3) In den Bauzeichnungen sind anzugeben:

1. der Maßstab und die Maße,
2. die wesentlichen Bauprodukte und Bauarten,
4. bei Änderung baulicher Anlagen die zu beseitigenden und die geplanten Bauteile.

(4) In den Bauzeichnungen sind die Zeichen und Farben der Anlage 1 zu verwenden.

§ 11 Brandschutznachweis

(1) Für den Nachweis des Brandschutzes sind im Lageplan, in den Bauzeichnungen und in der Baubeschreibung, soweit erforderlich, insbesondere anzugeben:

1. das Brandverhalten der Baustoffe (Baustoffklasse) und die Feuerwiderstandsfähigkeit der Bauteile (Feuerwiderstandsklasse) entsprechend den Benennungen nach § 26 MBO oder entsprechend den Klassifizierungen nach den Anlagen zur Bauregelliste A Teil 1,
2. die Bauteile, Einrichtungen und Vorkehrungen, an die Anforderungen hinsichtlich des Brandschutzes gestellt werden, wie Brandwände und Decken, Trennwände, Unterdecken, Installationsschächte und -kanäle, Lüftungsanlagen, Feuerschutzabschlüsse und Rauchschutztüren, Öffnungen zur Rauchableitung, einschließlich der Fenster nach § 35 Abs. 8 Satz 2 MBO,
3. die Nutzungseinheiten, die Brand- und Rauchabschnitte, ...

In der Musterbauvorlagenverordnung wird deutlich, dass der einfache Hinweis „Die Lüftungsanlagen-Richtlinie ist einzuhalten" den Anforderungen an ein Brandschutzkonzept bzw. an einen Brandschutznachweis nicht gerecht wird.

Die Erstellung eines „Brandschutztechnischen Lüftungskonzeptes" als Anlage zum Brandschutzkonzept im Rahmen der Fortschreibung ist dringend zu empfehlen. Diese Unterlage ist so zu erstellen, dass die Prüfung des Prüfsachverständigen für die sicherheitstechnische Anlage „Lüftung" auf dieser Grundlage erfolgen kann.

Das bestimmungsgemäße Zusammenwirken von Anlagen ist, soweit es sich nicht bereits aus den Vorschriften ergibt, auch im Brandschutzkonzept bzw. dem Brandschutznachweis zu beschreiben.

B-VI. Baurechtliche Anforderungen aus Sonderbauverordnungen und -richtlinien

B-VI. Baurechtliche Anforderungen aus Sonderbauverordnungen und -richtlinien

Grundsätzlich gelten für alle Sonderbauten die Anforderungen der Lüftungsanlagen-Richtlinie als eingeführte Technische Baubestimmung.

Werden in Sonderbauten weitergehende Anforderungen an Lüftungsanlagen gestellt, werden diese in den Sonderbauverordnungen/-richtlinien dokumentiert. Die weitergehenden Anforderungen sind einzuhalten.

Muster-Feuerungsverordnung (MFeuV)
Stand: September 2007, zuletzt geändert Februar 2010

Auszug:

§ 4 Aufstellung von Feuerstätten, Gasleitungsanlagen

(2) Die Betriebssicherheit von raumluftabhängigen Feuerstätten darf durch den Betrieb von Raumluft absaugenden Anlagen wie Lüftungs- oder Warmluftheizungsanlagen, Dunstabzugshauben, Abluft-Wäschetrockner nicht beeinträchtigt werden. Dies gilt als erfüllt, wenn

1. ein gleichzeitiger Betrieb der Feuerstätten und der Luft absaugenden Anlagen durch Sicherheitseinrichtungen verhindert wird,
2. die Abgasabführung durch besondere Sicherheitseinrichtungen überwacht wird,
3. die Abgase der Feuerstätten über die Luft absaugenden Anlagen abgeführt werden oder
4. anlagentechnisch sichergestellt ist, dass während des Betriebes der Feuerstätten kein gefährlicher Unterdruck entstehen kann.

Die Betriebssicherheit von Feuerstätten darf durch RLT-Anlagen nicht negativ beeinflusst werden.
Werden Feuerstätten in Gewerbeküchen aufgestellt, sind die TRGI (Technische Regel für Gasinstallationen) des DVGW und die Anforderungen der M-LüAR, Abschnitt 8 einzuhalten.

§ 6 Heizräume

(4) Heizräume müssen zur Raumlüftung jeweils eine obere und eine untere Öffnung ins Freie mit einem Querschnitt von mindestens je 150 cm² oder Leitungen ins Freie mit strömungstechnisch äquivalenten Querschnitten haben. § 3 Abs. 5 gilt sinngemäß. Der Querschnitt einer Öffnung oder Leitung darf auf die Verbrennungsluftversorgung nach § 3 Abs. 4 angerechnet werden.

(5) Lüftungsleitungen für Heizräume müssen eine Feuerwiderstandsdauer von mindestens 90 Minuten haben, soweit sie durch andere Räume führen, ausgenommen angrenzende, zum Betrieb der Feuerstätten gehörende Räume, die die Anforderungen nach Absatz 3 Satz 1 und 2 erfüllen. Die Lüftungsleitungen dürfen mit anderen Lüftungsanlagen nicht verbunden sein und nicht der Lüftung anderer Räume dienen.

(6) Lüftungsleitungen, die der Lüftung anderer Räume dienen, müssen, soweit sie durch Heizräume führen,

1. eine Feuerwiderstandsdauer von mindestens 90 Minuten oder selbsttätige Absperrvorrichtungen mit einer Feuerwiderstandsdauer von mindestens 90 Minuten haben und
2. ohne Öffnungen sein.

Die Be- und Entlüftung von Heizräumen darf nicht in RLT-Anlagen eingebunden werden. Die Be- und Entlüftungen müssen direkt durch die Außenwände oder über feuerbeständige (L 90) Lüftungsleitungen durch andere Räume, Flure oder Nutzungseinheiten direkt durch die Außenwände oder über das Dach ins Freie geführt werden.

Lüftungsleitungen anderer Räume, die durch Heizräume geführt werden, müssen als feuerbeständige (L 90) Lüftungsleitung ohne Auslässe im Heizraum geführt werden. Alternativ sind Stahlblechkanäle ohne Auslässe möglich, wenn diese durch Brandschutzklappen in den raumabschließenden Bauteilen des Heizraumes geschottet werden.

§ 7 Abgasanlagen

(2) Die Abgase von Feuerstätten für feste Brennstoffe müssen in Schornsteine, die Abgase von Feuerstätten für flüssige oder gasförmige Brennstoffe dürfen auch in Abgasleitungen eingeleitet werden. § 41 Abs. 4 MBO bleibt unberührt.

(3) Abweichend von Absatz 2 Satz 1 sind Feuerstätten für gasförmige Brennstoffe ohne Abgasanlage zulässig, wenn durch einen sicheren Luftwechsel im Aufstellraum gewährleistet ist, dass Gefahren oder unzumutbare Belästigungen nicht entstehen. Dies gilt insbesondere als erfüllt wenn

1. durch maschinelle Lüftungsanlagen während des Betriebs der Feuerstätten ein Luftvolumenstrom von mindestens 30 m³/h je kW Nennleistung aus dem Aufstellraum ins Freie abgeführt wird oder
2. besondere Sicherheitseinrichtungen verhindern, dass die Kohlenmonoxid-Konzentration in den Aufstellräumen einen Wert von 30 ppm überschreitet;
3. ...

Muster einer Verordnung über den Bau von Betriebsräumen für elektrische Anlagen (EltBauVO)
Stand: Januar 2009

Auszug:

§ 1 Geltungsbereich

Diese Verordnung gilt für die Aufstellung von

1. Transformatoren und Schaltanlagen für Nennspannungen über 1 kV,
2. ortsfesten Stromerzeugungsaggregaten für bauornungsrechtlich vorgeschriebene sicherheitstechnische Anlagen und Einrichtungen und
3. zentralen Batterieanlagen für bauordnungsrechtlich vorgeschriebene sicherheitstechnische Anlagen und Einrichtungen

in Gebäuden.

§ 2 Begriffsbestimmung

Betriebsräume für elektrische Anlagen (elektrische Betriebsräume) sind Räume, die ausschließlich zur Unterbringung von Einrichtungen im Sinne des § 1 dienen.

Bei der Anbindung elektrischer Betriebsräume gemäß § 1 „Geltungsbereich" der EltBauVO ist zu beachten, dass alle elektrischen Betriebsräume gemäß § 5 der EltBauVO nicht in Lüftungsanlagen eingebunden werden dürfen.

§ 4 Anforderungen an elektrische Betriebsräume

(3) Elektrische Betriebsräume müssen den betrieblichen Anforderungen entsprechend wirksam be- und entlüftet werden.

Eine wirksame Be- und Entlüftung elektrischer Betriebsräume ist zu gewährleisten. Dies kann mit Ausnahme elektrischer Betriebsräume gemäß §§ 5 bis 7 der EltBauVO auch über RLT-Anlagen erfolgen. Die Abschottung ist über Brandschutzklappen oder feuerwiderstandsfähige Lüftungsleitungen auszuführen.

§ 5 Zusätzliche Anforderungen an elektrische Betriebsräume für Transformatoren und Schaltanlagen mit Nennspannungen über 1 kV

(5) Elektrische Betriebsräume müssen unmittelbar oder über eigene Lüftungsleitungen wirksam aus dem Freien be- und in das Freie entlüftet werden. Lüftungsleitungen, die durch andere Räume führen, sind feuerbeständig herzustellen. Öffnungen von Lüftungsleitungen zum Freien müssen Schutzgitter haben.

§ 6 Zusätzliche Anforderungen an elektrische Betriebsräume für ortsfeste Stromerzeugungsaggregate

(1) Raumabschließende Bauteile von elektrischen Betriebsräumen für ortsfeste Stromerzeugungsaggregate zur Versorgung bauordnungsrechtlich vorgeschriebener sicherheitstechnischer Anlagen und Einrichtungen, ausgenommen Außenwände, müssen in einer dem erforderlichen Funktionserhalt der zu versorgenden Anlagen entsprechenden Feuerwiderstandsfähigkeit ausgeführt sein. § 5 Abs. 5 Satz 1 und 3 und Abs. 6 gelten sinngemäß; für Lüftungsleitungen, die durch andere Räume führen, gilt Satz 1 entsprechend. Die Feuerwiderstandsfähigkeit der Türen muss derjenigen der raumabschliessenden Bauteile entsprechen; die Türen müssen selbstschliessend sein.

§ 7 Zusätzliche Anforderungen an Batterieräume

(1) Raumabschließende Bauteile von elektrischen Betriebsräumen für zentrale Batterieanlagen zur Versorgung bauordnungsrechtlich vorgeschriebener sicherheitstechnischer Anlagen und Einrichtungen, ausgenommen Außenwände, müssen in einer dem erforderlichen Funktionserhalt der zu versorgenden Anlagen entsprechenden Feuerwiderstandsfähigkeit ausgeführt sein. § 5 Abs. 5 Satz 1 und 3 und § 6 Abs. 2 gelten sinngemäß; für Lüftungsleitungen, die durch andere Räume führen, gilt Satz 1 entsprechend. Die Feuerwiderstandsfähigkeit der Türen muss derjenigen der raumabschließenden Bauteile entsprechen; die Türen müssen selbstschließend sein. An den Türen muss ein Schild „Batterieraum"angebracht sein.

Die Be- und Entlüftungen müssen direkt durch die Außenwände oder über feuerwiderstandsfähige Lüftungsleitungen durch andere Räume, Flure oder Nutzungseinheiten direkt durch die Außenwände oder über das Dach ins Freie geführt werden. Brandschutzklappen sind in diesen Lüftungsleitungen nicht zulässig.

Die nachfolgenden **Bilder B-VI – 1** und **B-VI – 2** sind für die folgenden Anforderungen anzuwenden:

§ 5 - elektrische Betriebsräume für Transformatoren mit einer Feuerwiderstandsdauer von 90 Minuten

§ 6 - elektrische Betriebsräume für ortsfeste Stromerzeugungsaggregate mit einer Feuerwiderstandsdauer entsprechend dem Funktionserhalt

§ 7 - elektrische Betriebsräume als Batterieräume mit einer Feuerwiderstandsdauer entsprechend dem Funktionserhalt

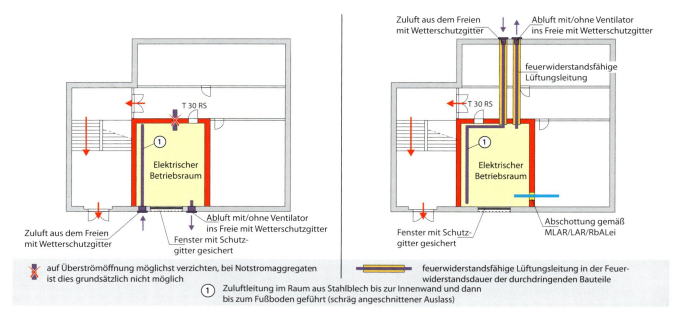

Bild B-VI – 1: Beispielhafte Be- und Entlüftung elektrischer Betriebsräume gemäß §§ 5 bis 7 EltBauVO: Durch die Anordnung der Zu- und Abluft wird der Raum diagonal durchströmt.

Auf den Einbau von Überströmöffnungen sollte möglichst verzichtet werden. **Bild B-VI – 1** zeigt eine einfache Lösung mit/ohne Ventilator. Sollen doch Überströmeinrichtungen eingebaut werden, sind die Anforderungen gemäß Beschreibung in **Teil F-II.** „Überströmöffnungen" zu beachten.

Die Zuführung der Zuluft in die elektrischen Betriebsräume kann auch über die raumlufttechnischen Anlagen erfolgen. Bei Bedarf können „Kaltrauchsperren" (Liste C der Bauregelliste) angeordnet werden, damit z. B. bei Stillstand des Zuluftgerätes keine „Elektrolyte" aus Batterieräumen bzw. Abgase von Notstromaggregaten in die Lüftungsleitungen eintreten können. Die Abluft sollte, diagonal von der Zuluftöffnung angeordnet, über eine direkte Abströmung ins Freie realisiert werden.

Lüftungsleitungen anderer Räume, die durch elektrische Betriebsräume geführt werden, müssen als feuerwiderstandsfähige Lüftungsleitungen ohne Auslässe im elektrischen Betriebsraum geführt werden. Alternativ sind Stahlblechkanäle ohne Auslässe möglich, wenn diese durch Brandschutzklappen in den raumabschließenden Bauteilen des elektrischen Betriebsraumes geschottet werden (siehe **Bild B-VI – 2**).

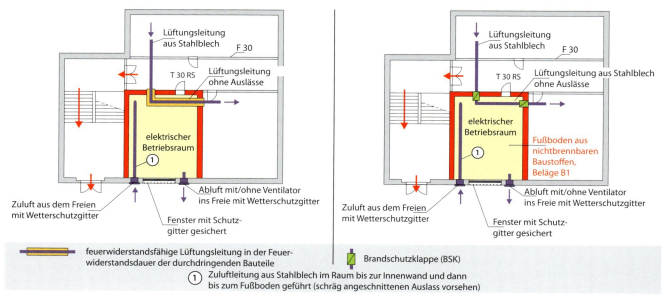

Bild B-VI – 2: Durchführung von Lüftungsleitungen durch elektrische Betriebsräume gemäß §§ 5 bis 7 der EltBauVO

Muster-Richtlinie über den Bau und Betrieb von Hochhäusern (Muster-Hochhaus-Richtlinie - MHHR)
Fassung April 2008

Für Hochhäuser gelten die Anforderungen ... der M-LüAR.

Auszug:

6.2 Druckbelüftungsanlagen

6.2.1 Der Eintritt von Rauch in innenliegende Sicherheitstreppenräume und deren Vorräume sowie in Feuerwehraufzugsschächte und deren Vorräume muss jeweils durch Anlagen zur Erzeugung von Überdruck verhindert werden. Ist nur ein innenliegender Sicherheitstreppenraum vorhanden, müssen bei Ausfall der für die Aufrechterhaltung des Überdrucks erforderlichen Geräte betriebsbereite Ersatzgeräte deren Funktion übernehmen.

6.2.2 Druckbelüftungsanlagen müssen so bemessen und beschaffen sein, dass die Luft auch bei geöffneten Türen zu dem vom Brand betroffenen Geschoss auch unter ungünstigen klimatischen Bedingungen entgegen der Fluchtrichtung strömt. Die Abströmungsgeschwindigkeit der Luft durch die geöffnete Tür des Sicherheitstreppenraums zum Vorraum und von der Tür des Vorraums zum notwendigen Flur muss mindestens 2,0 m/s betragen. Die Abströmungsgeschwindigkeit der Luft durch die geöffnete Tür des Vorraumes eines Feuerwehraufzugs zum notwendigen Flur muss mindestens 0,75 m/s betragen.

6.2.3 Druckbelüftungsanlagen müssen durch die Brandmeldeanlage automatisch ausgelöst werden. Sie müssen den erforderlichen Überdruck umgehend nach Auslösung aufbauen.

6.2.4 Die maximale Türöffnungskraft an den Türen der innenliegenden Sicherheitstreppenräume und deren Vorräumen sowie an den Türen der Vorräume der Feuerwehraufzugsschächte darf, gemessen am Türgriff, höchstens 100 N betragen.

Druckbelüftungsanlagen sind keine Lüftungsanlagen im Sinne der M-LüAR.

Die zutreffenden Anforderungen werden im **Teil F-V.** „Anlagen zur Rauchfreihaltung-Druckbelüftungsanlagen bzw. Rauchschutzdruckanlagen (RDA)" beschrieben.

6.6 Sicherheitsstromversorgungsanlagen, Blitzschutzanlagen, Gebäudefunkanlagen

6.6.1 Hochhäuser müssen Sicherheitsstromversorgungsanlagen haben, die bei Ausfall der allgemeinen Stromversorgung den Betrieb der sicherheitstechnischen Gebäudeausrüstung übernimmt, insbesondere der

    4. Druckbelüftungsanlagen,

Hinweis: Druckbelüftungsanlagen sind keine Lüftungsanlagen im Sinne der M-LüAR. Die zutreffenden Anforderungen werden im **Teil F-V.** „Anlagen zur Rauchfreihaltung-Druckbelüftungsanlagen bzw. Rauchschutzdruckanlagen (RDA)" beschrieben.

Werden z. B. feuerwiderstandsfähige Lüftungsleitungen zur Zuluftführung im Gebäude benötigt, dann gelten für diesen Bereich die Anforderungen der M-LüAR.

7.2 Leitungen, Installationsschächte und -kanäle, Abfallschächte

7.2.1 Leitungen, die durch mehrere Geschosse führen, müssen in Installationsschächten angeordnet werden. Elektroleitungen müssen in eigenen Installationsschächten geführt werden; dies gilt nicht für die Leitungen, die zum Betrieb eines Installationsschachtes erforderlich sind. Brennstoffleitungen müssen in eigenen Installationsschächten und -kanälen geführt werden. Satz 1 gilt nicht für wasserführende Leitungen aus nichtbrennbaren Baustoffen.

7.2.2 Installationsschächte müssen entraucht werden können. Installationsschächte und -kanäle für Brennstoffleitungen müssen so durchlüftet werden, dass keine gefährlichen Gas-Luft-Gemische entstehen können. Installationsschächte und -kanäle müssen Revisionsöffnungen haben, die so angeordnet sind, dass eine Brandbekämpfung möglich ist und Brandmelder leicht zugänglich sind.

7.2.3 Installationsschächte für Elektroleitungen müssen in Höhe der Geschossdecken feuerhemmend abgeschottet sein.

Lüftungskanäle aus Stahlblech dürfen entsprechend den Anforderungen der M-LüAR, Abschnitt 5 gemeinsam mit anderen Installationen montiert werden. Dies gilt nicht für die gemeinsame Verlegung mit Leitungsanlagen für brennbare Medien.

7.3 Lüftungsanlagen

Lüftungsanlagen dürfen den ordnungsgemäßen Betrieb von Druckbelüftungsanlagen nicht beeinträchtigen. Lüftungsanlagen müssen so angeordnet oder ausgebildet sein, dass auch kalter Rauch nicht in notwendige Treppenräume, andere Geschosse und Brandabschnitte übertragen wird.

Die Wechselwirkungen der verschiedenen Anlagen sind zu beachten.

Musterverordnung über den Bau und Betrieb von Beherbergungsstätten (Muster-Beherbergungsstättenverordnung - MBeVO)
- Fassung Dezember 2000, zuletzt geändert Mai 2014

Auszug:

§ 1 Anwendungsbereich

Die Vorschriften dieser Verordnung gelten für Beherbergungsstätten mit mehr als 12 Gastbetten.

Für Beherbergungsstätten gelten die Anforderungen der M-LüAR.

Musterverordnung über den Bau und Betrieb von Versammlungsstätten (Muster-Versammlungsstättenverordnung - MVStättVO)
- Fassung Juni 2005, zuletzt geändert Juli 2014

Für Versammlungsstätten gelten die Anforderungen der M-LüAR.

Auszug:

§ 16 Rauchableitung

(1) Versammlungsräume und sonstige Aufenthaltsräume mit jeweils mehr als 50 m² Grundfläche sowie Magazine, Lagerräume und Szenenflächen mit jeweils mehr als 200 m² Grundfläche, Bühnen und notwendige Treppenräume müssen zur Unterstützung der Brandbekämpfung entraucht werden können.

(2) Die Anforderung des Absatzes 1 ist insbesondere erfüllt bei

1. Versammlungsräumen und sonstigen Aufenthaltsräumen bis 200 m² Grundfläche, wenn diese Räume Fenster nach § 47 Abs. 2 MBO (2012) haben,
2. Versammlungsräumen, sonstigen Aufenthaltsräumen, Magazinen und Lagerräumen mit nicht mehr als 1 000 m² Grundfläche, wenn diese Räume entweder an der obersten Stelle Öffnungen zur Rauchableitung mit einem freien Querschnitt von insgesamt 1 v. H. der Grundfläche oder im oberen Drittel der Außenwände angeordnete Öffnungen, Türen oder Fenster mit einem freien Querschnitt von insgesamt 2 v. H. der Grundfläche haben und Zuluftflächen in insgesamt gleicher Größe, jedoch mit nicht mehr als 12 m² freiem Querschnitt, vorhanden sind, die im unteren Raumdrittel angeordnet werden sollen,
3. Versammlungsräumen, sonstigen Aufenthaltsräumen, Magazinen und Lagerräumen mit mehr als 1 000 m² Grundfläche, wenn diese Räume Rauchabzugsanlagen haben, bei denen je höchstens 400 m² der Grundfläche mindestens ein Rauchabzugsgerät mit mindestens 1,5 m² aerodynamisch wirksamer Fläche im oberen Raumdrittel angeordnet wird, je höchstens 1600 m² Grundfläche mindestens eine Auslösegruppe für die Rauchabzugsgeräte gebildet wird und Zuluftflächen im unteren Raumdrittel von insgesamt mindestens 12 m² freiem Querschnitt vorhanden sind,
4. Bühnen gemäß § 2 Abs. 5 sowie Szenenflächen, wenn an der obersten Stelle des Bühnenraumes oder des Raumes oberhalb der Szenenfläche Öffnungen zur Rauchableitung mit einem freien Querschnitt von insgesamt mindestens 5 v. H., bei den Szenenflächen von insgesamt mindestens 3 v. H. ihrer Grundfläche angeordnet werden. Zuluftflächen müssen in insgesamt gleicher Größe im unteren Raumdrittel der Bühnen oder der Räume mit Szenenflächen vorhanden sein; bei Bühnenräumen mit Schutzvorhang müssen die Zuluftflächen so angeordnet sein, dass sie auch bei geschlossenem Schutzvorhang im Bühnenbereich wirksam sind.

(3) Die Anforderung des Absatzes 1 ist insbesondere auch erfüllt, wenn in den Fällen des Absatzes 2 Nrn. 1 bis 3 maschinelle Rauchabzugsanlagen vorhanden sind, bei denen je höchstens 400 m² der Grundfläche der Räume mindestens ein Rauchabzugsgerät oder eine Absaugstelle mit einem Luftvolumenstrom von 10 000 m³/h im oberen Raumdrittel angeordnet wird. Bei Räumen mit mehr als 1 600 m² Grundfläche genügt

1. zu dem Luftvolumenstrom von 40 000 m³/h für die Grundfläche von 1600 m² ein zusätzlicher Luftvolumenstrom von 5 000 m³/h je angefangene weitere 400 m² Grundfläche; der sich ergebende Gesamtvolumenstrom je Raum ist gleichmäßig auf die nach Satz 1 anzuordnenden Absaugstellen oder Rauchabzugsgeräte zu verteilen, oder
2. ein Luftvolumenstrom von mindestens 40 000 m³/h je Raum, wenn sichergestellt ist, dass dieser Luftvolumenstrom im Bereich der Brandstelle auf einer Grundfläche von höchstens 1600 m² von den nach Satz 1 anzuordnenden Absaugstellen oder Rauchabzugsgeräten gleichmäßig gefördert werden kann.

Die Zuluftflächen müssen im unteren Raumdrittel in solcher Größe und so angeordnet werden, dass eine maximale Strömungsgeschwindigkeit von 3 m/s nicht überschritten wird. Anstelle der Öffnungen zur Rauchableitung nach Absatz 2 Nr. 4 können maschinelle Rauchabzugsanlagen verwendet werden, wenn sie bezüglich des Schutzziels nach Absatzes 1 ausreichend bemessen sind.

(4) Die Anforderung des Absatzes 1 ist auch erfüllt bei Versammlungsräumen, sonstigen Aufenthaltsräumen, Magazinen und Lagerräumen nach Absatz 2 Nrn. 1 bis 3 mit Sprinkleranlagen, wenn in diesen Räumen vorhandene Lüftungsanlagen automatisch bei Auslösen der Brandmeldeanlage, soweit diese nach § 20 Abs. 1 erforderlich ist, im Übrigen bei Auslösen der Sprinkleranlage so betrieben werden, dass sie nur entlüften und die ermittelten Luftvolumenströme nach Absatz 3 Satz 1 und Satz 2 Nr. 1 einschließlich Zuluft erreicht werden, soweit es die Zweckbestimmung der Absperrvorrichtungen gegen Brandübertragung zulässt; in Leitungen zum Zweck der Entlüftung dürfen Absperrvorrichtungen nur thermische Auslöser haben.

(5) Die Anforderung des Absatzes 1 ist erfüllt bei

1. notwendigen Treppenräumen mit Fenstern gemäß § 35 Abs. 8 Satz 2 Nr. 1 MBO (2012), wenn diese Treppenräume an der obersten Stelle eine Öffnung zur Rauchableitung mit einem freien Querschnitt von mindestens 1,0 m² haben,
2. notwendigen Treppenräumen gemäß § 35 Abs. 8 Satz 2 Nr. 2 MBO (2012), wenn diese Treppenräume Rauchabzugsgeräte mit insgesamt mindestens 1,0 m² aerodynamisch wirksamer Fläche haben, die im oder unmittelbar unter dem oberen Treppenraumabschluss angeordnet werden.

(6) Anstelle von Öffnungen zur Rauchableitung nach Absatz 2 Nrn. 2 und 4 und Absatz 5 Nr. 1 sowie Rauchabzugsgeräten nach Absatz 5 Nr. 2 ist die Rauchableitung über Schächte mit strömungstechnisch äquivalenten Querschnitten zulässig, wenn die Wände der Schächte raumabschließend und so feuerwiderstandsfähig wie die durchdrungenen Bauteile, mindestens jedoch feuerhemmend sowie aus nichtbrennbaren Baustoffen sind.

(7) Türen oder Fenster nach Absatz 2 Nr. 2, mit Abschlüssen versehene Öffnungen zur Rauchableitung nach Absatz 2 Nrn. 2 und 4 und Absatz 5 Nr. 1 und Rauchabzugsgeräte nach Absatz 5 Nr. 2 müssen Vorrichtungen zum Öffnen haben, die von jederzeit zugänglichen Stellen aus leicht von Hand bedient werden können; sie können auch an einer jederzeit zugänglichen Stelle zusammengeführt werden. In notwendigen Treppenräumen müssen die Vorrichtungen von jedem Geschoss aus bedient werden können. Geschlossene Öffnungen, die als Zuluftflächen dienen, müssen leicht geöffnet werden können.

(8) Rauchabzugsanlagen müssen automatisch auslösen und von Hand von einer jederzeit zugänglichen Stelle ausgelöst werden können.

(9) Manuelle Bedienungs- und Auslösestellen nach Absatz 7 und 8 sind mit einem Hinweisschild mit der Bezeichnung „RAUCHABZUG" und der Angabe des jeweiligen Raumes zu versehen. An den Stellen muss die Betriebsstellung der jeweiligen Anlage sowie der Fenster, Türen, Abschlüsse und Rauchabzugsgeräte erkennbar sein.

(10) Maschinelle Rauchabzugsanlagen sind für eine Betriebszeit von 30 Minuten bei einer Rauchgastemperatur von 600 °C auszulegen. Die Auslegung kann mit einer Rauchgastemperatur von 300 °C erfolgen, wenn der Luftvolumenstrom des Raums mindestens 40 000 m³/h beträgt. Die Zuluftzuführung muss durch automatische Ansteuerung und spätestens gleichzeitig mit Inbetriebnahme der Anlage erfolgen. Maschinelle Lüftungsanlagen können als maschinelle Rauchabzugsanlagen betrieben werden, wenn sie die an diese gestellten Anforderungen erfüllen.

(11) Die Abschlüsse der Öffnungen zur Rauchableitung von Bühnen mit Schutzvorhang müssen bei einem Überdruck von 350 Pa selbsttätig öffnen; eine automatische Auslösung durch geeignete Temperaturmelder ist zulässig.

Die Rauchableitung erfolgt i. d. R. nicht über RLT-Anlagen, da diese nicht als Entrauchungsanlagen auf Grundlage der M-LüAR konzipiert sind.

Die Anforderungen für maschinelle Rauchabzugsanlagen werden im **Teil F-VI**. „Anlagen zur maschinellen Entrauchung (MRA)" beschrieben.

Abweichende Lösungen, z. B. für gesprinklerte Flächen müssen im Rahmen des Brandschutzkonzeptes beschrieben und durch die Untere Baubehörde genehmigt werden.

§ 17 Heizungsanlagen und Lüftungsanlagen

(1) Heizungsanlagen in Versammlungsstätten müssen dauerhaft fest eingebaut sein. Sie müssen so angeordnet sein, dass ausreichende Abstände zu Personen, brennbaren Bauprodukten und brennbarem Material eingehalten werden und keine Beeinträchtigung durch Abgase entstehen.

(2) Versammlungsräume und sonstige Aufenthaltsräume mit mehr als 200 m² Grundfläche müssen Lüftungsanlagen haben.

Festlegung auf den Einbau von RLT-Anlagen ab einer Grundfläche > 200 m².

Musterverordnung über den Bau und Betrieb von Verkaufsstätten (Muster-Verkaufsstättenverordnung – MVkVO)
Fassung September 1995 – zuletzt geändert Juli 2014

Für Verkaufsstätten gelten die Anforderungen der M-LüAR.

Auszug:

§ 16 Rauchableitung

(1) In Verkaufsstätten müssen Verkaufsräume und sonstige Aufenthaltsräume mit jeweils mehr als 50 m² Grundfläche, Lagerräume mit mehr als 200 m² Grundfläche, Ladenstraßen sowie notwendige Treppenräume zur Unterstützung der Brandbekämpfung entraucht werden können.

(2) Die Anforderung des Absatzes 1 ist insbesondere erfüllt bei

1. Verkaufsräumen und sonstigen Aufenthaltsräumen bis 200 m² Grundfläche, wenn diese Räume Fenster nach § 47 Abs. 2 MBO (2012) haben,
2. Verkaufsräumen, sonstigen Aufenthaltsräumen und Lagerräumen mit nicht mehr als 1 000 m² Grundfläche, wenn diese Räume entweder an der obersten Stelle Öffnungen zur Rauchableitung mit einem freien Querschnitt von insgesamt 1 v. H. der Grundfläche oder im oberen Drittel der Außenwände angeordnete Öffnungen, Türen oder Fenster mit einem freien Querschnitt von insgesamt 2 v. H. der Grundfläche haben und Zuluftflächen in insgesamt gleicher Größe, jedoch mit nicht mehr als 12 m² freiem Querschnitt, vorhanden sind, die im unteren Raumdrittel angeordnet werden sollen,
3. Verkaufsräumen, sonstigen Aufenthaltsräumen und Lagerräumen mit mehr als 1 000 m² Grundfläche, wenn diese Räume Rauchabzugsanlagen haben, bei denen je höchstens 400 m² der Grundfläche mindestens ein Rauchabzugsgerät mit mindestens 1,5 m² aerodynamisch wirksamer Fläche im oberen Raumdrittel angeordnet wird, je höchstens 1600 m² Grundfläche mindestens eine Auslösegruppe für die Rauchabzugsgeräte gebildet wird und Zuluftflächen im unteren Raumdrittel von insgesamt mindestens 12 m² freiem Querschnitt vorhanden sind,
4. Ladenstraßen mit nur auf einer Ebene liegenden Verkehrsflächen, wenn diese Ladenstraßen Rauchabzugsanlagen haben, bei denen je höchstens 20 m Länge der Ladenstraße mindestens ein Rauchabzugsgerät mit mindestens 1,5 m² aerodynamisch wirksamer Fläche im oberen Raumdrittel angeordnet wird, je 80 m Länge der Ladenstraße mindestens eine Auslösegruppe für die Rauchabzugsgeräte gebildet wird und Zuluftflächen im unteren Raumdrittel von insgesamt mindestens 12 m² freiem Querschnitt vorhanden sind; bei sonstigen Ladenstraßen, wenn die Ladenstraßen Rauchabzugsanlagen haben, bei denen die Größe und Anordnung der Rauchabzugsgeräte und der notwendigen Zuluftflächen hinsichtlich des Schutzziels des Absatzes 1 ausreichend bemessen sind.

(3) Die Anforderung des Absatzes 1 ist insbesondere auch erfüllt, wenn in den Fällen des Absatzes 2 Nrn. 1 bis 3 und 4 Halbsatz 1 maschinelle Rauchabzugsanlagen vorhanden sind, bei denen je höchstens 400 m² der Grundfläche der Räume mindestens ein Rauchabzugsgerät oder eine Absaugstelle mit einem Luftvolumenstrom von 10 000 m³/h im oberen Raumdrittel angeordnet wird. Bei Räumen mit mehr als 1 600 m² Grundfläche genügt

1. zu dem Luftvolumenstrom von 40 000 m³/h für die Grundfläche von 1 600 m² ein zusätzlicher Luftvolumenstrom von 5 000 m³/h je angefangene weitere 400 m² Grundfläche; der sich ergebende Gesamtvolumenstrom je Raum ist gleichmäßig auf die nach Satz 1 anzuordnenden Absaugstellen oder Rauchabzugsgeräte zu verteilen, oder
2. ein Luftvolumenstrom von mindestens 40 000 m³/h je Raum, wenn sichergestellt ist, dass dieser Luftvolumenstrom im Bereich der Brandstelle auf einer Grundfläche von höchstens 1600 m² von den nach Satz 1 anzuordnen den Absaugstellen oder Rauchabzugsgeräten gleichmäßig gefördert werden kann.

Die Zuluftflächen müssen im unteren Raumdrittel in solcher Größe und so angeordnet werden, dass eine maximale Strömungsgeschwindigkeit von 3 m/s nicht überschritten wird. Anstelle der Rauchabzugsanlagen für sonstige Ladenstraßen nach Absatz 2 Nr. 4 Halbsatz 2 können maschinelle Rauchabzugsanlagen verwendet werden, wenn sie bezüglich des Schutzziels nach Absatzes 1 ausreichend bemessen sind.

(4) Die Anforderung des Absatzes 1 ist auch erfüllt bei Räumen nach Absatz 2 Nrn. 1 bis 3 in Verkaufsstätten mit Sprinkleranlagen, wenn in diesen Räumen vorhandene Lüftungsanlagen automatisch bei Auslösen der Brandmeldeanlage oder, soweit § 20 Abs. 2 Nr. 2 Halbsatz 2 Anwendung findet, der Sprinkleranlage so betrieben werden, dass sie nur entlüften und die ermittelten Luftvolumenströme nach Absatz 3 Satz 1 und Satz 2 Nr. 1 einschließlich Zuluft erreicht werden, soweit es die Zweckbestimmung der Absperrvorrichtungen gegen Brandübertragung zulässt; in Leitungen zum Zweck der Entlüftung dürfen Absperrvorrichtungen nur thermische Auslöser haben.

(5) Die Anforderung des Absatzes 1 ist erfüllt bei

1. notwendigen Treppenräumen mit Fenstern gemäß § 35 Abs. 8 Satz 2 Nr. 1 MBO, wenn diese Treppenräume an der obersten Stelle eine Öffnung zur Rauchableitung mit einem freien Querschnitt von mindestens 1,0 m² haben, und
2. notwendigen Treppenräumen gemäß § 35 Abs. 8 Satz 2 Nr. 2 MBO, wenn diese Treppenräume Rauchabzugsgeräte mit insgesamt mindestens 1,0 m² aerodynamisch wirksamer Fläche haben, die im oder unmittelbar unter dem oberen Treppenraumabschluss angeordnet werden.

(6) Anstelle von Öffnungen zur Rauchableitung nach Absatz 2 Nr. 2 und Absatz 5 Nr. 1 sowie Rauchabzugsgeräten nach Absatz 5 Nr. 2 ist die Rauchableitung über Schächte mit strömungstechnisch äquivalenten Querschnitten zulässig, wenn die Wände der Schächte raumabschließend und so feuerwiderstandsfähig wie die durchdrungenen Bauteile, mindestens jedoch feuerhemmend sowie aus nichtbrennbaren Baustoffen sind.

(7) Türen oder Fenster nach Absatz 2 Nr. 2, mit Abschlüssen versehene Öffnungen zur Rauchableitung nach Absatz 2 Nr. 2 und Absatz 5 Nr. 1 und Rauchabzugsgeräte nach Absatz 5 Nr. 2 müssen Vorrichtungen zum Öffnen haben, die von jederzeit zugänglichen Stellen aus leicht von Hand bedient werden können; sie können auch an einer jederzeit zugänglichen Stelle zusammengeführt werden. In notwendigen Treppenräumen müssen die Vorrichtungen von jedem Geschoss aus bedient werden können. Geschlossene Öffnungen, die als Zuluftflächen dienen, müssen leicht geöffnet werden können.

(8) Rauchabzugsanlagen müssen automatisch auslösen und von Hand von einer jederzeit zugänglichen Stelle ausgelöst werden können.

(9) Manuelle Bedienungs- und Auslösestellen nach Absatz 7 und 8 sind mit einem Hinweisschild mit der Bezeichnung „RAUCHABZUG" und der Angabe des jeweiligen Raums zu versehen. An den Stellen müssen die Betriebsstellung der jeweiligen Anlage sowie der Fenster, Türen, Abschlüsse und Rauchabzugsgeräte erkennbar sein.

(10) Maschinelle Rauchabzugsanlagen sind für eine Betriebszeit von 30 Minuten bei einer Rauchgastemperatur von 600 °C auszulegen. Die Auslegung kann mit einer Rauchgastemperatur von 300 °C erfolgen, wenn der Luftvolumenstrom des Raums mindestens 40 000 m³/h beträgt. Die Zuluftzuführung muss durch automatische Ansteuerung und spätestens gleichzeitig mit Inbetriebnahme der der Anlage erfolgen. Maschinelle Lüftungsanlagen können als maschinelle Rauchabzugsanlagen betrieben werden, wenn sie die an diese gestellten Anforderungen erfüllen.

In gesprinklerten Verkaufsstätten kann die Rauchableitung über Lüftungsanlagen erfolgen. Bei der Planung ist darauf zu achten, dass beim Versagen des Ventilators kein Rauch in andere Nutzungseinheiten gedrückt werden kann. Es werden jeweils eigenständige RLT-Anlagen empfohlen.

Stahlblech-Lüftungsleitungen sind bei gesprinklerten Verkaufsstätten für die (unterstützende) Rauchableitung über die Lüftungsanlage ausreichend, wenn die Ausdehnung im Brandfall bei der Leitungsführung berücksichtigt wurde.

Befinden sich Brandschutzklappen im Lüftungssystem, müssen die Brandschutzklappen bei Überschreiten der Auslösetemperatur zufallen.

Die geplante Rauchableitung und die Auslegung des Ventilators müssen im Brandschutzkonzept/Brandschutznachweis beschrieben werden.

Muster-Richtlinie über bauaufsichtliche Anforderungen an Schulen (Muster-Schulbau-Richtlinie – MSchulbauR)
Fassung April 2009

Auszug:

1 Anwendungsbereich

Diese Richtlinie gilt für Anforderungen nach § 51 Abs. 1 MBO an allgemeinbildende und berufsbildende Schulen, soweit sie nicht ausschließlich der Unterrichtung Erwachsener dienen.

Für Schulbauten gelten die Anforderungen der M-LüAR.

8) Muster-Richtlinie über den baulichen Brandschutz im Industriebau (Muster-Industriebau-Richtlinie – MIndBauRL)
Stand Juli 2014

Für Industriebauten gelten die Anforderungen der M-LüAR.

Auszug:

5.7 Rauchableitung

Produktions-, Lagerräume und Ebenen mit jeweils mehr als 200 m² Grundfläche müssen zur Unterstützung der Brandbekämpfung entraucht werden können.

5.7.1 Rauchableitung aus Produktions- und Lagerräumen ohne Ebenen

5.7.1.1 Die Anforderung ist insbesondere erfüllt, wenn

– diese Räume Rauchabzugsanlagen haben, bei denen je höchstens 400 m² der Grundfläche mindestens ein Rauchabzugsgerät im Dach oder im oberen Raumdrittel angeordnet wird,
– die aerodynamisch wirksame Fläche dieser Rauchabzugsgeräte insgesamt mindestens 1,5 m² je 400 m² Grundfläche beträgt,
– je höchstens 1.600 m² Grundfläche mindestens eine Auslösegruppe für die Rauchabzugsgeräte gebildet wird sowie
– Zuluftflächen im unteren Raumdrittel von insgesamt mindestens 12 m² freiem Querschnitt vorhanden sind.

5.7.1.2 Die Anforderung ist insbesondere erfüllt für Produktions- und Lagerräume mit nicht mehr als 1.600 m² Grundfläche, wenn

– diese Räume entweder an der obersten Stelle Öffnungen zur Rauchableitung mit einem freien Querschnitt von insgesamt 1 v. H. der Grundfläche oder
– im oberen Drittel der Außenwände angeordnete Öffnungen, Türen oder Fenster mit einem freien Querschnitt von insgesamt 2 v. H. der Grundfläche haben

sowie Zuluftflächen in insgesamt gleicher Größe jedoch mit nicht mehr als 12 m² freiem Querschnitt vorhanden sind, die im unteren Raumdrittel angeordnet werden sollen.

5.7.1.3 Die Anforderung ist insbesondere auch erfüllt, wenn maschinelle Rauchabzugsanlagen vorhanden sind, bei denen je höchstens 400 m² der Grundfläche der Räume mindestens ein Rauchabzugsgerät oder eine Absaugstelle mit einem Luftvolumenstrom von 10.000 m³/h im oberen Raumdrittel angeordnet werden. Bei Räumen mit mehr als 1.600 m² Grundfläche genügt

– zu dem Luftvolumenstrom von 40.000 m³/h für die Grundfläche von 1.600 m² ein zusätzlicher Luftvolumenstrom von 5.000 m³/h je angefangene weitere 400 m² Grundfläche; der sich ergebende Gesamtvolumenstrom je Raum ist gleichmäßig auf die nach Satz 1 anzuordnenden Absaugstellen oder Rauchabzugsgeräte zu verteilen, oder
– ein Luftvolumenstrom von mindestens 40.000 m³/h je Raum, wenn sichergestellt ist, dass dieser Luftvolumenstrom im Bereich der Brandstelle auf einer Grundfläche von höchstens 1.600 m² von den nach Satz 1 anzuordnenden Absaugstellen oder Rauchabzugsgeräte gleichmäßig gefördert werden kann.

Die Zuluftflächen müssen im unteren Raumdrittel in solcher Größe und so angeordnet werden, dass eine maximale Strömungsgeschwindigkeit von 3 m/s nicht überschritten wird.

5.7.2 Rauchableitung aus Brandbekämpfungsabschnitten mit Ebenen in Produktions- und Lagerräumen

5.7.2.1 Die Anforderung ist insbesondere erfüllt, wenn

– diese Räume Rauchabzugsanlagen haben, bei denen je höchstens 400 m² der Dachfläche mindestens ein Rauchabzugsgerät im Dach angeordnet wird,
– die aerodynamisch wirksame Fläche dieser Rauchabzugsgeräte insgesamt mindestens 1,5 m² je 400 m² Brandbekämpfungsabschnittsfläche beträgt,
– je höchstens 1.600 m² Dachfläche mindestens eine Auslösegruppe für die Rauchabzugsgeräte gebildet wird,
– die Brandbekämpfungsabschnitte in Rauchabschnitte je < 5.000 m² Brandbekämpfungsabschnittsfläche unterteilt werden sowie
– der freie Querschnitt aller Öffnungsflächen im Dach in allen Ebenen sowie als Zuluftfläche in der untersten Ebene vorhanden ist. Es dürfen nur Öffnungen in Ebenen mit einem freien Querschnitt von mindestens 1 m² angerechnet werden.

5.7.2.2 Die Anforderung ist insbesondere erfüllt für Ebenen mit Grundflächen von jeweils nicht mehr als 1.000 m² bzw. 1.600 m² bei Vorhandensein einer Werkfeuerwehr, wenn

– die Räume in den Außenwänden Öffnungen, Türen oder Fenster mit einem freien Querschnitt von insgesamt 2 v. H. der Grundfläche der jeweiligen Ebene haben und die Öffnungen, Türen oder Fenster im oberen Drittel der Außenwand angeordnet sind sowie
– Zuluftflächen in insgesamt gleicher Größe im unteren Raumdrittel oder in den darunter liegenden Ebenen vorhanden sind. Es dürfen nur Öffnungen in Ebenen mit einem freien Querschnitt von mindestens 1 m² angerechnet werden.

5.7.3 Rauchableitung in Produktions- und Lagerräumen mit selbsttätigen Feuerlöschanlagen

Die Anforderung ist auch erfüllt in Produktions- und Lagerräumen mit selbsttätigen Feuerlöschanlagen nach 5.8.1, wenn in diesen Räumen vorhandene Lüftungsanlagen automatisch bei Auslösen der selbsttätigen Feuerlöschanlagen so betrieben werden, dass sie nur entlüften und die Luftvolumenströme einschließlich Zuluft nach 5.7.1.3 erreicht werden, soweit es die Zweckbestimmung der Absperrvorrichtungen gegen Brandübertragung zulässt; in Leitungen zum Zweck der Entlüftung dürfen Absperrvorrichtungen nur thermische Auslöser haben.

Abweichend von Satz 1 muss bei Vorhandensein einer automatischen Brandmeldeanlage der Sicherheitskategorien K 2 bis K 3.4 die Lüftungsanlage mit Auslösen der Brandmeldeanlage so betrieben werden. Auf die automatische Ansteuerung der Lüftungsanlage kann mit Zustimmung der Brandschutzdienststelle verzichtet werden.

5.7.4 Weitere Anforderungen an die Rauchableitung aus Produktions- und Lagerräumen

5.7.4.1 Anstelle von Öffnungen zur Rauchableitung ist die Rauchableitung über Schächte mit strömungstechnisch äquivalenten Querschnitten zulässig, wenn die Wände der Schächte raumabschließend und so feuerwiderstandsfähig wie die durchdrungenen Bauteile, mindestens jedoch feuerhemmend sowie aus nichtbrennbaren Baustoffen sind.

5.7.4.2 Fenster, Türen und mit Abschlüssen versehene Öffnungen zur Rauchableitung nach 5.7.1.2 und 5.7.2.2 müssen Vorrichtungen zum Öffnen haben, die von jederzeit zugänglichen Stellen aus leicht von Hand bedient werden können; sie können an einer jederzeit zugänglichen Stelle zusammengeführt werden. Geschlossene Öffnungen, die als Zuluftflächen dienen, müssen leicht geöffnet werden können. Dies gilt z. B. als erfüllt für Toranlagen, die in der Nähe einer Zugangstür liegen und auch bei Stromausfall, z. B. über Kettenzug, geöffnet werden können.

5.7.4.3 Rauchabzugsanlagen müssen automatisch auslösen und von Hand von einer jederzeit zugänglichen Stelle ausgelöst werden können. Geschlossene Öffnungen, die als Zuluftflächen dienen, müssen bei natürlichen Rauchabzugsanlagen leicht geöffnet werden können; Nr. 5.7.4.2 Satz 3 gilt entsprechend. Bei maschinellen Rauchabzugsanlagen muss die Zuluftführung durch automatische Ansteuerung spätestens gleichzeitig mit Inbetriebnahme der Anlage erfolgen.

5.7.4.4 Manuelle Bedienungs- und Auslösestellen sind mit einem Hinweisschild mit der Bezeichnung „RAUCHABZUG" und der Angabe des jeweiligen Raumes zu versehen. An den Stellen muss die Betriebsstellung der jeweiligen Anlage, der Fenster, Türen oder des Abschlusses erkennbar sein.

5.7.4.5 Maschinelle Rauchabzugsanlagen sind für eine Betriebszeit von 30 Minuten bei einer Rauchgastemperatur von 600 °C auszulegen. Die Auslegung kann mit einer Rauchgastemperatur von 300 °C erfolgen, wenn der ermittelte Luftvolumenstrom mindestens 40.000 m³/h je Raum beträgt. Maschinelle Lüftungsanlagen können als maschinelle Rauchabzugsanlagen betrieben werden, wenn sie die an diese gestellten Anforderungen erfüllen.

Die Rauchableitung erfolgt i. d. R. nicht über Lüftungsanlagen, da diese nicht als Entrauchungsanlagen auf Grundlage der M-LüAR konzipiert sind.
Die Anforderungen für maschinelle Rauchabzugsanlagen werden im **Teil F-VI.** „Anlagen zur maschinellen Entrauchung (MRA)" beschrieben.

Abweichende Lösungen, z. B. für gesprinklerte Flächen, müssen im Rahmen des Brandschutzkonzeptes/Brandschutznachweises, für gesprinklerte Flächen beschrieben werden.

Muster einer Verordnung über den Bau und Betrieb von Garagen (Muster-Garagenverordnung M-GarVO)
Fassung Mai 1993, geändert durch Beschlüsse vom 19.09.1996, 18.09.1997 und 30.05.2008

Für Garagen gelten die Anforderungen der M-LüAR.

Auszug:

§ 15 Lüftung

1) Geschlossene Mittel- und Großgaragen müssen maschinelle Abluftanlagen und so große und so verteilte Zuluftöffnungen haben, dass alle Teile der Garage ausreichend gelüftet werden. Bei nicht ausreichenden Zuluftöffnungen muss eine maschinelle Zuluftanlage vorhanden sein.

(2) Für geschlossene Mittel- und Großgaragen mit geringem Zu- und Abgangsverkehr, wie Wohnhausgaragen, genügt eine natürliche Lüftung durch Lüftungsöffnungen oder über Lüftungsschächte. Die Lüftungsöffnungen müssen

1. einen freien Gesamtquerschnitt von mindestens 1500 cm² je Garageneinstellplatz haben,
2. in den Außenwänden oberhalb der Geländeoberfläche in einer Entfernung von höchstens 35 m einander gegenüberliegen,
3. unverschließbar sein und
4. so über die Garage verteilt sein, dass eine ständige Querlüftung gesichert ist.

Die Lüftungsschächte müssen

1. untereinander in einem Abstand von höchstens 20 m angeordnet sein und
2. bei einer Höhe bis zu 2 m einen freien Gesamtqueschnitt von mindestens 1500 cm² je Garageneinstellplatz und bei einer Höhe von mehr als 2 m einen freien Gesamtquerschnitt von mindestens 3000 cm² je Garageneinstellplatz haben.

(3) Für geschlossene Mittel- und Großgaragen genügt abweichend von den Absätzen 1 und 2 eine natürliche Lüftung, wenn im Einzelfall nach dem Gutachten eines nach Bauordnungsrecht anerkannten Sachverständigen zu erwarten ist, dass der Mittelwert des Volumengehalts an Kohlenmonoxyd in der Luft, gemessen über jeweils eine halbe und in einer Höhe von 1,50 m über dem Fußboden (CO-Halbstundenmittelwert), auch während der regelmäßigen Verkehrsspitzen im Mittel nicht mehr als 100 ppm (= 100 cm³/m³) betragen wird und wenn dies auf der Grundlage der Messungen, die nach Inbetriebnahme der Garage über einen Zeitraum von mindestens einem Monat durchzuführen sind, von einem nach Bauordnungsrecht anerkannten Sachverständigen bestätigt wird.

(4) Die maschinellen Abluftanlagen sind so zu bemessen und zu betreiben, dass der CO-Halbstundenmittelwert unter Berücksichtigung der regelmäßig zu erwartenden Verkehrsspitzen nicht mehr als 100 ppm beträgt. Diese Anforderungen gelten als erfüllt, wenn die Abluftanlage in Garagen mit geringem Zu- und Abgangsverkehr mindestens 6 m³, bei anderen Garagen mindestens 12 m³ Abluft in der Stunde je m² Garagennutzfläche abführen kann; für Garagen mit regelmäßig besonders hohen Verkehrsspitzen kann im Einzelfall ein Nachweis der nach Satz 1 erforderlichen Leistung der Abluftanlage verlangt werden.

(5) Maschinelle Abluftanlagen müssen in jedem Lüftungssystem mindestens zwei gleich große Ventilatoren haben, die bei gleichzeitigem Betrieb zusammen den erforderlichen Gesamtvolumenstrom erbringen. Jeder Ventilator einer maschinellen Zu- oder Abluftanlage muss aus einem eigenen Stromkreis gespeist werden, an dem andere elektrische Anlagen nicht angeschlossen werden können. Soll das Lüftungssystem zeitweise nur mit einem Ventilator betrieben werden, müssen die Ventilatoren so geschaltet sein, dass sich bei Ausfall eines Ventilators der andere selbsttätig einschaltet.

(6) Geschlossene Großgaragen mit nicht nur geringem Zu- und Abgangsverkehr müssen CO-Anlagen zur Messung und Warnung (CO-Warnanlagen) haben. Die CO-Warnanlagen müssen so beschaffen sein, dass die Benutzer der Garagen bei einem CO-Gehalt der Luft von mehr als 250 ppm über Lautsprecher und durch Blinkzeichen dazu aufgefordert werden, die Garage zügig zu verlassen oder im Stand die Motoren abzustellen. Während dieses Zeitraumes müssen die Garagenausfahrten ständig offen gehalten werden. Die CO-Warnanlagen müssen an eine Ersatzstromquelle angeschlossen sein.

Für Mittel- und Großgaragen müssen maschinelle Abluftanlagen eingebaut werden, sollte die natürliche Lüftung – wie zuvor beschrieben – nicht ausreichen.

Zuluftanlagen sind nur erforderlich, wenn die benötigte Zuluftmenge nicht ausreicht.

Es wird empfohlen, für Garagenanlagen immer von anderen Nutzungseinheiten getrennte Lüftungsanlagen vorzusehen, z. B. Büros, Verkaufsstätten, damit keine Gerüche, Staub und Abgase übertragen werden können. Die Wechselwirkungen der Anlagen sind zu beachten.

Teil III Betriebsvorschriften
§ 18 Betriebsvorschriften für Garagen

(2) Maschinelle Lüftungsanlagen und CO-Warnanlagen müssen so gewartet werden, daß sie ständig betriebsbereit sind. CO-Warnanlagen müssen ständig eingeschaltet sein.

Die Wartung der CO-Warnanlage muss konsequent durchgeführt und geprüft werden. Es ist empfehlenswert, regelmäßig zu überprüfen, ob die CO-Warnanlage eingeschaltet ist.

Teil C: Mitgeltende Normen und Regelungen – Historie

C-I. Normen und Regelungen für die Planung und Ausführung von Lüftungsleitungen und Lüftungsanlagen

Die nachfolgende Auflistung von Normen und Regelungen, die – über die M-LüAR hinaus – für die Planung und Ausführung von Lüftungsleitungen und -anlagen bedeutsam ist, ist weder vollständig noch abschließend. Sie stellt Auszüge der wesentlichen technischen Regelwerke dar.

Hinweis: Die eingeführten Technischen Baubestimmungen sind gemäß § 3 Abs. 3 Satz 1 MBO zu beachten. (Die von der obersten Bauaufsichtsbehörde durch öffentliche Bekanntmachung als Technische Baubestimmungen eingeführten technischen Regeln sind zu beachten.)
In der Landesbauordnung von Nordrhein-Westfalen wird dazu ausgeführt, dass die Technischen Baubestimmungen als allgemein anerkannte Regeln der Technik gelten, vgl. § 3 Abs. 3 Satz 1 BauO NRW (Als allgemein anerkannte Regeln der Technik gelten auch die von der obersten Bauaufsichtsbehörde durch öffentliche Bekanntmachung als Technische Baubestimmungen eingeführten technischen Regeln).

Andere technische Regeln können ebenfalls allgemein anerkannte Regeln der Technik sein, dies trifft bspw. sowohl auf die Weißdrucke der Normen des Deutschen Instituts für Normung – DIN als auch auf die Richtlinien des Vereins Deutscher Ingenieure e. V. – VDI zu; Voraussetzung der allgemeinen Anerkennung ist ein fachlicher Konsens.

Für die Bauaufsichtsbehörden gilt allerdings der Grundsatz, dass mindestens die Anforderungen der eingeführten Technischen Baubestimmungen erfüllt sind. Wenn von diesen Bestimmungen abgewichen wird, ist nachzuweisen, wie die öffentlich-rechtlichen Schutzziele auf andere Art und Weise gewährleistet werden können.

DIN 4102 „Brandverhalten von Baustoffen und Bauteilen"

In der DIN 4102 werden in den Teilen 1 - 23 Aussagen und Anforderungen zum Brandverhalten von Baustoffen und Bauteilen getroffen.

Teil 1: Baustoffe; Begriffe, Anforderungen und Prüfungen

Teil 2: Bauteile; Begriffe, Anforderungen und Prüfungen

Teil 3: Brandwände und nichttragende Außenwände, Begriffe, Anforderungen und Prüfungen

Teil 4: Zusammenstellung und Anwendung klassifizierter Baustoffe, Bauteile und Sonderbauteile

Teil 5: Feuerschutzabschlüsse, Abschlüsse in Fahrschachtwänden und gegen Feuer widerstandsfähige Verglasungen, Begriffe, Anforderungen und Prüfungen

Teil 6: Lüftungsleitungen, Begriffe, Anforderungen und Prüfungen

Teil 7: Bedachungen; Begriffe, Anforderungen und Prüfungen

Teil 8: Kleinprüfstand

Teil 9: Kabelabschottungen; Begriffe, Anforderungen und Prüfungen

Teil 11: Rohrummantelungen, Rohrabschottungen, Installationsschächte und -kanäle sowie Abschlüsse ihrer Revisionsöffnungen; Begriffe, Anforderungen und Prüfungen

Teil 12: Funktionserhalt von elektrischen Kabelanlagen; Anforderungen und Prüfungen

Teil 13: Brandschutzverglasungen; Begriffe, Anforderungen und Prüfungen

Teil 14: Bodenbeläge und Bodenbeschichtungen; Bestimmung der Flammenausbreitung bei Beanspruchung mit einem Wärmestrahler

Teil 15: Brandschacht

Teil 16: Durchführung von Brandschachtprüfungen

Teil 17: Schmelzpunkt von Mineralfaser-Dämmstoffen; Begriffe, Anforderungen, Prüfung

Teil 18: Feuerschutzabschlüsse; Nachweis der Eigenschaft „selbstschließend" (Dauerfunktionsprüfung)

Teil 20: Besonderer Nachweis für das Brandverhalten von Außenwandverkleidungen

Teil 21: Beurteilung des Brandverhaltens von feuerwiderstandsfähigen Lüftungsleitungen

Teil 22: Anwendungsnorm zu DIN 4102-4 auf der Bemessungsbasis von Teilsicherheitsbeiwerten

Teil 23: Bedachungen

Normen und Regelungen	Inhalte/besondere Anforderungen der mitgeltenden Norm
DIN 4102-1:1998-05 Brandverhalten von Baustoffen und Bauteilen – Teil 1: Baustoffe, Begriffe, Anforderungen und Prüfungen	In dieser Norm werden brandschutztechnische Begriffe, Anforderungen, Prüfungen und Kennzeichnungen für Baustoffe festgelegt, z. B. plattenförmige Materialien, Verbundwerkstoffe, Bekleidung, Dämmstoffe, Beschichtung, Rohre.
DIN 4102-4:1994-03 Brandverhalten von Baustoffen und Bauteilen – Teil 4: Zusammenstellung und Anwendung klassifizierter Baustoffe, Bauteile und Sonderbauteile **Hinweis:** Die Norm steht seit 2014-06 als überarbeiteter Entwurf zur Verfügung	Unter Punkt 8.5 „Feuerwiderstandsdauer von Lüftungsleitungen" sind u. a. Konstruktionsgrundsätze für Lüftungsleitungen und weitere Details über die Ausbildung des Lüftungsleitungsnetzes sowie über die Beschaffenheit und Anordnung anderer Bauteile der Lüftungsanlage dargestellt. Der in diesem Punkt beschriebene Anwendungsbereich regelt die Ausführung von L 30- bis L 120-Leitungen, dabei wird vorausgesetzt, dass die Befestigung der Bauteile ebenfalls an entsprechend klassifizierten Decken, Balken usw. montiert oder aufgelagert wird. Für diesen Anwendungsbereich gibt es die Verbindung zur LüAR bei der Flurquerung von Lüftungsleitungen ohne Brandschutzklappen, falls die Lüftungsleitungen in Stahlblech ohne Öffnungen in einem Flur mit F 30-Wänden ausgeführt werden. **Wichtiger Hinweis:** Lüftungsleitungen aus Stahlblech sind nicht als Ersatz für L 30-Leitungen zu bewerten, die LüAR beschreibt lediglich eine Erleichterung. Darüber hinaus gilt der Abschnitt DIN 4102-4, Nr. 8.5.7 nicht für Entrauchungsleitungen. Ferner sind nur die in diesem Abschnitt beschriebenen Dämmstoffe mit entsprechendem Eignungsnachweis und die beschriebenen Ausführungsarten (z. B. Drahtverrödelung, aufgeschweißte Befestigungsbolzen) zulässig.
DIN 4102-6:1977-09 Brandverhalten von Baustoffen und Bauteilen – Teil 6: Lüftungsleitungen, Begriffe, Anforderungen und Prüfungen	In dieser Norm wird der Brandversuch für das Brandverhalten von Lüftungsleitungen beschrieben, dabei werden u. a. Anforderungen bezüglich der Feuerwiderstandsdauer, der zulässigen Temperaturerhöhung und der Rauchdichtheit aufgezeigt. Die Norm gilt auch für die Prüfung von Absperrvorrichtungen in Lüftungsleitungen. **Hinweis:** Für nach harmonisierten Produktnormen in Verkehr gebrachte Produkte gelten die jeweiligen europäischen Produkt-, Prüf- und Klassifizierungsnormen.
DIN 4102-11:1985-12 Brandverhalten von Baustoffen und Bauteilen – Teil 11: Rohrummantelungen, Rohrabschottungen, Installationsschächte und -kanäle sowie Abschlüsse ihrer Revisionsöffnungen; Begriffe, Anforderungen und Prüfungen	Diese Norm darf nicht für Prüfungen von Lüftungsleitungen, Lüftungsschächten und Absperrvorrichtungen angewendet werden. **Hinweis:** Nach Abschnitt 1 der Norm können Installationsschächte nur als brandschutztechnische Ummantelung für senkrechte Lüftungsleitungen aus Stahlblech nach DIN 18017 Teil 1 und Teil 3 mit Absperrvorrichtungen eingesetzt werden. Jedoch ist deren Ein- und Ausführung durch die Wände der I-Schächte und brandschutztechnische Trennung dafür nicht Bestandteil der Norm. Es sind dort Brandschutzklappen vorzusehen, die einen Nachweis für den Einbau in diese I-Schachtwände haben.
DIN V 4102-21:2002-08 Brandverhalten von Baustoffen und Bauteilen – Teil 21: Beurteilung des Brandverhaltens von feuerwiderstandsfähigen Lüftungsleitungen	In dieser Vornorm in Verbindung mit der DIN EN 1366-1 werden die Anforderungen und Prüfbedingungen von Stahlblechkanälen mit Dämmung und deren Versuchsanordnungen beschrieben.
DIN EN 15650:2010-09 Lüftung von Gebäuden – Brandschutzklappen	Produktnorm für Brandschutzklappen
DIN EN 12101-7:2011-08 Rauch- und Wärmefreihaltung – Teil 7: Entrauchungskanalstücke	Produktnorm für Entrauchungskanalstücke
DIN EN 12101-8:2011-08 Rauch- und Wärmefreihaltung – Teil 8: Entrauchungsklappen	Produktnorm für Entrauchungsklappen

Normen und Regelungen	Inhalte/besondere Anforderungen der mitgeltenden Norm
DIN EN 1366 Feuerwiderstandsprüfungen für Installationen Teil 1: Lüftungsleitungen Teil 2: Brandschutzklappen Teil 3: Abschottungen Teil 4: Abdichtungssysteme für Bauteilfugen Teil 5: Installationskanäle und -schächte Teil 6: Doppel- und Hohlböden Teil 7: Förderanlagen und Ihre Abschlüsse Teil 8: Entrauchungsleitungen Teil 9: Entrauchungsleitungen für Einzelabschnitte Teil 10: Entrauchungsklappen Teil 11: Brandschutzsysteme für Kabelanlagen Teil 12: Nichtmechanische Brandschutzverschlüsse für Lüftungsleitungen	Diese Europäische Norm regelt die Prüfungen von Bauprodukten, die der Erhaltung eines bestimmten Feuerwiderstandes gelten.
DIN EN 13501-3:2011-08 + A1:2009 Klassifizierung von Bauprodukten und Bauarten zu ihrem Brandverhalten – Teil 3: Klassifizierung mit den Ergebnissen aus den Feuerwiderstandsprüfungen an Bauteilen von haustechnischen Anlagen: Feuerwiderstandsfähige Leitungen und Brandschutzklappen	Klassifizierungsnorm für Brandschutzklappen und feuerwiderstandsfähige Leitungen
DIN EN 13501-4:2011-08 + A1:2009 Klassifizierung von Bauprodukten und Bauarten zu ihrem Brandverhalten – Teil 4: Klassifizierung mit den Ergebnissen aus den Feuerwiderstandsprüfungen von Anlagen zur Rauchfreihaltung	Klassifizierungsnorm für Leitungen zur Rauch- und Wärmefreihaltung (Entrauchungsleitungen), Entrauchungsklappen, Rauchschürzen, maschinelle Rauch- und Wärmeabzugsgeräte, natürliche Rauch- und Wärmeabzugsgeräte
DIN EN 15882-1:2012-03 Erweiterter Anwendungsbereich der Ergebnisse aus Feuerwiderstandsprüfungen für Installationen - Teil 1: Leitungen	Diese Norm benennt Parameter, die die Feuerwiderstandsfähigkeit von Lüftungsleitungen beeinflussen. Sie benennt auch die Faktoren, die bei der Entscheidung durch die notifizierte Stelle berücksichtigt werden müssen, wenn die Feuerwiderstandsfähigkeit an einer ungeprüften Abweichung in der Konstruktion betrachtet wird.
DIN EN 15882-2:2015-06 Erweiterter Anwendungsbereich der Ergebnisse aus Feuerwiderstandsprüfungen für Installationen – Teil 3: Brandschutzklappen	Diese Norm benennt Parameter, die die Feuerwiderstandsfähigkeit von Brandschutzklappen beeinflussen. Sie benennt auch die Faktoren, die bei der Entscheidung durch die notifizierte Stelle berücksichtigt werden müssen, wenn die Feuerwiderstandsfähigkeit an einer ungeprüften Abweichung der Brandschutzklappe betrachtet wird.
DIN 18869-4:2005-03 Großküchengeräte – Einrichtungen zur Be- und Entlüftung von gewerblichen Küchen – Teil 4: Luftleitungen, Ausführung und Dimensionierung	In den Abschnitten 5 „Sicherheitstechnische Anforderungen" und 5.2 werden Brandschutzanforderungen an Lüftungsleitungen innerhalb und außerhalb der Küche beschrieben. Auf die LüAR der einzelnen Bundesländer wird hingewiesen.
VDI-Richtlinie 3819 Blatt 2: 2013-07 Brandschutz in der Gebäudetechnik – Funktionen und Wechselwirkungen	In dieser Richtlinie wird eine gewerkeübergreifende Erfassung und Koordinierung sämtlicher in einem Gebäude tätigen technischen Gewerke im Rahmen des Brandschutzkonzeptes aufgezeigt. Die Funktionen der technischen Gewerke werden in ihren potenziellen Wechselwirkungen – z. B. bei Stromausfall oder im Brandfall – dargestellt. Auf die Gewährleistung der Schutzziele in jeder Brandphase wird verwiesen.

Normen und Regelungen	Inhalte/besondere Anforderungen der mitgeltenden Norm
DIN EN 1886:2009-07 Lüftung von Gebäuden – Zentrale raumlufttechnische Geräte – Mechanische Eigenschaften und Messverfahren	Unter Abschnitt 10 wird der Brandschutz bezüglich der Geräte erörtert. Gegenüber der vorangehenden Version 1998-07 wurde der Begriff „Brandschutz" überarbeitet.
VDI-Richtlinie 2052:2006-04 Raumlufttechnische Anlagen für Küchen	Diese Richtlinie gilt für gewerbliche Küchen und nicht für Haushaltsküchen. Unter dem Abschnitt 8 werden Brandschutzanforderungen an Lüftungsleitungen innerhalb und außerhalb gewerblicher Küchen beschrieben. Auf den besonderen Einsatz von Brandschutzklappen wird hingewiesen.
VDI-Richtlinie 2053 Blatt 1:2014-12 Raumlufttechnik – Garagen – Entlüftung	Die Anwendung der Richtlinie stellt sicher, als unbedenklich eingeschätzte Schadstoffkonzentrationen nicht zu überschreiten. Die in der Richtlinie beschriebene notwendige Schutzfunktion bezieht sich ausschließlich auf den kurzzeitigen Aufenthalt von Personen. Die Richtlinie gilt nicht für automatische Garagen, für offene Garagen und Räume, die für den längeren Aufenthalt von Personen vorgesehen sind.
VDI-Richtlinie 3803 Blatt 1:2010-02, berichtigt 2010-10 Raumlufttechnik – Zentrale Raumlufttechnische Anlagen – Bauliche und technische Anforderungen	Diese Richtlinie gilt für die Planung und Ausführung von RLT-Anlagen und deren bauliche Anforderungen. Auf brandschutztechnische Belange wird nur allgemein hingewiesen.
DIN 18017-3: 2009-09 Lüftung von Bädern und Toilettenräumen ohne Außenfenster, Lüftung mit Ventilatoren	Im Anwendungsbereich dieser Norm werden die Entlüftungsanlagen mit Ventilatoren zur Lüftung innenliegender Bäder und Toilettenräume in Wohnungen und ähnlichen Aufenthaltsräumen beschrieben. Küchen und Abstellräume in Wohnungen können ebenfalls gemäß dieser Norm gelüftet werden. Die Lüftung von fensterlosen Küchen ist nicht Gegenstand dieser Norm. Unter Abschnitt 7.1.3 „Brandschutztechnische Nachweise" wird gefordert, dass die brandschutztechnischen Eigenschaften der verwendeten Bauteile nachzuweisen sind. Wenn Absperrvorrichtungen mit dem Zusatztext „18017" in der Zulassung gekennzeichnet sind, müssen die Lüftungsanlagen gemäß dieser Norm geplant und gebaut worden sein.
VDMA-Einheitsblatt 24200-1:2004-03 Gebäudeautomation – Automatisierte Brandschutz- und Entrauchungssysteme, ABE	In dem VDMA-Einheitsblatt sind Regeln für automatisierte Brandschutz- und Entrauchungssysteme in Gebäuden mit dem Ziel des Personen- und Sachschutzes zusammengestellt worden. Insbesondere wird hier die sichere Ansteuerung von Brandschutzklappen und Entrauchungsklappen erläutert.
ArbStättV – Verordnung über Arbeitsstätten (Arbeitsstättenverordnung) i. V. mit den Technischen Regeln für Arbeitsstätten (Arbeitsstättenregeln ASR)	Unter § 4 Abs. 3 „Besondere Anforderung an das Betreiben von Arbeitsstätten" wird darauf hingewiesen, dass der Arbeitgeber die Sicherheitseinrichtungen zur Verhütung oder Beseitigung von Gefahren – insbesondere raumlufttechnische Anlagen – in regelmäßigen Abständen sachgerecht warten und auf ihre Funktionsfähigkeit hin prüfen muss.
MFeuV – Muster-Feuerungsverordnung	Geltungsbereich Diese Verordnung gilt für die Aufstellung von 1. Transformatoren und Schaltanlagen für Nennspannungen über 1 kV, 2. ortsfesten Stromerzeugungsaggregaten für bauordnungsrechtlich vorgeschriebene sicherheitstechnische Anlagen und Einrichtungen und 3. zentralen Batterieanlagen für bauordnungsrechtlich vorgeschriebene sicherheitstechnische Anlagen und Einrichtungen in Gebäuden. Elektrische Betriebsräume müssen gemäß §§ 5, 6 und 7 M-EltBauVO unmittelbar oder über eigene Lüftungsleitungen wirksam aus dem Freien be- und in das Freie entlüftet werden. Lüftungsleitungen, die durch andere Räume führen, sind feuerbeständig herzustellen. Öffnungen von Lüftungsleitungen zum Freien müssen Schutzgitter haben.
MSysBöR – Muster-Richtlinie über brandschutztechnische Anforderungen an Systemböden	Unter Abschnitt 4.2 „Systemböden" wird dargelegt, dass Hohlräume auch der Raumlüftung dienen. Laufen sie unter mehreren Räumen hindurch, müssen in den Hohlräumen oder im Bereich des Luftaustritts Rauchmelder installiert sein.
DIN EN 15423:2008-09 Lüftung von Gebäuden – Brandschutz von Lüftungsanlagen in Gebäuden	Diese Norm sollte als technische Regel die Anforderungen an den Brandschutz von Lüftungsanlagen darstellen. **Hinweis:** Diese Norm hat die M-LüAR in der Liste der technischen Baubestimmungen keinesfalls ersetzt. Bei Anwendung der DIN EN 15423 wären die Anforderungen an den Brandschutz gemäß den Landesbauordnungen aufgrund zahlreicher Aussagen nicht hinreichend erfüllt. Abschnitt 1 dieser Norm kann z. B. folgende Aussage entnommen werden: obwohl „Anlagen mit doppeltem Verwendungszweck" in diesem Dokument behandelt werden, können diese in manchen Mitgliedsstaaten nicht gestattet sein oder nur in bestimmten Gebäudearten".

C-II. Anforderungen an Brandschutzklappen – Prüfverfahren und Klassifizierung nach deutschen und europäischen Vorgaben

C-II. Anforderungen an Brandschutzklappen – Prüfverfahren und Klassifizierung nach deutschen und europäischen Vorgaben

Brandschutzklappen sollen die Übertragung von Feuer und Rauch verhindern. Die ersten Regeln zur Erfüllung des Schutzziels wurden mit dem Entwurf der DIN 18610 Blatt 1, Ausgabe Oktober 1959, geschaffen. In dem Normentwurf wurden Brandschutzklappen noch als Sperrvorrichtung bezeichnet. Weitere Auflagen wurden nur hinsichtlich der Baustoffe gestellt, diese mussten nicht brennbar sein. Außerdem mussten die Sperrvorrichtungen bei einer Temperatur von 70 °C selbsttätig schließen.

1974 wurde die Prüfzeichenpflicht für Brandschutzklappen eingeführt. Die Prüfungen wurden nach den „Bau- und Prüfgrundsätzen für Absperrvorrichtungen gegen Feuer und Rauch in Lüftungsleitungen (Brandschutzklappen), Fassung November 1971", des Instituts für Bautechnik (IfBt) durchgeführt. Die Bau- und Prüfgrundsätze wurden seitens des Instituts für Bautechnik nicht allgemein veröffentlicht, sondern nur den zugelassenen Prüfstellen mitgeteilt. Die Beschreibung der Prüfung erfolgt im weiteren Verlauf nach den „Bau- und Prüfgrundsätzen in der Fassung November 1977" sowie der DIN 4102-6, Fassung September 1977. Die Bau- und Prüfgrundsätze wurden von IfBt/DIBt weiterentwickelt, auch diese Dokumente stehen der Öffentlichkeit nicht zur Verfügung.

Für die Prüfung von Brandschutzklappen wurden die Bau- und Prüfgrundsätze mit der Fassung Dezember 2001 durch die „Zulassungsrichtlinie (auf Basis von DIN EN 1366-2) für Absperrvorrichtungen gegen Feuer und Rauch in Lüftungsleitungen (Brandschutzklappen)" abgelöst.

Brandschutzklappen an, vor und entfernt von Wänden und Decken wurden auch nach Erscheinen der Zulassungsrichtlinie in der Fassung 2001 weiterhin nach der DIN 4102-6 beurteilt. Erst mit Ende der Koexistenzperiode der Produktnorm DIN EN 15650 am 1. September 2012 müssen Hersteller nachweisen, dass auch diese Anwendungen der DIN EN 1366-2 genügen.

Brandschutzklappen zum Einbau in feuerwiderstandsfähigen Unterdecken können nicht nach der DIN EN 1366-2 geprüft werden. Daher sind diese Klappen nach den „Bau- und Prüfgrundsätzen für Absperrvorrichtungen gegen Feuer und Rauch in Lüftungsleitungen (Brandschutzklappen) zum Einbau in feuerwiderstandsfähige Unterdecken, Fassung Juni 1988" auch heute noch Grundlage für die Erteilung einer allgemeinen bauaufsichtlichen Zulassung.

Die erste allgemeine bauaufsichtliche Zulassung für Brandschutzklappen in Abluftleitungen von gewerblichen Küchen wurde 1999 erteilt. Prüfgrundlagen oder Zulassungsrichtlinien sind hierzu nicht veröffentlicht. Da Brandschutzklappen für den Einbau in Abluftleitungen von gewerblichen Küchen nicht in den Anwendungsbereich der harmonisierten Produktnorm DIN EN 15650 fallen, werden weiterhin allgemeine bauaufsichtliche Zulassungen erteilt.

Für Brandschutzklappen in Überströmöffnungen liegen keine Bau- und Prüfgrundsätze oder Zulassungsrichtlinien vor. Die Erteilung der allgemeinen bauaufsichtlichen Zulassungen ist abhängig von der Funktion und Ansteuerung der Klappen. Obwohl die Produktnorm DIN EN 15650 Brandschutzklappen ohne Leitungsanschluss beschreibt, wird bauaufsichtlich weiterhin gefordert, dass für diese Art von Brandschutzklappen eine allgemeine bauaufsichtliche Zulassung erforderlich ist.

Bei Abluftanlagen von Bädern und WCs wurden aufgrund der Größe des Leitungsquerschnitts sowie der zu erwartenden geringeren Brandlast die „Bau- und Prüfgrundsätze für Absperrvorrichtungen gegen Brandübertragung in Lüftungsleitungen entsprechend DIN 18017, Fassung Juni 1976" vom Institut für Bautechnik veröffentlicht. Diese Fassung wurde im November 1997 überarbeitet.

Aufgrund fehlender europäischer Vorgaben werden Brandschutzklappen für Abluftleitungen in gewerblichen Küchen, Brandschutzklappen zum Einbau in feuerwiderstandsfähige Unterdecken sowie die für WC-Anlagen genutzten Absperrvorrichtungen für Anlagen entsprechend DIN 18017 noch national zugelassen. Die Zulassungsrichtlinien und die Bau- und Prüfgrundsätze des DIBt wurden und werden seitens des DIBt nur als Grundlage für die Erteilung einer allgemeinen bauaufsichtlichen Zulassung herangezogen, gegebenenfalls werden weitere Prüfungen oder Nachweise verlangt. Die europäische Prüfnorm DIN EN 1366-2:1999 sowie die Nachfolgenorm DIN EN 1366-2:2015 sind allgemein zugänglich.

Bei allen Brandversuchen entspricht die Ofentemperatur der Einheitstemperatur-Zeitkurve (ETK). Die Temperaturkurve wurde erstmals genormt in der DIN 4102 Blatt 1, Ausgabe August 1934. Die Norm wurde mit „Erlass des preußischen Finanzministers betreffend baupolizeiliche Bestimmung über Feuerschutz, V 18. 2130/17 vom 30. August 1934" veröffentlicht.

Anwendungen, Prüfverfahren und Klassifizierungen nach deutschen Vorgaben

Brandschutzklappen in, an, vor und entfernt von Wänden und Decken wurden im Zeitraum 1974 bis 2001 nach den Bau- und Prüfgrundsätzen 1971, 1977 und folgende sowie der DIN 4102-6:1977 geprüft und klassifiziert.

Seit dem Jahr 2002 fordert das DIBt, dass die Prüfung nach der DIN EN 1366-2:1999 durchgeführt wird. Hiervon ausgenommen waren die Brandschutzklappen an, vor und entfernt von Wänden und Decken, diese wurden weiterhin nach den nationalen Verfahren beurteilt.

Prüfung von Brandschutzklappen im Zeitraum 1974 bis 2001

Mit Inkrafttreten der Prüfzeichenpflicht im Jahr 1974 wurden Brandschutzklappen nach Vorgaben des DIBt entsprechend den Bau- und Prüfgrundsätzen und der DIN 4102-6 geprüft.

Schmelzlote und Auslöseeinrichtungen sind separat zu prüfen. Dabei muss innerhalb von vier Minuten eine Auslösung erfolgen. Der Temperaturanstieg beträgt 20 K/Minute, Startpunkt ist 20 °C, die warme Luft umströmt mit 1 m/s die Auslöseeinrichtung. Bei einer gleichbleibenden Temperatur von 65 °C darf innerhalb einer Stunde keine Auslösung erfolgen. Schmelzlote und Auslöseeinrichtungen werden nach der Norm ISO 10294-4:2001/AMD 1:2014 geprüft.

Vor einem Brandversuch ist eine Leckagemessung durchzuführen. Die Prüfung erfolgt bei 200 Pa Überdruck. Die zulässige Leckage beträgt dabei 10 m³ je laufenden Meter Umfang.

Unmittelbar vor dem Brandversuch ist die Brandschutzklappe 50 Mal zu betätigen. Brandschutzklappen mit Lüftungsfunktion sind 10.000 Mal zu betätigen, hierfür wird eine separate Brandschutzklappe geprüft. Für den Brandversuch ist an der dem Feuer abgewandten Seite der Brandschutzklappe ein 90°-Krümmer anzuschließen. Die Messstellen für die Temperaturmessung werden im Abstand von 50 mm und 325 mm auf der Brandschutzklappe und auf der Wand/Decke befestigt. Wenn brennbare Leitungen an der Brandschutzklappe angeschlossen werden dürfen, wird ebenfalls auf dem Klappenblatt die Temperatur gemessen, ansonsten entfällt diese Messung. Der Brandversuch wird mit geöffneter Brandschutzklappe gestartet. Der Ofendruck wird so eingestellt, dass 20 Pa Überdruck im Ofen vorhanden sind.

Die Temperaturen dürfen 140 K im Mittel und 180 K im Maximum ausgehend vom Anfangswert (Raumtemperatur der Prüfhalle) nicht überschreiten.

Die Klassifizierung der Klappen lautet je nach Feuerwiderstandsdauer K 30, K 60 oder K 90.

Prüfung von Brandschutzklappen in feuerwiderstandsfähigen Unterdecken

Die Prüfung von Brandschutzklappen in feuerwiderstandsfähigen Unterdecken erfolgt nach den Bau- und Prüfgrundsätzen in der Fassung von Juni 1988. Die Klappengröße ist begrenzt, der Unterdeckenausschnitt darf nicht größer als 1,0 m² sein. Auch der lichte Anschlussstutzen ist begrenzt, dieser darf nicht größer als 800 cm² sein.

Schmelzlote und Auslöseeinrichtungen sind separat zu prüfen. Dabei muss innerhalb von vier Minuten eine Auslösung erfolgen. Der Temperaturanstieg beträgt 20 K/Minute, Startpunkt ist 20 °C, die warme Luft umströmt mit 1 m/s die Auslöseeinrichtung. Bei einer gleichbleibenden Temperatur von 65 °C darf innerhalb einer Stunde keine Auslösung erfolgen. Schmelzlote und Auslöseeinrichtungen werden nach der Norm ISO 10294-4:2001/AMD 1:2014 geprüft.

Vor einem Brandversuch ist eine Leckagemessung durchzuführen. Die Prüfung erfolgt bei einer Druckdifferenz von 200 Pa. Die zulässige Leckage beträgt dabei 10 m³/h. Unmittelbar vor dem Brandversuch ist die Brandschutzklappe 50 Mal zu betätigen. Brandschutzklappen mit Lüftungsfunktion sind 10.000 Mal zu betätigen, hierfür wird eine separate Brandschutzklappe geprüft.

Der Brandversuch selbst ist mit Brandbeanspruchung von der Unterseite der Decke und mit Brandbeanspruchung von der Oberseite der Decke durchzuführen. Die Versuchsaufbauten sind unterschiedlich. Bei der Brandbeanspruchung von der Unterseite der Decke wird während des Brandversuchs ein Unterdruck von 300 Pa eingestellt. Bei der Brandbeanspruchung von der Oberseite wird die angeschlossene Leitung verschlossen.

Die Meßstellen für die Temperaturmessung werden im Abstand von 15 mm vom Übergang Decke/Klappe sowie auf dem Gehäuse der Brandschutzklappe und an der verschlossenen Leitung beziehungsweise im Abstand von 15 mm vom Übergang Decke/Klappe sowie am Luftdurchlass befestigt. Der Brandversuch wird mit geöffneter Brandschutzklappe gestartet. Die Brandschutzklappe muss innerhalb einer Minute schließen. Der Ofendruck wird so eingestellt, dass 20 Pa Überdruck im Ofen vorhanden sind.

Die Temperaturen dürfen 140 K im Mittel und 180 K im Maximum ausgehend vom Anfangswert (Raumtemperatur der Prüfhalle) nicht überschreiten.

Die Klassifizierung der Klappen lautet je nach Feuerwiderstandsdauer K 30 U, K 60 U oder K 90 U.

Prüfung von Brandschutzklappen in Abluftanlagen gewerblich genutzter Küchen

Mit Erteilung der ersten allgemeinen bauaufsichtlichen Zulassung im Jahr 1999 wurde nur bekannt, dass die „Brandschutzklappe" (eigentlich ein rollendes Blechband) u. a. deshalb zugelassen worden sei, da sie einen 100 % freien Querschnitt aufweisen konnte. Die ersten zwei zugelassenen Brandschutzklappen wiesen den 100 % freien Querschnitt auf. Mittlerweile werden auch Zulassungen erteilt, deren Klappenblatt wie auch andere Teile der Brandschutzklappe in den freien Querschnitt hineinragen.

Zulassungen werden im Einzelfall auf Antrag erteilt. Das DIBt veröffentlicht nicht, welche Nachweise für die Erteilung einer allgemeinen bauaufsichtlichen Zulassung für Brandschutzklappen in Abluftleitungen gewerblicher Küchen erforderlich sind.

Die Klassifizierung der Klappen lautet K 90.

Prüfung von Brandschutzklappen als Überströmelement

Brandschutzklappen ohne Leitungsanschluss werden umgangssprachlich „Überströmklappen" genannt. Für Überströmklappen hat das DIBt zwei Zulassungsbereiche geschaffen.

Die Nummerierungen der allgemeinen bauaufsichtlichen Zulassungen von „Bauprodukten zum Verschließen von Überströmöffnungen in feuerwiderstandsfähigen Bauteilen" beginnen mit Z-19.18.xxx. Diese Überströmelemente sind

Brandschutzklappen mit Nachweisen nach DIN 4102-6 sowie sogenannte „Lüftungsbausteine".

Die Lüftungsbausteine bestehen aus intumeszierenden Materialien, die bei einer Umgebungstemperatur von ca. 140 °C den verbleibenden Querschnitt verschließen. Die Prüfungen werden mit Ofentemperaturen nach der Einheits-Temperaturzeitkurve durchgeführt. Die Temperaturen dürfen 140 K im Mittel und 180 K im Maximum ausgehend vom Anfangswert (Raumtemperatur der Prüfhalle) nicht überschreiten. Nach den Zulassungen soll der Einbau nur im unteren Bereich der Wand erfolgen (i. d. R. max. 500 mm mittig über OKF) und ein Einbau zu notwendigen Fluren oder Treppenräumen unterlassen werden. Ursprünglich wurden Lüftungsbausteine verwendet, um feuerwiderstandsfähige Kabelkanäle zu belüften. Eine Klassifizierung wird in den Zulassungen nicht angegeben. Die Zulassungen weisen aus, dass die Bauprodukte in feuerwiderstandsfähigen Wänden eingebaut werden dürfen.

Ein „Feuerwiderstandsfähiger Abschluss besonderer Bauart und Verwendung" mit der Zulassungsnummer Z-6.50-xxx ist eine Brandschutzklappe mit Nachweisen nach DIN EN 1366-2. Die Klappen müssen über eine Rauchauslöseeinrichtung mit allgemeiner bauaufsichtlicher Zulassung angesteuert werden und sind daher mit einem Federrücklaufantrieb ausgestattet. Die Klappen sind auf beiden Seiten mit einem Abschlussgitter zu versehen. Für diese Art der Überströmklappen sind weder Größenbegrenzungen noch Einschränkungen hinsichtlich des Einbauortes in den Zulassungen aufgeführt. Eine Klassifizierung erfolgt nicht, die Zulassungen weisen aus, dass über 90 Minuten die Übertragung von Feuer und Rauch verhindert wird.

Nach § 29 der Musterbauordnung (Stand 2012) sind Öffnungen in Trennwänden nur erlaubt, wenn feuerwiderstandsfähige und selbstschließende Türen in diese Öffnungen eingebaut werden. In allen Zulassungen von Überströmklappen und Überströmelementen wird darauf hingewiesen, dass für die Verwendung der Überströmelemente daher eine bauaufsichtliche Genehmigung im Baugenehmigungsverfahren (Abweichung von der Vorschrift) erwirkt werden muss.

Prüfung von Absperrvorrichtungen für Lüftungsleitungen in Anlagen nach DIN 18017

Absperrvorrichtungen, die nach Abschnitt 7 der Muster-Lüftungsanlagen-Richtlinie 2005 verwendet werden sollen, können nach der Zulassungsrichtlinie für Absperrvorrichtungen gegen Brandübertragung in Lüftungsleitungen entsprechend DIN 18017, Fassung November 1997, geprüft werden. Diese Zulassungsrichtlinie löste die Bau- und Prüfgrundsätze für Absperrvorrichtungen gegen Brandübertragung in Lüftungsleitungen entsprechend DIN 18017, Fassung Juni 1976, ab. Vor einigen Jahren wurde die Zulassungsrichtlinie fortgeschrieben vom zweigeschossigen zum dreigeschossigen Prüfaufbau.

Das DIBt hatte mit der Erstellung der Zulassungsrichtlinie beziehungsweise der Bau- und Prüfgrundsätze das Ziel, die vermutete geringere Brandlast in Bädern und WCs in einem Brandversuch abzubilden, um so einfachere und preiswertere Absperrvorrichtungen zulassen zu können.

Die Absperrvorrichtungen dürfen einen maximalen Querschnitt von 1000 cm² aufweisen.

Die Auslösevorrichtungen dürfen bei Temperaturbeanspruchung von 65 °C während einer Stunde nicht auslösen. Die Absperrvorrichtungen müssen, wenn sie mit 1 m/s und bei einer Temperatur von 160 °C durchströmt werden, innerhalb von 10 Minuten auslösen beziehungsweise vollständig geschlossen sein.

Zum Versuchsaufbau wird eine Leitung über zwei Geschosse (heute drei Geschosse) errichtet, wobei das untere Geschoss der Ofen ist. Die Leitung ist nach oben offen, ein verschließbarer Abschluss wird zudem montiert. In der Decke oder am Schachtaustritt sind die Absperrvorrichtungen einzubauen. Die Temperaturfühler werden 100 mm und 600 mm oberhalb der Decke bzw. 50 mm hinter der Klappe, die an die senkrechte Leitung angeschlossen ist, befestigt. Die Leckage wird nicht ermittelt.

Nach dem Start des Brandversuchs folgt die Ofentemperatur der Einheits-Temperaturzeitkurve. Der obere Leitungsabschluss wird nach 25 Minuten, 55 Minuten und 85 Minuten für jeweils 5 Minuten geschlossen. Die Temperaturen dürfen 140 K im Mittel und 180 K im Maximum ausgehend vom Anfangswert (Raumtemperatur der Prüfhalle) nicht überschreiten. Die Klassifizierung der Absperrvorrichtungen lautet je nach Feuerwiderstandsdauer K 30-18017 oder K 90-18017.

Prüfung von Brandschutzklappen seit 2002

In Deutschland hat das DIBt seit 2002 mit der Fassung Dezember 2001 der Zulassungsrichtlinie die Umsetzung der DIN EN 1366-2 bei den Prüfungen von Brandschutzklappen vorgegeben.

Schmelzlote und Auslöseeinrichtungen werden nach der Norm ISO 10294-4:2001/AMD 1:2014 geprüft. Diese Prüfungen werden in Deutschland in der Regel beim VdS in Köln durchgeführt.

Brandschutzklappen mit lüftungstechnischen Funktionen sind einem Zyklentest zu unterziehen. Dabei sind 10.000 Lastspiele von Stellung AUF bis Stellung ZU und wieder in die Stellung AUF durchzuführen. Diesen Lastspielen folgen in Deutschland 25 weitere, europäisch 100 weitere, mit jeweils 90 % und 115 % der Nennspannung. Der Zyklentest wird an einer separaten Klappe durchgeführt.

Die Konditionierungszeit vor einem Brandversuch beträgt mindestens 28 Tage. Hierdurch soll sichergestellt sein, dass der umlaufende Mörtel ausreichend trocken ist. Vor einem Brandversuch müssen die eingebauten Klappen 50 Mal betätigt werden.

Brandschutzklappen sind mit der Antriebsseite im Feuer und auf der dem Feuer abgewandten Seite zu prüfen. Die Brandversuche werden in geöffneter Stellung der Brandschutzklappe gestartet. Durch die geöffnete Brandschutzklappe wird mit einer Geschwindigkeit von 0,15 m/s die Ofenluft abgesaugt. Die Brandschutzklappe muss innerhalb von zwei Minuten nach Ofenstart schließen. Nachdem die Klappe geschlossen hat, wird ein permanenter Unterdruck von 300 Pa bis zum Versuchsende eingestellt. Der Überdruck im Ofen wird bei Wandprüfungen mit 15 Pa, bei Deckenprüfungen mit 20 Pa eingestellt.

Die Temperaturen werden auf der Tragkonstruktion (Wand, Decke) sowie auf dem Prüfkörper (Brandschutzklappe, Einbausatz, feuerwiderstandsfähiger Teil der Brandschutzklappe) im Abstand von 25 mm, 50 mm und 325 mm gemessen. Die Temperaturen dürfen 140 K im Mittel und 180 K im Maximum ausgehend vom Anfangswert (Raumtemperatur der Prüfhalle) nicht überschreiten. Die Leckage wird ebenfalls gemessen, diese darf nicht höher als 200 m³/m²h sein.

Seit dem 1.9.2012, dem Ende der Koexistenzperiode der harmonisierten Produktnorm DIN EN 15650, müssen die Anwendungen an und entfernt von Wänden und Decken ebenfalls nach der DIN EN 1366-2 durchgeführt werden.

Die Klassifizierung in den allgemeinen bauaufsichtlichen Zulassungen lautet entsprechend der Versuchsdauer K 30, K 60 oder K 90. Die Klassifizierung nach der europäischen Klassifizierungsnorm DIN EN 13501-3 lautet EI 90 ($v_e h_o$ i↔o) S. E steht dabei für den Raumabschluss, I für die Dämmung, die Zahl 30, 60, 90 oder 120 für die Feuerwiderstandsdauer in Minuten, v_e für einen Einbau in (an, vor, entfernt) einer Wand, h_o für einen Einbau in (an, vor, entfernt) einer Decke und S für die reduzierte Leckage von 200 statt 360 m³/m²h. Brandschutzklappen ohne S dürfen in Deutschland nicht verwendet werden, Ausnahme Wohnungslüftung (s. a. M-LüAR Stand 2015 Abschnitt 7.1).

Brandschutzklappen werden zukünftig nach einer überarbeiteten DIN EN 1366-2 geprüft werden. Da die Fassung von 1999 datiert in der Produktnorm DIN EN 15650 aufgenommen wurde, darf die DIN EN 1366-2:2015-09 erst nach Überarbeitung der Produktnorm genutzt werden. Änderungen gegenüber der Fassung von 1999 betreffen im Wesentlichen den Beginn der Prüfzeit nach Ofenstart, die Lüftungsleitungslänge für Brandschutzklappen außerhalb der Wand und die Prüfung von Brandschutzventilen.

Direkter Anwendungsbereich von Prüfergebnissen

Die Verwendung und die Anwendung der Brandschutzklappen erfolgt entsprechend der Produktnorm DIN EN 15650 sowie den durchgeführten Prüfungen. Darüber hinaus dürfen Brandschutzklappen auch entsprechend DIN EN 1366-2:1999, Abschnitt 13 – Direkter Anwendungsbereich der Prüfergebnisse – verwendet werden. Die Details der Anwendung hat der Hersteller in den technischen Dokumentationen und der Montageanleitung aufzunehmen. Direkter Anwendungsbereich bedeutet, dass ein Prüfergebnis, das für eine Brandschutzklappe im Brandversuch erhalten wird, auf Brandschutzklappen der gleichen Bauart für eine definierte Anwendung anwendbar ist. Der direkte Anwendungsbereich darf von den Herstellern in die Montageanweisung übertragen werden.

Die Prüfungen sind mit der größten Abmessung durchzuführen. Es dürfen auch kleinere Klappen verwendet werden, dabei ist die kleinste zur Anwendung kommende Klappe hinsichtlich der Kaltleckage zu prüfen.

Der Mindestabstand zweier Klappen zueinander beträgt, wenn nicht anders geprüft, 200 mm. Der Mindestabstand zu tragenden Bauteilen (Wände und Decken) beträgt, wenn nicht anders geprüft, 75 mm.

Erweiterter Anwendungsbereich der Ergebnisse aus Feuerwiderstandsprüfungen

Der Erweiterte Anwendungsbereich der Ergebnisse aus Feuerwiderstandsprüfungen, DIN EN 15882-2:2015-06, ermöglicht der Notifizierten Stelle, auf Antrag des Herstellers eine positiv geprüfte Situation auf andere Einbausituationen sowie für konstruktive Änderungen an der Klappe zu übertragen. Die möglichen Übertragungen sind in Tabellenform in der Norm aufgeführt. Voraussetzung ist, dass die Klassifizierungszeit bei den Brandversuchen 10 % besser war als erforderlich. Der erweiterte Anwendungsbereich stellt somit eine Art Begutachtungsverfahren für in der Norm aufgeführte Einbausituationen und konstruktiven Detailänderungen an der Klappe dar.

Der verbleibende Spalt zwischen Mauerwerk und Brandschutzklappe ist brandschutztechnisch, z. B. mit Mörtel, zu verschließen. Normativ wird die Wand als „Tragkonstruktion", der vermörtelte Spalt als „Verfüllung" bezeichnet. Der Spalt ist so groß wie im Brandversuch bestätigt oder kleiner auszuführen. Nach dem erweiterten Anwendungsbereich der Ergebnisse aus den Feuerwiderstandsprüfungen, DIN EN 15882-2:2015-06, darf die Notifizierte Stelle eine um bis zu 50 % größere resultierende Fläche positiv bewerten, wenn die Klassifizierungszeit bei den Brandversuchen 10 % besser war als erforderlich.

Beispiel für eine EI 90 S klassifizierte Brandschutzklappe:

> E, I und S sind im Brandversuch mindestens über einen Zeitraum vom 90 Min. + 10 % = 99 Min. nachgewiesen, → damit darf die Notifizierte Stelle auf Antrag des Herstellers die Spaltfläche um bis zu 50 % vergrößert in der Bescheinigung der Leistungsbeständigkeit aufnehmen.

Nach dem erweiterten Anwendungsbereich darf immer geprüfter Standardmörtel durch feuerfesten Mörtel mit entsprechenden Prüfnachweisen ersetzt werden.

C-III. Brandschutzklappen vor 2012 – Einbau und Asbest

C-III. Brandschutzklappen vor 2012 – Einbau und Asbest

Sanierung asbesthaltiger Anschlagdichtungen

Bei der Herstellung von Brandschutzklappen wurde bis 1981 Asbest in Klappenblättern, Anschlagdichtungen und Flanschdichtungen verwendet. Von 1981 bis 1988 waren die Klappenblätter in der Regel zwar asbestfrei, jedoch wurden noch asbesthaltige Anschlagdichtungen eingesetzt.

Asbesthaltiges Dichtungsmaterial der Anschlagdichtungen war in der Regel hellgrau, Typ Litaflex KG 25, ein mineralischer Schaumstoff mit einer Rohdichte von ca. 20 kg/m³. Zwischen September 1988 und September 1989 wurde oftmals ein asbestfreier, weißer keramischer Filz, Typ Silkafeld 130 D, mit einer Rohdichte von ca. 130 kg/m³ eingesetzt. Die Haltbarkeit dieser Dichtung war jedoch nicht zufriedenstellend und so wurden ab September 1989 von den Herstellern anthrazitfarbene asbestfreie PU-Schaumdichtungen mit einer Rohdichte von ca. 60 kg/m³ verwendet.

Farbe der Dichtung	Typ	Eigenschaft
hellgrau	Litaflex KG 25	- asbesthaltig - ca. 20 kg/m³ - mineralischer Schaumstoff - Verwendung bis 31.08.88
weiß	Silkafeld 130 D	- asbestfrei - keramischer Filz, ca. 130 kg/m³ - Verwendung ab 01.09.88 für ca. 1 Jahr
anthrazitfarben	PU	- asbestfrei - Polyurethanschaum - ca. 60 kg/m³ - Verwendung seit Ende 1989

Tabelle C-III –1: Anschlagdichtungen

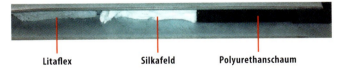

Bild C-III –1: Anschlagdichtungen: Litaflex – Silkafeld – Polyurethanschaum

Nach 1988 gab es für diverse Brandschutzklappen die Möglichkeit, mithilfe eines Ergänzungsprüfbescheides die asbesthaltige Anschlagdichtung gegen eine asbestfreie PU-Schaumdichtung auszutauschen. Die in der Asbestrichtlinie und in der TRGS 519 beschriebenen Randbedingungen waren und sind beim Austausch der Dichtungen einzuhalten. Nach Umstellung der Bezeichnung der Verwendbarkeitsnachweise von „Prüfbescheiden" zu „allgemeinen bauaufsichtlichen Zulassungen" konnte aus formalen Gründen der Ergänzungsprüfbescheid nicht zur Zulassung werden.

Sofern heute noch Austauschbedarf von asbesthaltigen Dichtungen besteht, ist unter Zuhilfenahme der ausgelaufenen Ergänzungsbescheide und der Prüfbescheide eine Zustimmung im Einzelfall zu beantragen. Eine besondere gutachterliche Beurteilung wird für diese Fälle dann i. d. R. nicht erforderlich sein, da im Ergänzungsbescheid alle für die Beurteilung des Asbestaustausches relevanten Sachverhalte berücksichtigt wurden.

Asbesthaltige Brandschutzklappen sind gemäß der Asbest-Richtlinie Fassung 1996 der Dringlichkeitsstufe III zugeordnet; die asbesthaltigen Bauteile (Dichtungen, Klappenblatt) sind daher alle 5 Jahre auf Unversehrtheit zu prüfen.

Einbau von Brandschutzklappen mit abZ bis 2012

Die Verwendungsmöglichkeiten sowie allgemein übliche Einbausituationen waren zwischen 1995 und 2012 in den allgemeinen bauaufsichtlichen Zulassungen aufgeführt. Ergänzend hierzu ist i. d. R. jeweils im letzten Absatz des Kapitels 1.2 beschrieben, dass der Nachweis der Eignung der Brandschutzklappe für bestimmte Verwendungen und Ausführungen im Rahmen des Zulassungsverfahrens nicht geführt wurde und somit nicht zugelassen ist. Hierzu zählt u. a. die Verwendung klassischer Brandschutzklappen

- als Küchenabluft-Brandschutzklappe,
- in Abluftanlagen mit Kontamination oder aggressiven Bestandteilen in der Luft (z. B. Laborabluft), die die Funktion beeinträchtigen können,
- für den Fall, dass eine Reinigung nicht möglich ist (also ohne Reinigungsöffnung an oder in unmittelbarer Nähe der Brandschutzklappe) und
- zu Regelzwecken.

Bei unterschiedlichen Herstellern waren viele Einbausituationen und Ausführungsdetails bei Brandschutzklappen mit Prüfbescheid oder allgemeiner bauaufsichtlicher Zulassung identisch. Nachfolgend die wesentlichen Einbaubedingungen.

Hinweis: Am 1.9.2012 endete die Koexistenzperiode der Produktnorm DIN EN 15650. Seitdem sind die der Produktnorm zuzuordnenden Brandschutzklappen nach der Prüfnorm DIN EN 1366-2 zu prüfen, mit einem CE-Kennzeichen in Verkehr zu bringen und entsprechend den technischen Dokumentationen der Hersteller einzubauen. Die Hersteller sind für die Richtigkeit der technischen Dokumentationen verantwortlich.

Notwendige Instandhaltungsmaßnahmen sind ebenfalls in die technische Dokumentation zu übernehmen.

Einbau von Brandschutzklappen in massive Wände – Einbau in massive Wände mit teilweiser Ausmörtelung mit abZ bis 2012

Kleine Spalte (≤ 50 mm) zwischen eckigen Brandschutzklappen und Decken sowie zur nächsten Wand durften üblicherweise statt mit Mörtel auch mit nichtbrennbarer Mineralwolle ausgefüllt werden. Zu beachten ist hierbei, dass der Schmelzpunkt der Mineralwolle > 1000 °C sein muss. Die erforderliche Rohdichte der Stopfung muss – je nach Hersteller – zwischen 50 und 180 kg/m³ betragen. Die zulässige Stärke der Mineralwolle ist in der Regel ≤ 50 mm.

Glaswolle, üblicherweise gelbe Dämmwolle, hat einen Schmelzpunkt von ca. 700 °C, schmilzt somit unter Brandeinwirkung und ist daher nicht geeignet. Bei teilweiser Ausmörtelung sind die Lüftungsleitungen beidseitig der Brandschutzklappe elastisch anzuschließen (elastischer Stutzen, Aluflex).

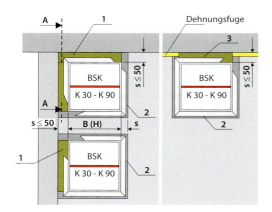

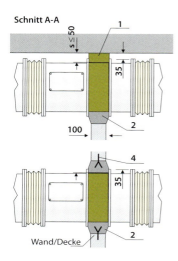

1 Mineralwolle elastisch, nicht brennbar nach DIN 4102, Schmelzpunkt >1000°C, Rohdichte ca. 50 - 180 kg/m³
  Nenndicke: ca. Spaltabstand s + 10 mm, Breite ca. 100 mm
2 Mörtel/Beton
3 Zur Abdichtung geltender Anschlüsse unter Decken ist Mineralwolle zu verwenden, die die erforderliche Dichte 150 kg/m³ (herstellerabhängig) erst im zusammengepressten Setzzustand erreicht.
4 Bei Einbau in Decken sind Mörtelanker erforderlich.

Bild C-III –3: Einbau von Brandschutzklappen bis 2012 mit teilweiser Ausmörtelung und einem teilweisen Verschluss mit Mineralwolle, Schmelzpunkt > 1000 °C in Verbindung mit gleitendem Wand-/Deckenanschluss

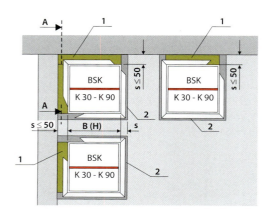

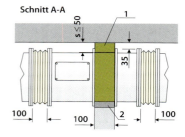

1 Mineralwolle elastisch, nicht brennbar nach DIN 4102, Schmelzpunkt > 1000°C, Rohdichte ca. 50 - 180 kg/m³ (herstellerabhängig)
  Nenndicke: ca. Spaltabstand s + 10 mm, Breite ca. 100 mm
2 Mörtel/Beton

Bild C-III –2: Einbau von Brandschutzklappen bis 2012 mit teilweiser Ausmörtelung und einem teilweisen Verschluss mit Mineralwolle, Schmelzpunkt > 1000 °C

Bei runden Brandschutzklappen wird in den Verwendbarkeitsnachweisen und Herstellerdokumentationen die auszufüllende Spaltbreite aus der Projektion zur nächsten Wand bzw. Decke bestimmt und soll dort nicht mehr als 50 mm betragen.

Es empfiehlt sich, die Spalte bei runden Klappen, die in den Diagonalen deutlich größer als 50 mm sein können, mit Mörtel auszufüllen.

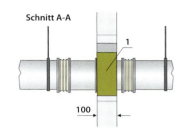

1 Mineralwolle, nicht brennbar nach DIN 4102, Schmelzpunkt > 1000°C, Rohdichte ca. 50 - 180 kg/m³ (herstellerabhängig)

Bild C-III –4: Einbau von runden Brandschutzklappen bis 2012 geringen Durchmessers, z. B. d = 150 mm und einem Ringverschluss aus Mineralwolle, Schmelzpunkt > 1000 °C

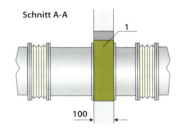

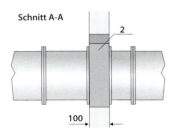

1 Mineralwolle, nicht brennbar nach DIN 4102, Schmelzpunkt > 1000°C, Rohdichte ca. 50 - 180 kg/m³ (herstellerabhängig)
2 Mörtel/Beton

Bild C-III –5: Einbau von runden Brandschutzklappen bis 2012 mit großen Durchmessern und einem Ringverschluss aus Mineralwolle, Schmelzpunkt > 1000 °C, unter Beachtung der maximalen Spaltbreite von 50 mm, bzw. im Eckbereich 75 mm:
Bei größeren Spaltenbreiten muss eine fachgerechte Vermörtelung auf Grundlagen der allgemeinen bauaufsichtlichen Zulassung erfolgen.

Sind Brandschutzklappen in gemauerte Wände eingebaut, darf die Wand oberhalb der Brandschutzklappe nicht ohne Betonsturz weitergeführt werden.

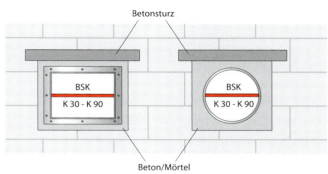

Bild C-III –6: „Übermauerung" rechteckiger und runder Brandschutzklappen

Einbau von Brandschutzklappen außerhalb von Wänden und Decken mit abZ bis 2012

Der Einbau von Brandschutzklappen außerhalb von Wänden und Decken ist in zwei Bereiche zu trennen:

- die entsprechend der Zulassung und der Montageanweisung auszuführende brandschutztechnische Bekleidung der Brandschutzklappe sowie
- die weiterführende feuerwiderstandsfähige Lüftungsleitung.

Die feuerwiderstandsfähige Bekleidung (Brandschutzbauplatten oder Dämmstoff) ist bei den Bauprodukten der verschiedenen Brandschutzklappen-Hersteller ähnlich auszuführen.

- **Bei der Verwendung von Brandschutzbauplatten ist Folgendes zu beachten:**
Umlaufend um die Brandschutzklappe herum werden die Brandschutzbauplatten im Abstand der Flanschstärke (ca. 30 bis 35 mm) befestigt. Der Zwischenraum zwischen Brandschutzbauplatten und Mauerrahmen der Brandschutzklappe ist mit nichtbrennbarer Mineralwolle auszufüllen. Der Schmelzpunkt der Mineralwolle muss > 1000 °C sein. Die erforderliche Rohdichte beträgt je nach Hersteller zwischen 50 und 180 kg/m³. Die Abhängung der Brandschutzklappe erfolgt in der Regel mittels U-Eisen (U 50 nach DIN 1026 = 50 mm x 38 mm x 5 mm). Zugelassen und üblich ist die Montage des U-Eisens unterhalb der Plattenbekleidung, i. d. R. darf die Abhängung auch zwischen Plattenbekleidung und Mauerrahmen der Brandschutzklappe – eingebettet in nichtbrennbarer Mineralwolle – erfolgen. Die feuerwiderstandsfähige Lüftungsleitung ist entsprechend dem zugehörigen Verwendbarkeitsnachweis auszuführen und abzuhängen. Somit sind zwei Verwendbarkeitsnachweise (sowohl für die Brandschutzklappe als auch für die feuerwiderstandsfähige Lüftungsleitung) zu berücksichtigen.

- **Bei der Verwendung von Dämmstoff ist Folgendes zu beachten:**
  Die Lösungen für feuerwiderstandsfähige Lüftungsleitungen mit Dämmstoffummantelung aus Mineralfasern fallen – entsprechend den Herstellern – sehr unterschiedlich aus.

  Es sind zwei- oder dreilagige Dämmstoffummantelungen herstellerabhängig erforderlich. Die Detailangaben der Verwendbarkeitsnachweise – insbesondere der Anschluss sowohl an die Brandschutzklappe als auch an die Wanddurchführung der Lüftungsleitung – sind zu beachten.

  Im Übrigen ist die Lüftungsleitung entsprechend dem zugehörigen Verwendbarkeitsnachweis auszuführen.

  Die Abhängung der Brandschutzklappe mittels Gewindestange und Metalldübel hat entsprechend den Ausführungen zur „Abhängung" (siehe **Teil D-IV.**) zu erfolgen.

Einbau von Brandschutzklappen vor massiven Wänden und Decken mit abZ bis 2012

Der Einbau von BSK vor massiven Wänden und Decken entspricht im Wesentlichen der Einbausituation außerhalb von Wänden und Decken. Eine Abhängung der Brandschutzklappe und der brandschutztechnischen Bekleidung ist jedoch nicht erforderlich, da der Abstand zwischen Brandschutzklappe und Wand in der Regel maximal 260 mm betragen darf.

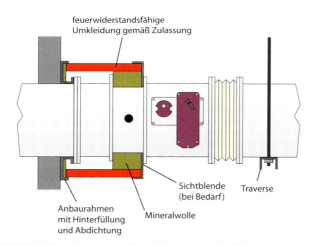

Bild C-III –7: Einbaubeispiel von Brandschutzklappen bis 2012 vor massiven Wänden und Decken

Die Brandschutzklappe ist einschließlich des Lüftungsleitungsabschnittes feuerwiderstandsfähig zu bekleiden.

Häufig ist die Konstruktion vor der Bekleidung mittels Stahlwinkeln an der Wand/der Decke zu befestigen. Diese Befestigung stellt den Ersatz für die Abhängung der Brandschutzklappe dar.

Der Wandanschluss des Plattenmaterials wurde bis ca. 2004 in den allgemeinen bauaufsichtlichen Zulassungen der Brandschutzklappen beschrieben. Seit dem Jahr 2005 stand in den Zulassungen, dass der Wandanschluss entsprechend dem Prüfzeugnis des Plattenherstellers der feuerwiderstandsfähigen Leitung auszuführen ist. Der Wandanschluss und die Materialstärke sind somit abhängig vom allgemeinen bauaufsichtlichen Prüfzeugnis des Plattenherstellers.

Die zwischen Flansch und Brandschutzbauplatte teilweise sichtbare Mineralwolle braucht nicht versiegelt oder abgeklebt zu werden.

Die in **Bild C-III–7** dargestellte Sichtblende ist i. d. R. nur aus optischen Gründen gewünscht.

C-IV. Anforderungen an Entrauchungsklappen – Prüfverfahren und Klassifizierung nach deutschen und europäischen Vorgaben

C-IV. Anforderungen an Entrauchungsklappen – Prüfverfahren und Klassifizierung nach deutschen und europäischen Vorgaben

Bei der Planung einer Entrauchungsanlage wird davon ausgegangen, dass es in einem Gebäude nur an einer Stelle zum Brand kommt. Weiterhin ist zu berücksichtigen, dass die erforderlichen Volumenströme im Entrauchungsfall größer sind als die zur Be- und Entlüftung dieser Räume notwendigen Volumenströme. Eine energetische Optimierung der Anlagen ist, da sie nur im Notfall und zu Testzwecken in Funktion sind, nicht erforderlich. Aus diesem Grund wird das Leitungsnetz zur Entrauchung häufig in feuerwiderstandsfähiger Bauart durch die zu entrauchenden Räume gelegt. Im Leitungsnetz zu den zu entrauchenden Räumen sind Entrauchungsklappen eingebaut. Bei einem Brand wird die zur Entrauchung notwendige Klappe angesteuert, diese öffnet dann mittels elektrischem Antrieb.

Bis zum Ende der 1990 er Jahre wurden dafür Brandschutzklappen verwendet, bei denen der Federrücklaufantrieb gegen einen Antrieb ausgetauscht wurde, der unter Spannungsversorgung öffnen und schließen kann. Die Funktion dieser Klappen war nicht nachgewiesen.

Das DIBt hat daher 1997 über die Bauregelliste gefordert, dass für Entrauchungsklappen die Verwendbarkeit mit einer allgemeinen bauaufsichtlichen Zulassung nachzuweisen ist.

Für die Erteilung einer allgemeinen bauaufsichtlichen Zulassung hat das DIBt vorgegeben, nach welchen Grundlagen oder Normen zu prüfen ist. Unterlagen dafür wurden vom DIBt nicht veröffentlicht. Für das betreffende Produkt eines Antragstellers wurden die zur Erteilung einer Zulassung notwendigen Prüfungen festgelegt. Entrauchungsklappen wurden nach der Vornorm DIN V 18232-6:1997-10 geprüft. Zulassungen in Deutschland wurden erteilt für ein- wie auch für mehrlamellige Klappen.

Entrauchungsklappen wurden vom Europäischen Parlament als ein so wichtiges Bauprodukt für den freien Warenverkehr angesehen, dass ein Mandat für eine europäische Produktnorm erteilt wurde. Das europäische Komitee für Normung (CEN) hat die Produktnorm erstellt. Mit der Veröffentlichung im Amtsblatt der Europäischen Union wurde die einjährige Koexistenzperiode vom 1.2.12 bis 1.2.13 festgelegt. Während dieser Zeitspanne durfte der Hersteller wählen, ob nach nationalen Vorgaben mit einer allgemeinen bauaufsichtlichen Zulassung oder europäischen Vorgaben mit dem CE-Kennzeichen eine Entrauchungsklappe in Verkehr gebracht werden soll.

Mit Ende der Koexistenzperiode der harmonisierten Norm DIN EN 12101-8:2011-08 für Entrauchungsklappen, auch Produktnorm genannt, dürfen derartige Klappen nur noch mit einem CE-Zeichen in Verkehr gebracht werden. In der Produktnorm DIN EN 12101-8 sind zur Prüfung die Normen DIN EN 1366-10 und DIN EN 1366-2 aufgeführt, die Klassifizierung erfolgt nach DIN EN 13501-4.

In den nachfolgenden Kapiteln werden die nationalen Prüfungen nach Vornorm DIN V 18232-6 und die aktuellen Prüfungen für eine CE-gekennzeichnete Klappe nach den europäischen Prüfnormen dargestellt. Die Normen sind allgemein zugänglich. Aus diesem Grund wird bezüglich der durchzuführenden Prüfungen nur das Prinzip der Prüfungen erläutert. Die Prüfungen nach deutscher und europäischer Vorgabe unterscheiden sich erheblich.

Anwendungen, Prüfverfahren und Klassifizierungen nach deutschen Vorgaben

Die Vornorm DIN V 18232-6:1997-10 beschreibt die Anforderungen an die Einzelbauteile und Eignungsnachweise von maschinellen Rauchabzügen. Neben den Ventilatoren und Leitungen werden Entrauchungsklappen behandelt.

Nach DIN V 18232-6 Abschnitt 3.6 und 3.7 ist eine Entrauchungsklappe ein Bauteil innerhalb einer maschinellen Entrauchungsanlage, dass zur Entrauchung geöffnet werden muss. Zuluftklappen sind die Klappen, die bei der Entrauchung zur Belüftung geöffnet werden.

Das Deutsche Institut für Bautechnik hat in den allgemeinen bauaufsichtlichen Zulassungen auch nur diese beiden Verwendungen aufgenommen. Die Kombination einer Entrauchungs- und Lüftungsanlage ist nur im Abluftbereich als Entrauchungsklappe mit Entlüftungsfunktion möglich, hierfür hat das DIBt die Zulassungen erweitert. Nach den allgemeinen bauaufsichtlichen Zulassungen sind die Steuerungen nicht Bestandteil der Zulassungen, diese sind im Brandschutzkonzept oder über die Baugenehmigung zu beschreiben. Einzig bei der Entrauchungsklappe mit Entlüftungsfunktion hat das DIBt gefordert, dass bei Ausfall der Sicherheitsstromversorgung der angesteuerte Fahrbefehl von der Stellung ZU nach AUF oder umgekehrt durch eine an der Klappe befindlichen Batterie oder einen Akku sichergestellt sein muss. Diese Klappen müssen zudem beim Zyklentest 10.000 Mal geöffnet und geschlossen werden.

Die weitere Verwendung ist in Deutschland nicht reglementiert. Neben der Verwendung in maschinellen Rauchabzügen werden Entrauchungsklappen in Abströmschächten von Druckbelüftungsanlagen für Treppenräume und Feuerwehraufzugsschächte eingesetzt.

Nach der DIN V 18232-6 Abschnitt 4.4 müssen Entrauchungsklappen im Wesentlichen aus nichtbrennbaren Baustoffen bestehen. Intumeszierende Baustoffe dürfen nicht verwendet werden. Die Entrauchungsklappen der deutschen Hersteller haben als Anschlagdichtung eine gering intumeszierende Dichtung. Es ist davon auszugehen, dass das DIBt eine intumeszierende Anschlagdichtung akzeptiert hat, hingegen eine umlaufend des Klappenblattes befindliche intumeszierende Dichtung nicht zugelassen hätte. Auch die im Abschnitt 4.4 genannte erforderliche Mindestgröße von 0,2 m² hat das DIBt nicht übernommen, die kleinsten Klappen weisen Innenabmessungen von 0,2 m x 0,2 m (= 0,04 m²) auf.

Für den Nachweis als Entrauchungsklappe sind verschiedene Arten von Prüfungen erfolgreich zu absolvieren. Neben dem Querschnittserhalt, der Prüfung des Öffnens der Klappe nach 25 Minuten Brandbeanspruchung und der Leckage ist bei feuerwiderstandsfähigen Klappen zudem eine Feuerwiderstandsprüfung durchzuführen. Jede Prüfung muss erfolgreich bestanden werden.

Die Klassifizierung von feuerwiderstandsfähigen Entrauchungsklappen mit allgemeiner bauaufsichtlicher Zulassung in Deutschland lautet EK90.

Unterlagen zum Prüfverfahren für Entrauchungsklappen für einen einzelnen Abschnitt, also zum Anschluss an eine Stahlblechentrauchungsleitung, stehen in Deutschland nicht zur Verfügung. In Deutschland war bis zum Ende der Koexistenzperiode der harmonisierten Produktnorm DIN EN 12101-8:2011-08 für Entrauchungsklappen nur eine Entrauchungsklappe hierfür zugelassen (Firma Strulik, Typ RKE). Da eine Feuerwiderstandsdauer für die Anwendung nicht geprüft wird, liegt keine Klassifizierung vor. In der allgemeinen bauaufsichtlichen Zulassung wird lediglich im Anwendungsbereich der Anschluss an eine Stahlblechentrauchungsleitung aufgeführt.

Für die feuerwiderstandsfähigen Entrauchungsklappen wird nachfolgend der prinzipielle Prüfungsablauf dargestellt.

Zyklentest

An der größten und der kleinsten Klappe wird ein Zyklentest durchgeführt. Der Zyklentest selbst wird in der DIN V 18232-6 nicht beschrieben. In Deutschland hat das DIBt nur die Forschungsstelle für Haustechnik an der Technischen Universität München (TUM), Außenstelle Dachau, für die Prüfung von Entrauchungsklappen anerkannt. Der Zyklentest wurde dort entwickelt und so in das europäische Normungsverfahren integriert. Der Zyklentest ist identisch mit dem aktuellen Zyklentest nach DIN EN 1366-10:2011-07.

Eine Entrauchungsklappe muss mit mindestens 300 Zyklen geprüft werden (100 Zyklen bei Nennspannung, 100 Zyklen bei 90 % der Nennspannung, 100 Zyklen bei 115 % der Nennspannung). Entrauchungsklappen mit Lüftungsfunktion werden mit 10.000 Zyklen bei Nennspannung, gefolgt von 100 Zyklen bei 90 % der Nennspannung, gefolgt von 100 Zyklen bei 115 % der Nennspannung geprüft.

Nach den Zyklentests werden die Klappen einer Leckageprüfung bei Umgebungstemperatur unterzogen. Die Klappen werden danach nicht weiter verwendet.

Prüfung der Feuerwiderstandsdauer und der Leckage

Entrauchungsklappen mit Feuerwiderstand sind hinsichtlich der Feuerwiderstandsdauer zu prüfen. Hierbei werden nach DIN V 18232-6 Abschnitt 8.4.2 die Klappen mit der kleinsten und der größten Abmessung in eine Prüfwand eingebaut. Der Antrieb befindet sich dabei auf der kalten Seite. Beim Brandversuch wird ein Überdruck von 300 Pa von der dem Feuer abgewandten Seite aufgebaut.

Die Temperaturen werden analog der DIN 4102-6 ermittelt und ausgewertet. Der erste Messkranz befindet sich 50 mm von der Wand entfernt auf der Klappe bzw. 50 mm von der Klappe entfernt auf der Wand. Weitere Messpunkte sind nach DIN 4102-6 nicht definiert, jedoch werden im Abstand von 325 mm weitere Messpunkte auf der Klappe bzw. auf dem angeschlossenen Kanal angebracht. Die mittlere Temperatur eines Messkranzes darf 140 K über Anfangstemperatur nicht überschreiten, die maximale Temperatur an einem Messpunkt darf dabei 180 K über Anfangstemperatur betragen.

Bei dem Brandversuch wird auch die Leckage ermittelt. Vor dem Brandversuch wird die Leckage bei Umgebungstemperatur gemessen. Hierbei darf bei einem Unterdruck von 1500 Pa der Grenzwert von 200 m³/m²h nicht überschritten werden. Beim Brandversuch darf bei einem Prüfdruck von 300 Pa Überdruck die zulässige Leckage von 600 m³/m²h nicht überschritten werden.

Prüfung des Querschnittserhalts

Der Querschnittserhalt wird über einen Brandversuch nachgewiesen, dabei darf sich die lichte Abmessung der Entrauchungsklappe an keiner Stelle um mehr als 10%, höchstens jedoch um 40 mm, verringern. Die Prüfung soll belegen, dass der vorgesehene Entrauchungsvolumenstrom über die Klappe gefördert werden kann. An einer Entrauchungsklappe der größten Abmessung wird eine Absaugeinrichtung angeschlossen. Während des Brandversuchs werden durch die geöffnete Klappe die Brandgase des Ofens mit 3 m/s abgesaugt. Die mittlere Strömungsgeschwindigkeit bezieht sich dabei auf die Nennabmessung der Klappe. Die Ofentemperatur wird während des Brandversuchs nach der ETK eingestellt.

Prüfung des Öffnens bei Brandbeanspruchung

Entrauchungsklappen müssen nach 25 Minuten Brandbeanspruchung noch öffenbar sein. Hierdurch wird die Forderung der Feuerwehren erfüllt, dass nach Eintreffen am Brandort ein Eingriff von Hand noch möglich sein soll. Zur Prüfung wird eine Klappe der größten Abmessung mit dem Antrieb auf der dem Feuer abgewandten Seite in eine Prüfwand eingebaut. Die geschlossene Klappe wird dem Feuer ausgesetzt, die Temperatur folgt der ETK. Nach 25 Minuten muss die Klappe angesteuert werden und öffnen.

Anwendungen, Prüfverfahren und Klassifizierungen nach europäischen Vorgaben

Die harmonisierte Norm DIN EN 12101-8:2011-08 beschreibt in der Einleitung die mögliche Verwendung von Entrauchungsklappen. Neben der Entrauchung von einem Einzelabschnitt aus dem Gebäude dienen demnach Entrauchungsklappen der Entrauchung eines Brandabschnittes im Gebäude wie auch der Verwendung von Druckbelüftungsanlagen zur Aufrechterhaltung von rauchfreien Bereichen.

Neben den klassischen Bereichen der Entrauchung wird in der Einleitung der Norm ebenfalls beschrieben, dass die Entrauchungsanlagen, in denen die Entrauchungsklappen eingebaut sind, auch einer kombinierten natürlichen Belüftung und Entrauchung dienen können. Am Ende der Einleitung wird darauf hingewiesen, dass Entrauchungsklappen zudem für die Anlagenarten Druckbelüftung, Druckentlastung, Absaugvorrichtung, Luftleitungssysteme und Gaslöschanlagen vorgesehen sind.

Diese Verwendungsarten waren bisher nicht vorgesehen, insbesondere die Verwendung in Luftleitungssystemen ist in Deutschland neu. Eine Verwendung in Lüftungsanlagen ist in Deutschland derzeit nicht ohne eine Abweichung möglich. Die Muster-Lüftungsanlagen-Richtlinie sowie die Tabelle 2 b der Anlage 0.1.2 zur Bauregelliste A Teil 1, 2015 beschreiben nur Brandschutzklappen als dafür zu verwendende Bauprodukte.

Die Produktnorm DIN EN 12101-8 legt neben der Verwendung auch die notwendigen Prüfungen dar. Die Prüfungen der Entrauchungsklappen sind nach DIN EN 1366-2 und DIN EN 1366-10 durchzuführen. Da keine datierten Verweise aufgeführt sind, gelten jeweils die aktuellen Fassungen. Die Klassifizierung der Entrauchungsklappen erfolgt nach DIN EN 13501-4.

Für den Nachweis als Entrauchungsklappe sind verschiedene Arten von Prüfungen erfolgreich zu absolvieren. Der Querschnittserhalt bei geöffneter Klappe sowie das Auslöseverhalten und die Leckage sind nachzuweisen. Feuerwiderstandsfähige Klappen müssen zudem Feuerwiderstandsprüfungen wie eine Brandschutzklappe absolvieren.

Die Produktnorm legt neben der Verwendung auch die notwendigen Prüfungen dar.

In der Produktnorm werden hinsichtlich der Verwendung im Wesentlichen die Entrauchungsklappen für Einzelabschnitte ohne Feuerwiderstand (single) und die Entrauchungsklappen für Mehrfachabschnitte mit Feuerwiderstand (multi) unterschieden. Die Prüfungen sind gleichartig, lediglich unterscheiden sich die zu verwendenden Leitungen sowie die Bewertung des Raumabschlusses und der Dämmung. Bei Entrauchungsklappen für Einzelabschnitte werden Stahlblechentrauchungsleitungen bei der Prüfung verwendet. Die Leitungen sind zuvor nach DIN EN 1366-9 zu prüfen. Die Prüfungen der Klappe werden nur bis zu einer Temperatur von 600 Grad Celsius durchgeführt. Die Entrauchungsklappen brauchen nicht thermisch zu trennen, die Klassifizierung beginnt mit E600. E steht hierbei für den Raumabschluss, die Zahl 600 für die Temperatur in Grad Celsius, bis zu der der Raumabschluss nachgewiesen ist. Da eine thermische Trennung nicht erforderlich ist, entfällt für Entrauchungsklappen für Einzelabschnitte die Feuerwiderstandsprüfung nach DIN EN 1366-2. Entrauchungsklappen für Mehrfachabschnitte sind in Verbindung mit nach DIN EN 1366-8 geprüften feuerwiderstandsfähigen Entrauchungsleitungen zu prüfen. Die Prüfungen erfolgen bei einer Temperatur nach Einheits-Temperaturzeitkurve (ETK). Neben dem Raumabschluss wird die Feuerwiderstandsdauer in Minuten ermittelt, üblich sind 30 bis 180 Minuten. Die Klassifizierung lautet je nach Dauer des Feuerwiderstandes, häufig vertreten sind EI 90 und EI 120.

Vor jeder Brandprüfung sind Entrauchungsklappen sogenannten Zyklenprüfungen zu unterziehen. Die Zyklenprüfungen werden unter Aufbringung eines zusätzlichen Drehmoments durchgeführt. Dieses zusätzliche Drehmoment soll dem Widerstand entsprechen, der durch die Luftströmung auf das sich öffnende Klappenblatt einstellt. Je nach Anzahl der Zyklen der vor jedem Versuch durchzuführenden Zyklentests wird die Klappe abschließend klassifiziert mit C_{300}, $C_{10.000}$ oder C_{mod}. C steht hierbei für den englischen Begriff „close", die Zahl steht für die Anzahl der geprüften Zyklen, C_{mod} bedeuten dabei 20.000 Zyklen. C_{300} steht hierbei für eine reine Entrauchungsklappe, $C_{10.000}$ für eine Entrauchungsklappe, die normativ auch in Lüftungs- und Klimaanlagen verwendet werden darf und C_{mod} für eine Entrauchungsklappe, die normativ auch die modulare Funktion in Lüftungs- und Klimaanlagen übernehmen darf. Mit dieser Funktion ist es zulässig, die Entrauchungsklappen in Zwischenstellungen zu positionieren. Bei dieser Funktion übernimmt die Klappe zusätzlich die Funktion einer Drossel.

Sollen Entrauchungsklappen in Wänden oder Decken oder in bzw. an Leitungen verwendet werden, erfolgt die Prüfung in oder an entsprechenden Bauteilen. Die Klassifizierung setzt sich zusammen aus der Lage des geschlossenen vertikalen oder horizontalen Klappenblatts mit v_e oder h_o. Die Lagekennzeichnung wird ergänzt um den Buchstaben w für den englischen Begriff „wall", stellvertretend für Decken oder Wände, wie auch um den Buchstaben d für den englischen Begriff „duct" für Leitung. Die Klassifizierung lautet dann v_{ed}, v_{ew}, v_{edw}, h_{od}, h_{ow} oder h_{odw}.

Nach Abschluss der Prüfungen wird die notifizierte Stelle die Fertigung im Herstellerwerk überprüfen. Der Hersteller hat vor Produktionsbeginn der notifizierten Stelle den Nachweis der werkseigenen Produktionskontrolle (WPK) zu erbringen. Die notwendigen Prüfungen sind vom Hersteller in Übereinstimmung mit dem Prüfplan nach Anhang C der DIN EN 12101-8 durchzuführen. Ziel dabei ist, dass die Rückverfolgbarkeit gegeben ist. Wenn ein Hersteller eine Abweichung vom Soll feststellt, kann er die betroffenen Produkte lokalisieren und Verbesserungsmaßnahmen oder den Tausch der Produkte einleiten.

Die oben genannten Nachweise und Prüfungen sind in den Prüfnormen, der Produktnorm sowie in der Klassifizierungsnorm beschrieben. Die Anwendung darf nach Abschluss der Prüfungen entsprechend des Prüfaufbaus erfolgen. Darüber hinaus sind weitere Anwendungen möglich, diese ergeben sich aus dem direkten Anwendungsbereich der Prüfnormen.

Zyklentest

Vor jedem Brandversuch ist der Zyklentest nach Anhang A der DIN EN 1366-10:2011-07 durchzuführen. Die Brandprüfungen erfolgen ohne oder ohne wesentliche Strömung. Der Zyklentest ersetzt die durch die Strömung im Verwendungsfall auftretenden Kräfte auf das Klappenblatt. Im Abschnitt A.4.2 der DIN EN 1366-10 wird aufgeführt, dass bei zwei verschiedenen Klappengrößen mit je 50 mm dickem Klappenblatt im Labor bei 10 m/s Strömungsgeschwindigkeit die Kräfte ermittelt wurden. Hierbei wurde ein Grundwert von 34,4 bestimmt. Das aufzubringende Drehmoment T bei Entrauchungsklappen beträgt nach Abschnitt A.3.1 der DIN EN 1366-10 je Klappenblatt

$T = 33{,}4 \times (BW/1000) \times (BH/1000)^2$

Dabei ist
T   das zu ermittelnde Drehmoment
34,4   der konstante Grundwert
BW   die Breite des Klappenblatts in mm
BH   die Höhe des Klappenblatts in mm

Für ein Klappenblatt der Größe 1500 mm breit x 800 mm hoch ergibt sich dabei ein Drehmoment von 33 Nm.

Aus der Norm geht nicht hervor, wie der Grundwert bei einer anderen Strömungsgeschwindigkeit oder bei einer anderen Klappenblattdicke bestimmt wird. Auch fehlen Angaben darüber, wie die Drehmomente für nicht mittig gelagerte Klappenblätter zu ermitteln sind.

Das Drehmoment ist über ein Gewicht auf das Klappenblatt aufzubringen. Hierbei ist die Klappe so zu positionieren, dass sich das geschlossene Klappenblatt parallel zum Boden befindet. Das Gewicht wird so am Klappenblatt angebracht, dass unter dem 45 Grad geöffneten Klappenblatt das errechnete Drehmoment anliegt (sie auch Bild A.1 DIN EN 1366-10).

Nach der Prüfnorm sind alle Zyklentests vor Brandversuchen gleichartig durchzuführen. Hierbei ist zu vermuten, dass nicht bedacht wurde, dass eine Entrauchungsklappe auch mit senkrechter Klappenachse eingebaut sein kann. Bei einem Zyklentest ist dabei von einer erheblichen Belastung der Lagerstellen durch das Gewicht des Klappenblattes auszugehen. Da ein Hersteller für die Leistung seines Produktes alleine verantwortlich ist, hat der Hersteller somit in eigener Verantwortung diese Belastung zu testen und die Lagerstelle zu dimensionieren.

Die Anzahl der vom Hersteller gewünschten Zyklen zur Erreichung der Klassifizierung C_{300}, $C_{10.000}$ oder C_{mod} ergeben die durchzuführenden Zyklen. Ein Zyklus umfasst die Bewegung vom vollständig geschlossenen Klappenblatt bis zum vollständig geöffneten Klappenblatt und von dort wieder bis zum vollständig geschlossenen Klappenblatt. C_{300} bedeuten 100 Zyklen unter Nennspannung zuzüglich 100 Zyklen mit 90 % der Nennspannung zuzüglich 100 Zyklen mit 115 % Nennspannung. $C_{10.000}$ bedeuten 10.000 Zyklen bei Nennbetriebsspannung gefolgt von 100 Zyklen bei 90 % Nennbetriebsspannung, gefolgt von 100 Zyklen mit 115 % Nennspannung. C_{mod} wird mit 2 x 10.000 Zyklen bei Nennspannung durchgeführt, wobei die zweiten 10.000 Zyklen so durchgeführt werden, dass das Klappenblatt die Endlage bei halb geöffnet und zwei Drittel geöffnet (45 Grad und 60 Grad) erreichen soll.

Prüfung der Feuerwiderstandsdauer

Die Prüfung der Feuerwiderstandsdauer erfolgt wie bei Brandschutzklappen nach DIN EN 1366-2:1999-10. Die Prüfung wird nur bei Entrauchungsklappen für Mehrfachabschnitte durchgeführt. Vier Unterschiede sind gegenüber der Prüfung einer Brandschutzklappe zu beachten.

Vor dem Brandversuch ist der Zyklentest mit der Anzahl der vom Hersteller gewünschten Zyklen zur Erreichung der Klassifizierung C_{300}, $C_{10.000}$ oder C_{mod} unter Aufbringung eines zusätzlichen Drehmoments durchzuführen.

Der Brandversuch selbst wird bei einem Unterdruck in Abhängigkeit der gewünschten Druckstufe durchgeführt. Nach Tabelle 1 der DIN EN 1366-10:2011-07 beträgt der Differenzdruck für die Brandprüfung bei der Druckstufe 1 -150 Pa, bei der Druckstufe 2 -300 Pa, bei der Druckstufe 3 -500 Pa.

Die Ermittlung der Kaltleckage erfolgt vor dem Zyklentest sowie vor dem Brandversuch bei Umgebungstemperatur bei dem später zu klassifizierenden Betriebsdruck. Die Messung erfolgt bei Druckstufe 1 mit -500 Pa, bei Druckstufe 2 mit -1000 Pa und bei Druckstufe 3 mit -1500 Pa.

Der Brandversuch wird mit geöffneter Entrauchungsklappe gestartet. Entrauchungsklappen dürfen keine thermische Auslösevorrichtung haben. Der Zeitpunkt des Schließens ist daher vorgegeben, der Schließvorgang wird 30 Sekunden nach Beginn des Brandversuches eingeleitet.

Beim Brandversuch selber werden die Temperaturen analog des Brandversuchs einer Brandschutzklappenprüfung nach DIN EN 1366-2 ermittelt und ausgewertet. Die Leckage darf dabei 200 m³/m²h nicht überschreiten. Der Versuch soll sicherstellen, dass über geschlossene Entrauchungsklappen die Weiterleitung von Feuer oder Rauch verhindert wird.

Prüfung des Querschnittserhalts

Die Prüfung des Querschnittserhalts von Klappen, die in einem raumabschließenden Bauteil montiert sind, erfolgt nach DIN EN 1366-10 Abschnitt 6.5.2. Die Temperatur im Prüfofen ist analog der Einheits-Temperaturzeitkurve.

Vor der eigentlichen Prüfung erfolgt die Leckagemessung, gefolgt vom Zyklentest und einer erneuten Leckagemessung vor Versuchsbeginn. Für den Brandversuch wird die Entrauchungsklappe in eine Wand eingebaut, an der Klappe wir eine 4 m lange feuerwiderstandsfähige Entrauchungsleitung angeschlossen. Zu Beginn des Brandversuchs ist die Klappe geschlosssen. Je nach nachzuweisender Auslöseart, automatische Auslösung oder manuelle Auslösung, wird die Klappe 30 Sekunden oder 25 Minuten nach Beginn des Brandversuchs geöffnet. Nachdem die Klappe geöffnet ist, wird eine Strömungsgeschwindigkeit von 2 m/s eingestellt. Die Prüfstelle zeichnet die tatsächliche Gesamtmasse der heißen Gase auf. Durch das Verhältnis der ermittelten Masse an heißen Gasen und der theoretischen Gesamtmasse der heißen Gase wird ermittelt, ob der Querschnitt der Klappe ausreichend groß geblieben ist. Hierdurch wird belegt, dass bei einer erfolgreichen Prüfung der freie Querschnitt ausreichend groß ist.

Bei der Erstellung der Norm ist gegebenenfalls nicht beachtet worden, dass eine Entrauchungsklappe mit der Klassifizierung MA erst nach 25 Minuten öffnet. Die Belastung des Gehäuses und des geöffneten Klappenblattes ist somit deutlich geringer als bei einer nach 30 Sekunden öffnenden Klappe. Eine Entrauchungsklappe mit der Klassifizierung MA darf aber ebenfalls automatisch angesteuert werden. Die beschriebene Prüfung nach DIN EN 1366-10 Abschnitt 6.5.2 berücksichtigt diese zusätzliche Belastung nicht.

Prüfung der Auslösung und Prüfung von Entrauchungsklappen, die an Entrauchungsleitungen montiert sind

Die Prüfung einer Entrauchungsklappe, die an einer Entrauchungsleitung montiert ist, ist eine Art Doppelprüfung. Über die Prüfung mit an Entrauchungsleitungen montierten Entrauchungsklappen wird die automatische oder die manuelle Auslösung geprüft. Wenn der Versuch danach nicht abgebrochen wird, erfolgt dann die Prüfung an horizontaler und/oder vertikaler Leitung.

Voraussetzung für die Prüfung ist, dass die verwendeten Entrauchungsleitungen zuvor geprüft wurden. Entrauchungsleitungen für Einzelabschnitte sind nach DIN EN 1366-9, Entrauchungsleitungen für Mehrfachabschnitte sind nach DIN EN 1366-8 zu prüfen. Bei diesen Prüfungen werden u. a. die Leckagen der Leitungen festgestellt.

Der Aufbau der Versuche für Entrauchungsklappen an horizontale Leitungen erfolgt analog Bild 3 der DIN EN 1366-10 für Einzelabschnitte beziehungsweise Bild 8 der DIN EN 1366-10 für Mehrfachabschnitte. Der Versuchsaufbau ist, bis auf die unterschiedlichen Leitungen, identisch. Der Versuchsaufbau für Entrauchungsklappen an vertikalen Leitungen wird nur für Mehrfachabschnitte beschrieben. Hierfür sind die Anforderungen nach Bild 9 der DIN EN 1366-10 umzusetzen.

Bei allen Aufbausituationen wird eine ca. 7,5 m bis 8 m lange Entrauchungsleitung errichtet. Diese Leitung soll die Überbrückung von zwei Räumen oder Geschossen versinnbildlichen. Die Leitung befindet sich bei horizontaler Anordnung 2,5 m und bei vertikaler Anordnung 3 m innerhalb des Ofens. Der Bereich außerhalb des Ofens ist jeweils 4,25 m lang. An den Leitungen werden jeweils eine Klappe im Ofen und eine Klappe außerhalb des Ofens angeschlossen. In der Entrauchungsleitung wird ein Lochblech integriert, dieses wird zwischen beiden Klappen angeordnet.

Der Versuch wird gestartet mit geschlossener Klappe im Ofen und geöffneter Klappe außerhalb des Ofens. Bei Klappen der nachzuweisenden Klassifizierung AA (automatische Ansteuerung) erfolgt die Ansteuerung beider Klappen nach 30 Sekunden, bei Klappen der nachzuweisenden Klassifizierung MA (manuelle Ansteuerung) nach 25 Minuten. Wenn die Klappe im Ofen nach der Ansteuerung vollständig öffnet und die Klappe außerhalb des Ofens vollständig schließt, ist die Prüfung der Ansteuerung abgeschlossen. Soll nachgewiesen werden, dass die Klappen auch an horizontalen bzw. an vertikalen Leitungen montiert werden dürfen, wird der Brandversuch fortgesetzt.

Die Ofentemperatur folgt der Einheits-Temperaturzeitkurve. Bei Entrauchungsklappen für Einzelabschnitte wird der Temperaturanstieg auf 600 Grad Celsius limitiert. Nach der Ansteuerung der Klappen wird über die am Ende der Leitungen angeschlossenen Ventilatoren eine Strömungsgeschwindigkeit von 2 m/s innerhalb der Leitung eingestellt. Durch das Lochblech ist der Widerstand in der Entrauchungsleitung so voreingestellt, dass innerhalb der Leitung und an der geschlossenen Klappe außerhalb des Ofens ein Unterdruck vorhanden ist. Die Vorauswahl und Montage des Lochblechs erfolgt nach den Bildern 12 und 13 der DIN EN 1366-10. Hierbei variiert je nach Druckstufe die Anzahl der Löcher im Lochblech. Der Differenzdruck bei der Prüfung beträgt bei Druckstufe 1 -150 Pa, bei Druckstufe 2 -300 Pa und bei Druckstufe 3 -500 Pa.

Die Temperaturfühler für Entrauchungsklappen für Mehrfachabschnitte werden analog Bild 10 sowie an der Entrauchungsklappe außerhalb des Prüfofens entsprechend DIN EN 1366-2 positioniert. Mit den Temperaturfühlern wird bei Entrauchungsklappen für Mehrfachabschnitte ermittelt, ob die thermische Dämmung ausreichend ist. Die Anordnung der Gasprüfsonde erfolgt bei allen Klappen nach Bild 14 der DIN EN 1366-10. Über die Gasprüfsonden wird der Sauerstoffgehalt in der Leitung am Ofenaustritt sowie am Ende der Prüfstrecke ermittelt. Die Prüfstelle berechnet nach DIN EN 1366-10 Anhang B aus dem gemessenen Sauerstoffgehalt vor und nach der Klappe die Gesamtleckage. Hiervon wird die Leckage der Leitung, die nach DIN EN 1366-8 bzw. DIN EN 1366-9 ermittelt wurde, abgezogen. Die Grenzwerte bei der Temperaturmessung betragen 140 K Temperaturerhöhung im Mittel eines Messkranzes bzw. 180 K Temperaturerhöhung an maximaler Stelle. Der Grenzwert der Leckage beträgt bei allen Druckstufen 200 m³/m²h.

Direkter Anwendungsbereich der Prüfergebnisse

Die Verwendung und die Anwendung der Entrauchungsklappen erfolgt entsprechend der Produktnorm sowie den durchgeführten Prüfungen. Darüber hinaus dürfen Entrauchungsklappen auch entsprechend DIN EN 1366-10, Abschnitt 9 – Direkter Anwendungsbereich der Prüfergebnisse –, verwendet werden. Die Details der Anwendung hat der Hersteller in den technischen Dokumentationen und der Montageanleitung aufzunehmen.

Die Prüfungen sind mit der größten Abmessung durchzuführen. Es dürfen auch kleinere Klappen verwendet werden, dabei ist die kleinste zur Anwendung kommende Klappe hinsichtlich der Kaltleckage zu prüfen.

Die bei der Prüfung verwendete Größe der Entrauchungsleitung beträgt 1000 mm x 250 mm, zur Anwendung dürfen Leitungen der Größe 1250 mm x 1000 mm kommen.

Bei den Brandversuchen wird in Abhängigkeit der Druckstufe (1, 2, 3) ein Unterdruck (150 Pa, 300 Pa, 500 Pa) aufgegeben. Die zulässige Belastung bei der Anwendung darf im Unterdruck 500 Pa, 1000 Pa, 1500 Pa betragen, der Überdruck darf bei allen Druckstufen einen Wert bis zu 500 Pa ergeben.

Entrauchungsklappen für Mehrfachabschnitte sind für die gleiche Klassifizierungszeitdauer für Einzelabschnitte geeignet.

Entrauchungsklappen, die mit einer manuellen Auslösung geprüft wurden, sind für die Anwendung in automatischen Anlagen geeignet, umgekehrt nicht.

Entrauchungsklappen werden in Verbindung mit geprüften Leitungen geprüft. Zur Anwendung kommen dürfen diese Leitungen oder Leitungen aus Material gleicher Dichte oder aus gleichem Material größerer Dichte oder Dicke.

Der Mindestabstand zweier Klappen zueinander beträgt, wenn nicht anders geprüft, 200 mm. Der Mindestabstand zu tragenden Bauteilen (Wände und Decken) beträgt, wenn nicht anders geprüft, 75 mm.

Für Entrauchungsklappen liegt ein erweiterter Anwendungsbereich vergleichbar mit dem erweiterten Anwendungsbereich DIN EN 15882-2:2015-06 für Brandschutzklappen nicht vor.

Wesentliche Unterschiede zwischen den Prüfungen nach deutschen und europäischen Vorgaben

Entrauchungsklappen mit allgemeiner bauaufsichtlicher Zulassung wurden nach DIN V 18232-6:1997-10 und DIN 4102-6:1977-09 geprüft. CE-gekennzeichnete Entrauchungsklappen nach der Produktnorm DIN EN 12101-8:2011-07 werden nach den Prüfnormen DIN EN 1366-10:2011-07 und DIN EN 1366-2:1999-10 geprüft. Die Unterschiede zwischen den Prüfungen sind erheblich und sind nachfolgend in Stichpunkten zusammengefasst. D steht dabei für die deutschen Anforderungen nach DIN V 18232-6 und DIN 4102-6, EU für die europäischen Anforderungen nach DIN EN 1366-10 und DIN EN 1366-2:

1. Zyklentest:
   D: einmal kleinste und größte Klappe, Klappe wird nicht weiter geprüft
   EU: vor jeder Prüfung

2. Prüfung des Feuerwiderstandes
   D: Anordnung der Prüfung vergleichbar mit DIN EN 1366-2, jedoch erfolgt die Prüfung mit 300 Pa Überdruck. Die Temperaturmessung erfolgt analog DIN 4102-6
   EU: nach EN 1366-2 (je nach Druckstufe mit -150/-300/-500 Pa Unterdruck zzgl. Leckagemessung, Grenzwert 200 m³/m²h)
   D: Prüfung von insgesamt vier Klappen in einer Wand, ein Antrieb im Feuer, drei Antriebe auf der kalten Seite, kein Versuch in der Decke erforderlich
   EU: Prüfung in jeder Wandart und in der Decke, Antrieb jeweils kalte und heiße Seite

3. Prüfung der Leckage im Brandversuch
   D: Überdruck auf einer in einer Wand eingebauten Entrauchungsklappe von 300 Pa, Brandversuch nach ETK, zulässige Leckage = 600 m³/m²h
   EU: Unterdruck je nach Druckstufe von -150/-300/-500 Pa auf einer Entrauchungsklappe, die an einer horizontalen und einer vertikalen Leitung angeschlossen ist, Brandversuch nach ETK, zulässige Leckage = 200 m³/m²h

4. Ansteuerung:
   D: Öffnen einer in einer Wand eingemauerten Entrauchungsklappe nach 25 Minuten, der Antrieb befindet sich auf der kalten Seite
   EU: Öffnen einer im Brandraum befindlichen Entrauchungsklappe, die Klappe ist an einer Entrauchungsleitung angeschlossen, BUS-Systeme müssen mitgeprüft werden, wenn die Steuermodule an der Klappe oder im Bereich der Klappe montiert werden.

C-V. Historie – Stand der baurechtlichen Einführungen

Baurechtliche Einführungen der M-LüAR 2005

Muster-Richtlinie über brandschutztechnische Anforderungen an Lüftungsanlagen (Muster-Lüftungsanlagen-Richtlinie – M-LüAR) Stand: 29.09.2005, zuletzt geändert durch Beschluss der Fachkommission Bauaufsicht vom 1. Juli 2010, im Abschnitt 7.

Der aktuelle Stand vom 11.12.2015 wurde in der amtlichen Mitteilung des DiBt am 10.02.2016 veröffentlicht (siehe **Teil A-I.**)

Die M-LüAR 09/2005 wurde in 15 Bundesländern baurechtlich eingeführt. In der MLTB Teil I Juni 2015 ist die gültige Fassung der M-LüAR vom September 2005, zuletzt geändert im Juli 2010, gelistet. Die folgende Grafik der Bundesrepublik zeigt den Einführungsstand im März 2015.

Bild C-V – 1: Einführungsstand der M-LüAR als LüAR in der Bundesrepublik. Speziell in Nordrhein-Westfalen sind Abweichungen von der M-LüAR 2005 zu berücksichtigen.

Bundesland	baurechtliche Einführung	Art der Einführung	Grundlage der Einführung
Baden-Württemberg	01.01.2007	Bekanntmachung der LTB vom 29. Nov. 2006	M-LüAR 11/2005
Bayern	01.01.2008	Bekanntmachung der LTB vom 27. Nov. 2007	M-LüAR 11/2005
Berlin	29.12.2006	Amtsblatt von Berlin vom 29.12.2006 „Muster-Einführung"	M-LüAR 11/2005
Brandenburg	06.12.2006	Amtsblatt von Brandenburg vom 06.12.2006 „Muster-Einführung"	M-LüAR 11/2005
Bremen	01.01.2007	Bekanntmachung der LTB Fassung Februar 2006	M-LüAR 11/2005
Hamburg	26.01.2007	Bekanntmachung der LTB vom 1. Nov. 2006	M-LüAR 11/2005
Hessen	04.12.2006	Bekanntmachung der LTB vom 4. Dez. 2006	M-LüAR 11/2005
Mecklenburg-Vorp.	30.08.2006	Bekanntmachung der LTB am 29.08.2006	M-LüAR 11/2005
Niedersachsen	19.07.2006	Bekanntmachung der TB vom 19.07.2006 (Ministarialblatt)	M-LüAR 11/2005
Nordrhein-Westfalen	10.06.2003	Bekanntmachung der LTB vom 10.06.2003 (Ministarialblatt)	LüAR Sachsen 2001
Rheinland-Pfalz	01.02.2006	Bekanntmachung der LTB Fassung Februar 2006	M-LüAR 11/2005
Saarland	30.04.2008	Bekanntmachung der LTB Fassung Februar 2008	M-LüAR 11/2005
Sachsen	31.05.2006	Bekanntmachung der LTB vom 31.05.2006	M-LüAR 11/2005
Sachsen-Anhalt	01.02.2007	Bekanntmachung der LTB vom 27.11.2006	M-LüAR 11/2005
Schleswig-Holstein	29.05.2007	Bekanntmachung der LTB Fassung Februar 2006	M-LüAR 11/2005
Thüringen	01.08.2007	Bekanntmachung der LTB Fassung September 2008	M-LüAR 11/2005

Tabelle C-V – 1: Einführungsstand der M-LüAR in der Bundesrepublik – Übersicht

Wie aus der Tabelle erkennbar, wurde die M-LüAR 11/2005 als „Muster" über die Liste der Technischen Baubestimmungen ohne wesentliche Änderungen in den meisten Bundesländern baurechtlich eingeführt.

Hinweis zur Online-Ergänzung
Ab Teil C-V. wird auf die Historie der M-LüAR eingegangen. Auf der nachfolgend angegebenen Internetseite stehen Ihnen die Vorversionen der Richtlinie zum kostenlosen Download zur Verfügung:
http://www.feuertrutz.de/mluear-2016

C-VI. Historie zu den baurechtlich abweichenden Standards der M-LüAR in den Bundesländern

Historie zu den baurechtlich abweichenden Standards der M-LüAR 2005 in den Bundesländern

In diesem Abschnitt werden wesentliche baurechtliche und redaktionelle Abweichungen der in den Bundesländern umgesetzten Lüftungsanlagen-Richtlinien (LüAR) von der Musterfassung M-LüAR 2005 beschrieben.

I. Baurechtlich musterkonforme Umsetzung der M-LüAR 2005

In den folgenden Bundesländern wurde die M-LüAR 2005 über die Liste der Technischen Baubestimmungen musterkonform eingeführt. Das Einführungsdatum kann der Tabelle in **Teil C-V.** entnommen werden.

- Bayern
- Berlin
- Bremen
- Hessen
- Saarland
- Sachsen
- Sachsen-Anhalt
- Schleswig-Holstein
- Thüringen

II. Baurechtliche Umsetzung der M-LüAR 2005 mit redaktionellen Abweichungen

- **Baden-Württemberg**

Richtlinie über brandschutztechnische Anforderungen an Lüftungsanlagen (Lüftungsanlagenrichtlinie – LüAR) vom November 2006

Hinweis: In der LüAR-Baden-Württemberg wurden die Verweise zur Musterbauordnung (MBO 2002) als Verweise zur Landesbauordnung Baden-Württemberg umgesetzt.

Unterschiede zur M-LüAR 2005 in den Abschnitten:

3.1 Grundlegende Anforderungen

Gemäß § 15 Abs. 2 LBOAVO müssen Lüftungsleitungen sowie deren Bekleidungen und Dämmstoffe aus nichtbrennbaren Baustoffen bestehen. Brennbare Baustoffe sind zulässig, wenn ein Beitrag der Lüftungsleitung zur Brandentstehung und Brandweiterleitung nicht zu befürchten ist.

(Der grau markierte Text ist in der LüAR-Baden-Württemberg entfallen.)

6.4.1 Grundlegende Anforderung

Innerhalb von Gebäuden müssen Ventilatoren und Luftaufbereitungseinrichtungen in besonderen Räumen (Lüftungszentralen) aufgestellt werden, wenn an die Ventilatoren oder Luftaufbereitungseinrichtungen in Strömungsrichtung anschließende Leitungen in mehrere Geschosse (nicht in Gebäuden geringer Höhe) oder Brandabschnitte führen.

(Der grau markierte Text der LüAR-Baden-Württemberg wurde an die Begriffe der LBO angepasst.)

9.1 Grundlegende Anforderungen

Nach § 15 Abs. 3 LBOAVO dürfen Lüftungsanlagen nicht in Schornsteine (Abgasanlagen) eingeführt werden. Eine gemeinsame Benutzung von Lüftungsleitungen zur Lüftung und zur Ableitung der Abgase von Gasfeuerstätten (Feuerstätten) ist zulässig, wenn keine Bedenken wegen der Betriebssicherheit und des Brandschutzes bestehen.

(Die grau markierten Begriffe der LüAR-Baden-Württemberg entsprechend den abweichenden Begriffen der M-LüAR 2005.)

- **Brandenburg**

Richtlinie des Ministeriums für Infrastruktur und Raumordnung über brandschutztechnische Anforderungen an Lüftungsanlagen (Lüftungsanlagen-Richtlinie – LüAR) vom November 2006

Hinweis: In der LüAR-Brandenburg wurden die Verweise zur Musterbauordnung (MBO 2002) als Verweise zur Landesbauordnung Brandenburg umgesetzt.

Zusätzlicher Abschnitt gegenüber dem Muster:

11 Inkrafttreten

Diese Richtlinie tritt am Tag nach der Veröffentlichung in Kraft.

- **Hamburg**

Richtlinie über brandschutztechnische Anforderungen an Lüftungsanlagen (Lüftungsanlagenrichtlinie – LüAR) vom November 2006

Hinweis: In der LüAR-Hamburg wurden die Verweise zur Musterbauordnung (MBO 2002) als Verweise zur Landesbauordnung Hamburg umgesetzt.

Unterschiede zur M-LüAR 2005 im Abschnitt:

3.1 Grundlegende Anforderungen

Gemäß § 40 Abs. 2 HBauO müssen Lüftungsleitungen sowie deren Bekleidungen und Dämmstoffe aus nichtbrennbaren Baustoffen bestehen. Brennbare Baustoffe sind zulässig, wenn ein Beitrag der Lüftungsleitung zur Brandentstehung und Brandweiterleitung nicht zu befürchten ist.

(Der grau markierte Text ist in der LüAR-Hamburg gegenüber dem Muster entfallen.)

- **Mecklenburg-Vorpommern**

Richtlinie über brandschutztechnische Anforderungen an Lüftungsanlagen (Lüftungsanlagen-Richtlinie – LüAR) vom August 2006

Hinweis: In der LüAR-Mecklenburg-Vorpommern wurden die Verweise zur Musterbauordnung (MBO 2002) als Verweise zur Landesbauordnung Mecklenburg-Vorpommern umgesetzt.

- **Niedersachsen**

Richtlinie über brandschutztechnische Anforderungen an Lüftungsanlagen (Lüftungsanlagen-Richtlinie – LüAR) vom Juni 2006

Hinweis: In der LüAR-Niedersachsen wurde die Richtlinie strukturell anders geordnet und die Inhalte/Begriffe an die LBO-Niedersachsen angepasst. Wesentliche materielle Abweichungen zum Muster konnten nicht festgestellt werden.

- **Rheinland-Pfalz**

Richtlinie über brandschutztechnische Anforderungen an Lüftungsanlagen (Lüftungsanlagenrichtlinie – LüAR) vom Oktober 2005

Hinweis: In der LüAR-Rheinland-Pfalz wurden die Verweise zur Musterbauordnung (MBO 2002) als Verweise zur Landesbauordnung Rheinland-Pfalz umgesetzt.

Unterschiede zur M-LüAR 2005 in den Abschnitten:

3.1 Grundlegende Anforderungen

Gemäß § 40 Abs. 2 Satz 1 LBauO müssen Lüftungsleitungen sowie deren Bekleidungen und Dämmstoffe aus nichtbrennbaren Baustoffen bestehen. Brennbare Baustoffe können zugelassen werden, wenn der Brandschutz gewährleistet ist (vgl. Abschnitt 3.2).

(Der grau markierte Text in der LüAR-Rheinland-Pfalz wurde gegenüber dem Muster geändert.)

9.1 Grundlegende Anforderungen

Nach § 40 Abs. 4 LBauO dürfen Lüftungsanlagen nicht in Abgasanlagen eingeführt werden. Eine gemeinsame Benutzung von Lüftungsleitungen zur Lüftung und zur Ableitung der Abgase von Gasfeuerstätten ist zulässig, wenn die Betriebssicherheit und der Brandschutz gewährleistet sind. Die Abluft ist ins Freie zu führen.

(Der grau markierte Text in der LüAR-Rheinland-Pfalz ist eine Ergänzung zum Muster.)

10 Anforderungen an Lüftungsanlagen in Sonderbauten

Die Anforderungen der vorstehenden Abschnitte 3 bis 9 entsprechen in der Regel den brandschutztechnischen Erfordernissen für Lüftungsanlagen in Sonderbauten.

Bei Lüftungsanlagen für

1. Gebäude oder Räume mit großen Menschenansammlungen,
2. Gebäude oder Räume für kranke oder behinderte Menschen,
3. Räume mit erhöhter Brand- oder Explosionsgefahr

ist

– unter Berücksichtigung der brandschutztechnischen Infrastruktur der Gebäude und der Betriebsart der Lüftungsanlagen wie Stunden- oder Dauerbetrieb – zu prüfen, ob zusätzliche oder andere brandschutztechnische Maßnahmen notwendig werden, z. B. Anordnung zusätzlicher Rauchauslöseeinrichtungen für Brandschutzklappen zur Verhinderung der (Kalt-)Rauchübertragung unter Beachtung von Abschnitt 5.1.4 Satz 4.

(Der grau markierte Absatz stellt eine Abweichung in der LüAR-Rheinland-Pfalz zum Muster dar).

Zusätzlicher Abschnitt gegenüber dem Muster:

11 Bauunterlagen

Mit dem Bauantrag für Gebäude der Gebäudeklassen 3 und 4 sind für die Lüftungsanlagen folgende Unterlagen einzureichen:

Schematische Darstellung entsprechend den Beispiel-Bildern dieser Richtlinie und Beschreibung der Lüftungsanlagen (Betriebsarten, Leitungen, Lüftungszentralen, Absperrvorrichtungen, Rauchauslöseeinrichtungen, Mündungen) mit Angabe der Feuerwiderstands- und Baustoffklasse der Bauteile und Lüftungsleitungsabschnitte.

III. Baurechtliche Umsetzung der M-LüAR mit inhaltlichen Unterschieden

• Nordrhein-Westfalen

Richtlinie über brandschutztechnische Anforderungen an Lüftungsanlagen Lüftungsanlagen-Richtlinie – LüAR NRW Fassung Mai 2003

Unterschiede zur M-LüAR 2005 in den Abschnitten:

5.1.3 Zuluftanlagen

In NRW gibt es derzeit keine materielle Anforderung an die brandschutztechnische Überwachung von Zuluftanlagen mit Kanalrauchmeldern. Bei Umluftanlagen ist die Überwachung bereits in der Fassung NRW geregelt.

Empfehlung für die Lüftungsplanung:

Es wird empfohlen, die Anforderung der M-LüAR 11/2005 Abschnitt 5.1.3 zu berücksichtigen.

Unterschied zu Bild 3.1 der LüAR NRW „Leitungsführung durch raumabschließende Wände notwendiger Flure"

Bild 3.1: Leitungsführung durch raumabschließende Wände notwendiger Flure, an die Anforderungen hinsichtlich der Feuerwiderstandsfähigkeit gestellt werden müssen

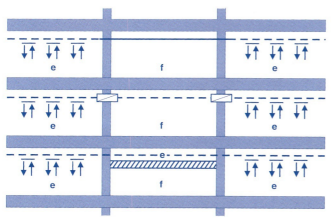

f   notwendiger Flur
e   von f brandschutztechnisch getrennte Bereiche
- - -   Leitungen ohne Feuerwiderstandsfähigkeit
———   Leitungen mit Feuerwiderstandsfähigkeit; in Fluren mit feuerhemmenden Wänden, siehe bei Stahlblechleitungen Abschnitt 4 der Richtlinie [1]

 Zuluft-/Abluftöffnung

Brandschutzklappe

 Decken mit entsprechender Feuerwiderstandsfähigkeit bei Beanspruchung von oben und unten; die Decke schließt die Leitung vollständig gegen das Innere des Brandabschnittes bzw. Rettungsweges ab

[1] Die Feuerwiderstandsfähigkeit der Leitungen muss auch in den Durchdringungen der Decken oder Wände gegeben sein

Der Unterschied betrifft Lüftungsleitungen in Fluren mit Wänden der Kategorie F 30. In NRW besteht die Anforderung an die Lüftungsleitung in der Feuerwiderstandsklasse L 30 nach DIN 4102-4, Abschnitt 8.5.7.4. Bei F 30-Flurtrennwänden kann auf die äußere Dämmung verzichtet werden. Alle anderen Anforderungen aus der Norm, z. B. Abhängung mittels Traversen im Abstand von maximal 1,5 m und besondere Befestigungen sind weiterhin einzuhalten.

In der M-LüAR sind hierbei Stahlblechleitungen mit Abhängern aus Stahl ausreichend (Abschnitt 4 Abs. 2 M-LüAR). In beiden Richtlinien sind die Durchdringungen der F 30-Flurtrennwände gemäß Abschnitt 5.2.1.2 der M-LüAR und der LüAR NRW dicht zu schließen.

Ergänzendes Bild 4.2 LüAR NRW „Zuluftanlagen mit Induktionsgeräten"

In NRW wurden in der LüAR 05/2003, Abschnitt 6.2.1 Lüftungsanlagen mit Induktionsgeräten beschrieben. In der M-LüAR 11/2005 wurden diese Anlagenvarianten nicht mehr aufgenommen.

LüAR NRW, Abschnitte 6.2 und 6.2.1

6.2 Einrichtungen zur Luftaufbereitung
6.2.1 Induktionsgeräte und zugehörige Leitungen

Die Anforderungen ergeben sich aus Bild 4.2.

Bild 4.2: Zuluftanlagen mit Induktionsgeräten und waagerechter Hauptleitung im darunterliegenden Geschoss

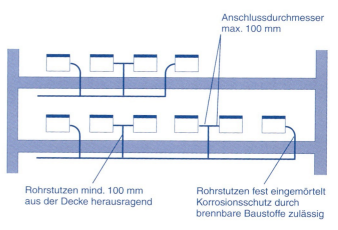

Induktionsgerät:

Das Induktionsgerät muss aus nichtbrennbaren Baustoffen bestehen; dies gilt auch für die Düsen. Das Induktionsgerät muss von brennbaren Baustoffen mindestens 50 mm entfernt sein; durch eine Verkleidung ist außerdem ein Abstand von mindestens 50 mm zu brennbaren Stoffen sicherzustellen.

Verbindungsleitung zum Induktionsgerät:

Der Durchmesser von Verbindungsleitungen zu Induktionsgeräten darf maximal 150 mm betragen. Verbindungsleitungen bis zu 250 mm Länge dürfen aus Aluminium bestehen, ansonsten müssen sie aus Stahlblech hergestellt sein. Die Verbindungsleitungen müssen mit einer mindestens 30 mm dicken Ummantelung aus nichtbrennbaren Mineralfasermatten (äußere Kaschierung mit Alu-Folie ist zulässig) versehen sein. Auf diese Ummantelung kann bei Verbindungsleitungen aus Stahlblech verzichtet werden, wenn die Verbindungsleitung von brennbaren Baustoffen mindestens 50 mm entfernt und außerdem durch eine Verkleidung ein Abstand von mindestens 50 mm zu brennbaren Stoffen sichergestellt ist. Die Verbindungsleitung muss durch Flansch- oder Steckverbindung mit dem Abzweigstück der senkrechten Leitung und dem Induktionsgerät verbunden sein.

Bei einer Steckverbindung muss die Verbindungsleitung ca. 60 mm auf- oder eingesteckt werden; die Einstecklänge darf mindestens 40 mm betragen, wenn die Verbindung mit 4 Blechtreibschrauben gesichert ist. Die Verbindungsstellen dürfen mit geringen Mengen brennbarer Baustoffe abgedichtet werden.

Waagerechte Leitungen:

Waagerechte Leitungen müssen aus Stahlblech schwarz oder verzinkt (z. B. Wickelfalzrohr nach DIN 24 145) bestehen. Zur Abdichtung der Verbindungsstellen ist die Verwendung geringer Mengen brennbarer Baustoffe zulässig.

Da diese Anlagenvarianten in Bestandsgebäuden, z. B. in Bürogebäuden, noch sehr häufig anzutreffen sind, kommentieren die Autoren diese Anlagenvariante am Beispiel NRW. Die Ausführung ist auch in Neubauten möglich.

Der Verzicht auf Brandschutzklappen war in NRW lediglich zulässig, sofern die o. g. Bedingungen vollständig eingehalten werden. Dies bezieht sich insbesondere auf die geringen Leitungsdurchmesser der gedämmten Zuluftleitung, den direkten Anschluss an das Induktionsgerät, die nichtbrennbaren Induktionsgeräte inkl. der nichtbrennbaren Düsen und die Mindestabstände zu brennbaren Gegenständen. In den Zu- und Abluftleitungen für die einzelnen Geschosse sind Brandschutzklappen gemäß den allgemeinen Anforderungen der LüAR einzuplanen.

Induktionsanlagen in Bundesländern mit Umsetzung der M-LüAR 2005

Nur bei Veränderungen rechtmäßig errichteter Lüftungsanlagen in bestehenden baulichen Anlagen (Bestandsgebäude) oder einer baulichen Gestaltung hat die zuständige Bauaufsichtsbehörde darüber zu befinden, ob die nach der M-LüAR 1984 errichteten Induktionsanlagen ohne zusätzliche Brandschutzmaßnahmen unverändert weiterbetrieben werden dürfen.

Bei Nutzungsänderungen kann eine Bewertung über ein zu genehmigendes Brandschutzkonzept erfolgen. Die Lüftungsanlage ist im Brandschutzkonzept zu beschreiben und im Genehmigungsverfahren mit der unteren Baubehörde abzustimmen. Die Abweichung wird evtl. als materielle Abweichung vom Bauordnungsrecht eingestuft.

Ergänzende Tabelle 1 der LüAR NRW „Erforderliche Feuerwiderstandsdauer von Lüftungsleitungen und/oder Brandschutzklappen"

In NRW wird in der LüAR NRW 05/2003, Tabelle 1, die erforderliche Feuerwiderstandsdauer von Lüftungsleitungen und/oder Brandschutzklappen in Minuten dokumentiert.

Tabelle 1 ist zu entnehmen, dass gegenüber der M-LüAR 11/2005 in NRW eine Erleichterung für Gebäude geringer Höhe (vergleichbar mit Gebäudeklasse GK1, GK2 und GK3) bei Decken, Flurtrennwänden und F 30-Trennwänden gilt.

Diese Erleichterung in NRW entspricht den Vorschriften des § 42 Landesbauordnung NRW.

Gebäude	Bauteile			
	Decken	Flurwände und Trennwände F 30	Gebäudetrennwände	Treppenraumwände und Trennwände F 90
geringer Höhe	keine Anforderung	keine Anforderung	90 [2]	keine Anforderung
nicht geringer Höhe	90 [2]	30 [2]	90 [2]	90 [2]

[2] Die Anforderung gilt nicht für Wohngebäude mit nicht mehr als zwei Wohnungen.

Tabelle 1: Erforderliche Feuerwiderstandsdauer von Lüftungsleitungen und/oder Brandschutzklappen in Minuten

Abschnitt 10 der LüAR NRW: Bauvorlagen im bauaufsichtlichen Verfahren

In die LüAR NRW wurde der Abschnitt Bauvorlagen aufgenommen, er gliedert sich in die Abschnitte Bauvorlagen und Abschließende Fertigstellung.

10.1 Bauvorlagen

Für Lüftungsanlagen, die durch feuerwiderstandsfähige Decken oder Wände, ausgenommen solche in Gebäuden geringer Höhe, oder durch Gebäudetrennwände geführt werden, sind mit dem Bauantrag für die Lüftungsanlagen neben den Eintragungen in die Bauzeichnungen gemäß § 4 Abs. 2 Nr. 8 der Verordnung über bautechnische Prüfungen (BauPrüfVO) vom 6. Dezember 1995, zuletzt geändert durch Verordnung vom 20. Februar 2000 (SGV. NRW. 232) folgende Unterlagen erforderlich:

Schematische Darstellung entsprechend den Bildern dieser Richtlinie und Beschreibung der Lüftungsanlagen (Leitungen, Lüftungszentralen, Absperrvorrichtungen [Brandschutzklappen, Rauchschutzklappen], Rauchauslöseeinrichtungen, Mündungen sowie sonstige Bauteile der Lüftungsanlage, die brandschutztechnisch bedeutsam sind); mit Angabe der Feuerwiderstands- und Baustoffklasse der Bauteile und Lüftungsleitungsabschnitte.

Abschnitt 10.1 der LüAR NRW: Bauvorlagen

Die Planung von Lüftungsanlagen ist in NRW mit dem Bauantrag zur Genehmigung einzureichen, das so genannte „Lüftungsgesuch". Dies gilt nicht für Gebäude geringer Höhe oder für den Fall, dass die Lüftungsanlage bzw. deren Leitungen das Geschoss oder den Brandabschnitt nicht verlassen.

Da sich die Prüfung ausschließlich auf die brandschutztechnischen Anforderungen eines Gebäudes bezieht, sollten die Grundrisszeichnungen der Lüftungsanlage mit den Plänen des Brandschutzkonzeptes verglichen werden, da dort die notwendigen baulichen Brandschutzanforderungen, Rettungswege usw. dargestellt sind.

Beim Einzeichnen der schematischen Lüftungsleitungen kann der Planer der Lüftungsanlage direkt erkennen, ob Lüftungszentralen auszubilden sind, an welchem Ort des Gebäudes sie anzuordnen sind und ob Absperrvorrichtungen gesetzt werden müssen.

Weiterhin sind in den Darstellungen die wichtigen Angaben gemäß LüAR einzutragen:

- Außen-/Abluftmündungen in Bezug auf Abstandseinhaltung und Anordnung,
- Brandschutzklappen,
- Rauchschutzklappen,
- Rauchauslöseeinrichtungen,
- bei Querung feuerwiderstandsfähiger Bereiche Ausführung mit Leitungen der erforderlichen L-Qualifikation,
- Material der Lüftungsleitungen (Stahlblech oder brennbare Leitungen beachten),
- besondere Befestigung der Lüftungsleitungen in notwendigen Fluren und oberhalb klassifizierter Abhangdecken.
- Soll die Lüftungsanlage im Rahmen des Brandschutzkonzeptes unterstützend zur Rauchableitung (Kaltentrauchung, jedoch keine Entrauchung!) genutzt werden, muss dies dargestellt werden. In der Regel ist für diese Funktionsweise eine Steuermatrix/Brandfallsteuerung zu erstellen.

10.2 Abschließende Fertigstellung

Zur abschließenden Fertigstellung ist von der Fachunternehmerin oder dem Fachunternehmer eine Bescheinigung (Muster siehe Anhang) auszustellen, dass die Lüftungsanlage den Bestimmungen der Richtlinie entspricht und nur Bauprodukte verwendet oder Bauarten angewendet worden sind, die den Bestimmungen der §§ 20 ff. BauO NRW genügen. Sind Absperrvorrichtungen gegen Brandübertragung oder Rauchschutzklappen vorhanden, muss in dieser Bescheinigung auch bestätigt sein, dass diese Bauprodukte/Bauarten entsprechend dem Verwendbarkeits- oder Anwendbarkeitsnachweis eingebaut sind und die ordnungsgemäße Funktion geprüft worden ist. Die Bescheinigung ist von der Bauherrin oder dem Bauherrn der Bauaufsichtsbehörde zuzuleiten. Die bei Sonderbauten vor der ersten Inbetriebnahme der Lüftungsanlagen durchzuführenden Prüfungen durch staatlich anerkannte Sachverständige ersetzen die Fachunternehmerbescheinigung nicht.

LüAR NRW, Anhang „Muster der Bescheinigung zu Abschnitt 10.2"
Anhang:

Fachunternehmerin/Fachunternehmer (Name)

Bescheinigung
gemäss Punkt 10.2 der Lüftungsanlagen-Richtlinie (LüAR NRW) über die Errichtung/Änderung von
Lüftungsanlagen/Warmluftheizungen

Straße

PLZ, Ort

Bauherrin/Bauherr

Standort der Anlage

Straße

Straße

PLZ, Ort

PLZ, Ort

---

1. Ich habe an dem o. g. Standort die

☐ Lüftungsanlage(n)   ☐ Warmluftheizung(en)

☐ errichtet.   ☐ geändert.

2. Die Luftleitungen der Anlage(n) überbrücken

☐ Geschosse in einem Gebäude mittlerer Höhe oder in einem Hochhaus.[1]

☐ Gebäudetrennwände.

3. Einbau und Funktion der Klappen

☐ Die Brandschutzklappe(n)

☐ Die Rauchschutzklappe(n)

ist/sind entsprechend dem Verwendbarkeitsnachweis eingebaut, die ordnungsgemäße Funktion ist geprüft.[2]

4. Bauprodukte und Bauarten

☐ Die Bauteile und Einrichtungen der Anlage(n) besitzen die erforderlichen CE-Kennzeichnungen oder Ü-Zeichen.

☐ Die Absperrvorrichtungen gegen Feuer/Rauch haben eine allgemeine bauaufsichtliche Zulassung.

Die von mir errichtete/geänderte Anlage entspricht den Bestimmungen der LüAR NRW.

Datum

Unterschrift Fachunternehmerin/Fachunternehmer

Erläuterung:
[1] Bei Gebäuden mittlerer Höhe liegt der Fußboden mindestens eines Aufenthaltsraumes im Mittel mehr als 7 m und nicht mehr als 22 m über der Geländeoberfläche (§ 2 Abs. 3 BauO NRW).
[2] Die Verwendbarkeit der Klappen ist den betreffenden Zulassungsbescheiden zu entnehmen.

Begriffsdefinition:
Lüftungsanlagen bestehen aus Lüftungsleitungen und allen zur Funktion der Lüftung oder Klimatisierung erforderlichen Bauteilen und Einrichtungen.

Verteiler: Bauaufsichtsbehörde, Bauherrin/Bauherr, Fachunternehmerin/Fachunternehmer

Die Information der Bauaufsichtsbehörde und der/s Bauherrn/Bauherrin über eine fachgerechte Ausführung der Lüftungsanlage gemäß den Bestimmungen der LüAR ist in NRW zwingend erforderlich. Die Autoren empfehlen diese Vorgehensweise auch für andere Bundesländer auf Grundlage des Brandschutzkonzeptes.

Ergänzung zu Bild 1.1 „Schottlösung"

Gegenüber der M-LüAR ist in NRW eine Fußnote zu weiteren Anforderungen bezüglich der Brandschutzklappen aufgenommen worden. Hier wird u. a. eine Verhinderung der Rauchübertragung vor Auslösen aller Absperrvorrichtungen festgelegt. Dies wird häufig unter dem Begriff „Kaltrauchsicherheit" diskutiert.

Bild 1.1: Schottlösung
Absperrvorrichtungen an den Durchdringungsstellen der feuerwiderstandsfähigen Decken

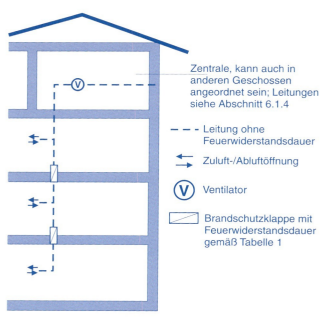

Für Entlüftungsanlagen nach DIN 18017-3:1999-08 können unter Beachtung des Abschnittes 7 und der Angabe in den Zulassungsbescheiden Brandschutzklappen K 30/90 - 18017 verwendet werden.

Weitere Anforderungen in Bezug auf die Brandschutzklappen:

Die Brandschutzklappen müssen mit einer Rauchauslöseeinrichtung ausgestattet sein oder eine Vorrichtung haben, die die Brandschutzklappe bei Schließen einer anderen Brandschutzklappe im selben Leitungsstrang selbsttätig schließt. Diese Vorrichtung oder die Rauchauslöseeinrichtung sind nicht erforderlich, wenn in den abzweigenden Leitungen des Leitungsstranges sonstige Verschlüsse (z. B. Rauchschutzklappen) eingebaut sind, die bei Stillstand des Ventilators oder bei Schließen einer anderen Brandschutzklappe im selben Leitungsstrang eine Rauchübertragung in andere Geschosse selbsttätig verhindern.

Die Fußnote zu Bild 1.1 der LüAR NRW gilt grundsätzlich für Brandschutzklappen K 30/90 und Absperrvorrichtungen K 30/90-18017 bzw. K 30/90-18017 S für waagerechte und vertikale Schottlösungen. Bei Schachtlösungen gemäß Bild 1.2 ist diese Anforderung nicht notwendig. Es bleibt dem Fachplaner überlassen, mit welcher der genannten Bauarten er das Schutzziel der „Kaltrauchsicherheit" erfüllt.

Hinweise:
- Die in der LüAR NRW dargestellten Lösungen und besonderen Anforderungen in den Bildern 1.1 bis 1.4 gelten auch für Lüftungsanlagen mit waagerechten Lüftungsleitungen entsprechend.
- Lüftungsanlagen nach DIN 18017-3 müssen die besonderen Auflagen nach Bild 1.1 ebenso erfüllen.

Weitere Ausführungsdetails und Hintergründe sind nachzulesen im Kommentar zur M-LüAR 2005 1, Auflage:

- **Teil B-I.** „Musterbauordnung (MBO 2002)", hier: § 14, Abschnitt 1 MBO 2002
- **Teil A-II./7** „Besondere Bestimmungen für Lüftungsanlagen nach DIN 18017-3:1990-08"
- **Teil D-VII.** „Verhinderung der Übertragung von Feuer und Rauch"
- **Teil D-VIII.** „Brandschutztechnische Steuerung und Überwachung von Lüftungsanlagen"

Weitere Unterschiede:

Alle weiteren Unterschiede zwischen der LüAR NRW und der M-LüAR 11/2005 sind im Wesentlichen redaktioneller Natur.

Teil D: Brandschutztechnische Planungs-, Ausführungs- und Wartungsempfehlungen in Verbindung mit der M-LüAR

D-I. Brandschutzkonzept und Lüftungskonzept

Für die Planung und Ausführung einer Lüftungsanlage ist es sinnvoll, die Anlagenkonzeption, den Zweck, die Nutzung, technische Daten, Wirkprinzipien und das bestimmungsgemäße Zusammenwirken mit anderen Anlagen zu beschreiben.

Daneben sind allerdings auch die notwendigen Unterlagen, die gemäß den Anforderungen der Bauvorschriften erforderlich sind, zu erstellen. Dazu gehören insbesondere detaillierte Darstellungen der Bauteile, ihrer materiellen Zusammensetzung sowie ihrer baulichen Ausführung im Brandschutzkonzept.

Ein Hinweis im Brandschutzkonzept wie bspw. „Die M-LüAR ist einzuhalten" oder „Die Lüftungsanlage wird entsprechend der M-LüAR ausgeführt" reicht keinesfalls aus. In **Teil B-V.** sind diejenigen Informationen, die zur ausreichenden Darstellung des Konzeptes erforderlich sind, zusammengestellt.

Eine Abweichung von den Verwendbarkeitsnachweisen kann keinesfalls im Brandschutzkonzept geregelt werden. Dies ist für Produkte mit Verwendbarkeitsnachweisen auf Grundlage nationaler Nachweisverfahren durch

- eine Herstellererklärung bei nicht wesentlichen Abweichungen von abZ,
- einer Errichtererklärung bei nicht wesentlicher Abweichung vom abP,
- eine Zustimmung im Einzelfall,
- ein (neues, für diesen Fall erstelltes) allgemeines bauaufsichtliches Prüfzeugnis oder
- eine (neue, für diesen Fall erstellte) allgemeine bauaufsichtliche Zulassung

statthaft.

Für Produkte nach europäisch harmonisierten Normen ist ein neuer Nachweis auf Grundlage eines in der Bauproduktenverordnung beschriebenen Verfahrens zu erzielen. Zu den neuen Nachweisen gehören u. a. die ETA sowie die vereinfachten Verfahren nach Art. 36 und Art. 38 der BauPVO.

Alle Abweichungen von der M-LüAR sind im Brandschutzkonzept darzustellen. Ergänzend ist zu belegen, auf welche Art und Weise das Schutzziel (also die Anforderung der M-LüAR) erfüllt wird. In zahlreichen Bundesländern wird die Beachtung der technischen Baubestimmungen, also auch der M-LüAR, geprüft.

Daran schließt sich ebenfalls die Prüfung ausreichender Kompensationsmaßnahmen bei Abweichungen an, dementsprechend werden auch Lösungen, die nicht in der M-LüAR beschrieben werden, kontrolliert.

Abweichungen von Vorschriften der Landesbauordnungen sind in jedem Fall genehmigungspflichtig.

D-II. Lüftungszentralen in Verbindung mit Heizzentralen

D-II. Lüftungszentralen in Verbindung mit Heizzentralen

Grundsätzlich ist es empfehlenswert, für technische Anlagen verschiedener Gewerke jeweils einen eigenen Aufstellraum vorzusehen.

Dies gilt besonders für Lüftungsanlagen: Sofern das lüftungstechnische Gerät nicht in die Lüftungsleitung integriert ist, sollte es stets einen eigenen Aufstellraum erhalten (vgl. Abschnitt 6 M-LüAR).

In den Lüftungszentralen dürfen ausschließlich lüftungstechnische Anlagen installiert werden, z. B. Dampferzeuger für die Dampfbefeuchtung, Kälteanlagen und Heizgeräte für die Luftkühlung und -erwärmung.

Werden diese anderen Anlagen (z. B. Dampferzeuger für die Dampfbefeuchtung, Kälteanlagen und Heizgeräte für die Luftkühlung und -erwärmung) überwiegend für die lüftungstechnischen Anlagen notwendig, kann auch – abweichend von den Bestimmungen der M-LüAR – eine Aufstellung in der Lüftungszentrale gestattet werden. Dabei ist jedoch unbedingt den erhöhten Risiken der Brandentstehung und -ausbreitung durch hinreichende Schutzmaßnahmen Rechnung zu tragen.

Sind die Anlagen sowohl in ihren Abmessungen als auch ihren Leistungen nicht übermäßig groß und sind Lüftungszentralen nicht zwingend erforderlich, kann die gemeinsame Aufstellung von Anlagen verschiedener Gewerke in einem Raum zulässig sein. In der Muster-Feuerungsverordnung (MFeuV) wurden hierzu Regelungen getroffen, die in der folgenden Tabelle zusammengefasst sind.

1. Gemäß M-LüAR dürfen in Lüftungszentralen keine Feuerstätten aufgestellt werden.
2. In Gebäuden GK 1 bis 3 (Gebäude geringer Höhe) wäre aus der Sicht der M-LüAR eine gemeinsame Aufstellung möglich, allerdings müssten nun die Aufstellungsbedingungen der Muster-Feuerungsverordnung (MFeuV) wie folgt beachtet werden.

Feuerstätte betrieben mit ...	... flüssigen und gasförmigen Brennstoffen	... flüssigen und gasförmigen Brennstoffen	... festen Brennstoffe	... festen Brennstoffe
Nennleistung	< 100 KW	> 100 KW	< 50 KW	> 50 KW
Ort	Technik	Aufstellungsraum nach § 5 FeuVO	Technik	Heizraum nach § 6 FeuVO
Aufstellung möglich?	erlaubt	erlaubt	erlaubt	nicht erlaubt
Anforderung an die Lüftungsleitung	keine brandschutztechnische Ausführung, aber Lüftungsleitung ohne Öffnungen	keine Brandschutzklappen, aber Lüftungsleitung ohne Öffnungen, Durchtritt durch Wände und Decken dicht verschließen	keine brandschutztechnische Ausführung, aber Lüftungsleitung ohne Öffnungen	durchgeführte Lüftungsleitungen sind ohne Öffnungen zu verlegen, als L 90-Leitung auszuführen oder beim Durchtritt durch Wände und Decken mit Brandschutzklappen abzutrennen

Tabelle D-II – 1: Mögliche gemeinsame Aufstellung von Lüftungsanlagen nach M-LüAR und Feuerstätten nach MFeuV, Fassung 2007 mit redaktionellen Änderungen Stand 2010, in Gebäuden

D-III. Verwendung und Anwendung von Brandschutzklappen und feuerwiderstandsfähigen Leitungen

D-III. Verwendung und Anwendung von Brandschutzklappen und feuerwiderstandsfähigen Leitungen

Für Lüftungsanlagen wurden auf Basis der bauordnungsrechtlichen Schutzziele zahlreiche brandschutztechnische Komponenten entwickelt. Neben den seit den 1970er Jahren bekannten Brandschutzklappen und klassifizierten Lüftungsleitungen sind darüber hinaus u. a. Rauchauslöseeinrichtungen, Rauchschutzklappen, Entrauchungsklappen, Entrauchungsleitungen, Ventilatoren sowie brandschutztechnisch geprüfte Schalldämpfer und Kompensatoren hinzugekommen.

Werden feuerwiderstandsfähige Wände oder Decken von Lüftungsleitungen durchdrungen, sind Brandschutzklappen einzubauen. Bei Überbrückungen von Räumen können feuerwiderstandsfähige Lüftungsleitungen mit der höchsten Widerstandsdauer der Wände oder Decken verwendet werden (siehe u. a. auch M-LüAR Abschnitt 4, 5.2.2, 5.2.5, Bilder 1.3, 1.4, 2.2, 3.1, 3.2, 4).

In der Lüftungsanlagen-Richtlinie werden insbesondere die Anordnungen von Brandschutzklappen, feuerwiderstandsfähigen Lüftungsleitungen und Rauchschutzklappen dargestellt.

Dieser Teil des Kommentars beschreibt die Verwendung und Anwendung von Brandschutzklappen und feuerwiderstandsfähigen Leitungen.

Verwendung stellt den Gebrauch eines Bauproduktes oder einer Bauart für einen bestimmten Zweck dar. Die Verwendung entspricht somit dem spezifischen Einsatz. Mit der Verwendung wird das materielle Bauordnungsrecht erfüllt. Beispiel M-LüAR: Das Schutzziel und erforderliche Einbauorte werden bei Lüftungsanlagen in der M-LüAR spezifiziert.

Anwendung stellt die richtige und vorschriftsmäßige Tätigkeit für den Einbau oder die Montage eines Bauproduktes oder einer Bauart dar. Die Anwendung ist formal, es ist somit festzulegen, auf welche Art und Weise angewendet werden darf. Die Anwendung ist bei Brandschutzprodukten z. B. im Rahmen der Brandversuche bestätigt. Die Anwendung stellt damit die Einbauart und den korrekten Einbau oder die korrekte Montage nach dem Verwendbarkeitsnachweis/der Montageanweisung dar.

Im Folgenden werden auch häufig vorkommende Ausführungsfehler genannt.

Wenn festgestellt wird, dass eine frühere Ausführung wesentlich von dem Verwendbarkeitsnachweis abweicht, kann dafür eine Zustimmung im Einzelfall gemäß § 20 MBO nicht mehr erteilt werden. Es ist vielmehr zu klären und zu entscheiden, ggf. mit Beteiligung von Sachverständigen oder Prüfstellenleitern, ob die Schutzziele erreicht werden und die Ausführungsart bauaufsichtlich geduldet werden kann. Andernfalls ist eine Sanierung durchzuführen und ggf. das Produkt zu ersetzen.

Voraussetzung für die Erteilung einer Zustimmung im Einzelfall bei beabsichtigten abweichenden Ausführungen ist, dass

- das Schutzziel erreicht wird und
- das betreffende Produkt nicht nach der Bauproduktenverordnung CE-gekennzeichnet werden muss.

Hinweis: Gemäß § 17 MBO dürfen Bauprodukte für die Errichtung, Änderung und Instandhaltung baulicher Anlagen nur verwendet werden, wenn ein nationaler Verwendbarkeitsnachweis vorliegt oder sie auf Grundlage europäischer Regelungen in Verkehr gebracht werden. Daraus ergibt sich als Folgeschluss, dass nach Verwendung formalrechtlich keine Zustimmung im Einzelfall erteilt werden soll. Die Zustimmung im Einzelfall kann nicht rückwirkend erteilt werden. Vielfach werden in der Baupraxis aber Zustimmungsverfahren baubegleitend durchgeführt.

Brandschutzklappen

Brandschutzklappen – BSK – gehören in Deutschland auch zu den „Absperrvorrichtungen gegen Brandübertragung in Lüftungsleitungen". Zu den Absperrvorrichtungen zählen auch Brandschutzventile, Brandschutzelemente und intumeszierende Schotte für Lüftungsleitungen.

Hinweis: Als Brandschutzklappen können gemäß M-LüAR nur noch Brandschutzklappen nach DIN EN 15650 verwendet werden bzw. die Brandschutzklappen mit nationaler Zulassung für besondere Anwendungen (z. B. Küchenabluft). Intumeszierende Absperrvorrichtungen sind vom Anwendungsbereich der DIN EN 15650 nicht erfasst und können daher nach den Regeln der M-LüAR nicht als Brandschutzklappe verwendet werden. Intumeszierende Absperrvorrichtungen sind „nichtmechanische Brandschutzverschlüsse für Lüftungsleitungen"; diese nach DIN EN 1366-12 zu prüfenden Produkte sind noch keiner Produktnorm zugeordnet.

Die Verwendung und der Einbau von Brandschutzklappen wurden von 1974 bis Anfang der 2000er Jahre sowohl in den Prüfbescheiden als auch in den allgemeinen bauaufsichtlichen Zulassungen detailliert dargestellt. Seit Anfang der 2000er Jahre wurden die Zulassungen im Umfang erheblich reduziert und in die notwendigen technischen Dokumentationen (insbesondere Montage- und Einbauanweisung) der Hersteller überführt. In den Zulassungen sind Einbaudetails nur noch eingeschränkt aufgeführt. Seit September 2012 müssen die unter die Produktnorm fallenden Brandschutzklappen mit einem CE-Kennzeichen versehen sein.

Die Anforderungen an Brandschutzklappen sind ausführlich im **Teil C-II.** beschrieben. Darin sind auch die ehemaligen üblichen Ausführungen von Einbausituationen aufgeführt, die in allgemeinen bauaufsichtlichen Zulassungen beschrieben waren. Ebenfalls wird der Umgang bei der Sanierung von asbesthaltigen Brandschutzklappen beschrieben.

Um eine sach- und fachgerechte Anwendung und Ausführung von BSK umzusetzen, sind die am Bau Beteiligten (Planer, Anwender, Bauleitungen etc.) und Prüfsachverständige heute auf Montageanweisungen oder technische Dokumentationen der Hersteller angewiesen.

Hinweis: Für Hersteller ist es sinnvoll, im Rahmen der Überwachung der Produktherstellung die Angaben der technischen Dokumentationen durch die Prüfstellen begutachten zu lassen.

Am 1.9.2012 endete die Koexistenzperiode der Produktnorm DIN EN 15650. Seitdem sind die der Produktnorm zuzuordnenden Brandschutzklappen nach der Prüfnorm DIN EN 1366-2 zu prüfen und nach DIN EN 13501-3 zu klassifizieren, mit einem CE-Kennzeichen und der Leistungserklärung in Verkehr zu bringen und entsprechend den technischen Dokumentationen der Hersteller einzubauen. Die Hersteller sind für die Richtigkeit der technischen Dokumentationen verantwortlich. Bei Prüfungen werden für herstellerübergreifend gleiche oder vergleichbare Einbausituationen oft gleichartige Ausführungsfehler festgestellt; nachfolgend werden ausgewählte, immer wiederkehrende Beispiele vorgestellt.

Einbau von Brandschutzklappen in massive Wände mit Ausmörtelung

Sind Brandschutzklappen in gemauerte Wände eingebaut, ist oberhalb der Brandschutzklappe i. d. R. ein Betonsturz vorzusehen.

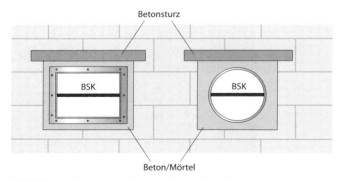

Bild D-III – 1: „Übermauerung" rechteckiger und runder Brandschutzklappen

Der verbleibende Spalt zwischen Mauerwerk und Brandschutzklappe ist auszumörteln. Normativ wird die Wand als „Tragkonstruktion", der vermörtelte Spalt als „Verfüllung" bezeichnet. Der Spalt ist so groß wie im Brandversuch bestätigt oder kleiner auszuführen. Nach den Regeln der Norm DIN EN 15882-2:2015-06 – erweiterter Anwendungsbereich der Ergebnisse aus den Feuerwiderstandprüfungen für Installationen, Teil 2: Brandschutzklappen – darf die Notifizierte Stelle eine um bis zu 50 % größere resultierende Fläche positiv bewerten, wenn die Klassifizierungszeit bei den Brandversuchen 10 % besser war als erforderlich.

Beispiel für eine EI 90 S klassifizierte Brandschutzklappe:

E, I und S sind im Brandversuch mindestens über einen Zeitraum vom 90 Min. + 10 % = 99 Min. nachgewiesen, → damit darf die Notifizierte Stelle auf Antrag des Herstellers die Spaltfläche um bis zu 50 % in der Bescheinigung der Leistungsbeständigkeit vergrößert aufnehmen.

Nach den Regeln für den erweiterten Anwendungsbereich darf immer geprüfter Standardmörtel durch feuerfesten Mörtel mit den entsprechenden Prüfnachweisen ersetzt werden.

Der erweiterte Anwendungsbereich kann auf Herstellerantrag von der Notifizierten Stelle auch für andere in der Norm definierte Einbausituationen sowie für konstruktive Änderungen an der Klappe herangezogen werden.

Folgende **Ausführungsfehler** werden bei Brandschutzklappen in diesem Zusammenhang häufig festgestellt:

- Ausmörtelung nicht tief genug (erforderlich z. B. 100 mm, ausgeführt nur 80 mm)
- Abstand zwischen Leibung und Brandschutzklappe zu groß (Spaltbreite)
- Brandschutzklappe nicht bündig in der Wand/steht zu weit vor

Einbau von Brandschutzklappen in massive Wände mit teilweiser Ausmörtelung

Der Einbau von Brandschutzklappen nach DIN EN 15650 in massive Wände mit teilweiser Ausmörtelung ist bei diesen Brandschutzklappen mit Leistungserklärung und CE-Kennzeichnung herstellerübergreifend nicht mehr einheitlich. Die Herstellerangaben in den Leistungserklärungen und technischen Dokumentationen sind maßgebend.

Für Brandschutzklappen, die mit einer allgemeinen bauaufsichtlichen Zulassung in Verkehr gebracht wurden, wird auf den **Teil C-II.** verwiesen. Darin werden verschiedene Einbaubeispiele aus den allgemeinen bauaufsichtlichen Zulassungen dargestellt.

Einbau von Brandschutzklappen in leichte Trennwände mit Metallständern

Beim Einbau von Brandschutzklappen in leichte Trennwände mit Metallständern ist umlaufend der Brandschutzklappe ein Wechsel aus Ständern (i. d. R. CW-Profile) und Riegeln (i. d. R. UW-Profile) zu installieren. Die Ausbildung der Verbindungspunkte des Wechsels sowie der Anschluss an die notwendigen Ständer der Wand (in der Regel beträgt der Abstand hier 62,5 cm) ist beim Einbau von Brandschutzklappen in leichte Trennwände mit Metallständern – abweichend von der üblichen Auswechselung – herzustellen. Aufgrund der Abweichung gegenüber den Montageanweisungen wird die Auswechselung oftmals nicht korrekt ausgeführt.

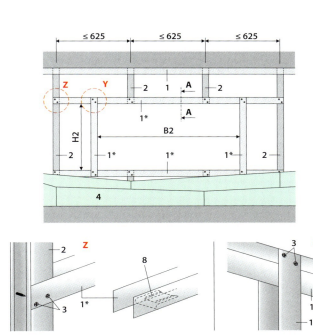

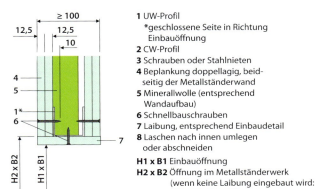

1 UW-Profil
  *geschlossene Seite in Richtung Einbauöffnung
2 CW-Profil
3 Schrauben oder Stahlnieten
4 Beplankung doppellagig, beidseitig der Metallständerwand
5 Mineralwolle (entsprechend Wandaufbau)
6 Schnellbauschrauben
7 Laibung, entsprechend Einbaudetail
8 Laschen nach innen umlegen oder abschneiden
H1 × B1 Einbauöffnung
H2 × B2 Öffnung im Metallständerwerk (wenn keine Laibung eingebaut wird: H2 = H1, B2 = B1)

Bild D-III – 2: Ausführung von Auswechselungen in Metallständerwänden

Hinweis: Die Vorgaben der Montageanleitung der Hersteller sind **verbindlich** und **einzuhalten**.

Folgende Ausführungsfehler werden bei Brandschutzklappen in diesem Zusammenhang häufig festgestellt:

- Abstand (Spalt) zwischen Brandschutzklappe und Wechsel der Wand zu groß
- Metallprofile der Auswechselung sind nicht entsprechend den Herstellerunterlagen verschraubt oder vernietet
- Brandschutzklappe zu hoch montiert, der normative gleitende Deckenanschlusses kann nicht wirken
- Der Einbau von Brandschutzklappen mit Bausätzen für den gleitenden Deckenanschluss erfolgt nicht entsprechend den technischen Dokumentationen der Hersteller

Einbau von Brandschutzklappen vor und außerhalb von Wänden und Decken

Der Einbau von Brandschutzklappen nach DIN EN 15650 vor und außerhalb (normativ „entfernt") von Wänden und Decken bei Brandschutzklappen mit Leistungserklärung und CE-Kennzeichnung ist herstellerübergreifend nicht mehr einheitlich. Die Herstellerangaben in den Leistungserklärungen und technischen Dokumentationen sind maßgebend.

In der zukünftig anzuwendenden Prüfnorm DIN EN 1366-2:2015-09 wird im direkten Anwendungsbereich darauf hingewiesen, dass der Abstand zwischen Brandschutzklappe und Wand oder Decke bis zum gleichen Abstand eingebaut werden dürfen, der von der Wand/Decke und bis zur gleichen Breite und Höhe der geprüften Leitung geprüft wurde.

Für Brandschutzkappen, die mit einer allgemeinen bauaufsichtlichen Zulassung in Verkehr gebracht wurden, wird auf den **Teil C-II.** verwiesen. Darin werden verschiedene Einbaubeispiele aus den allgemeinen bauaufsichtlichen Zulassungen dargestellt.

Die Abhängung der Brandschutzklappe mittels Gewindestange und Metalldübel hat entsprechend den Montageanweisungen der Hersteller zu erfolgen. Weitere Details zu Abhängungen sind im **Teil D-IV.** aufgeführt.

Feuerwiderstandsfähige Lüftungsleitungen

Beim Überbrücken von Räumen können feuerwiderstandsfähige Lüftungsleitungen verwendet werden. Feuerwiderstandsfähige Lüftungsleitungen können als

a) feuerwiderstandsfähige selbstständige Leitung,
b) feuerwiderstandsfähige Leitung mit innen liegender Stahlblechleitung oder
c) feuerwiderstandsfähige Leitung mit innen liegender Kunststoffleitung

errichtet werden.

In den Fällen a) und c) bestehen die feuerwiderstandsfähigen Bauteile der Leitungen aus Brandschutzbauplatten. Im Fall b) können die feuerwiderstandsfähigen Bauteile aus Brandschutzbauplatten oder mineralischen Dämmstoffen bestehen. Für alle genannten Anwendungsbereiche ist ein Verwendbarkeitsnachweis erforderlich. Die bekannten gültigen und früheren Verwendbarkeitsnachweise für die Fälle b) und c) mit Brandschutzbauplatten decken lediglich innen liegende Leitungen mit rechteckigem Querschnitt ab. Erfolgt die Ausführung gemäß DIN 4102-4:1994-03, Abschnitt 8.5.7 (Lüftungsleitungen aus Stahlblech mit äußerer Dämmschicht) ist kein weiterer Verwendbarkeitsnachweis erforderlich.

Zurzeit dürfen in Deutschland feuerwiderstandsfähige Lüftungsleitungen der Widerstandsklasse L 30 bis L 120 wie auch EI 30 S bis EI 90 S verwendet werden.

Hinweis: Feuerwiderstandsfähige Lüftungsleitungen dürfen nicht als feuerwiderstandsfähige Entrauchungsleitungen benutzt werden. Für Entrauchungsleitungen als Bauart werden eigene nationale Verwendbarkeitsnachweise ausgestellt. Für vorgefertigte Entrauchungsleitungen muss dies nach DIN EN 12101-7 erfolgen.

Prüf- und Klassifizierungsnorm für Verwendbarkeitsnachweise

Feuerwiderstandsfähige Lüftungsleitungen sind als nicht geregelte Bauprodukte gemäß den in der Bauregelliste genannten Regeln zu prüfen und zu klassifizieren. Alternativ hierzu dürfen feuerwiderstandsfähige Lüftungsleitungen nach DIN 4102-4:1994-03, Abschnitt 8.5.7 verwendet werden, denn die dort beschriebene Bauart ist bereits in der DIN 4102-4 klassifiziert.

lfd. Nr.	Bauprodukt	Verwendbarkeitsnachweis	anerkanntes Prüfverfahren nach	Übereinstimmungsnachweis
2.4	Vorgefertigte Lüftungsleitungen, an die Anforderungen bezüglich der Feuerwiderstandsdauer oder des Schallschutzes gestellt werden Ausgenommen sind Absperrvorrichtungen gegen Brandübertragung in Lüftungsleitungen (Brandschutzklappen).	P	Je nach Bauprodukt gilt: *für die Feuerwiderstandsdauer:* DIN 4102-6:1977-09 und – sofern zutreffend – in Verbindung mit DIN V 4102-21:2002-08 in Verbindung mit Anlage 0.1.1 der Bauregelliste A Teil 1 oder DIN EN 1363-1:2012-10, DIN EN 1366-1:1999-10 in Verbindung mit DIN EN 13501-3:2010-02 und mit Anlage 0.1.2 der Bauregelliste A Teil 1 oder DIN EN 1363-1:2012-10, DIN EN 1366-1:1999-10 und DIN V 4102-21:2002-08 in Verbindung mit Anlage 8 der Bauregelliste A Teil 2 und mit Anlage 0.1.1 der Bauregelliste A Teil 1, *für den Schallschutz:* DIN EN ISO 10140-1:2012-05, DIN EN ISO 10140-2, -4 und -5:2010-12, DIN EN ISO 717-1:2013-06	ÜH
	P = allgemeines bauaufsichtliches Prüfzeugnis erforderlich		ÜH = Übereinstimmungsnachweis des Herstellers	

Tabelle D-III – 1: Bauregelliste A Teil 2 – Ausgabe 2015/2 – Auszug

lfd. Nr.	Bauart	Verwendbarkeitsnachweis	anerkanntes Prüfverfahren nach	Übereinstimmungsnachweis
2.4	Bauarten zur Errichtung von Lüftungsleitungen, an die Anforderungen an die Feuerwiderstandsdauer und/oder den Schallschutz gestellt werden. Ausgenommen sind Absperrvorrichtungen gegen Brandübertragung in Lüftungsleitungen (Brandschutzklappen). Satz 2 aus lfd. Nr. 2.1 gilt entsprechend.	P	Je nach Bauart gilt: *für die Feuerwiderstandsdauer:* DIN 4102-6:1977-09 und – sofern zutreffend - in Verbindung mit DIN V 4102-21:2002-08 in Verbindung mit Anlage 0.1.1 der Bauregelliste A Teil 1 oder DIN EN 1363-1:2012-10, DIN EN 1366-1:1999-10 in Verbindung mit DIN EN 13501-3:2010-02 und Anlage 0.1.2 der Bauregelliste A Teil 1 oder DIN EN 1363-1:2012-10, DIN EN 1366-1:1999-10 und – sofern zutreffend – in Verbindung mit DIN V 4102-21:2002-08 in Verbindung mit Anlage 8 der Bauregelliste A Teil 2 und mit Anlage 0.1.1 der Bauregelliste A Teil 1 *für den Schallschutz:* DIN EN ISO 10140-1:2012-05, DIN EN ISO 10140-2, -4 und -5:2010-12, DIN EN ISO 717-1:2013-06	Übereinstimmungserklärung des Anwenders[6]
	P = allgemeines bauaufsichtliches Prüfzeugnis erforderlich		[6] Siehe Vorbemerkungen zur Bauregelliste A, Bauregelliste B und Liste C, Abschnitt 2.3	

Tabelle D-III – 2: Bauregelliste A Teil 3 – Ausgabe 2015/2 – Auszug

Ausführungshinweise

Bei Errichtung feuerwiderstandsfähiger Lüftungsleitungen werden oftmals Ausführungsmängel im Bereich von Wanddurchdringungen, Wandanschlüssen, Befestigungen und Revisionsöffnungen festgestellt.

Wanddurchführung

Durchdringungen von Brandwänden sind mittels feuerwiderstandsfähiger Lüftungsleitungen nur eingeschränkt möglich.

Bei Brandwänden ist eine Durchführung formal zulässig. Allerdings ist zu berücksichtigen, dass oberhalb klassifizierter Leitungen Installationen anderer Gewerke gegen ein Herabfallen zu sichern sind.

Brandwände müssen Stoßbeanspruchungen auch im Brandfall standhalten (DIN 4102-3 Abschnitt 4.2.4), da bei einem Brandereignis herabfallende Bauteile – z. B. die des Daches – gegen die Brandwand stürzen oder schwingen können und damit eine Stoßbeanspruchung ausüben. Feuerwiderstandsfähige Lüftungsleitungen werden auf solche Beanspruchungen nicht geprüft; dementsprechend ist hier ein Versagen zu erwarten.

Daher ist zu prüfen, ob bei der Durchführung feuerwiderstandsfähiger Lüftungsleitungen durch Brandwände ein Versagen der Leitung im Brandbereich zu einer Ausbreitung des Brandes auf der rückwärtigen Seite der Brandwand führen kann.

Hinweis: Bei möglichem Versagen der feuerwiderstandsfähigen Lüftungsleitungen sollten Brandschutzklappen in die Brandwand eingesetzt werden.

Selbstständige feuerwiderstandsfähige Lüftungsleitung (ohne innenliegende Leitung)

Die Ausführung der selbstständigen feuerwiderstandsfähigen Lüftungsleitung hat entweder gemäß DIN 4102:1994-03, Abschnitt 8.5.7 oder entsprechend den Angaben des Verwendbarkeitsnachweises zu erfolgen.

Bei der normierten Ausführung ist darauf zu achten, dass die Mineralwolle in zwei Lagen stoß- und lagenversetzt anzuordnen ist, wobei jede Lage mit Stahldraht gewickelt werden muss und die Stoßstellen zudem zu klammern sind. Die Abhängungen haben in einem Abstand von maximal 1500 mm zu erfolgen. Die zulässige Zuglast in den Gewindestangen beträgt 6 N/mm² (L 30/60) bzw. 9 N/mm² (L 90/120).

Hinweis: Die Ausführung gemäß DIN 4102:1994-03, Abschnitt 8.5.7 hat keine wesentliche Relevanz, da diese Verarbeitungspraxis i. d. R. keine Anwendung findet.

Bei der Ausführung gemäß einem Verwendbarkeitsnachweis sind die besonderen Bestimmungen von diesem und den ergänzenden Herstellungs- und Einbauanleitungen der Hersteller zu beachten.

Feuerwiderstandsfähige Lüftungsleitungen mit innenliegender Kunststoffleitung

Feuerwiderstandsfähige Lüftungsleitungen mit innenliegender Kunststoffleitung sind lediglich mit Brandschutzbauplatten ausführbar.

Bei der Errichtung ist zu beachten, dass diese Ausführung gemäß den zum Erstellungszeitpunkt gültigen Verwendbarkeitsnachweisen erfolgen muss; i. d. R. sind die Brandschutzbauplatten 2-lagig versetzt anzuordnen.

Für jede Kunststoffart ist aufgrund des unterschiedlichen Brandverhaltens ein eigener Verwendbarkeitsnachweis erforderlich, so sind PPS- und PVC-Leitungen mit feuerwiderstandsfähiger Dämmung in unterschiedlichen Prüfzeugnissen darzustellen.

Stahlblechleitungen mit brennbarer Dämmung sind bei einer erforderlichen „L90 Ausführung" wie Kunststoffleitungen zu beurteilen. Die Verlegung innerhalb von F 90-Kanälen und -Schächten ist unbedenklich.

Feuerwiderstandsfähige Lüftungsleitungen im Außenbereich

Feuerwiderstandsfähige Lüftungsleitungen sind gegen Regenwasser und andere Witterungseinflüsse ausreichend zu schützen, sofern kein Nachweis vorliegt, dass die brandschutztechnischen Eigenschaften nicht negativ beeinflusst werden.

Hinweis: Auch bei Verwendung feuerwiderstandsfähiger Lüftungsleitungen im Innenbereich ist bei Wasserschäden zu prüfen, ob die Lüftungsleitung der Feuchtigkeit ausgesetzt wurde. Sind die Leitungen feucht geworden, ist auch nach Trocknung möglicherweise ein ausreichender Brandschutz nicht mehr gegeben.

Hinweis: Die Verwendung feuerwiderstandsfähiger Lüftungsleitungen und selbsttätigen Feuerlöschanlagen, z. B. Sprinkleranlagen, schließen sich gegenseitig nicht aus. Auch wenn im Brandfall die Löschanlage auslöst und die Brandschutzbauplatten oder Mineralwolle der Lüftungsleitung nass werden, sind die Schutzziele für diesen Fall erfüllt.

Folgende **Ausführungsfehler** werden bei feuerwiderstandsfähigen Leitungen in diesem Zusammenhang häufig festgestellt:

- Ein Wandanschluss ist in den Verwendbarkeitsnachweisen nicht vorgesehen.
- Entgegen den Verwendbarkeitsnachweisen wird nicht jedes Formteil abgehängt.
- Entgegen den Verwendbarkeitsnachweisen werden runde Stahlblechleitungen mit Brandschutzbauplatten bekleidet.
- Konstruktionen zur Abhängung, insbesondere die Traversen und ausgewählten Profile, entsprechen nicht den Verwendbarkeitsnachweisen.

D-IV. Abhängung von Brandschutzklappen und anderen Gewerken

D-IV. Abhängung von Brandschutzklappen und anderen Gewerken

Bei Abhängungen von Brandschutzklappen und feuerwiderstandsfähigen Lüftungsleitungen dürfen die in der DIN 4102-4:1994-03, Abschnitt 8.5.7.5 angegebenen zulässigen Zugspannungen und Scherspannungen nicht überschritten werden. Aus den zulässigen Zugspannungen ergeben sich aus dem Kernquerschnitt der Gewindestangen die resultierenden maximalen Abhängelasten.

Spannungsgrenzwerte [N/mm²] nach DIN 4102-4 für Abhängungen in Abhängigkeit der Feuerwiderstandsdauer in Minuten	≤ 60	≤ 120
Zugspannung σ in senkrecht angeordneten Teilen	9	6
Scherspannung τ in Schrauben der Festigkeitsklasse 4.6 DIN ISO 898-1	15	10

Mit der Summe der Gewichte G der Brandschutzklappe(n) zuzüglich Abhängung, Abschnitte angeschlossener Lüftungsleitungen, Isolierungen und sonstiger Gewichte errechnet sich der Querschnitt A_s:

$$A_s \, [\text{mm}^2] = \frac{9{,}81 \times G \, [\text{kg}]}{\sigma \, (\text{bzw. } \tau) \, [\text{N/mm}^2] \times \text{Anzahl Abhängungen}}$$

Zulässige Gewichte bei 90 Minuten Feuerwiderstandsdauer für Zugstangen – Abhängungen aus **Stahl-Gewindestäben**

Größe	A_s [mm²]	Gewicht G [kg] für 1 Stück	Gewicht G [kg] für 1 Paar
M 8	36,6	22	44
M 10	58,0	35	70
M 12	84,3	52	104
M 14	115,0	70	140
M 16	157,0	96	192
M 18	192,0	117	234
M 20	245,0	150	300

Spannungsquerschnitt A_s nach DIN 13

Tabelle D-IV – 1: Spannungsgrenzwerte

Zu beachten ist, dass Brandschutzklappen mit Maximalabmessung (1500 x 800 mm) inklusive der Brandschutzbauplattenbekleidung i. d. R. schwerer als 100 kg sind. In diesem Fall sind die Absperrvorrichtungen mit Gewindestangen der Größe M 14 oder M 16 abzuhängen. Die Dimensionierung der Abhängung erfolgt entsprechend den oben aufgeführten zulässigen Zugspannungen und zulässigen Scherspannungen.

Bei Abhängungen sind brandschutztechnisch zugelassene Metalldübel zu verwenden. In einigen Fällen dürfen bei Brandschutzklappen sowie bei den nach DIN 4102-4 ausgeführten feuerwiderstandsfähigen Lüftungsleitungen auch Stahl-Metalldübel, die mit der doppelten Dübeltiefe einzubringen sind, verwenden werden.

Kurz vor Inkrafttreten der Bauproduktenverordnung wurden bei den Herstellern von Dübeln, die im Brandfall belastet werden dürfen, die europäisch technischen Zulassungen (**E**uropean **T**echnical **A**pproval – **ETA**) verlängert. Im Sommer 2018 muss diese durch eine europäische Technische Bewertung (**E**uropean **T**echnical **A**ssessment – **ETA**) ersetzt werden. Neue Dübel sowie Dübel, deren Anwendungsbereich erweitert wird, müssen seit dem Inkrafttreten der Bauproduktenverordnung (1.7.2013) eine europäische Technische Bewertung aufweisen. Klassische Spreizdübel sind entsprechend den Zulassungen mittels Setzeisen mit Setzmarkierung oder maschinell einzubringen.

Der Abstand zwischen zwei Dübeln (Achsabstand) sowie der Randabstand (Abstand zur nächsten Bauteilöffnung) ist in der ETA angegeben und zu beachten. Der Abstand zwischen einer Fehlbohrung und der nächsten Bohrung für einen Dübel muss mindestens so groß sein wie die doppelte Tiefe der Fehlbohrung. Wird die Fehlbohrung mit einem hochfesten Mörtel verschlossen, darf i. d. R. unmittelbar neben der Fehlbohrung gebohrt werden. Brandschutztechnisch zugelassene Dübel dürfen derzeit nur von geschultem Personal eingebaut werden.

Feuerwiderstandsfähige Leitungsabschnitte müssen an Bauteilen mit mindestens gleicher oder höherer Feuerwiderstandsfähigkeit befestigt sein.

Hinweis: Sonderfall → Küchenabluftleitungen müssen auch in Gebäuden, die **keine feuerbeständigen** Decken und Wände aufweisen, außerhalb der Küche feuerbeständig ausgeführt oder mit geeigneten Brandschutzklappen versehen werden. Das Schutzziel, welches mit einer „feuerbeständigen Leitung" realisiert werden soll, ist die Verhinderung eines Brandaustritts von innen nach außen über mindestens 90 Minuten; somit eines Brandaustrittes aus der Küche in andere Räume.

Die Befestigungen dürfen dann an nicht feuerbeständigen Bauteilen erfolgen. Eines gesonderten Verwendbarkeitsnachweises bedarf es nicht, da diese Ausführungsformen praktisch durch die Regelungen in der M-LüAR gefordert sind. Somit ergibt sich praktisch eine „allgemeine Verzichtserklärung auf Zustimmung im Einzelfall" (vgl. § 20 Satz 2 MBO) aus der M-LüAR.

Aufständerung von Brandschutzklappen und anderen Gewerken

Eine Aufständerung mit Stahlbauteilen mit daraus resultierenden Druckspannungen ist in der DIN 4102 nicht geregelt. Der statische Nachweis ist für solche Konstruktionen gesondert zu führen. Die brandschutztechnische Bekleidungsstärke einer Aufständerung ist im Brandversuch zu ermitteln oder mittels dem U/A-Verhältnis zu bestimmen.

Bei der Abhängung oder Aufständerung kommt es häufig zu folgenden **Ausführungsfehlern:**

- Abstand zwischen Fehlbohrung und verwendetem Dübel ist nicht ausreichend groß
- Achsabstand zweier Dübel zueinander ist nicht ausreichend groß
- Randabstand zwischen Dübel und einem Durchbruch (z. B. für Kabelschott, Rohrschott, Brandschutzklappe) ist nicht ausreichend groß
- Abhängeprofil entspricht nicht den Montageanweisungen oder ist unterdimensioniert
- Stahltragschienensysteme ohne Halteklammer verwendet
- Gewindestange ist nicht ausreichend dick dimensioniert
- Aufständerung ohne statischen Nachweis für den Brandfall (z. B. mittels U/A-Wert)

D-V. Lüftungsanlagen mit Ventilatoren für die Lüftung von Bädern und Toilettenräumen; Raumentlüftungen gemäß DIN 18017-3

D-V.	Lüftungsanlagen mit Ventilatoren für die Lüftung von Bädern und Toilettenräumen; Raumentlüftungen gemäß DIN 18017-3

Im **Teil A-II.** Abschnitt 7.2 sind die Bestimmungen der M-LüAR für Lüftungsanlagen mit Ventilatoren für die Lüftung von Bädern und Toilettenräumen genannt und kommentiert. Dies sind auch Lüftungsanlagen nach DIN 18017-3:2009-09.

DIN 18017-3 ist eine Norm zur Regelung der Entlüftung spezifischer Räume, sie ist keine technische Regel für die Bemessung und Ausführung von Zuluftanlagen für diese Räume.

Im Anwendungsbereich der Norm DIN 18017-3 werden daher die Entlüftungsanlagen mit Ventilatoren zur Lüftung innen liegender Bäder und Toilettenräume in Wohnungen und ähnlichen Aufenthaltsräumen beschrieben. Küchen und Abstellräume in Wohnungen können ebenfalls nach dieser Norm entlüftet werden. Die Lüftung fensterloser Küchen ist nicht Gegenstand dieser Norm.

Unter Abschnitt 6.1.3 DIN 18017-3 „Brandschutztechnische Nachweise" wird gefordert, dass die brandschutztechnischen Eigenschaften verwendeter Bauteile nachzuweisen sind.

Wenn Absperrvorrichtungen den Zusatztext „18017" in der Zulassung aufweisen (z. B. K 90-18017 bzw. K 90-18017-S), müssen die Lüftungsanlagen streng gemäß dieser Norm geplant und gebaut worden sein. Dementsprechend müssen die Verwendbarkeitsnachweise entweder einen datierten (z. B. DIN 18017-3:2009-09) oder einen undatierten Verweis (z. B. DIN 18017-3) auf die Norm enthalten.

Im Rahmen der Planung von Anlagen zur Be- und Entlüftung von Bädern und Kochnischen nach DIN 18017-3 muss beachtet werden, dass damit keine kontrollierte Wohnungslüftung mit definierten Volumenströmen in allen Aufenthaltsräumen geplant werden kann.
Für die brandschutztechnischen Anforderungen einer Lüftungsanlage zur Be- und Entlüftung von Wohnungen bzw. abgeschlossenen Nutzungseinheiten mit max. 200 m² sind die Vorgaben der M-LüAR 2015, Abschnitt 7.1 zu beachten; die lüftungstechnische Planung kann nach DIN 1946-6 erfolgen.
Absperrvorrichtungen mit einer allgemeinen bauaufsichtlichen Zulassung (abZ) dürfen nur für die in der Zulassung beschriebenen Ver- und Anwendungen eingesetzt werden. Diese Einschränkung beruht auf den abweichenden Prüfgrundlagen und Auslöseverhalten der 18017-Absperrvorrichtungen gegenüber den Brandschutzklappen nach der harmonisierten europäischen Norm DIN EN 15650 und der dazugehörenden europäischen Prüfnorm DIN EN 1366-2.

D-VI. Lüftungsanlagen für gewerbliche Küchen

D-VI.   Lüftungsanlagen für gewerbliche Küchen

Lüftungsanlagen in gewerblichen Küchen haben verschiedene Aufgaben.

Grundsätzlich dient die Zuluftanlage einer Küche der Luftversorgung mit i. d. R. kühler, sauberer, gefilterter Außenluft. Die Abluftanlage einer Küche dient dazu, die beim Garvorgang entstehende Wärme, den entstehenden Wasserdampf, Verbrennungsabgase von Gasküchenherden (Gasfeuerstätten) sowie andere „Kochdämpfe" abzuführen. Die Kochdämpfe können dabei auch die bei Brat- und Frittiervorgängen entstehenden Fettnebel (verdampfendes Öl- und Frittierfett) enthalten. Letztendlich dient die Lüftungsanlage in der Küche dazu, eine hygienisch verträgliche Zubereitung von Speisen zu ermöglichen und die Arbeitsplatzbedingungen (Temperatur, Luftfeuchte, Luftwechsel) erträglich zu halten, wobei das Entstehen anderer Gefahren, insbesondere der Brandgefahren, vermieden werden muss.

Gewerbliche Küchen bestehen aus mehreren Bereichen, z. B. den Büro- und Personalräumen, Lagerräumen, Spülbereichen und Bereichen für die Speisezubereitung. Soweit in der M-LüAR Anforderungen gestellt werden, Lüftungsleitungen „vom Austritt aus der Küche" in der Feuerwiderstandsklasse L 90 auszuführen oder mit geeigneten Brandschutzklappen zu versehen, ist diese Austrittsstelle die erste Stelle, an der die Lüftungsleitung den Speisenzubereitungsbereich verlässt. Die häufig direkt bzw. offen an die Kochbereiche anschliessenden Speisesäle gehören ebenfalls nicht mehr zum Speisezubereitungsbereich. Showküchen („Front-Cooking") bedürfen besonderer Regelungen, z. B. zur ggf. erforderlichen feuerwiderstandsfähigen Ausführung der Abluftleitung ab Kochstelle.

Konzeptionell ist zwischen „Kaltküchen" und „Warmküchen" zu unterscheiden.

In Kaltküchen erfolgt die Vorbereitung, Zubereitung und Aufbereitung von Speisen ohne Erwärmungs- und Erhitzungsvorgänge, bei denen die zugeführte Kochwärme über eine Lüftung abzuführen wäre. In Warmküchen erfolgt die Speisezubereitung zu einem wesentlichen Teil unter dem Einsatz von Energie. Viele Kochgeräte funktionieren mit elektrischer Energie, aber sehr häufig werden auch Gaskochgeräte verwendet. Für spezielle Gerichte bietet sich der Einsatz von Festbrennstoff-Kochstellen an, z. B. Pizzaöfen oder Holzkohlegrills.

Die Brandgefahren resultieren durch die möglichen Entzündungen bei Zubereitungsarten in Fett, wie Braten oder Frittieren, oder dem Flambieren von Gerichten. Auch die Feuerstätten können der Ausgangspunkt eines Brandes sein.

Exkurs – Ableitung der Abgase von Feuerstätten als Kochstellen

Die Musterbauordnung definiert Feuerstätten als ortsfest benutzte Anlagen oder Einrichtungen, die dazu bestimmt sind, durch Verbrennung Wärme zu erzeugen. Dementsprechend zählen auch die Gasherde und -backöfen, Pizzaöfen, Holzkohlegrills sowie andere Festbrennstoffherde bzw. -backöfen zu den „Feuerstätten gem. MBO".

Im Zusammenhang mit diesen Feuerstätten in der Küche ist § 41 Abs. 4 MBO zu beachten:

§ 41 (4) MBO [1]Lüftungsanlagen dürfen nicht in Abgasanlagen eingeführt werden; die gemeinsame Nutzung von Lüftungsleitungen zur Lüftung und zur Ableitung der Abgase von Feuerstätten ist zulässig, wenn keine Bedenken wegen der Betriebssicherheit und des Brandschutzes bestehen. [2]Die Abluft ist ins Freie zu führen. [3]Nicht zur Lüftungsanlage gehörende Einrichtungen sind in Lüftungsleitungen unzulässig.

Diese Bestimmungen sind bei allen Gebäudeklassen zu berücksichtigen, denn der Geltungsbereich von § 41 Abs. 4 ist in Abs. 5 nicht ausgenommen, deshalb gilt § 41 Abs. 4 auch für Lüftungsanlagen innerhalb von Wohnungen und anderen Nutzungseinheiten.

In § 41 Abs. 4 Satz 1 (erster Teilsatz) MBO wird deutlich, dass an die Abgasanlagen, die in vielen Gebäuden vorhanden sind, keine Lüftungsleitungen angeschlossen werden dürfen (hierbei ist es unerheblich, ob es sich um Schornsteine oder Abgasleitungen handelt). Da bei einem Stillstand der Lüftungsanlage Abgase aus der Abgasanlage über die Lüftungsleitungen verteilt werden könnten, muss dieser Gefahr vorgebeugt werden.

Wenn keine Bedenken wegen der Betriebssicherheit und des Brandschutzes bestehen, also keine Gefahren zu befürchten sind, darf gemäß § 41 Abs. 1 Satz 1 (zweiter Teilsatz) MBO eine Lüftungsleitung zur Ableitung der Abgase von Feuerstätten verwendet werden. Im Gesetzestext wird keine Festlegung getroffen, welche Volumenstromverhältnisse (Abluft- zu Abgasvolumenstrom) mindestens vorauszusetzen sind. Es wird lediglich auf den Zweck abgestellt, somit muss es sich um eine Lüftungsleitung handeln, wenn diese Erleichterung in Anspruch genommen werden soll.

Durch die Einleitung des Abgases der Feuerstätten wird eine Lüftungsleitung auch nicht zur Abgasanlage oder -leitung. Allerdings ist davon auszugehen, dass die Lüftungsanlage – während der Ableitung der Abgase von Feuerstätten über die Lüftungsleitung – ebenfalls in Betrieb ist. Auch die Anforderungen, die Lüftungsleitung in der Bauart von Schornsteinen auszuführen (vgl. Kapitel 4 Kommentar zu Abschnitt 9.3 M-LüAR), führt nicht dazu, dass die Lüftungsleitung bauordnungsrechtlich zu einer Abgasanlage wird.

Abscheiden der Fettnebel und UV-Behandlung

Hinweise zur lufttechnischen Behandlung gewerblicher Küchen sowie zur Dimensionierung und zum Aufbau der raumlufttechnischen Anlagen können der VDI-Richtlinie 2052 entnommen werden. Darin ist das Erfordernis von hochwirksamen Aerosolabscheidern beschrieben. Diese dienen dazu, die in der Abluft mitgeführten festen und flüssigen Bestandteile wie z. B. Fettnebel abzuscheiden, um die Verschmutzung der Abluftleitungen zu vermindern. Die Aerosolabscheider müssen ferner den Flammendurchschlag aus der Küche in die Abluftleitung sicher verhindern. Dies sollte mindestens an den Stellen erfolgen, an denen die Abluftleitung oberhalb thermischer Geräte mit erhöhter Brandgefahr installiert wurde.

Moderne Küchenabluftkonzepte setzen zusätzlich zu den Abscheidern UV-Behandlungsanlagen ein, in denen fetthaltige Abluftbestandteile durch Bestrahlung chemisch so umgewandelt werden, dass Ablagerungen im Abluftleitungssystem nicht mehr feststellbar sein sollen. Damit wäre keine „fetthaltige" Abluft mehr abzuführen. Die umgewandelten fetthaltigen Bestandteile sollen mit der Abluft der Küche nach außen abgeleitet werden.

Gesicherte Erkenntnisse liegen hierzu aber noch nicht vor! Darum sind Lösungen der Muster-Lüftungsanlagen-Richtlinie weiterhin maßgeblich!

Brandschutz in den Lüftungsleitungen

Gemäß § 41 Abs. 2 MBO dürfen Lüftungsleitungen raumabschließende Bauteile, für die eine Feuerwiderstandsfähigkeit vorgeschrieben ist, lediglich überbrücken, sofern eine Brandausbreitung ausreichend lange nicht zu befürchten ist oder wenn Vorkehrungen (z. B. Brandschutzklappen oder feuerwiderstandsfähige Lüftungsleitungen) hiergegen getroffen sind. Davon ausgenommen sind Lüftungsleitungen in Gebäuden der Gebäudeklassen 1 und 2 und innerhalb von Wohnungen sowie innerhalb derselben Nutzungseinheit mit nicht mehr als 400 m² in nicht mehr als zwei Geschossen. Für die Lüftungsleitungen von Küchen sind jedoch weiterhin die Anforderungen des § 41 Abs. 4 MBO zu erfüllen, die bereits oben ausgeführt sind. In der Summe führen diese Anforderungen zu den in der M-LüAR beschriebenen Lösungsmöglichkeiten.

Die Vorschriften des § 41 Abs. 2 MBO gelten gem. Abschnitt 4.1 M-LüAR als erfüllt, wenn die Ausbildung der Anlagen entsprechend den schematischen Darstellungen erfolgt und die Anforderungen der Abschnitte 5 - 8 M-LüAR eingehalten sind. Dieses gilt grundsätzlich auch für gewerbliche oder vergleichbare Küchen.

Es ist ein Trugschluss, anzunehmen, das Nicht-Aufstellen von Feuerstätten in gewerblichen Küchen würde dazu führen, dass in den gemäß § 41 Abs. 5 MBO ausgenommenen Gebäuden (GK 1 und 2) und Nutzungseinheiten der Brandschutz nicht gem. Abschnitt 8 M-LüAR ausgeführt werden müsste.

Gewerbliche Küchen können durchaus zu den Sonderbauten gemäß § 2 Abs. 4 Nr. 17 MBO (baulichen Anlagen, deren Nutzung durch Umgang oder Lagerung von Stoffen mit Explosions- oder erhöhter Brandgefahr verbunden ist) bzw. § 2 Abs. 4 Nr. 18 MBO (Anlagen und Räume, die in den Nummern 1 bis 17 nicht aufgeführt und deren Art oder Nutzung mit vergleichbaren Gefahren verbunden sind) gezählt werden.

Der Ausbruch eines Brandes in einer gewerblichen Küche ist durch das Verwenden und starke Erhitzen von Fetten keinesfalls unwahrscheinlich, damit verbunden ist die Beeinträchtigung der Betriebssicherheit. In Küchen mit oder ohne Feuerstätte können diese Gefahren auftreten, z. B. durch Entzünden von überhitztem Öl in einer Bratpfanne; dies ist durch Berichte über Brandereignisse und deren Ursache leider vielfach belegt. Die Flammen entzündeter Öle schlagen vielfach durch die nicht ordnungsgemäß instandgehaltenen Filterelemente in die Abluftleitungen durch.

Hinweis: Bei der Planung und Bemessung einer Lüftungsanlage für eine Küche ist auf die vorgeschriebene Anströmgeschwindigkeit der Filterelemente (flammendurchschlagsichere Fettabscheider) besonders zu achten. Eine zu geringe Strömungsgeschwindigkeit begünstigt das Passieren des Ölnebels durch die Filter, eine zu hohe Strömungsgeschwindigkeit begünstigt zusätzlich den Flammendurchschlag.

Dementsprechend muss bei allen gewerblichen Küchen (bspw. Küchen in einer Gaststätte, in Verkaufsräume integrierte Küchen, Front-Cooking-Küchen, Fast-Food-Restaurants) bauaufsichtlich auf Erfüllung der Anforderungen des § 41 Abs. 2 MBO auch in diesen Anlagen und Räumen bestanden werden.

Darüber hinaus sind zusätzlich die Anforderungen des § 41 Abs. 4 MBO zu erfüllen, falls Feuerstätten aufgestellt werden sollen. Nicht zuletzt muss die allgemeine Betriebs- und Brandsicherheit der Lüftungsanlage gem. § 41 Abs. 1 MBO gegeben sein.

Hinweis: Für Abluftleitungen gewerblicher Küchen erfolgen

- aus Gründen der Betriebssicherheit von Lüftungsanlagen gemäß § 41 Abs. 1 MBO,
- der Brandsicherheit und des Brandschutzes beim Einleiten von Abgasen von Feuerstätten aus Küchen gemäß § 41 Abs. 4 MBO (z. B. Gasherde, Pizzaöfen, Holzkohlegrillanlagen) – mit denen grundsätzlich gerechnet werden muss –, und
- zur näheren Bestimmung der Anforderungen an diese Lüftungsleitungen gemäß § 41 Abs. 2 MBO

in den Abschnitten 8 und 9 M-LüAR Konkretisierungen der MBO-Anforderungen. Dieses gilt für alle Gebäude mit gewerblichen Küchen (ausgenommen Kaltküchen).

Mit der Notwendigkeit der feuerbeständigen Ausführung der Lüftungsleitungen (Feuerwiderstandsklasse L 90) wird ein Eindringen eines Brandes von außen (außerhalb der Küche) sicher verhindert und die Betriebssicherheit der Küchenlüftung gewährleistet. Ebenso wird die Gefahr einer Brandweiterleitung über die Lüftungsleitungen, die durch fetthaltige Abluft begünstigt wird, in allen Gebäuden sicher vermieden. Aufgrund der technischen Weiterentwicklung bei Brandschutzklappen gegen die Übertragung von Feuer und Rauch in Lüftungsleitungen, die auch in Küchenabluftleitungen verwendet werden können, bietet die M-LüAR die Möglichkeit, anstelle einer Ausführung mit L 90-Leitungen auch Leitungen mit entsprechenden Brandschutzklappen auszurüsten.

Dabei sind die besonderen Bestimmungen der Verwendbarkeitsnachweise (z. Zt. lediglich allgemeine bauaufsichtliche Zulassungen des DIBt oder Zustimmungen im Einzelfall) zu erfüllen.

In der M-LüAR wird generell ab Austritt aus der Küche (siehe obige Erläuterungen) die Ausführung von Lüftungsleitungen mit der Feuerwiderstandsklasse L 90 verlangt. Dies gilt unabhängig von der höchsten Feuerwiderstandsfähigkeit der Decken und Wände in dem Gebäude. Die L 90-Anforderung ergibt sich aus der Annahme eines Brandereignisses vorwiegend im Inneren der Lüftungsleitung. Da häufig die Betreiber gewerblicher Küchen ihren notwendigen Reinigungspflichten nicht konsequent nachkommen, kann davon ausgegangen werden, dass ein Fettbrand in der Leitung nicht spontan auftritt, dementsprechend ist ein erhöhter Brandschutz sinnvoll.

Ähnlich wie bei Schornsteinen wird daher die Anforderung für den „schlimmsten Fall" gestellt. Sollte ein Brand in der feuerwiderstandsfähigen Lüftungsleitung eintreten, wird durch die 90-minütige Feuerwiderstandsfähigkeit davon ausgegangen, dass eine Brandausbreitung von innen nach außen nicht zu befürchten ist und die bauliche Anlage keinen Schaden nehmen wird.

Da gemäß der Verwendbarkeitsnachweise L 90-Leitungen i. d. R. nur an Bauteilen gleicher oder höherer Feuerwiderstandsfähigkeit befestigt werden dürfen, besteht hier offensichtlich für die baulichen Anlagen, die in feuerhemmender oder hochfeuerhemmender Bauweise errichtet werden dürfen, ein Dilemma. Formal wäre in solchen Fällen immer eine Zustimmung im Einzelfall erforderlich, da es sich um eine wesentliche Abweichung handelt. Vor dem Hintergrund der M-LüAR-Regelung kann davon ausgegangen werden, dass es bauaufsichtlich ausreichend ist, wenn die Abhängungen der L 90-Lüftungsleitungen entsprechend dem Verwendbarkeitsnachweis ausgeführt werden und entsprechend an Bauteilen geringerer Feuerwiderstandsfähigkeit (jedoch der höchsten der raumanschließenden Bauteile) befestigt werden. Insofern verbirgt sich eine allgemeine Verzichtserklärung auf die Erteilung einer Zustimmung im Einzelfall in der M-LüAR, deren einzuhaltende Randbedingungen nicht genau dargelegt sind.

Zusätzlich zu der notwendigen statischen Bemessung ist darüber hinaus die beschriebene Ausführung zu wählen.

Bei den Lösungsmöglichkeiten mit Brandschutzklappen, die für die Verwendung in Küchenabluftleitungen geeignet sind, wird in der M-LüAR keine erhöhte Feuerwiderstandsfähigkeit gefordert. Daher reicht in diesen Fällen aus, dass die Feuerwiderstandsfähigkeit der Brandschutzklappe derjenigen des jeweils durchdrungenen Bauteils entspricht. Brandschutzklappen sind in diesem Fall jedoch in allen raumabschließenden feuerwiderstandsfähigen Bauteilen im Verlauf der Lüftungsleitungsführung (nicht nur denen der Küche) vorzusehen.

Lüftungsleitungsverlegungen außerhalb der Küche

Grundsätzlich sind zwei unterschiedliche Lösungen möglich:

- Ausführung von Lüftungsleitungen ab Austritt aus der Küche in Feuerwiderstandsklasse L 90 oder
- Lüftungsleitungen ab Austritt aus der Küche in allen feuerwiderstandsfähigen raumabschließenden Bauteilen mit Brandschutzklappen zu versehen.

Sollen neben Küchenabluftleitungen auch andere Lüftungsleitungen verlegt werden, sind diese zwei grundsätzlichen Lösungen ebenfalls zielführend (Abbildungen hierzu siehe **Teil A-II.** Abschnitt 8).

Ein Vergleich mit den besonderen Regelungen für die Verlegung von Lüftungsleitungen und anderen Leitungen gemeinsam in einem feuerbeständigen Schacht zeigt, dass die brandschutztechnischen Anforderungen auch erfüllt wären, sofern

1. die Küchenabluftleitung ab Austritt aus der Küche bis zum Eintritt in den feuerbeständigen Schacht und ab Austritt aus dem feuerbeständigen Schacht bis zur Mündung in der Lüftungsleitung mit der Feuerwiderstandsklasse L 90 ausgeführt wird,
2. innerhalb des feuerbeständigen Schachtes die Küchenabluftleitung als dichte Stahlblechleitung ausgeführt wird,
3. alle anderen in den Schacht ein- und ausgeführten Lüftungsleitungen aus Stahlblech ausgeführt und an den Durchdringungen der Schachtwände mit Brandschutzklappen gegen eine Brandübertragung abgesichert sind und es sich bei den anderen Leitungen ausschließlich um nichtbrennbare Leitungen handelt,
4. andere permanent gefüllte, nichtbrennbare Leitungen mit nichtbrennbaren Dämmstoffen für nichtbrennbare Medien (z. B. Trinkwasser) verwendet werden und
5. alle Durchdringungsstellen in den Schachtwänden mit nichtbrennbaren Baustoffen dicht und dauerhaft verschlossen sind (Verschlüsse dürfen dabei nicht durch Ausstopfen mit Mineralwolle verschlossen werden, Abbildungen siehe **Teil A-II.** Abschnitt 5).

D-VII. Verhinderung der Übertragung von Feuer und Rauch

D.VII. Verhinderung der Übertragung von Feuer und Rauch

In der Konzeption der Musterbauordnung sind zwei wesentliche Aspekte zur Verhinderung der Brandausbreitung – also der Übertragung von Feuer und Rauch – und zum Verlassen eines Gebäudes im Gefahrenfall eingeflossen:

1. Räume und verschiedene Gebäude sowie Gebäudeteile sind baulich voneinander abzutrennen.
2. Die Rettungswege sollen ausreichend lang benutzbar sein.

Zu finden ist die Umsetzung dieser Aspekte in verschiedenen Vorschriften der Musterbauordnung. Zur Verhinderung der Brandausbreitung ist die ganzheitliche Berücksichtigung und Beachtung der dort beschriebenen Anforderungen erforderlich.

Ein Teil der Anforderungen ist in die allgemeine Brandschutzvorschrift eingeflossen, dem § 14 – Brandschutz.

Darüber hinaus sind im Dritten Teil der MBO weitere Anforderungen zu finden, die der Erfüllung der genannten Aspekte dienen.

Im Vierten Abschnitt „Brandverhalten von Baustoffen und Bauteilen; Wände, Decken, Dächer" sind folgende Paragrafen zu nennen:

§ 26 Allgemeine Anforderungen an das Brandverhalten von Baustoffen und Bauteilen,
§ 27 Tragende Wände, Stützen,
§ 28 Außenwände,
§ 29 Trennwände,
§ 30 Brandwände,
§ 31 Decken,
§ 32 Dächer.

Im Fünften Abschnitt „Rettungswege, Öffnungen, Umwehrungen" sind dies die Paragrafen:

§ 33 Erster und zweiter Rettungsweg,
§ 34 Treppen,
§ 35 Notwendige Treppenräume, Ausgänge,
§ 36 Notwendige Flure, offene Gänge,
§ 37 Fenster, Türen, sonstige Öffnungen.

In der allgemeinen Brandschutzvorschrift, dem § 14 MBO, werden pauschal die Anforderungen an die Anordnung, Errichtung, Änderung und Instandhaltung gestellt:

Es muss der „Entstehung eines Brandes" und „Ausbreitung von Feuer und Rauch" vorgebeugt werden. Ferner müssen „wirksame Löscharbeiten" und die „Rettung von Menschen und Tieren" möglich sein. Dabei wurden allerdings keine weiteren Konkretisierungen vorgenommen, unter welchen Bedingungen diese Zielvorstellungen als erfüllt gelten können.

Die gesetzlichen Konkretisierungen sind in den weiteren Vorschriften der MBO zu finden, die sich auf bestimmte Baustoffe, Bauteile, Anlagen und Räume beziehen.

Bauteile

Allgemein bekannt ist, dass verschiedene Materialien unterschiedlich gut brennen. So können luftführende Kunststoffschläuche deutlich leichter abbrennen als massive Betonkanäle. Dies ist übertragbar auf alle anderen Gewerke.

Daher wurden zur Eingrenzung einer baustoffbedingten Brandentstehung und Ausbreitung in § 26 MBO Einschränkungen im Hinblick auf eine zulässige Verwendung der Baustoffe benannt, dies betrifft die leicht entflammbaren Baustoffe. Eingeschränkt verwendet werden dürfen lediglich schwer und normal entflammbare Baustoffe. Auch bei der Verwendung nichtbrennbarer Baustoffe sind Besonderheiten zu berücksichtigen.

Nicht allein das verwendete Material ist entscheidend, vielmehr können durch das Zusammenfügen von Bauprodukten aus verschiedenen Materialien zu einem neuen Bauteil insbesondere die brandschutztechnischen Eigenschaften dieses Bauteils wesentlich beeinflusst werden. Verständlich wird dies, wenn man an die Versuche im Chemieunterricht denkt:
Glühende Stahlwolle kann z. B. in sauerstoffreicher Atmosphäre entzündet werden, ein massiver Stahlträger indes ist gegen ein Entzünden i. d. R. ausreichend widerstandsfähig (nicht berücksichtigt ist dabei die Tragfähigkeit).

Wird dieses Wissen auf Bauwerke übertragen, kann das unterschiedliche Verhalten von Baustoffen am Beispiel der Bewehrungen von Stahlbeton gut dargestellt werden. Ist der Bewehrungsstahl nicht ausreichend durch eine Betonüberdeckung gegen Einwirkungen der Umgebung geschützt, kann es zu einer frühzeitigen – ausführungsbedingten – Korrosion kommen, so dass der Beton die an ihn gestellten Anforderungen nicht mehr erfüllen kann.

In § 26 MBO werden die Grundlagen zur Unterscheidung der Feuerwiderstandsfähigkeit derjenigen Bauteile beschrieben, an die – zur Verhinderung einer Brandausbreitung – ausführungsbedingte Anforderungen gestellt werden müssen. Hier wird insbesondere zwischen feuerhemmenden, hochfeuerhemmenden und feuerbeständigen Bauteilen unterschieden.

Diese Begriffe werden seit Jahrzehnten verwendet und bezeichnen die Dauer der Widerstandsfähigkeit eines Bauteils gegen die Beanspruchungen eines Brandes. Die an die Bauteile gestellte Anforderung (Aufrechterhaltung des Raumabschlusses bzw. die Standsicherheit tragender und aussteifender Bauteile) muss dabei mindestens für 30 Minuten von feuerhemmenden Bauteilen, mindestens für 60 Minuten von hochfeuerhemmenden Bauteilen und mindestens für 90 Minuten von feuerbeständigen Bauteilen erfüllt werden. Nach diesen Zeiten kann von einem Versagen des Bauteils ausgegangen werden. Unmittelbar während der Brandbeanspruchung ist davon auszugehen, das die Widerstandsfähigkeit entsprechend der Branddauer abnimmt.

Im § 27 MBO wird festgelegt, welcher Feuerwiderstandsfähigkeit die tragenden Wände und Stützen entsprechen müssen. Damit wird sichergestellt, dass ein Zusammenfallen oder Einstürzen von Gebäuden oder Gebäudeteilen während eines Brandes über eine definierte Zeit hinweg auszuschließen ist. Auf diese Weise wird ebenfalls eine Brandausbreitung verhindert, da die raumabschließenden Bauteile ohne funktionstüchtiges Tragwerk nicht mehr den Brandbeanspruchungen standhalten könnten.

Hinweis: Bei feuerwiderstandsfähigen Lüftungsleitungen ist zu berücksichtigen, dass sie an entsprechenden feuerwiderstandsfähigen Bauteilen befestigt werden müssen. Dies können neben den tragenden Wänden und Stützen auch andere Wände und Decken mit entsprechender Feuerwiderstandsfähigkeit sein.

Entsprechend den Anforderungen gemäß § 28 MBO an Außenwände muss eine Brandausbreitung sowohl auf diesen Bauteilen als auch innerhalb dieser Bauteile ausreichend lang zu begrenzen sein.

In der Praxis könnten sich Probleme ergeben, falls an der Außenwand Bauteile aufgrund der sehr guten Belüftung in Brand geraten. Daher werden lediglich in den Gebäudeklassen 1 bis 3 Erleichterungen gewährt. Grundsätzlich sollen Außenwände mindestens feuerhemmend mit mindestens schwerentflammbaren Oberflächen ausgebildet werden.

Hinweis: Auch wenn in den Außenwänden brennbare Fensterprofile und brennbare Dämmstoffe in nichtbrennbaren geschlossenen Profilen installiert werden dürfen, ist darauf zu achten, dass bei der Durchführung der Lüftungsleitungen die Abstandsmaße zu den brennbaren Baustoffen eingehalten werden und keine geschlossenen Profile zerstört werden.

Wegen der hier beschriebenen Gefahr einer Brandausbreitung über die Fassade dürfen auch über auf der Fassade verlegte Lüftungsleitungen Brandabschnitte und brandschutztechnisch getrennte Bereiche nicht ohne entsprechende Schutzmaßnahmen überbrückt werden.

In § 29 MBO werden die Anforderungen an die erforderlichen Trennwände näher beschrieben. Erforderlich bedeutet hier, dass verschiedene Nutzungsbereiche, insbesondere unterschiedliche Nutzungseinheiten wie Wohnungen, aus bauordnungsrechtlichen Gründen voneinander abgetrennt sein sollen.

Üblicherweise sind diese abtrennenden oder unterteilenden Trennwände somit raumabschließend und ausreichend lange widerstandsfähig gegen eine Brandausbreitung.

Voneinander getrennt werden Nutzungseinheiten untereinander, Nutzungseinheiten und andere Räume, Räume zu Räumen mit Explosionsgefahr oder erhöhter Brandgefahr sowie Aufenthaltsräume zu anders genutzten Räumen in Kellergeschossen.

Da die Trennwände aufgrund ihres Feuerwiderstandes eine Brandausbreitung für eine bestimmte Zeitdauer verhindern sollen, sind Öffnungen in diesen Wänden auf die für die Nutzung erforderliche Anzahl und Größe zu beschränken, vgl. § 29 Abs. 5 MBO. Öffnungen in den Trennwänden müssen feuerhemmende, dicht- und selbstschließende Abschlüsse haben (i. d. R. Türen, Tore, Klappen, **jedoch keine** Brandschutzklappen).

Diese Anforderung verdeutlicht, dass Öffnungen, die zu Lüftungszwecken in den Trennwänden ausgeführt wurden, nicht zu den für die Nutzung erforderlichen Öffnungen gezählt werden können, da ein selbstschließender Abschluss diese Lüftung sofort unterbinden würde.

Im Übrigen sind alle für Lüftungs- und Leitungsanlagen relevanten Anforderungen in eigenen Paragrafen der MBO beschrieben.

Angemerkt werden muss allerdings, dass die Anforderung des Raumabschlusses bei Trennwänden auch bei Lüftungsanlagen entsprechend den Bestimmungen des § 41 MBO zu berücksichtigen ist und in die M-LüAR eingeflossen ist.

Die oben beschriebenen Trenn- und Außenwände weisen zwar eine ausreichende Feuerwiderstandsfähigkeit auf, verfügen jedoch nicht zwangsläufig über die erforderliche Standfestigkeit. Hier ist es gemäß § 30 MBO erforderlich, in regelmäßigen Abständen Brandwände auszuführen, mithilfe derer ein Brand auf einen für die Feuerwehr beherrschbaren Bereich begrenzt werden kann.

Die Brandwände trennen Gebäude von anderen Gebäuden ab und sind zur Unterteilung eines Gebäudes in maximal 40 x 40 m große Einheiten erforderlich. Darüber hinaus werden in der MBO in besonderen Fällen unterschiedlicher Nutzung (z. B. landwirtschaftliche Gebäude) Brandwände als erforderlich aufgeführt.

Brandwände sind gegenüber Trennwänden zusätzlich unter gleichzeitiger mechanischer Einwirkung und Brandbeanspruchung feuerwiderstandsfähig. In der Regel müssen Brandwände feuerbeständig sein.

Die Zulässigkeit von Öffnungen bei Brandwänden ist stärker eingeschränkt als bei Trennwänden, vgl. § 30 Abs. 8 MBO. Grundsätzlich sind Öffnungen in Brandwänden unzulässig. Lediglich in den inneren Brandwänden – also denjenigen Wänden, die ein Gebäude in Brandabschnitte unterteilen – sind Öffnungen auf eine für die Nutzung erforderliche Anzahl und Größe beschränkt. Diese Öffnungen in den Brandwänden müssen feuerbeständige, dicht- und selbstschließende Abschlüsse haben.

Sinngemäß ist diese Anforderung bei der Ausführung von Lüftungsleitungen entsprechend den Bestimmungen des § 41 MBO zu berücksichtigen und in die M-LüAR eingeflossen.

Der weiteren Unterteilung der Gebäude dienen Decken, die sich gemäß § 31 MBO auch im Brandfall als ausreichend lange standsicher und widerstandsfähig gegen die Brandausbreitung erweisen müssen.

Hinsichtlich der Öffnungen in Decken ist die Regelung mit denen der Trenn- und Brandwände vergleichbar. Es wird jedoch im Unterschied zu den §§ 29 und 30 MBO in § 31 Abs. 4 MBO kein dicht- und selbstschließender Abschluss gefordert, ein Abschluss in der Feuerwiderstandsfähigkeit der jeweiligen Decke ist ausreichend.

Die Anforderungen an Dächer sind in § 32 MBO geregelt. Bedeutsam ist hier die Unterscheidung zwischen „Decken" und „Dächern":
Decken sind Bauteile zwischen Geschossen, Dächer bilden den oberen Abschluss eines Gebäudes.

Gefordert ist die Widerstandsfähigkeit gegen eine Brandbeanspruchung von außen durch Flugfeuer und Strahlungswärme. Darüber hinaus sind die Anforderungen so gestellt, dass bei einem Brand auch aus dem Gebäudeinneren kein Feuer auf andere Gebäude übertragen werden kann. Hierzu sind Einschränkungen hinsichtlich der Anordnung von Öffnungen (z. B. Oberlichter, Lichtkuppeln, Fenster) vorgegeben. Eine spezielle Anforderung an die Feuerwiderstandsfähigkeit der gesamten Dachfläche (lediglich in Bereichen zu benachbarten Gebäuden) ist in § 32 MBO nicht gegeben. Auch werden keine Einschränkungen hinsichtlich den Anforderungen an die Abschlüsse der Öffnungen in den Dachflächen, die mit denen der Wände vergleichbar wären, vorgenommen.

Rettungswege

Bei Rettungswegen sind die vertikale und die horizontale Erschließung der Geschosse zu unterscheiden. Die grundsätzliche Anforderung in § 33 MBO besagt, dass aus einem Aufenthaltsraum mindestens zwei voneinander unabhängige Rettungswege ins Freie vorhanden sein müssen. Erleichternd wird jedoch gestattet, dass beide Rettungswege innerhalb des Geschosses des Aufenthaltsraumes über denselben notwendigen Flur führen.

In der vertikalen Erschließung sind die Rettungswege entweder über

- eine notwendige Treppe (Teil des ersten Rettungsweges) und eine weitere notwendige Treppe oder Rettungsgeräte der Feuerwehr (Teil des zweiten Rettungsweges) oder
- einen Sicherheitstreppenraum (sichere Erreichbarkeit, Feuer und Rauch können nicht eindringen) zu führen.

Bei der Genehmigung der Zulässigkeit der Rettungswegführung in Sonderbauten dürfen keine Bedenken hinsichtlich der Gerätenutzung der Feuerwehr bestehen. In geregelten Sonderbauten ist üblicherweise ein zweiter baulicher Rettungsweg erforderlich.

Die Führung vertikaler Rettungswege bedarf der Treppen. Die Zugänglichkeit der Geschosse ist gemäß § 34 MBO durch notwendige Treppen sicherzustellen. Diese notwendigen Treppen müssen gemäß § 35 MBO in notwendigen Treppenräumen angeordnet werden. Die brandschutztechnischen Anforderungen an die Wände der notwendigen Treppenräume sind in § 35 Abs. 4 MBO geregelt. Dementsprechend wird sichergestellt, dass im Brandfall ein Ausbreiten von Feuer und Rauch auf den Treppenraum ausreichend lange verhindert wird.

Die Abschlüsse der Öffnungen in den Wänden der notwendigen Treppenräume müssen selbstschließend sein, zu notwendigen Fluren zusätzlich rauchdicht. Zu den anderen an den Treppenraum angeschlossenen Räumen werden gemäß § 35 Abs. 6 MBO entweder feuerhemmende, rauchdichte und selbstschließende Abschlüsse oder mindestens dicht- und selbstschließende Abschlüsse verlangt.

Die notwendigen Flure innerhalb der Geschosse müssen gemäß § 36 MBO ausreichend lange nutzbar sein. Daher werden entsprechende Anforderungen an den Feuerwiderstand ihrer Wände gestellt. In den oberirdischen Geschossen genügen feuerhemmende, raumabschließende Wände, in den Kellergeschossen muss der Feuerwiderstand dem der tragenden und aussteifenden Bauteile entsprechen.

Die Türen in den Wänden müssen dicht schließen. Nur für die Wände in den Kellerbereichen sind Öffnungen zu Lagerbereichen generell geregelt, sie müssen dort feuerhemmend, dicht- und selbstschließend sein. Damit sind im Umkehrschluss andere Öffnungen als Türen in den inneren Flurtrennwänden der oberirdischen Geschosse nicht vorgesehen.

Im Übrigen ist eine Unterteilung der Flure in der Länge durch rauchdichte und selbstschließende Abschlüsse gefordert.

Hinsichtlich der Anforderungen der Durchführung von Lüftungsleitungen sind für diese Rettungswege die Anforderungen der Spezialvorschrift § 41 MBO zu entnehmen.

In der M-LüAR wurden die brandschutztechnischen Anforderungen der raumabschließenden Wände der Rettungswege berücksichtigt.

D-VIII. Brandschutztechnische Steuerung und Überwachung von Lüftungsanlagen inklusive Feuerwehrschaltung

D-VIII. Brandschutztechnische Steuerung und Überwachung von Lüftungsanlagen inklusive Feuerwehrschaltung

Verwendung von Brandschutzklappen mit Zweiwegsteuerung

Häufig wird von der Feuerwehr die Bitte herangetragen, die bei der Installation von Lüftungsleitungen eingebauten Brandschutzklappen mittels eines Schalters nach ihrem Auslösen im Brandfall wieder zu öffnen. Im Wesentlichen geht es darum, die Lüftungsanlagen und -leitungen zu einer „Kaltentrauchung" von (oftmals gesprinklerten) Räumen zu nutzen.

Hierbei sind zwei Auslösevarianten zu unterscheiden:
a) Auslösung durch einen Rauchmelder,
b) Auslösung durch das thermische Auslöseelement.

Zu Auslösevariante a):
Im Fall der Auslösung durch Rauchmelder würde nach einem Öffnen der ausgelösten Brandschutzklappe ein sicheres (in diesem Fall nochmaliges) Auslösen durch das thermische Auslöseelement nach wie vor möglich sein.

Zu Auslösevariante b):
Im Fall der Auslösung durch das thermische Auslöseelement ist nach einem Öffnen der Brandschutzklappen ein sicheres (in diesem Fall nochmaliges) Auslösen nicht mehr möglich; hierzu wäre ein Verändern der Brandschutzklappe notwendig.

Die Thematik Brandschutzklappen mit Zweiwegsteuerung wurde in unterschiedlichsten Diskussionsrunden unter Beteiligung von Vertretern der obersten Bauaufsichtsbehörden erörtert. Eine Ausbreitung und Weiterleitung eines Brandes – der beim Öffnen der Brandschutzklappe nicht vollständig gelöscht wurde – wäre nicht mehr zu verhindern und als Konsequenz hieraus ein Totalverlust der baulichen Anlage zu befürchten. Die Übernahme einer solch großen Verantwortung kann niemandem zugemutet werden.

Als durchgängiges Ergebnis hierzu bleibt festzustellen, dass erhebliche Sicherheitsbedenken dagegen bestehen, dem zuständigen Feuerwehrpersonal im Brandfall die Entscheidung zu überlassen, ob und wann eine Brandschutzklappe zur Entrauchung wieder geöffnet werden soll.

Hinweis: Aufgrund der genannten Sicherheitsbedenken wurden daher in der Vergangenheit grundsätzlich keine Zustimmungen im Einzelfall für den Auslösefall b) erteilt.

Verwendung von Brandschutzklappen für Warmluftheizungen (Auslösevorrichtung geeignet für höhere Auslösetemperaturen)

Die Funktion einer Warmluftheizung sieht den Transport von Luft mit erhöhter Temperatur als der zu erreichenden Raumlufttemperatur vor, diese wird ausschließlich in ihrem Zuluftkanal gefordert. Da Brandschutzklappen mit herkömmlichen 72 °C-Schmelzloten in diesen Zuluftleitungen aufgrund der temperaturbedingten Dauerbelastung auslösen können, wird der Einsatz von Schmelzloten mit höherer Auslösetemperatur für solche Anlagen ermöglicht. In den Abluftleitungen der Warmluft-Heizungsanlagen hingegen genügt die Verwendung von 72 °C-Schmelzloten an den Brandschutzklappen. Von einer Funktionsbeeinträchtigung der Lüftungsanlagen ist nicht auszugehen, denn in der Abluftleitung herrscht nur Raumlufttemperatur.

Vielfach soll in gesprinklerten Bereichen die Lüftungsanlage zur Ableitung von „Kaltrauch" verwendet werden. Um zu verhindern, dass in diesen Fällen die Brandschutzklappen in Abluftleitungen bereits bei Lufttemperaturen bis ca. 100 °C schließen und damit eine weitere Ableitung des „Kaltrauches" verhindert wird, sollen Brandschutzklappen, die für die Verwendung in den Zuluftleitungen von Warmluftheizungen geeignet sind, eingebaut werden.

Hinweis: Bereits im Jahr 2009 hat der Obmann des Arbeitskreises Technische Gebäudeausrüstung der Fachkommission Bauaufsicht der ARGEBAU den Autoren auf Anfrage den Standpunkt des Arbeitskreises mitgeteilt (Ergebnis der Beratung der 109. Sitzung des Arbeitskreises):

> *„1. In den allgemeinen bauaufsichtlichen Zulassungen wird im Anwendungsbereich – soweit zutreffend – die Verwendung in Warmluftheizungen mit „einer entsprechenden thermischen Auslöseeinrichtung gestattet". Umgekehrt ergibt sich keine Möglichkeit der Verwendung von Brandschutzklappen mit höherer Auslösetemperatur in Lüftungsanlagen im normalen Temperaturbereich.*
>
> *2. Auch die häufig vorgebrachte Argumentation, durch Verwendung von Schmelzloten mit höherer Auslösetemperatur zur „Rauchableitung" beizutragen oder etwa in gesprinklerten Bereichen die Lüftungsanlage auch noch nach Auslösen der Sprinkleranlage betreiben zu können, ist nicht hinnehmbar, weil eine höhere Auslösetemperatur das Risiko der Übertragung von Feuer und Rauch erhöht. Die Verwendung dieser Schmelzlote ist lediglich bei Absperrvorrichtungen (Brandschutzklappen) in Zuluftleitungen von Warmluftheizungen zulässig.*
>
> *3. Die Verwendung von Brandschutzklappen mit höherer Auslösetemperatur stellt – sofern die Regelungen der allgemeinen bauaufsichtlichen Zulassung dies nicht gestatten – somit eine wesentliche Abweichung von der Zulassung dar, die allenfalls im Einzelfall gemäß § 20 MBO legalisiert werden kann."*

Die Ausführungen des Arbeitskreises bedürfen keiner Ergänzung, da diese Auffassung mittlerweile in Abschnitt 4.2 der M-LüAR eingeflossen ist.

Auch durch Darstellung der Verwendung von Warmluftheizungs-Brandschutzklappen in Abluftleitungen in einem Brandschutzkonzept wird keine hinreichende Grundlage für eine bauordnungsrechtliche Genehmigung gegeben. Denn auch die anderen Bauteile der Abluftanlagen – z. B. Ventilatoren – sind nicht für den Betrieb bei erhöhter Temperaturbeanspruchung ausgelegt.

Hinweis: Brandschutzklappen sind mittlerweile mit Leistungserklärung in Verkehr zu bringen. Alle technisch möglichen Verwendungen sind durch den Hersteller in den technischen Dokumentationen beschrieben; dies ersetzt allerdings nicht die national zu bestimmenden Anforderungen über die Leistungsstufen und Klassen.

D-IX. Steuerungen mit SIL-Sicherheitsstandard

D-IX. Steuerungen mit SIL-Sicherheitsstandard

Die Mess-Steuer-Regel-Technik (MSR-Technik) von RLT-Anlagen enthält oft Mikroprozessoren und frei programmierbare Steuerungen (SPS) und wird u. a. in eine Gebäudeleittechnik eingebunden. Hier ist besonders zu prüfen, ob die abgeleiteten Steuerbefehle für eine brandschutztechnische Maßnahme sicherheitsgerichtet ausgeführt sind.

Da Brandschutzklappen und Rauchschutzklappen mindestens temperatur- oder rauchabhängig ausgelöst werden und sicher schließen, sind hier keine besonderen Auflagen zu beachten. Im Fall des gewollten vorzeitigen sicheren Schließens der Brandschutzklappen – z. B. bei einer Schottlösung – muss die Ansteuerung der Klappen sicherheitsgerichtet erfolgen. Dies gilt beispielsweise auch für die Rauchschutzklappen in Zu- und Abluftanlagen.

Wenn die Ansteuerung von Entrauchungsklappen in verschiedenen Entrauchungsbereichen oder in Rauchschutzdruckanlagen (RDA) für Sicherheitstreppenräume durch die Meldung von einer Brandmeldeanlage erfolgen soll, muss dieses sicherheitsgerichtet geplant und ausgeführt werden. Eine Brandmeldeanlage kann auch nur für die Ansteuerung der RDA vorgesehen sein.

Hinweis: Derzeit erfolgt keine Klassifizierung von „SIL-Levels" nach allgemein anerkannten Regeln der Technik für Brandmeldeanlagen, die nach der DIN EN Reihe DIN EN 54 in Verkehr gebracht werden.

Hinweis: Ansteuerungen der Brandmeldeanlagen von z. B. RDA oder Lüftungsanlagen müssen dazu führen, dass jeweils eigene MSR-Anlagen oder übergeordnete Gebäudeautomationsanlagen die notwendigen Schaltvorgänge entsprechend des sicherheitstechnischen Steuerungskonzeptes veranlassen. Diese Schaltvorgänge können z. B. das Öffnen oder Schließen von Klappen, aber auch Einschalten von Ventilatoren sein. Diese Aufgabe sollte nicht von der Software der Brandmeldeanlage übernommen werden.

In der VDMA 24200-1 – Erscheinungsdatum 2004-03 „Gebäudeautomation – Automatisierte Brandschutz- und Entrauchungssysteme – ABE" sind – unter Berücksichtigung des Risikos, das vom Brandschutz- und Entrauchungssystem abgedeckt werden muss – angepasste Anforderungen an die Betriebssicherheit festgelegt. Anhand der Risikoanalyse ergeben sich bei hohem zu beherrschenden Risiko hohe Anforderungen an die funktionale Sicherheit der MSR-Technik.

Um eine entsprechend hohe Betriebssicherheit – d. h. Zuverlässigkeit und funktionale Sicherheit – im Lebenszyklus der MSR-Technik zu erhalten, besteht die Möglichkeit, mit Hilfe des Safety Integrity Levels (SIL) das potenzielle Risiko dieser Technik gemäß DIN EN 61508-5:2011-02 zu ermitteln. Insgesamt unterscheidet die Klassifikation 6 Stufen (a, 1, 2, 3, 4, b). Dabei hat die SIL-Klasse a keine spezielle Anforderung, während die SIL-Klasse 1 in der Praxis die häufigste Anwendung bei baurechtlichen Anforderungen findet.

In den folgenden Bildern wird das Bewertungssystem der DIN EN 61508-5:2011-02, Anhang E, als Auszug aus dem VDMA-Regelwerk 24200-1:2004-03 dargestellt.

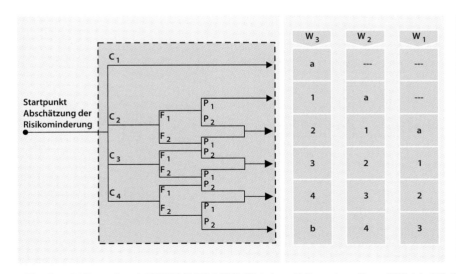

Bild D-IX – 1: Risikograph nach DIN EN 61508-5:2011-02, Anhang E (Legende zu diesem Bild siehe Tabelle D-IX–1) (Quelle: DIN EN 61508-5 (VDE 0803-5):2011-02)

Risikoparameter		Klassifizierung	Erläuterung
Auswirkung (C)	C_1	geringe Verletzung	**1** Das Klassifizierungssystem ist entwickelt worden, um Verletzungen und Tod von Personen zu berücksichtigen. Für Umwelt- und Materialschäden müssten andere Klassifizierungsverfahren entwickelt werden. **2** Bei der Interpretation C_1, C_2, C_3 und C_4 müssen die auswirkungen des Unfalls und normale Heilungsprozesse betrachtet werden.
	C_2	Schwere irreversible Verletzungen einer oder mehrerer Personen; Tod einer Person	
	C_3	Tod mehrerer Personen	
	C_4	Tod vieler Personen	
Häufigkeit und Aufenthaltsdauer im gefährlichen Bereich (F)	F_1	Seltener bis öfterer Aufenthalt im gefährlichen Bereich	**3** siehe Anmerkung 1 oben.
	F_1	Häufiger bis andauernder Aufenthalt im gefährlichen Bereich	
Möglichkeit, den gefährlichen Vorfall zu vermeiden (P)	P_1	Möglich unter bestimmten Bedingungen	**4** Dieser Parameter zieht in Betracht: - Betrieb eines Prozesses (überwacht (d. h. betrieben durch ausgebildete oder nicht ausgebildete Personen) oder nicht überwacht); - Geschwindigkeit der Entwicklung des gefährlichen Vorfalls (z. B. plötzlich, schnell, langsam) - Leichtigkeit der Erkennung der Gefahr (z. B. unmittelbar erkennbar, durch technische Maßnahmen aufgedeckt, ohne technische Maßnahmen aufgedeckt); - Vermeidung des gefährlichen Vorfalls (z. B. Fluchtwege möglich, nicht möglich oder unter bestimmten Bedingungen möglich); - aktuelle Sicherheitserfahrung (diese Erfahrung kann von identischen oder ähnlichen EUC oder ähnliche EUC herrühren, oder kann nicht vorhanden sein)
	P_2	Beinahe unmöglich	
Wahrscheinlichkeit des unerwünschten Ereignisses (W)	W_1	Eine sehr geringe Wahrscheinlichkeit, dass die unerwünschten Ereignisse auftreten und nur wenige unerwünschte Ereignisse sind wahrscheinlich	**5** Der Faktor „W" dient zur Bestimmung der Häufigkeit des unerwünschten Ereignisses, ohne die Berücksichtigung jeglicher sicherheitbezogener Systeme (E/E/PE oder andere Technologien), aber unter Berücksichtigung der externen Einrichtungen zur Risikominderung **6** Wenn wenig oder gar keine Erfahrung mit der EUC oder einem ähnlichen EUC- oder EUC-Leit- oder Steuerungssystem bestehen, kann die Bestimmung des Faktors „W" durch Berechnung erfolgen. In solchen Fällen muss eine „worst-case"-Vorhersage gemacht werden.
	W_2	Eine sehr geringe Wahrscheinlichkeit, dass die unerwünschten Ereignisse auftreten und nur wenige unerwünschte Ereignisse sind wahrscheinlich	
	W_3	Eine relativ hohe Wahrscheinlichkeit, dass die unerwünschten Ereignisse auftreten und häufig unerwünschte Ereignisse sind wahrscheinlich.	

Tabelle D-IX – 1: Legende zu dem in Bild D-IX – 1 dargestellten Risikograph nach DIN EN 61508-5:2011-02, Anhang E (Quelle: DIN EN 61508-5 (VDE 0803-5):2011-02)

Die beiden folgenden Beispiele dokumentieren die Vorgehensweise der Bewertung einer RDA für einen innenliegenden Sicherheitstreppenraum mit dem Risikograph.

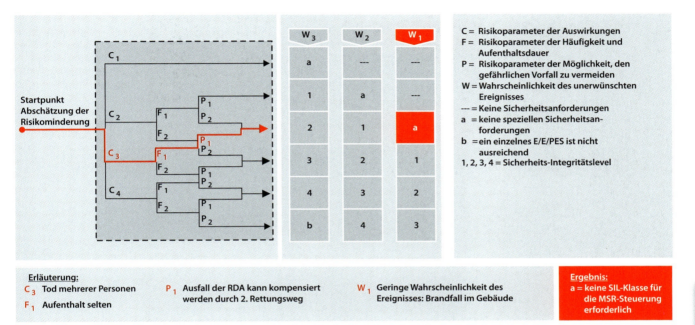

Bild D-IX – 2: Beispiel 1 einer Rauchschutzdruckanlage (RDA) für einen innen liegenden notwendigen Treppenraum, bei dem im Fluchtwegkonzept **ein zweiter baulicher Flucht- und Rettungsweg vorhanden** ist
(Quelle: DIN EN 61508-5 (VDE 0803-5):2011-02)

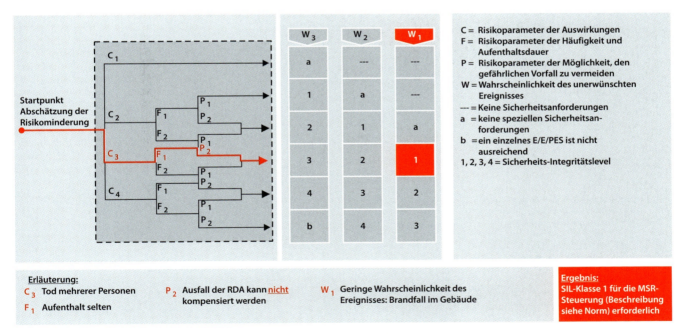

Bild D-IX – 3: Beispiel 2 einer Rauchschutzdruckanlage (RDA) für einen innen liegenden Sicherheitstreppenraum, bei dem im Fluchtwegkonzept **kein zweiter baulicher Flucht- und Rettungsweg** vorhanden ist
(Quelle: DIN EN 61508-5 (VDE 0803-5):2011-02)

Anhand der Bilder **D-IX – 1** bis **D-IX – 3** und der Tabelle **D-IX – 1** kann eine Abschätzung der notwendigen SIL-Klasse zur Auslegung der MSR-Technik vorgenommen werden. Diese genormte Vorgehensweise erleichtert die Abschätzung der vorhandenen Risiken im Umfeld einer zu bewertenden Steuerung.

Auf dieser Grundlage kann ein Prüfsachverständiger eine Beurteilung zur Betriebssicherheit und Wirksamkeit der Anlage durchführen.

Eine ganzheitliche Kontrolle der funktionalen Sicherheit einer MSR-Technik kann während der baurechtlichen Prüfung durch den Sachverständigen nicht erfolgen. Hier kann lediglich die reguläre Funktion (Betriebssicherheit und Wirksamkeit) geprüft werden.

Im Bild **D-IX – 4** wird ein beispielhaftes Schema für eine automatisiertes Brandschutz- und Entrauchungssystem als Auszug der VDMA-Richtlinie 24200-1:2004-03 dargestellt.

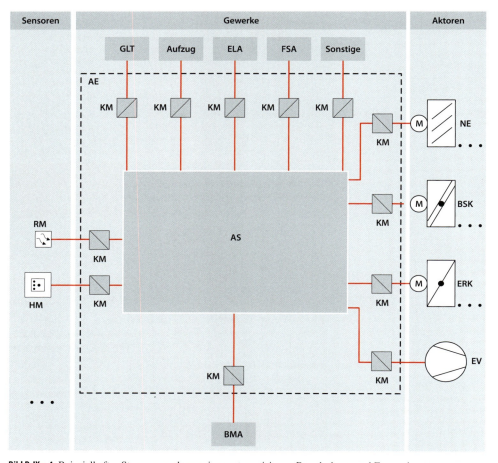

Bild D-IX – 4: Beispielhaftes Steuerungsschema eines automatisierten Brandschutz- und Entrauchungssystems als Auszug der VDMA-Richtlinie 24200-1:2004-03
(Quelle: Fachverband AMG im VDMA Verband Deutscher Maschinen- und Anlagenbau e.V.)

Bei der SIL-Bewertung wird im Wesentlichen die Automatisierungseinheit inkl. der Leitungswege beurteilt.

Bei frei programmierbaren Steuerungen sind wichtige Themen zu berücksichtigen, hierzu zählen u. a. die Zugänglichkeit der Programmierebenen, das schriftliche Protokoll, die Bestimmung des Passwortes, die Möglichkeit eines Resets (Zurücksetzen in einen sicheren Zustand), Handhabung und Funktion von E-EPROM-Chips, Ausfallwahrscheinlichkeit, Rückfallebene, Totalausfall, Störmeldung, Eigenüberwachung usw.

D-X. Abstandsregeln zwischen Abschottungen von Lüftungs- und Leitungsanlagen

D-X. Abstandsregeln zwischen Abschottungen von Lüftungs- und Leitungsanlagen

Die baurechtlich einzuhaltenden Abstandsregeln beruhen im Grundsatz auf drei Säulen

- Anforderungen auf Grundlage der Verwendbarkeitsnachweise
- Anforderungen auf Grundlage der MLAR; Abschnitt 4.1.3 für klassifizierte Abschottungen und Abschnitt 4.2 bzw. 4.3 „Erleichterungen"
- Anforderungen auf Grundlagen der europäischen Produkt- und Prüfnorm für harmonisierte Produkte

Die Fachplaner und Ausführenden der TGA-Gewerke müssen diese verbindlichen Abstandsvorgaben planen und umsetzen.

1. Auszüge aus den Anforderungen der Muster-Leitungsanlagen-Richtlinie (MLAR)

MLAR, Abschnitt 4 „Führung von Leitungen durch raumabschließende Bauteile (Wände und Decken)"

4.1 Grundlegende Anforderungen

4.1.1 Gemäß dem Paragrafen Leitungsanlagen der MBO dürfen Leitungen durch raumabschließende Bauteile, für die eine Feuerwiderstandsfähigkeit vorgeschrieben ist, nur hindurchgeführt werden, wenn eine Brandausbreitung ausreichend lang nicht zu befürchten ist oder Vorkehrungen hiergegen getroffen sind; dies gilt nicht für Decken

a) in Gebäuden der Gebäudeklassen 1 und 2,
b) innerhalb von Wohnungen,
c) innerhalb derselben Nutzugseinheit mit nicht mehr als insgesamt 400 m² in nicht mehr als zwei Geschossen.

Diese Voraussetzungen sind erfüllt, wenn die Leitungsdurchführungen den Anforderungen der Abschnitte 4.1 bis 4.3 der MLAR entsprechen.

4.1.2 Die Leitungen müssen

a) durch Abschottungen geführt werden, die mindestens die gleiche Feuerwiderstandsfähigkeit aufweisen wie die raumabschließenden Bauteile oder
b) innerhalb von Installationsschächten oder -kanälen geführt werden, die – einschließlich der Abschlüsse von Öffnungen – mindestens die gleiche Feuerwiderstandsfähigkeit aufweisen wie die durchdrungenen raumabschließenden Bauteile und aus nichtbrennbaren Baustoffen bestehen.

4.1.3 Der Mindestabstand zwischen Abschottungen, Installationsschächten oder -kanälen sowie der erforderliche Abstand zu anderen Durchführungen (zum Beispiel Lüftungsleitungen) oder anderen Öffnungsverschlüssen (zum Beispiel Feuerschutztüren) ergibt sich aus den Bestimmungen der jeweiligen Verwendbarkeits- oder Anwendbarkeitsnachweise; fehlen entsprechende Festlegungen, ist ein Abstand von mindestens 50 mm erforderlich.

2. Einhaltung der Abstandsregeln gemäß den Ver- und Anwendbarkeitsnachweisen bei Rohrabschottungssystemen untereinander und gegenüber fremden Abschottungen

In den allgemeinen bauaufsichtlichen Zulassungen (abZ) wird der Mindestabstand der zu verschließenden Bauteilöffnung gleichartiger Abschottungen zu anderen Abschottungen und zu anderen Öffnungen wie folgt beschrieben:

Abstand der Rohrabschottung zu	Größe der nebeneinanderliegenden Öffnungen	Abstand zwischen den Öffnungen
Rohrabschottungen nach dieser Zulassung	entsprechend der Abmessungen der Rohrleitungen (siehe Anhang des abZ)	abhängig von der Einbausituation, siehe Abschnitt 3.2.2 und Anlage 1 bis 10
anderen Kabel- oder Rohrabschottungen	eine/beide Öffnung(en) > 40 cm x 40 cm	≥ 20 cm
	beide Öffnung(en) ≥ 40 cm x 40 cm	≥ 10 cm
anderen Öffnungen oder Einbauten	eine/beide Öffnung(en) > 20 cm x 20 cm	≥ 20 cm
	beide Öffnung(en) ≥ 20 cm x 20 cm	≥ 10 cm

Tabelle D-X – 1: Übersicht zu den Abstandsregeln

Gemäß den o. g. allgemeinen bauaufsichtlichen Zulassungen (abZ) gilt, dass zwischen den Rohren/Umwicklungen keine Bereiche (z. B. Zwickel) vorhanden sind/entstehen, die nicht vollständig mit einem nichtbrennbaren, mineralischen, formstabilen und schwindungsfreien Mörtel verfüllt werden. Im Einzelfall sind Verfüllungen mit anderen Materialien zugelassen.

In jedem Fall sind die Montagehinweise der Verwendbarkeitsnachweise zu beachten.

Hinweise: Diese Regeln sind auch in Verbindung mit Brandschutzklappen oder Absperrvorrichtungen zu beachten, da diese als „andere Öffnungen oder Einbauten" gelten.

Die o. g. Abstandsregeln gelten z. Zt. noch nicht für allgemeine bauaufsichtliche Prüfzeugnisse (abP).

In den abPs sind Mindestabstände untereinander geregelt. Die Abstände zu fremden Abschottungen werden in Verbindung mit abPs über die MLAR/LAR, Abschnitt 4.1.3 geregelt.

3. Einhaltung der Abstandsregeln gemäß den Einbauanleitungen der Hersteller bei Brandschutzklappen gemäß harmonisierter europäischer Norm DIN EN 15650 untereinander

Die regelkonformen Abstandsregeln können den Einbauanleitungen der Hersteller entnommen werden. Weitere Hinweise können auch dem **Teil D-III.** entnommen werden.

Nach der Prüfnorm für Brandschutzklappen DIN EN 1366-2 sind, wenn nicht mit kleineren Abständen geprüft, folgende Abstände einzuhalten:

- 200 mm untereinander
- 75 mm zur Geschossdecke
- 75 mm zu tragenden Wänden

Die Prüfung mit reduzierten Abständen wurden von vielen Herstellern durchgeführt.

Es werden i. d. R. von den Herstellern folgende Basiswerte auf Grund der Prüfungen angegeben, die je nach Typ/Hersteller abweichen können:

- Rechteckige Brandschutzklappen gleichen Typs untereinander
  > die Flansche dürfen sich berühren
- Runde Brandschutzklappen gleichen Typs untereinander
  > Zwischen den runden Brandschutzklappen muss i. d. R. ein Mindestabstand von 40 mm eingehalten werden

Die Hersteller geben i. d. R. keine Mindestabstände zu „fremden Abschottungen und Öffnungen" an.

Somit gelten gegenüber Brandschutzklappen die Abstandsanforderungen der:

- MLAR, Abschnitt 4.1.3 für klassifizierte Abschottungen (Rohre, Elektro, klassifizierte Leitungen/Kanäle/Schächte) mit mind. 50 mm (gemessen wird nicht ab Flansch, sondern ab dem BSK-Durchführungskörper eckig oder rund). Die Vermörtelung der Restquerschnitte für die Brandschutzklappen darf jedoch nicht zur Durchführung anderer Leitungen genutzt werden. Der Mindestabstand ist entsprechend festzulegen.
- MLAR, Abschnitt 4.3 für Leitungsdurchführungen nach den Erleichterungen, z. B. für nichtbrennbare Rohre mit mind. 1 x d bzw. bei gedämmten Leitungen mit mind. 50 mm. Grundsätzlich sollte ein Mindestabstand von 50 mm nicht unterschritten werden. Die Vermörtelung der Restquerschnitte für die Brandschutzklappen darf jedoch nicht zur Durchführung anderer Leitungen genutzt werden. Der Mindestabstand ist entsprechend festzulegen.

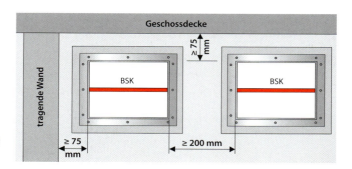

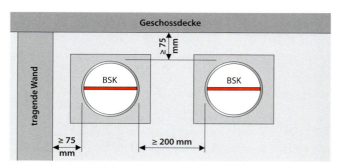

Bild D-X – 1: Mindestabstände von Brandschutzklappen nach Prüfnorm DIN EN 1366-2, wenn nicht anders geprüft

Hinweise: I. d. R. werden abweichend von der Prüfnorm kleinere Abstände im Rahmen der Brandprüfungen nachgewiesen. Diese nachgewiesenen Mindestabstände werden in den Montageanleitungen der Hersteller dokumentiert. Diese Vorgaben sind einzuhalten.

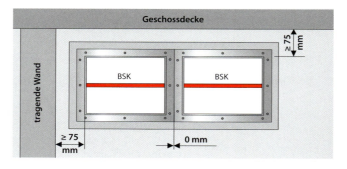

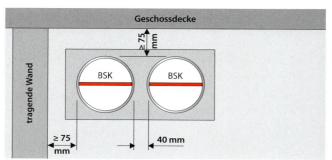

Bild D-X – 2: Beispiel von Mindestabständen auf Grund herstellerspezifischer Nachweise durch Brandprüfungen, wie in der linken Spalte beschrieben

4. Einhaltung der Abstandsregeln gegenüber fremden Abschottungen

Die wesentlichen Anforderungen zu den Abstandsregeln gegenüber „fremden Abschottungen und Öffnungen" werden über Abschnitt 4.1.3 der MLAR geregelt (siehe auch **Teil B-IV.**).

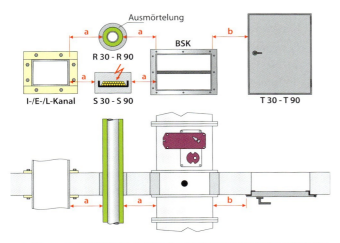

a ≥ 50 mm gemäß MLAR, Abschnitt 4.1.3, wenn keine größeren Abstände in den Ver- und Anwendbarkeitsnachweisen gegenüber „fremden Abschottungen und Einrichtungen" vorgegeben werden. Bei zwei unterschiedlichen Anforderungen gilt das größte Maß von beiden **b ≥ 200 bzw. 100 mm** je nach Angaben im Verwendbarkeitsnachweis bzw. den Montageanleitungen der Hersteller.

Bild D-X – 3: Einhaltung von Mindestabständen zwischen Abschottungen und Brandschutzklappen

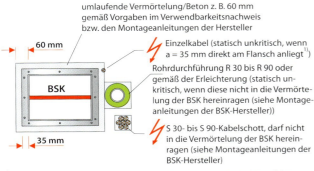

[1] alle Abstände a < 50 mm sind formal als Abweichung von einer eingeführten Technischen Baubestimmung zu betrachten.

Bild D-X – 4: Einhaltung von Mindestabständen zwischen Abschottungen und Brandschutzklappen

Die Einhaltung der Mindestabstände zwischen den Abschottungen setzt eine koordinierte Detailplanung der Abschottung, i. d. R. bestehend aus mehreren Gewerken, voraus.

D-XI. Instandhaltung

D-XI. Instandhaltung

Wartung bedeutet im allgemeinen Sprachgebrauch eine regelmäßige Tätigkeit zur Wahrung der Funktionalität und Sicherheit einer i. d. R. technischen Anlage oder eines technischen Produktes. Gegebenenfalls ist auch Pflege und Betreuung einer Komponente gemeint.

Vor über 40 Jahren wurden mit Gültigkeit zum 1.1.1974 erstmalig Prüfbescheide für Brandschutzklappen erteilt. In diesen wurden Wartungen an Brandschutzklappen zum ordnungsgemäßen Betrieb als erforderlich beschrieben und die zugehörigen Maßnahmen ausführlich und sehr detailliert aufgeführt wie auch über die folgenden Jahre in weiteren Prüfbescheiden und Zulassungen.

Seit Ende der 1990er Jahre wurde bei neu ausgestellten allgemeinen bauaufsichtlichen Zulassungen die Vorgabe hinsichtlich der Wartung geändert. Hintergrund war u. a., dass der Begriff der Instandhaltung in die Zulassungen aufgenommen wurde. Die Instandhaltung ist über die DIN 31051 genormt. Die Instandhaltung setzt sich für Brandschutzklappen zusammen aus der Inspektion, der Wartung und der Instandsetzung. Somit gehen notwendige Maßnahmen über die Wartung hinaus. Der Text im Kapitel 5 – Bestimmung für die Nutzung und Instandhaltung – in den allgemeinen bauaufsichtlichen Zulassungen lautete wie folgt:

„*Auf Veranlassung des Eigentümers der Lüftungsanlage muss die Überprüfung der Funktion des Zulassungsgegenstandes unter Berücksichtigung der Grundmaßnahmen zur Instandhaltung nach DIN EN 13306 in Verbindung mit DIN 31051 mindestens in halbjährlichem Abstand erfolgen. Ergeben zwei im Abstand von 6 Monaten aufeinander folgende Prüfungen keine Funktionsmängel, so braucht der Zulassungsgegenstand nur in halbjährlichem Abstand überprüft werden. Der Hersteller des Zulassungsgegenstandes hat schriftlich in der Betriebsanleitung ausführlich die für die Inbetriebnahme, Inspektion, Wartung, Instandsetzung sowie Überprüfung der Funktion des Zulassungsgegenstandes notwendigen Angaben, insbesondere im Hinblick auf die Sicherheit, darzustellen. Der Zulassungsgegenstand darf nur zusammen mit der Betriebsanleitung des Herstellers und der allgemeinen bauaufsichtlichen Zulassung weitergegeben werden. Dem Eigentümer der Lüftungsanlage sind die schriftliche Betriebsanleitung des Herstellers sowie die allgemeine bauaufsichtliche Zulassung auszuhändigen.*"

Seitdem sind die Hersteller verpflichtet, notwendige Maßnahmen zur Instandhaltung in den Betriebsanleitungen zu beschreiben.

Mit Ende der Koexistenzperiode der Produktnorm DIN EN 15650 am 30.8.2012 müssen Brandschutzklappen mit einem CE-Kennzeichen versehen werden. Ein Inverkehrbringen mit einer allgemeinen bauaufsichtlichen Zulassung ist seitdem für die normierten Produkte nicht möglich. Damit können auch keine nationalen Anwendungsregeln mehr in dem „Verwendbarkeitsnachweis" öffentlich-rechtlich getroffen werden. Der Teil II der Liste der technischen Baubestimmungen beschreibt deshalb im Abschnitt 5 Anwendungsregeln für Bauprodukte nach harmonisierten Normen. Im Anhang 5.34 werden unter Nr. 8 die Anwendungsregeln für die unter der lfd. Nr. 5.65 der Liste aufgeführten Brandschutzklappen hinsichtlich der Instandhaltungsarbeiten genannt:

„*Auf Veranlassung des Eigentümers der Lüftungsanlage muss die Überprüfung der Funktion der Brandschutzklappe unter Berücksichtigung der Grundmaßnahmen zur Instandhaltung nach DIN EN 13306 in Verbindung mit DIN 31051 mindestens in halbjährlichem Abstand erfolgen. Ergeben zwei im Abstand von 6 Monaten aufeinander folgende Prüfungen keine Funktionsmängel, so braucht die Brandschutzklappe nur in jährlichem Abstand überprüft werden."*

Diese Anwendungsregel wurde bereits unter der Bauproduktenrichtlinie veröffentlicht. Sie hat auch unter der Bauproduktenverordnung Bestand. Nach der Bauproduktenverordnung sind Hersteller von Brandschutzklappen zudem verpflichtet, für das Bauprodukt neben der Leistungserklärung ausführliche technische Dokumentationen zu erstellen. Hierzu gehören auch die Angaben zur Instandhaltung. Diese sollten sich an der harmonisierten Produktnorm DIN EN 15650 „Lüftung von Gebäuden – Brandschutzklappen" orientieren.

Die DIN EN 15650 gibt mit Kapitel 8.3 sowie mit Anhang D informative Hinweise für die Inspektion und Instandhaltung an, jedoch keine genaueren Fristen vor; es heißt lediglich „soll".

DIN EN 15650, Kapitel 8.3:

„*Der Hersteller muss entsprechende Informationen zur Instandhaltung der Brandschutzklappe liefern, die Angaben zu mindestens den folgenden Aspekten umfassen:*

a) Inspektions- und Instandhaltungsverfahren
b) Empfohlene Häufigkeit von Funktionsprüfungen
c) Empfohlene Überprüfung zur Feststellung der Auswirkung von Korrosion

ANMERKUNG: Eine regelmäßige Prüfung/Inspektion sollte entsprechend den gesetzlichen Anforderungen oder in Abständen von nicht mehr als 6 Monaten durchgeführt werden. Anhang D enthält ein ausführliches Beispiel für das oben beschriebene Verfahren. Einige automatische Systeme können häufigere Prüfungen zulassen (Abstände von 48 Stunden oder weniger) und das kann durch nationale Bestimmungen gefordert werden."

DIN EN 15650, Anhang D:

„*Dieser Anhang wurde an dieser Stelle zur Anleitung eingefügt, um Hinweise zu geben, wie die Inspektion und Instandhaltung von eingebauten Produkten erfolgen soll, ohne nationale Festlegungen relativieren zu wollen."*

Aus Sicht der Autoren ist es notwendig, dass national ein einheitlicher Maßstab für die Instandhaltungsarbeiten besteht. Wenn nicht seitens der ARGEBAU Anwendungsregeln zur Instandhaltung von Brandschutzklappen gemacht werden, könnten Hersteller dann, möglicherweise auch unter wirtschaftlichem Druck, Fristen angeben, die zu lang sind. Durch zu große Zeiträume für die notwendigen Instandhaltungsarbeiten wäre dann das ordnungsgemäße Funktionieren der Klappe bei einem Brandereignis nicht sichergestellt und es könnte zum Versagen führen. Zur Sicherstellung der Grundanforderungen an Bauwerke ist es aber notwendig, maximal zulässige Fristen für die Instandhaltung von Brandschutzklappen anzugeben. Anwendungsfälle, die hinsichtlich Inspektion und Instandhaltung kürzere Fristen geboten erscheinen lassen, sind verantwortlich vom Hersteller wie auch vom Betreiber zu bewerten und durchzuführen.

Aufgrund der Erfahrung mit motorisierten Brandschutzklappen, die auch dezentral angesteuert werden können, und Brandschutzklappen, die nur von Hand für Funktionsprüfungen betätigt werden können, sowie die möglichen Einsatzgebiete von Brandschutzklappen mit CE-Kennzeichnung wie auch die restlichen Verwendungsbereiche mit allgemeiner bauaufsichtlicher Zulassung haben die Autoren für maximale Instandhaltungsfristen nachfolgende Tabelle entwickelt.

Die in der erwarteten Muster-Verwaltungsvorschrift Technische Baubestimmung oder in einer anderen Vorschrift verbindlichen restriktiveren Angaben sind mindestens einzuhalten.

Anwendung von Brandschutzklappen bzw. Absperrvorrichtungen	Brandschutzklappe und Klassifizierung	Maximale Fristen zur Instandhaltung
Lüftungsanlagen allgemein	Brandschutzklappe gemäß DIN EN 15650 mit Schmelzlot EI 30/60/90/120 S	< 1 Jahr
Lüftungsanlagen allgemein	Brandschutzklappe gemäß DIN EN 15650 mit Antrieb, z. B. Federrücklaufmotor EI 30/60/90/120 S	< 3 Jahre zusätzlich < 1/4 – jährliche Funktionsprüfung (z. B. durch Fernansteuerung)
Lüftungsanlagen zur Be- und Entlüftung von Wohnungen sowie abgeschlossenen Nutzungseinheiten mit max. 200 m²	Brandschutzklappe gemäß DIN EN 15650 mit Schmelzlot EI 30/60/90/120 EI 30/60/90/120 S	< 2 Jahre
Lüftungsanlagen zur Be- und Entlüftung von Wohnungen sowie abgeschlossenen Nutzungseinheiten mit max. 200 m²	Brandschutzklappe gemäß DIN EN 15650 mit Antrieb, z. B. Federrücklaufmotor EI 30/60/90/120 und EI 30/60/90/120 S	< 6 Jahre zusätzlich < 1/4 – jährliche Funktionsprüfung (z. B. durch Fernansteuerung)
Lüftungsanlagen allgemein, feuerwiderstandsfähige Unterdecken	Brandschutzklappe gemäß DIN EN 15650 mit nationaler abZ für Einbau in feuerwiderstandsfähigen Unterdecken K 30/60/90 U	gemäß der allgemeinen bauaufsichtlichen Zulassung
Lüftungsanlagen mit Ventilatoren für die Lüftung von Bädern und Toilettenräumen	Absperrvorrichtungen für Bad-/WC-Lüftungsanlagen (nationale abZ) K30/60/90 - 18017 und K 30/60/90 - 18017 S	gemäß der allgemeinen bauaufsichtlichen Zulassung
Lüftungsanlagen allgemein, Abluftleitungen von gewerblichen oder vergleichbaren Küchen, ausgenommen Kaltküchen	Brandschutzklappe für Abluftleitungen von gewerblichen oder vergleichbaren Küchen K 30/60/90	gemäß der allgemeinen bauaufsichtlichen Zulassung
Sonstige Anwendungen	Brandschutzklappen sowie Absperrvorrichtungen	< 1 Jahr oder gemäß der allgemeinen bauaufsichtlichen Zulassung

Tabelle D-XI – 2: Übersicht der maximalen Instandhaltungsfristen

Teil E: Brandschutztechnische Prüfung und Abnahme von RLT-Anlagen

E-I. Erstmalige Prüfung

Erstmalige Prüfungen von RLT-Anlagen stellen keine zivilrechtlich vereinbarten Abnahmen und damit verbundene Prüfungen dar. Die erstmalige Prüfung von RLT-Anlagen durch Prüfsachverständige wird öffentlich-rechtlich auf Grundlage der Muster-Prüfverordnung bzw. der Prüfverordnungen der Länder gefordert.

Die erstmalige Prüfung von RLT-Anlagen erfolgt vor der ersten Aufnahme der Nutzung des Gebäudes; bauordnungsrechtlich ist ein Gebäude eine bauliche Anlage. Von den Fachunternehmen wird oftmals von Seiten des Bauherrn gefordert, dass eine Fachunternehmererklärung über die ordnungsgemäße Montage beizubringen ist. Diese Erklärung ist nur dann erforderlich, wenn eine entsprechende vertragliche Vereinbarung vorliegt. Ausgenommen davon sind die Bescheinigungen zur Errichtungen von Lüftungsanlagen in NRW. In NRW ist zur Fertigstellung einer Lüftungsanlage vom Fachunternehmer eine Bescheinigung zur ordnungsgemäßen Ausführung – vgl. Nr. 10.2 LüAR NRW – auszustellen.

10.2 Abschließende Fertigstellung

Zur abschließenden Fertigstellung ist von der Fachunternehmerin oder dem Fachunternehmer eine Bescheinigung (Muster siehe Anhang) auszustellen, dass die Lüftungsanlage den Bestimmungen der Richtlinie entspricht und nur Bauprodukte verwendet oder Bauarten angewendet worden sind, die den Bestimmungen der §§ 20 ff. BauO NRW genügen. Sind Absperrvorrichtungen gegen Brandübertragung oder Rauchschutzklappen vorhanden, muss in dieser Bescheinigung auch bestätigt sein, dass diese Bauprodukte/Bauarten entsprechend Verwendbarkeits- oder Anwendbarkeitsnachweis eingebaut sind und die ordnungsgemäße Funktion ge-prüft worden ist. Die Bescheinigung ist von der Bauherrin oder dem Bauherrn der Bauaufsichtsbehörde zuzustellen. Die bei Sonderbauten vor der ersten Inbetriebnahme der Lüftungsanlagen durchzuführenden Prüfungen durch staat-lich anerkannte Sachverständige ersetzen die Fachunternehmerbescheinigung nicht.

Es wird empfohlen, dieses Muster gemäß dem Anhang LüAR NRW auch in anderen Ländern zu verwenden.

Fachunternehmer/Hersteller bescheinigen damit die Umsetzung der erforderlichen Brandschutzmaßnahmen.

Der Fachunternehmer/Hersteller der Lüftungsanlage bestätigt mit seiner Unterschrift, dass er alle Absperrvorrichtungen (Brandschutzklappen etc.) geprüft hat.

Insbesondere wurde kontrolliert, ob diese

- gemäß Baugenehmigung vorhanden sind,
- fachgerecht platziert sowie
- gemäß Verwendbarkeitsnachweis (Leistungserklärung, Zulassung, Prüfzeugnis, Zustimmung im Einzelfall) eingebaut wurden und ordnungsgemäß funktionieren.

Diese Fachunternehmerbescheinigung sollte spätestens zu den Prüftätigkeiten des Prüfsachverständigen/staatlich anerkannten Sachverständigen zur Erstprüfung vorliegen.

Prüfgrundsätze für Sachverständige

Die Prüfung von technischen Anlagen in Sonderbauten obliegt nach den Prüfverordnungen den Prüfsachverständigen. Damit die Grundlagen für die Prüfung sowie der Mindest-Prüfumfang in allen Ländern das gleiche Sicherheitsniveau aufweisen, wurden 2011 vom Arbeitskreis Technische Gebäudeausrüstung der Fachkommission Bauaufsicht die erstmals im Jahr 2001 veröffentlichten Prüfgrundsätze überarbeitet.

Arbeitsgrundlage der Prüfsachverständigen sind die Muster-Prüfgrundsätze, hier werden die grundsätzlich durchzuführenden Sachverständigentätigkeiten der jeweiligen technischen Gewerke beschrieben. Die Auflistung der durchzuführenden Tätigkeiten und Beurteilungen inkl. des abschließenden Prüfberichtes kann einem Leistungsverzeichnis gleichgesetzt werden.

Grundsätze für die Prüfung technischer Anlagen entsprechend der Muster-Prüfverordnung durch bauaufsichtlich anerkannte Prüfsachverständige
(Muster-Prüfgrundsätze)
Stand 26.11.2010

Inhalt:
1 Allgemeines
2 Prüfgrundlagen
3 Bereitzustellende Unterlagen
4 Prüfbericht
5 Prüfungen
5.1 Lüftungsanlagen
5.1.1 Allgemeine Prüfanforderungen
5.1.2 Lüftungszentrale (Raum)
5.1.3 Luftaufbereitungseinrichtung (Gerät)
5.1.4 Lüftungsleitungen
5.1.5 Absperrvorrichtungen gegen Brandübertragung (z. B. Brandschutzklappen, Rauchschutzklappen)
5.1.6 Außenluft-/Fortluftöffnungen
5.1.7 Energieversorgung
5.1.8 Mess-Steuer-Regel-Technik (MSR-Technik)
5.1.9 Wechselwirkungen und Verknüpfungen mit anderen Anlagen
5.1.10 Lüftungsanlagen für Räume mit erhöhten hygienischen Anforderungen in Krankenhäusern

Bei Prüfungen von Lüftungsanlagen sind insbesondere die getroffenen Brandschutzmaßnahmen nach M-LüAR zu prüfen.

In einigen Bundesländern sind lediglich brandschutztechnische Maßnahmen zu prüfen. Dies beinhaltet neben der Prüfung der Brandschutzklappen und der L 30/60/90-Lüftungsleitungen auch die vollständige Umsetzung weiterer brandschutztechnischer Anforderungen gemäß der LüAR, des Brandschutzkonzeptes bzw. Brandschutznachweises und der Baugenehmigung.

Der Baugenehmigung und dem Brandschutzkonzept bzw. Brandschutznachweis entnehmen Prüfsachverständige die besonderen Anforderungen und Erleichterungen für die Lüftungsanlagen gegenüber den Bestimmungen der M-LüAR.

Prüfsachverständige prüfen die brandschutztechnischen Anforderungen aller Lüftungsanlagen eines Gebäudes von der Außenluftansaugung über die Lüftungsleitungen, Aufstellungsräume bis in die zu be- und entlüftenden Räume und zurück über die Fortluftleitungen bis zur Fortluftstelle.

Dabei werden nicht allein vorgegebene und vorhandene Brandschutzmaßnahmen geprüft und bewertet, sondern auch geprüft, ob Brandschutzmaßnahmen fehlen oder nicht ausreichend sind.

Hierzu zählen bspw.

- fehlende Brandschutzklappen, Rauchmelder und Rauchschutzklappen,
- fehlende L 30/60/90-Lüftungsleitungen,
- Unterschreitung der Mindestabstände zu Mündungen,
- brennbare Leitungen in Lüftungszentralen und notwendigen Fluren,
- nicht gegebene Zugänglichkeit von Brandschutzklappen und sonstigen Sicherheitseinrichtungen sowie
- Abweichungen zum Brandschutzkonzept und zur Baugenehmigung.

Eine lediglich stichprobenartige Prüfung der Brandschutzmaßnahmen ist bei der ersten Prüfung nicht statthaft. Nach den Muster-Prüfgrundsätzen dürfen im Rahmen von wiederkehrenden Prüfungen lediglich Brandschutzklappen mit einem reduzierten Umfang geprüft werden (siehe dazu Abschnitt **E-II.**).

Die Prüfung **aller Lüftungsanlagen** umfasst auch die Anlagen gemäß DIN 18017-3 im Allgemeinen sowie sonstige „einfache Abluftanlagen", sofern an diese brandschutztechnische Anforderungen gestellt werden. Die Bewertung der Prüfergebnisse erfolgt auf Grundlage der Landesbauordnung, der LüAR, der Baugenehmigung, des Brandschutzkonzeptes bzw. Brandschutznachweises und den allgemein anerkannten Regeln der Technik. Liegen zur Prüfung die Baugenehmigung und das Brandschutzkonzept bzw. der Brandschutznachweis nicht vor, kann die Prüfung nicht vollständig erfolgen. Dies muss im Prüfbericht deutlich hervorgehoben werden. Erst nach Vorlage dieser wichtigen Dokumente kann die Prüfung zu Ende geführt werden.

E-II. Wiederkehrende Prüfung der Lüftungsanlagen

E-II. Wiederkehrende Prüfung der Lüftungsanlagen

Den Prüfsachverständigen (bauaufsichtlich anerkannte Sachverständige) obliegt die Prüfung der Lüftungsanlagen bezüglich ihrer Wirksamkeit und Betriebssicherheit einschließlich des bestimmungsgemäßen Zusammenwirkens von Anlagen (Wirk-Prinzip-Prüfung).

Bei Prüfungen von Lüftungsanlagen sind insbesondere die getroffenen Brandschutzmaßnahmen nach M-LüAR zu prüfen. Diese Prüfungen sind wiederkehrend in einem Abstand von nicht mehr als 3 Jahren durchzuführen.

Arbeitsgrundlage der Prüfsachverständigen sind die Muster-Prüfgrundsätze, hier werden die grundsätzlich durchzuführenden Prüfsachverständigentätigkeiten der jeweiligen technischen Gewerke beschrieben. Die Auflistung der durchzuführenden Tätigkeiten und Beurteilungen inkl. des abschließenden Prüfberichtes kann einem Leistungsverzeichnis gleichgesetzt werden. Im Jahr 2011 wurden vom Arbeitskreis Technische Gebäudeausrüstung der Fachkommission Bauaufsicht die erstmals im Jahr 2001 veröffentlichten Prüfgrundsätze überarbeitet.

Prüfgrundsätze für Sachverständige

Grundsätze für die Prüfung technischer Anlagen entsprechend der Muster-Prüfverordnung durch bauaufsichtlich anerkannte Prüfsachverständige
(Muster-Prüfgrundsätze)
Stand 26.11.2010

Inhalt:
1 Allgemeines
2 Prüfgrundlagen
3 Bereitzustellende Unterlagen
4 Prüfbericht
5 Prüfungen
5.1 Lüftungsanlagen
5.1.1 Allgemeine Prüfanforderungen
5.1.2 Lüftungszentrale (Raum)
5.1.3 Luftaufbereitungseinrichtung (Gerät)
5.1.4 Lüftungsleitungen
5.1.5 Absperrvorrichtungen gegen Brandübertragung (z. B. Brandschutzklappen, Rauchschutzklappen)
5.1.6 Außenluft-/Fortluftöffnungen
5.1.7 Energieversorgung
5.1.8 Mess-Steuer-Regel-Technik (MSR-Technik)
5.1.9 Wechselwirkungen und Verknüpfungen mit anderen Anlagen
5.1.10 Lüftungsanlagen für Räume mit erhöhten hygienischen Anforderungen in Krankenhäusern

In einigen Bundesländern sind lediglich brandschutztechnische Maßnahmen zu prüfen. Dies beinhaltet neben der Prüfung der Brandschutzklappen und der L 30/60/90-Lüftungsleitungen auch die vollständige Umsetzung weiterer brandschutztechnischer Anforderungen gemäß der LüAR, des Brandschutzkonzeptes bzw. Brandschutznachweises und der Baugenehmigung.

Der Baugenehmigung und dem Brandschutzkonzept bzw. Brandschutznachweis entnimmt der Prüfsachverständige die besonderen Anforderungen und Erleichterungen für die Lüftungsanlagen gegenüber den Bestimmungen der M-LüAR.

Prüfsachverständige prüfen die brandschutztechnischen Anforderungen aller Lüftungsanlagen eines Gebäudes von der Außenluftansaugung über die Lüftungsleitungen, Aufstellungsräume bis in die zu be- und entlüftenden Räume und zurück über die Fortluftleitungen bis zur Fortluftstelle.

Dabei werden nicht allein vorgegebene und vorhandene Brandschutzmaßnahmen geprüft und bewertet, sondern auch geprüft, ob Brandschutzmaßnahmen fehlen oder nicht ausreichend sind.

Hierzu zählen bspw.

- fehlende Brandschutzklappen, Rauchmelder und Rauchschutzklappen,
- fehlende L 30/60/90-Lüftungsleitungen,
- Unterschreitung der Mindestabstände zu Mündungen,
- brennbare Leitungen in Lüftungszentralen und notwendigen Fluren,
- nicht gegebene Zugänglichkeit von Brandschutzklappen und sonstigen Sicherheitseinrichtungen sowie
- Abweichungen zum Brandschutzkonzept und zur Baugenehmigung.

Die Prüfung aller Lüftungsanlagen umfasst auch die Anlagen gemäß DIN 18017-3 im Allgemeinen sowie sonstige „einfache Abluftanlagen", sofern an diese brandschutztechnische Anforderungen gestellt werden.

Eine stichprobenartige Prüfung der Brandschutzmaßnahmen ist bei der wiederkehrenden Prüfung nicht statthaft. Lediglich bei der Funktionskontrolle der Brandschutzklappen darf der Prüfumfang auf ein Drittel der Anzahl der Klappen reduziert werden, wenn

- die regelmäßige Wartung aller Klappen (in der Regel jährlich nach Herstellervorgaben) entsprechend Verwendbarkeitsnachweis nachgewiesen wird,
- keine der geprüften Klappen fehlerhaft ist,
- nach Ablauf von drei aufeinanderfolgenden Prüfungen alle Klappen vom Prüfsachverständigen geprüft worden sind.

Stellt sich bei der Prüfung heraus, dass die Bedingungen nicht eingehalten werden können, so ist der Auftrag zur Prüfung aller Brandschutzklappen zu erweitern.

Liegen zur Prüfung die Baugenehmigung und das zugehörige Brandschutzkonzept bzw. der Brandschutznachweis nicht vor, so kann die Prüfung nicht vollständig erfolgen, dies muss im Prüfbericht deutlich hervorgehoben werden. Erst nach Vorlage dieser wichtigen Dokumente kann die Prüfung zu Ende geführt werden.

Die Bewertung der Prüfergebnisse erfolgt auf Grundlage der Landesbauordnung, der M-LüAR/LüAR, der Baugenehmigung, des Brandschutzkonzeptes bzw. Brandschutznachweises und der allgemein anerkannten Regeln der Technik.

Bei der Bewertung der Anlage müssen Prüfsachverständige das aktuelle Bauordnungsrecht des jeweiligen Landes berücksichtigen und Abweichungen zur genehmigten Anlage aufzeigen. Stellen sie bei dieser Bewertung wesentliche Mängel oder Abweichungen fest, so hat die Bauaufsicht zu entscheiden, ob eine Anpassung erforderlich ist.

In der Begründung der obersten Bauaufsicht NRW an den Oberbürgermeister einer Großstadt aus NRW heißt es hierzu bereits im Jahre 2002:

> „Die Sachverständigen sind also nicht ermächtigt, zur Schonung ihres Auftraggebers etwa eigene Bestandsschutzüberlegungen derart anzustellen, dass sie den – in der Lebenszeit der technischen Anlage vorkommenden – Stand des Bauordnungsrechtes mit den geringsten Anforderungen auf eine bestehende Anlage als Prüfmaßstab anwenden. Dagegen können die Sachverständigen sehr wohl im Sinne ihres Auftraggebers für festgestellte Mängel Abhilfevorschläge im Sinne eines möglichst geringen Eingriffs in die geprüfte technische Anlage gegenüber der Bauaufsichtsbehörde aufzeigen, die zur Mängelbeseitigung und vor allem auch zur Abwehr von Gefahren für Leben oder Gesundheit ausreichen."

E-III. Wirk-Prinzip-Prüfung (WPP)

E-III. Wirk-Prinzip-Prüfung (WPP)

Die Muster-Prüfverordnung und Prüfverordnungen der Länder beinhalten, dass durch Prüfsachverständige für die Prüfung technischer Anlagen die Betriebssicherheit und Wirksamkeit einschließlich des bestimmungsgemäßen Zusammenwirkens von Anlagen (Wirk-Prinzip-Prüfung) zu prüfen sind. Die Prüfung des bestimmungsgemäßen Zusammenwirkens ist in § 2 Muster-Prüfverordnung, Stand März 2011, aufgenommen worden:

§ 2 Prüfungen

(1) Durch Prüfsachverständige für die Prüfung technischer Anlagen müssen auf ihre Wirksamkeit und Betriebssicherheit einschließlich des bestimmungsgemäßen Zusammenwirkens von Anlagen (Wirk-Prinzip-Prüfung) geprüft werden:

1. Lüftungsanlagen, ausgenommen solche, die einzelne Räume im selben Geschoss unmittelbar ins Freie be- oder entlüften,
2. CO-Warnanlagen,
3. Rauchabzugsanlagen,
4. Druckbelüftungsanlagen,
5. Feuerlöschanlagen, ausgenommen nichtselbständige Feuerlöschanlagen mit trockenen Steigleitungen ohne Druckerhöhungsanlagen,
6. Brandmelde- und Alarmierungsanlagen,
7. Sicherheitsstromversorgungen.

Die Prüfung des bestimmungsgemäßen Zusammenwirkens von Anlagen stellt eine gewerkeverbindende Prüfung zweier oder mehrerer nach bauordnungsrecht prüfpflichtiger Anlagen dar. Es werden dabei die Umsetzungen der bauordnungsrechtlich geforderten Anforderungen geprüft. Diese sind der Baugenehmigung und dem genehmigten Brandschutzkonzept bzw. Brandschutznachweis oder unmittelbar den Sonderbaubestimmungen zu entnehmen.

Ziel der Prüfung ist es, die Wirksamkeit und Betriebssicherheit der einzelnen prüfpflichtigen Anlage und das bestimmungsgemäße Zusammenwirken der geprüften Anlage mit einer oder mehreren anderen prüfpflichtigen Anlagen zur Erfüllung der geforderten Schutzziele aus den bauordnungsrechtlichen Forderungen zu bestätigen.

Da Anforderungen und Prüfumfang der Wirk-Prinzip-Prüfung (WPP) in allgemein anerkannten Regeln der Technik nicht beschrieben werden (Hinweis: Die VDI 6010 Blatt 3 beschreibt Grundlagen und Arbeitsschritte für einen sogenannten „Vollprobetest"), wird die WPP im Weiteren ausführlicher dargestellt.

Die Prüfung des bestimmungsgemäßen Zusammenwirkens von Anlagen wird gewerkbezogen im Rahmen der erstmaligen und bei jeder wiederkehrenden Prüfung analog der jeweiligen Prüfverordnung durchgeführt. Bei Erstprüfungen und bei Prüfungen nach wesentlichen Änderungen (mechanisch, elektrisch, elektronisch oder programmiertechnisch) erfolgt die Prüfung des bestimmungsgemäßen Zusammenwirkens von Anlagen i. d. R. nach Fertigstellung aller Gewerke. Wenn nicht alle Gewerke zeitgleich fertiggestellt sind oder für das Zusammenwirken relevante Mängel vorhanden sind, kann das bestimmungsgemäße Zusammenwirken von Anlagen i. d. R. nicht positiv bescheinigt werden. Die Nachprüfung ist dann an einem separaten bzw. zusätzlichen Termin durchzuführen.

Im Rahmen einer bauordnungsrechtlich geforderten Prüfung sind die Prüfgrundlagen daraufhin zu sichten, ob bestimmungsgemäßes Zusammenwirken von Anlagen bauordnungsrechtlich gefordert ist. Somit haben die Prüfsachverständigen festzustellen, ob über die Vorgaben der Sonderbauvorschriften hinausgehende Auflagen oder konkretisierende Angaben in der Baugenehmigung und im zugehörigen Brandschutzkonzept bzw. Brandschutznachweis getroffen sind.

E-III. Wirk-Prinzip-Prüfung (WPP)

Nachfolgend eine tabellarische Darstellung des bestimmungsgemäßen Zusammenwirkens der nach Muster-Prüfverordnung prüfpflichtigen Anlagen unter Berücksichtigung der Anforderungen der Muster-Sonderbauverschriften:

	WPP		Anlagen, auf welche eingewirkt werden muss						
			1	2	3 a/3 b	4	5	6	7
		Gewerk	RLT	CO-Warn	NRA/MRA	RDA	FLA	BMA	SSV
Anlagen, von denen eingewirkt werden soll	1	RLT	./.	0	0	0	0	0	0
	2	CO-Warn	0 (1.)	./.	0	0	0	0	0
	3a 3b	"NRA/ MRA"	0	0	./.	0	0	0	0
	4	RDA	MHHR 7.3 (nur indirekt)	0	0	./.	0	0	0
	5	FLA	M-VkVO § 16 (4), wenn § 20 Abs. 2 Nr. 2, 2. Halbsatz Anwendung findet	0	0	0	./.	MVStättVO § 19 (8)	0
	6 7	BMA	M-VkVO § 16 (4), wenn gesprinklert / M-VStättVO § 16 (4) mit Einschränkung	0	M-VkVO § 16 (8) und (10)	MHHV 6.2.3	0	./.	0
		SSV	M-VStättVO § 16 (4) mit Einschränkung	0	0	0	0	0	./.

- ▓ Wirk-Prinzip nicht möglich
- ☐ Wirk-Prinzip bauordnungsrechlich nicht vorgeschrieben
- ▒ Wirk-Prinzip in der aufgeführten Vorschrift genannt

Legende zur Tabelle:

0	Es ist kein bestimmungsgemäßes Zusammenwirken gefordert
./.	Ein bestimmungsgemäßes Zusammenwirken ist nicht möglich
(1.)	Empfehlung: Bei nicht ständigem Betrieb der Lüftungsanlage wird diese CO-abhängig über die CO-Warnanlage in Betrieb gesetzt
RLT	Lüftungsanlage, raumlufttechnische Anlage
CO-Warn	CO-Warnanlage
NRA	Natürliche Rauchabzugsanlage
MRA	Maschinelle Rauchabzugsanlage
RDA	Rauchschutzdruckanlage, Anlage zur Rauchfreihaltung von Rettungswegen
FLA	Selbsttätige Feuerlöschanlage
BMA	Brandmeldeanlage
SSV	Sicherheitsstromversorgung

Tabelle E-III – 1: Wirk-Prinzip-Prüfung (WWP)

Erklärung zur Tabelle:

Vertikal – Anlagen, von denen eingewirkt werden soll: WAS muss zusammenwirken
Bauordnungsrechtliche Anforderung gemäß den Muster-Sonderbaubestimmungen an das bestimmungsgemäße Zusammenwirken von Anlagen.

Horizontal – Anlagen, auf welche eingewirkt werden muss: WELCHE Anlage muss reagieren
Das bestimmungsgemäße Zusammenwirken von der ansteuernden Anlage (Quelle, Sensor) zur angesteuerten Anlage (Senke, Aktor).

Hinweis: Ein bestimmungsgemäßes Zusammenwirken der gemäß M-PrüfVO prüfpflichtigen Anlagen wird nur in der MHHR, M-VKVO und MVStättVO für ausgewählte Anlagen gefordert.

Die Prüfung des bestimmungsgemäßen Zusammenwirkens bauordnungsrechtlich zu prüfender sicherheitstechnischer Anlagen erfolgt unter Beachtung der Anforderungen aus den auf das Gebäude anzuwendenden Sonderbauvorschriften, der Baugenehmigung und dem dazugehörigen Brandschutzkonzept und, sofern vorhanden, dem sicherheitstechnischen Steuerungskonzept (sSk).

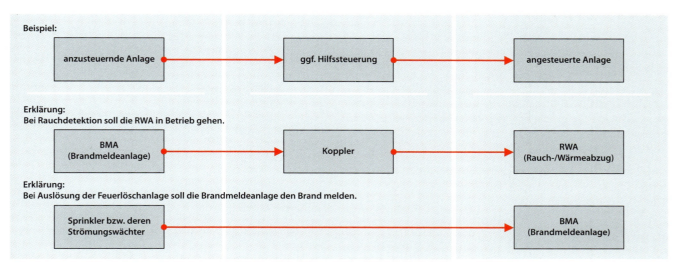

Bild E-III – 1: Beispielhaftes Steuerungsschema für Auslösung einer Feuerlöschanlage

Hinweis: Nicht Gegenstand der Prüfungen des bestimmungsgemäßen Zusammenwirkens von Anlagen auf Grundlage der Muster-Prüfverordnung bzw. der Prüfverordnungen der Länder sind:

a) Die Überprüfung der Übereinstimmung von Anlagen und Anlagenzusammenschaltungen mit den vertraglichen Grundlagen zwischen Auftraggeber und Errichter (z. B. Vertragsrecht nach BGB oder VOB oder sich aus technischen Regeln ergebende zusätzliche Anforderungen).

b) Die Prüfung des bestimmungsgemäßen Zusammenwirkens mit Anlagen, die nicht in der Muster-Prüfverordnung aufgeführt sind.

c) Die Prüfung der Wechselwirkung mit anderen Anlagen – diese Prüfung ist zwar nach Abschnitt 5.1.9 der Muster-Prüfgrundsätze durchzuführen, ist aber nicht Bestandteil des bestimmungsgemäßen Zusammenwirkens.

Abgrenzung zu anderen oder weitergehenden Prüfungen

Schutzzielorientiert können weitere Prüfungen sinnvoll sein. Außerdem kann in den Sonderbauvorschriften auch das bestimmungsgemäße Zusammenwirken zu nicht nach der Muster-Prüfverordnung prüfpflichtigen Anlagen gegeben sein (z. B. Aufzugsteuerung). Auch können andere Anlagen, die nicht prüfpflichtig sind, sich negativ beim bestimmungsgemäßen Zusammenwirken von prüfpflichtigen sicherheitstechnischen Anlagen auswirken.

In Brandschutzkonzepten können auch komplexe Steuerungen zur Erreichung der Schutzziele vorgesehen werden – Brandsteuermatrix, Brandfolgesteuerung, Brandfallmanagement o. ä. genannt. Diese genannten Prüfungen stellen *gewerkeübergreifende Prüfungen* dar. Diese Prüfung wird häufig auch „Vollprobetest" genannt.

Es ist sinnvoll, dass die gewerkeübergreifenden Prüfungen ebenfalls von Sachverständigen durchgeführt werden. Prüfsachverständige kommen dazu in Betracht, allerdings formalrechtlich ohne Prüfsachverständigentestat als bauaufsichtlich anerkannte Prüfsachverständige.

E-IV. Änderung/Anpassung genehmigter Lüftungskonzepte

E-IV. Änderung/Anpassung genehmigter Lüftungskonzepte

Da Lüftungsanlagen einen möglichen Beitrag zur Brandausbreitung leisten können, sind sie für den Betrieb eines Gebäudes sicherheitsrelevant. Dementsprechend unterliegen sie besonderen Anforderungen im Rahmen des Brandschutzkonzeptes und der Baugenehmigung.

Werden über den § 41 MBO hinausgehende spezifische Anforderungen im Brandschutzkonzept oder der Baugenehmigung an die Lüftungsanlage gestellt, sind auch diese zu erfüllen.

Soll im Rahmen eines „Lüftungsgesuches" die Lüftungsanlage gesondert genehmigt werden, so ist diese gesonderte Genehmigung im Rahmen der ersten Teilbaugenehmigung zu beantragen. Denn möglicherweise sind bereits teilbaugenehmigte Teile der baulichen Anlage aufgrund der „Lüftungsanlagen-Teilbaugenehmigung" zu verändern.

Im Rahmen des „Lüftungsgesuches" ist die brandschutztechnische Beschreibung der Lüftungsanlage aus dem Brandschutzkonzept bzw. Brandschutznachweis zwingend umzusetzen. Zu dieser Beschreibung gehören ggf. die Festlegungen eines Wirk-Prinzips oder einer Brandfallsteuerung im Hinblick auf die raumlufttechnische Anlage und andere sicherheitstechnische Anlagen wie z. B. die Brandmeldeanlage oder die Entrauchungsanlage.

Werden im Laufe des Planungsprozesses oder der Ausführung aus brandschutztechnischer Sicht wesentliche Details des „Lüftungsgesuches" bzw. der Anlagenbeschreibung verändert, müssen diese Veränderungen in die Dokumentation der baurechtlich relevanten Positionen und Nachweise aufgenommen werden. Ebenso ist das Brandschutzkonzept anzupassen und in das baurechtliche Verfahren über eine Tektur (nachträgliche Aktualisierung des Bauantrages) einer Genehmigung durch die untere Bauaufsicht zuzuführen. Gleiches gilt bei Veränderungen des Brandschutzkonzeptes. In einigen Ländern wird das Brandschutzkonzept bzw. der Brandschutznachweis auch vom Prüfingenieur für Brandschutz geprüft und genehmigt.

Im Rahmen der Erstprüfungen durch Prüfsachverständige sind diejenigen Baugenehmigungen, die die Anforderungen an die tatsächlich ausgeführten Anlagen enthalten müssen, die Grundlage. Wird aufgrund nicht aktueller Unterlagen geprüft, wäre das Testat der Prüfsachverständigen möglicherweise nicht hinreichend.

Teil F: Besondere Anlagenkonzepte mit Schnittstellen zur M-LüAR

F-I. Rauchabführung in Verbindung mit RLT-Anlagen („Kaltentrauchung")

Sowohl in Sonderbauverordnungen, Sonderbauvorschriften als auch in Brandschutzkonzepten wird häufig die Abführung von Brandgasen gefordert. Hierbei werden zwei Konzeptionen unterschieden:

- unterstützende Rauchableitung über die Lüftungsanlage sowie
- Entrauchung über Entrauchungsanlagen.

Sofern die Abführung als Entrauchung über Entrauchungsanlagen erfolgen soll, sind diese Anlagen mit den dafür zulässigen Entrauchungsleitungen und Bauprodukten auszuführen; für einen Teil der Bauprodukte liegen harmonisierte Normen vor (CE-Kennzeichnungs-Pflicht!).

Eine Entrauchung über eine klassische Lüftungsanlage ist aus unterschiedlichen Gründen nicht möglich. Eine Anwendung der M-LüAR für Entrauchungsanlagen ist aufgrund der konzeptionellen Ausgangssituation nicht gegeben und wird dementsprechend im vorliegenden Kommentar nicht erläutert.

In der Verordnung z. B. über den Bau und Betrieb von Verkaufsstätten – Muster-Verkaufsstätten-Verordnung – MVkVO ist in § 16 (Rauchabführung) geregelt, dass in Verkaufsstätten mit Sprinkleranlagen die Lüftungsanlagen im Brandfall so zu betreiben sind, dass sie lediglich entlüften, soweit dies die Zweckbestimmung der Absperrvorrichtungen gegen Brandübertragung zulässt. Seit der letzten Novellierung der Sonderbauvorschrift im Jahr 2014 muss automatisch beim Auslösen der Brandmeldeanlage auf diese Betriebsweise umgeschaltet werden. Für die Rauchableitung sind Mindestvolumenströme von 10.000 m³/h je 400 m² Grundfläche abzuführen; bei einer Grundfläche von mehr als 1600 m² ist ein zusätzlicher Volumenstrom von 5000 m³/h je angefangener weiterer 400 m² erforderlich. Ähnliche Anforderungen sind auch in anderen Muster-Sonderbauvorschriften beschrieben. Diese können auch landesspezifisch in bauaufsichtlichen Richtlinien oder Verordnungen für andere Sonderbauten aufgenommen sein.

Hinweis: Die technischen Anforderungen an die Lüftungsanlage sollten im Brandschutzkonzept bzw. Brandschutznachweis eines Gebäudes vollständig beschrieben sein, z. B. Lüftungskonzept, Betrieb Zu- und Abluftventilator.

Weiterhin ist bei der Erstellung des Brandschutzkonzeptes bzw. Brandschutznachweises zu beachten, dass bei einer unterstützenden Rauchableitung über Lüftungsanlagen bspw. die Komponenten

- Ventilatoren (insbesondere in Verbindung mit Kaltleiter-Motorschutz),
- Keilriemen,
- Kompensatoren (elastische Stutzen) und
- Volumenstromregler

nicht temperaturbeständig sind.

Da in der MVkVO keine weiteren Anforderungen an die sichere Stromversorgung und Temperaturbeständigkeit der Komponenten gestellt sind, ist die Vorschrift so zu verstehen, dass die Lüftungsanlagen – solange dies technisch mit den verschiedenen Komponenten machbar ist – ausschließlich im Abluftbetrieb verwendet werden müssen. Besondere Anforderungen zur grundsätzlichen Ausführung der Lüftungsanlage sind somit nicht gestellt, dennoch ist Folgendes zu berücksichtigen:

- Für die Betriebsweise „unterstützende Rauchableitung über die Lüftungsanlage" ist darzustellen, wie die Nachströmung von Außenluft erfolgen soll. Dies ist insbesondere für die im Jahr 2014 festgelegten Mindest-Volumenströme notwendig.
- Die Anforderungen an die Steuerung der Anlage und an die Einschaltung sind ebenfalls zu beschreiben. Die Umschaltung auf ausschließlichen Abluftbetrieb der Lüftungsanlage muss automatisch beim Auslösen der Brandmeldeanlage erfolgen und ist Teil des bauordnungsrechtlich geforderten Wirk-Prinzips.
- Die Zuluftventilatoren sind in der Regel außer Betrieb zu nehmen.

F-II. Überströmöffnungen/-klappen in Bauteilen mit Anforderungen an die Feuerwiderstandsdauer

F-II. Überströmöffnungen/-klappen in Bauteilen mit Anforderungen an die Feuerwiderstandsdauer

Überströmöffnungen sind Öffnungen in den Wänden eines Raumes, durch die Luft dieses Raumes in einen direkt angrenzenden Raum strömen soll. Häufig werden solche Öffnungen vorgesehen, um die in einem Raum zugeführte frische Außenluft mehrfach zu nutzen oder um eine Druck- bzw. Strömungskaskade aufzubauen.

Strömungs- bzw. Druckkaskade in Nutzungseinheiten (z. B. Labor)

In Bereichen, in denen an die Reinheit der Raumluftzustände hohe Anforderungen gestellt werden oder aus sicherheitstechnischen Gründen Luftschleusen vorhanden sein müssen (Über- oder Unterdruck zu angrenzenden Räumen), wird ein Überströmen durch die geringen Undichtigkeiten der Abschlüsse der Öffnungen erfolgen. Zusätzliche Überströmöffnungen werden für den Normalbetrieb nicht sinnvoll sein.

Das gezielte Überströmen wird in diesen räumlich begrenzten Nutzungsbereichen in der Regel über die Volumenstrombilanz kontrolliert geregelt. Ein Überströmen findet somit nicht unkontrolliert statt. Ab- und Zuluftvolumenströme sowie durch Undichtigkeiten ein- oder austretende „Leckageluftvolumenströme" sind bei der Anlagenbemessung bilanziert worden.

Bauaufsichtlich geforderte Strömungs- bzw. Druckkaskade

Ein Eindringen von Feuer und Rauch in innen liegende Sicherheitstreppenräume ist zu verhindern. Daher werden diese Treppenräume üblicherweise mit einer Druckbelüftungsanlage belüftet. Diese Anlage „pumpt" den Treppenraum praktisch mit rauch- und brandgasfreier Außenluft auf, die im Betrieb durch die Undichtigkeiten der Treppenraumtüren sowie i. d. R. einer zentralen Druckregeleinrichtung (z. B. gewichtsgesteuerte Abströmklappen) und weiterer Ab-/Überström-Öffnungen in den Geschossen abströmen muss.

Daher sind neben den gängigen Restundichtigkeiten der Türen weitere Öffnungen (mit der Funktion wie bei einer Drosselklappe – also eine Überström-Drosselöffnung) erforderlich.

Sinn dieser Öffnungen ist es,

- bei geschlossenen Treppenraumtüren das Abströmen eines Mindestluftvolumenstromes der Druckbelüftungsanlage unterhalb des Ansprechdruckes der zentralen Druckregeleinrichtungen – z. B. im Treppenraumkopf aus dem Treppenraum – zu ermöglichen,
- sicherzustellen, dass die Türen des dem Treppenraum vorgelagerten Raumes – umgangssprachlich Schleuse oder Vorraum genannt – trotz der sehr dichten Umfassungsbauteile schließen können,
- bei Öffnen der Treppenraumtüren zu einem Brandgeschoss Luft aus dem Treppenraum in das Brandgeschoss (wegen des Überdruckes im Treppenraum gegenüber dem Geschoss) strömen zu lassen (somit kann kein Rauch in den Treppenraum eindringen),
- dass bei geschlossenen Türen bei der Eigenrettung der in den Vorraum eingedrungene Rauch wieder in das vom Brand betroffene Geschoss geleitet werden kann.

Hinweis: In der ausgelaufenen Verwaltungsvorschrift zur Landesbauordnung Nordrhein-Westfalen wurde für Überdruckbelüftungsanlagen für Treppenräume mit Vorräumen die Verwendung von Brandschutzklappen zum Verschließen der Überströmöffnungen als eine mögliche Lösung beschrieben. Diese Regelung für den Sonderfall kann als Verzichtserklärung für eine Zustimmung im Einzelfall bei der Verwendung der Absperrvorrichtungen K 30/60/90-18017 gewertet werden. Eine Verwendung außerhalb dieser Überdruckbelüftungsanlagen ist ohne besonderen Verwendbarkeitsnachweis nicht erlaubt. Eine Übertragung dieser Lösungsmöglichkeit auf andere Länder ist mit den jeweils zuständigen Bauaufsichtsbehörden zu klären.

Andere Überströmöffnungen

Auch in anderen Fällen besteht häufig die Notwendigkeit, bestimmte Räume von Luft durchströmen zu lassen. Damit soll in einigen Fällen eine gewisse Lufterneuerung sichergestellt werden, in anderen Fällen soll Wärme aus inneren Lasten (z. B. aus Schaltschränken und elektrischen Unterverteilungen) abgeführt oder unangenehme Gerüche aus untergeordneten Räumen abgeführt werden.

In Nutzungseinheiten, die lediglich von einer Nutzergruppe frequentiert werden und in denen darüber hinaus keine besonderen Anforderungen an den Feuerwiderstand und den Raumabschluss der in der Nutzungseinheit liegenden Räume gestellt werden, ist es zulässig, in den Wänden entsprechende Öffnungen vorzusehen und diese z. B. mit Gittern abzudecken. So kann eine Luftströmung erreicht werden.

In der Feuerungsverordnung ist solches Überströmen bspw. für die Verbrennungsluftzuführung innerhalb einer Wohnung als eine Lösungsmöglichkeit beschrieben und wird dort unter dem Fachbegriff Verbrennungsluftverbund erläutert, vgl. § 3 Abs. 2 MFeuV.

Problematisch wird das Anordnen von Überströmöffnungen, sofern es in Wänden erfolgen soll, an die bauaufsichtliche Anforderungen hinsichtlich des Raumabschlusses und der Feuerwiderstandsfähigkeit gestellt werden.

Ergänzend ist hier zu berücksichtigen, dass Lüftungsanlagen gemäß § 41 Abs. 3 MBO auch so herzustellen sind, dass sie Gerüche und Staub nicht in andere Räume übertragen.

Insofern können „Überströmöffnungen" i. d. R. nicht Teil einer Lüftungsanlage sein, denn die Öffnung würde Gerüche ohne Weiteres zwischen den an die Überströmöffnung angrenzenden Räumen übertragen.

Bauordnungsrechtliche Abgrenzungen

Nach der Musterbauordnung werden Öffnungen in feuerwiderstandsfähigen Wänden in § 29 (Trennwände) und § 30 (Brandwände) geregelt. In beiden Wandarten sind Öffnungen nur zulässig, wenn sie auf die für die Nutzung erforderliche Zahl und Größe beschränkt sind. Diese Öffnungen sind somit Öffnungen für den Nutzer, also i. d. R. Türöffnungen. In Trennwänden müssen feuerhemmende, dicht- und selbstschließende Abschlüsse (Türen), in Brandwänden sogar feuerbeständige, dicht- und selbstschließende Abschlüsse für diese Öffnungen verwendet werden. Die Verwendung von anderen Verschlussarten stellt somit eine Abweichung von der Bauordnung dar.

Ebenso bestehen hinsichtlich der Ausbildung des Abschlusses Probleme. Wie beschrieben, werden i. d. R. selbstschließende Abschlüsse gefordert. Diese Abschlüsse sind im Regelfall geschlossen und schließen nach jedem Öffnen oder sie verfügen über eine Feststellvorrichtung, die im Brandfall – also bei Feuer oder Rauch – den Schließvorgang selbsttätig auslöst.

Brandschutzklappen sind keine solchen Abschlüsse. Allerdings können Brandschutzklappen in Verbindung mit einer Rauchauslöseeinrichtung und einem von dieser Einrichtung angesteuerten Schließmechanismus oder -antrieb für die Erfüllung dieser Anforderungen geeignet sein. Diese Auffassung hat dazu geführt, dass für solche Verwendungen auch allgemeine bauaufsichtliche Zulassungen der Reihe Z-6.50-... erteilt werden, die Produkte werden darin als „Absperrvorrichtung besonderer Bauart und Verwendung" bezeichnet. Diese Absperrvorrichtungen bestehen aus einer Brandschutzklappe, einer Rauchauslöseeinrichtung mit Verwendbarkeitsnachweis (abZ), einem Federrücklaufantrieb und Abschlussgitter auf beiden Seiten. Die Produkte sind autark und mit einem Antrieb versehen, sie unterliegen daher den nationalen Umsetzungen der Maschinen-, Niederspannungs- und EMV-Richtlinie.

Neben der häufig gewünschten Verwendung von Brandschutzklappen für Überströmöffnungen gibt es auch Bauprodukte, die über allgemeine bauaufsichtliche Zulassungen als Verschluss für Überströmöffnungen verfügen (Zulassungsbereich Z-19.18-...). Diese Verschlüsse waren zunächst intumeszierende „Lüftungsbausteine" mit einer Vielzahl kleinerer Öffnungen, die wie ein verkleinerter Gitterstein aussehen, danach wurde auch für klassische Brandschutzklappen mit einem Schmelzlot als thermisches Auslöseelement die allgemeine bauaufsichtliche Zulassung erteilt, wenn diese auf beiden Seiten mit einem Abschlussgitter versehen werden.

Ob die allgemeinen bauaufsichtlichen Zulassungen der Serien Z-6.50-... und Z-19.18-... für Brandschutzklappen auch nach dem EuGH-Urteil C-100/13 vom 16.10.2014 dauerhaft erteilt werden, bleibt abzuwarten. Grund: In der mandatierten und harmonisierten Produktnorm DIN EN 15650:2011 wird im Anwendungsbereich angegeben, dass Brandschutzklappen, die die Anforderungen dieser Norm erfüllen, sowohl mit als auch ohne angeschlossene Lüftungsleitungen anwendbar sind. Die Vorgaben zur Erteilung der Zulassungen könnte eine im EuGH-Urteil aufgeführte Nachregulierung darstellen.

Allerdings ist zu erwarten, dass national die Anforderungen in den Technischen Baubestimmungen bzw. der zu erwartenden Verwaltungsvorschrift für derartige Anwendungsfälle konkretisiert werden. Im Ergebnis würde also beschrieben, welche Anforderungen von den verwendeten Bauprodukten zu erfüllen sind, um die Schutzzielerfüllung zu gewährleisten.

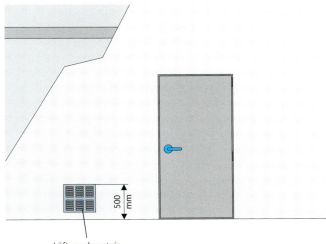

Lüftungsbaustein
Genehmigung der Verwendung
über das bauaufsichtliche Verfahren

Bild F-II – 1: Lüftungsbaustein, der die Öffnung oberhalb der Reaktionstemperatur verschließt: Die Vorgaben und Hinweise der allgemeinen bauaufsichtlichen Zulassungen – insbesondere im Hinblick auf die Zulässigkeit der Einbausituation – sind zu beachten.

Bei hinreichender Temperatureinwirkung (i. d. R. ab ca. 130 °C) auf diese „Lüftungsbausteine" schäumt das intumeszierende Material auf und verschließt die Öffnungen.

Vor diesem Hintergrund können andere intumeszierende Abschlüsse, z. B. Kabelschottungen, für solche Anwendungen nicht verwendet werden, da bei diesen Absperrelementen nicht ein relativ engmaschiges Gitter durch Intumeszensmaterial verschlossen wird, sondern in einem mit Leitungen oder Leerstopfung ausgefüllten Schott lediglich die Restundichtigkeiten sicher verschlossen werden müssen.

Bei diesen „Lüftungsbausteinen" kann eine Rauchübertragung unterhalb der Reaktionstemperatur nicht ausgeschlossen werden. Bei der Planung ist zu beachten, dass oberhalb der hinreichenden Temperatureinwirkung teilweise eine erhebliche Eigenrauchentwicklung entstehen kann, die Sicht kann so eingeschränkt sein. Es ist empfehlenswert, Rücksprache mit dem jeweiligen Hersteller zu halten.

Die allgemeinen bauaufsichtlichen Zulassungen der Bereiche Z-6.50-... und Z-19.18-... geben jeweils im Abschnitt 1.2.1 der Zulassung an, dass über die Zulässigkeit ihrer Verwendung die zuständige Bauaufsichtsbehörde im Baugenehmi-

F-III. Kontrollierte Wohnraumlüftung

gungsverfahren entscheidet. Das ist gleichbedeutend mit einem Abweichungsverfahren nach § 67 MBO, es sei denn, dass die Absperrvorrichtung bauordnungsrechtlich vorgesehen ist.

In den allgemeinen bauaufsichtlichen Zulassungen werden Anwendungsbeispiele aufgeführt, über deren Verwendungszulässigkeit die zuständige Bauaufsichtsbehörde im Baugenehmigungsverfahren zu entscheiden hat.

Ob bei Verwendung dieser Bauprodukte für Überströmöffnungen ausschließlich der Verwendbarkeitsnachweis ausreicht oder zusätzlich noch die Genehmigung der zuständigen Bauaufsichtsbehörde zur tatsächlichen Bauausführung im Einzelfall erforderlich ist (Abweichen von den gesetzlichen Vorschriften, z. B. kein selbstschließender Abschluss, der wie bei Türen auch manuell geschlossen werden kann; keine Verhinderung der Geruchsübertragung), richtet sich nach den jeweiligen Umsetzungen der MBO in das jeweilige Landesrecht.

F-III. Kontrollierte Wohnraumlüftung (KWL)

Für die anlagentechnische Bemessung der Lüftung von Wohnungen sind die allgemein anerkannten Regeln der Technik einzuhalten. Die brandschutztechnische Auslegung erfolgt nach M-LüAR Abschnitt 7.1.

Hinsichtlich der für diesen Kommentar wesentlichen Sachverhalte zur brandschutztechnischen Ausbildung ist festzustellen, dass auch bei der Lüftung von Wohnungen zwischen

- zentralen Anlagen,
- teilzentralen Anlagen und
- dezentralen Anlagen

unterschieden werden kann.

Zentrale KWL-Anlagen

Wenn die Wohnungen über zentrale bzw. teilzentrale Anlagen be- und entlüftet werden, sind ebenfalls Maßnahmen entsprechend der M-LüAR zur Verhinderung der Brandübertragung vorzusehen. Zu empfehlen ist in diesen Fällen allerdings auch, dass die tatsächliche Lüftung in der einzelnen Wohnung noch von den Nutzern aus Komfortgründen individuell gehandhabt werden kann. Dies führt vermutlich dazu, dass neben den Brandschutzklappen auch Bauprodukte zur Beeinflussung des Luftvolumenstromes vorgesehen werden sollten.

Daher kann davon ausgegangen werden, dass bei zentralen Wohnungslüftungsanlagen Brandschutzklappen gemäß der harmonisierten europäischen Norm DIN EN 15650 mit Federrücklaufmotor verwendet werden. Diese Brandschutzklappen können auch zur Steuerung der Anlage verwendet werden, wenn allein die Klappenstellungen AUF und ZU verwendet werden. Die Brandschutzklappen müssen für einen Zyklus von 10.000 Schließvorgängen geprüft sein ($C_{10.000}$).

Teilzentrale KWL-Anlagen

Teilzentrale Anlagen verfügen entweder über eine ventilatorgestützte Abluft- oder eine ventilatorgestützte Zuluftanlage. Brandschutztechnisch sind die gleichen Anforderungen zu erfüllen wie bei zentralen Wohnungslüftungsanlagen.

Dezentrale KWL-Anlagen

In dezentralen Anlagen wird jede Wohnung über eine eigene Lüftungsanlage mit Zu- und Abluft versorgt.

Wenn die Zu- und Abluft direkt durch die Fassade geführt wird, fallen die Anlagen aus dem Geltungsbereich der M-LüAR. In diesem Fall sind auch die brandschutztechnischen Regelungen der M-LüAR z. B. für Abstände zwischen den Mündungen der Zu- und Abluft und zu anderen Öffnungen nicht zu beachten. Ungeachtet dessen sind die allgemein anerkannten Regeln der Technik zur Vermeidung der Übertragung unerwünschter Belastungen aus der Außenluft zu beachten.

F-IV. Zentrale Wärmerückgewinnung in Verbindung mit RLT-Anlagen

Hinweis: Es ist sinnvoll, über einen Rauchmelder in dem Zuluftteil der KWL-Anlage oder des Lüftungsgerätes im Brandfall außerhalb der Wohnung ein Abschalten zu veranlassen.

Hinweis: Es ist sinnvoll, ein manuelles Abschalten der Lüftungsgeräte innerhalb der Nutzungseinheit, z. B. über einen Schalter, zu ermöglichen.

Sobald die Lüftungsleitungen aus der Nutzungseinheit Wohnung durch Wände oder Decken mit Anforderungen an die Feuerwiderstandsdauer in andere Bereiche geführt werden, sind die Regeln der M-LüAR anzuwenden, falls Anforderungen an die Lüftungsanlagen gemäß § 41 MBO gestellt werden. Sofern ein zentraler Ab- oder Zuluftschacht verwendet werden sollte, sind entsprechende brandschutztechnische Trennungen zu diesem Schacht erforderlich, damit die Verhinderung der Brandübertragung in andere Bereiche sichergestellt ist, vgl. hierzu § 41 MBO, insbesondere die Ausnahmen gemäß § 41 Abs. 5 MBO.

Hinweis: Häufig werden Anlagen ohne zugelassene Bauprodukte konzipiert und ausgeführt. Diese Tendenz ist insbesondere bei – mit öffentlichen Mitteln oder vergünstigten Krediten – geförderten Projekten zu beobachten. Spätestens bei der Abnahme der Anlagen wird dieses Versäumnis, das lediglich durch zusätzlichen Aufwand wieder zu korrigieren ist, sichtbar.

Unabhängig davon, ob brandschutztechnische Maßnahmen erforderlich sind, ist für Lüftungsgeräte eine allgemeine bauaufsichtliche Zulassung erforderlich, z. B. zum Nachweis der energetischen Kennwerte, vgl. Bauregelliste Ausgabe 2015/2 A Teil 1 lfd. Nr. 17.6 und B Teil 2 lfd. Nr. 1.2.4.

F-IV. Zentrale Wärmerückgewinnung in Verbindung mit RLT-Anlagen

Bei der zentralen Wärmerückgewinnung ist zwischen zwei verschiedenen Typen von lüftungstechnischen Anlagen zu unterscheiden:

Zum einen (I.) sind es Lüftungsanlagen, die entsprechend der DIN EN 13779 (zukünftig auch unter Berücksichtigung der DIN EN 16798) zu bemessen sind und mit zentralen Geräten, die in einer Lüftungszentrale aufgestellt sind, und über Hauptverteilleitungen größeren Querschnitts die Luft verteilen. Zum anderen (II.) können es Lüftungsanlagen sein, für deren Lüftungsgeräte eine allgemeine bauaufsichtliche Zulassung erteilt wurde (z. B. zum Nachweis der energetischen Kennwerte, vgl. Bauregelliste Ausgabe 2015/2 A Teil 1 lfd. Nr. 17.6 und B Teil 2 lfd. Nr. 1.2.4).

I. In den Anlagen mit zentralen Geräten sind die Ausführungen der M-LüAR hinsichtlich des erforderlichen Brandschutzes ausreichend. Soweit der Wärmeaustausch zwischen den Zu- und Abluftströmen den Anforderungen des Abschnittes 6.3 M-LüAR genügt, bestehen keine Bedenken.

II. In den Anlagen mit Geräten mit allgemeiner bauaufsichtlicher Zulassung bestätigt der Verwendbarkeitsnachweis „Zulassung" die Eignung des Bauproduktes Lüftungsgerät mit allen seinen Bestandteilen, somit auch einer im Gerät integrierten Wärmerückgewinnung.

Hinweis: Sind in den Wärmerückgewinnungseinrichtungen z. B. Bypassklappen vorhanden, die eine Rauchübertragung ermöglichen können, sind Schutzmaßnahmen entsprechend der Abschnitte 5.1.4 und 6.3 M-LüAR zu berücksichtigen.

Hinweis: Werden Lüftungsgeräte mit allgemeiner bauaufsichtlicher Zulassung in Lüftungsanlagen zur Be- und Entlüftung verwendet, die nicht unter den Anwendungsbereich der M-LüAR fallen, z. B. dezentrale Wohnungslüftungsanlagen ohne Durchdringung feuerwiderstandsfähiger raumabschließender Bauteile, brauchen Schutzmaßnahmen nach Abschnitt 5.1.4 und 6.3 nicht berücksichtigt zu werden.

Hinweis: Trotz Erteilung von allgemeinen bauaufsichtlichen Zulassungen ist ein Teil der wesentlichen Informationen und Dokumente, die für die Errichtung einer Anlage benötigt werden, den Einbauanleitungen der Produkthersteller zu entnehmen. Ob diese Einbauanleitungen der Hersteller bauliche Ausführungen vorsehen, die von den eigentlichen geprüften Bauprodukten abweichen, ist vom Planer und Errichter in eigener Zuständigkeit und Verantwortung zu prüfen. Diese Anlagen unterliegen i. d. R. keiner Prüfung durch staatlich anerkannte Sachverständige/Prüfsachverständige.

F-V. Anlagen zur Rauchfreihaltung – Druckbelüftungsanlagen bzw. Rauchschutzdruckanlagen (RDA)

F-V. Anlagen zur Rauchfreihaltung - Druckbelüftungsanlagen bzw. Rauchschutzdruckanlagen (RDA)

Die Muster-Lüftungsanlagen-Richtlinie beschreibt die erforderlichen brandschutztechnischen Maßnahmen an Lüftungsanlagen. Druckbelüftungs- und RDA-Anlagen von Rettungswegen, z. B. für Treppenräume, Feuerwehraufzüge oder Fluchttunnel, sowie Entrauchungsanlagen, sind daher nicht bezüglich ihrer Notwendigkeit oder Funktionsweise in der Muster-Lüftungsanlagen-Richtlinie beschrieben.

Druckbelüftungs- und RDA-Anlagen müssen im Brandfall für einen definierten Zeitraum die Nutzung des Rettungsweges ermöglichen und ihre Funktion aufrecht erhalten. Aus diesem Grund ist es i. d. R. ausgeschlossen, dass die zugehörigen Lüftungsleitungen bei der Querung klassifizierter Wände und Decken mit Bandschutzklappen versehen werden. Bei einem Brand in der Nähe einer Brandschutzklappe würde diese schließen und den Betrieb der Druckbelüftungs- oder RDA-Anlage unterbrechen. Bei Verlegung der Lüftungsleitungen durch andere Räume als den zu versorgenden Bereich sind die Leitungen von der Außenluftansaugung bis zur Zuluftanlage wie auch die Zuluftleitung bis in den Treppenraum bzw. Feuerwehraufzugsschacht in erforderlicher feuerwiderstandsfähiger Qualität auszuführen. Dies gilt auch für ggf. notwendige Abluftleitungen bzw. Abströmschächte. Die Feuerwiderstandsdauer ist abhängig von der Feuerwiderstandsdauer der durchdrungenen Wände und Decken sowie der bauordnungsrechtlich geforderten Betriebsfähigkeit der Anlage, i. d. R. für 90 Minuten.

In der Muster-Hochhaus-Richtlinie – MHHR (Fassung April 2008) ist eine bauaufsichtlich zulässige Ausführung einer Druckbelüftungsanlage für Sicherheitstreppenräume und Feuerwehraufzugsschächte beschrieben:

6.2 Druckbelüftungsanlagen

6.2.1   ¹Der Eintritt von Rauch in innenliegende Sicherheitstreppenräume und deren Vorräume sowie in Feuerwehraufzugsschächte und deren Vorräume muss jeweils durch Anlagen zur Erzeugung von Überdruck verhindert werden. ²Ist nur ein innenliegender Sicherheitstreppenraum vorhanden, müssen bei Ausfall der für die Aufrechterhaltung des Überdrucks erforderlichen Geräte betriebsbereite Ersatzgeräte deren Funktion übernehmen.

6.2.2   ¹Druckbelüftungsanlagen müssen so bemessen und beschaffen sein, dass die Luft auch bei geöffneten Türen zu dem vom Brand betroffenen Geschoss auch unter ungünstigen klimatischen Bedingungen entgegen der Fluchtrichtung strömt. ²Die Abströmungsgeschwindigkeit der Luft durch die geöffnete Tür des Sicherheitstreppenraums zum Vorraum und von der Tür des Vorraums zum notwendigen Flur muss mindestens 2,0 m/s betragen. ³Die Abströmungsgeschwindigkeit der Luft durch die geöffnete Tür des Vorraumes eines Feuerwehraufzugs zum notwendigen Flur muss mindestens 0,75 m/s betragen.

6.2.3   ¹Druckbelüftungsanlagen müssen durch die Brandmeldeanlage automatisch ausgelöst werden. ²Sie müssen den erforderlichen Überdruck umgehend nach Auslösung aufbauen.

6.2.4   Die maximale Türöffnungskraft an den Türen der innenliegenden Sicherheitstreppenräume und deren Vorräumen sowie an den Türen der Vorräume der Feuerwehraufzugsschächte darf, gemessen am Türgriff, höchstens 100 N betragen.

An Anlagen zur Rauchfreihaltung sind über die Anforderungen der Muster-Lüftungsanlagen-Richtlinie hinaus weitere und andere Anforderungen zu stellen.

Beispiele:
- Die Außenluftansaugung muss so angeordnet werden, dass kein Rauch angesaugt werden kann.

  Hinweis: Bei einer Ansaugung über Dach für eine Anlage zur Rauchfreihaltung vom Treppenraum kann Rauch angesaugt werden, der bei einem Brand in einem darunterliegenden Geschoss aus dem Gebäude austritt. Dies gilt auch, wenn eine Umschaltung für eine zweite Außenluftansaugung auf dem Dach geplant ist (siehe Brandsituation im folgenden **Bild F-V – 1**).
  Grund: Eine zweite Außenluft-Ansaugstelle über Dach würde bei einer ungünstigen Rauchentwicklung ebenfalls abschalten und die Druckbelüftung außer Betrieb gehen.

  Deshalb kann alleine mit Rauchmeldern in der Außenluftleitung die Anforderung einer rauchfreien Außenluftzuführung nicht sichergestellt werden.

- In den evtl. notwendigen Überströmöffnungen der Vorraumwände sind Brandschutzklappen weder mit Federrücklaufantrieb noch mit Rauchmeldern anzuordnen. Es können auch besondere Absperrvorrichtungen als Überströmverschlüsse ohne Rauchauslöseeinrichtung zur Verhinderung der Übertragung von Feuer und Rauch mit entsprechendem Verwendbarkeitsnachweis (z. B. abZ Nr. Z-19.18-...) verwendet werden. Ein Überströmverschluss mit abZ Nr. Z-19.18-... kann z. B. aus einer Brandschutzklappe mit thermischer Auslösung 72° C und beidseitigem Abschlussgitter bestehen.

  Hinweis: Der „feuerwiderstandsfähige Abschluss besonderer Bauart und Verwendung" mit der abZ Nr. Z-6.50-... ist für die oben genannte Verwendung wegen seiner Auslösung über Rauchmelder nicht geeignet.
  Grund: Bei geöffneter Tür zwischen Nutzungseinheit und Vorraum des Treppenraums kann in diesen Vorraum Rauch kurzzeitig eindringen. Der Rauch wird durch den Überdruck bei anschließend geschlossener Tür über die Über-

strömklappe in die Nutzungseinheit zurückgeführt. Der Rauchmelder der Überströmung würde spätestens nun Rauch detektieren und die Spannungsversorgung zum Federrücklaufantrieb unterbinden; der Abschluss schließt bestimmungsgemäß. Damit ist die Funktion der Druckbelüftungsanlage für diesen Vorraum nicht mehr erfüllt.

- Wenn die Abströmung aus dem Gebäude bzw. den Geschossen über einen senkrechten Schacht in der Nutzungseinheit oder dem notwendigen Flur der Nutzungseinheit erfolgen soll, so ist dieser Schacht wie für eine Entrauchungsanlage bis über Dach auszubilden. Die Öffnungen in der Wandung werden mit Entrauchungsklappen in jedem Geschoss verschlossen. Sie sind dann nur in dem vom Brand betroffenen Geschoss zu öffnen.

    Hinweis: Der Schacht ist in diesen Fällen die notwendige Abluftleitung bzw. der notwendige Abströmschacht zum Abströmen der Brandgase und der zugeführten Luft der Druckbelüftungsanlage. Die Entrauchungsklappen müssen geeignet sein für den Einbau in die Wandungen der Abluftleitung bzw. Abströmschächte; Brandschutzklappen sind nicht geeignet, da heiße Brandgase abgeführt werden können.
    Der Schacht muss für die Druckbelastung aus der Luftführung ausreichend bemessen sein; mindestens 500 Pa (Druckstufe 1 nach DIN EN 12101).

- Erfolgt die Abströmung der zugeführten Luft der Druckbelüftungsanlage zusammen mit Brandgasen, kann die Hilfe eines (entlüftenden) Ventilators auf dem Schacht notwendig werden. Dieser Ventilator muss dann die Qualifikation eines Entrauchungsventilators haben.

    Hinweis: Erfolgt die Abströmung nicht über einen Schacht, ist eine Abströmung aus der Nutzungseinheit über die Fassade ins Freie notwendig.

- In Feuerwehraufzugsschachtwänden sind in jedem Geschoss geeignete Klappen vorzusehen. Diese sind normalerweise geschlossen und öffnen nur im vom Brand betroffenen Geschoss. Zur bestimmungsgemäßen Funktion der Druckbelüftungsanlage sind die Klappen so zu steuern, dass nur in dem vom Brand betroffenen Geschoss die geforderte Luftgeschwindigkeit von 0,75 m/s durch die Vorraumtür in die Nutzungseinheit gewährleistet wird.

    Hinweis: Geeignete Klappen sind Entrauchungsklappen (übliche Volumenströme ca. 6000 – 8000 m³/h durch die Tür des Vorraums führen i. d. R. zu Klappengrößen von mind. 0,4 m²), andere Klappen sind im Rahmen des Brandschutzkonzeptes auszuführen.

Bereits zur Genehmigungsplanung ist die baurechtliche Erfüllbarkeit der Schutzziele von RDA-Anlagen für mögliche Situationen und Wetterlagen zu prüfen.

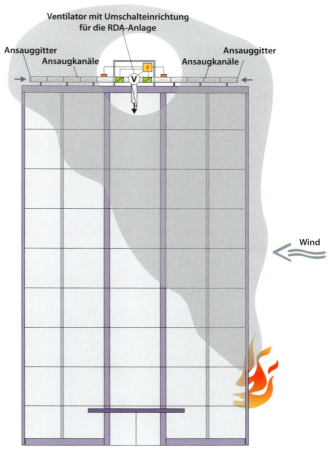

Bild F-V – 1: Schematische Darstellung eines hohen Gebäudes mit Außenluftansaugung der RDA-Anlage auf dem Dach mit Außenluftüberwachung und einer Umschalteinrichtung

Bild F-V – 2: Haerbin, China 9. Oktober 2008
© Zheng Wei/ChinaFotoPress/laif

216 F-V. Anlagen zur Rauchfreihaltung – Druckbelüftungsanlagen bzw. Rauchschutzdruckanlagen (RDA)

Bild F-V – 3: Dubai, 1. Januar 2016
© Zhang suoqing/Imaginechina/laif

Bild F-V – 4: Dubai, 1. Januar 2016
© Zhang suoqing/Imaginechina/laif

Rauchfreihaltung von Rettungswegen
- Sicherheitstreppenraum z. B. im Hochhaus

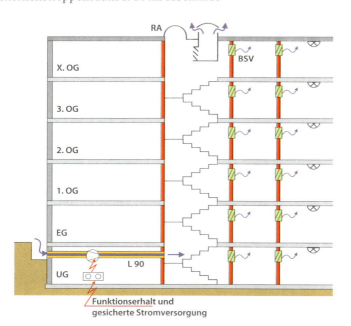
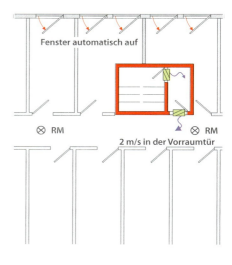

Bild F-V – 5: Prinzipsskizze einer RDA für einen Sicherheitstreppenraum mit Abströmung über Fenster

Rauchfreihaltung von Rettungswegen
- Sicherheitstreppenraum z. B. im Hochhaus > 60 m

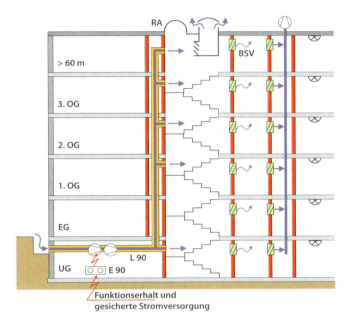

Bild F-V – 6: Prinzipsskizze einer RDA für einen Sicherheitstreppenraum mit Abströmung über Abströmventilator in einem Hochhaus

Rauchfreihaltung von Rettungswegen
- Feuerwehraufzug z. B. im Hochhaus

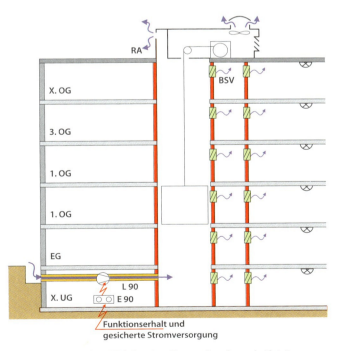
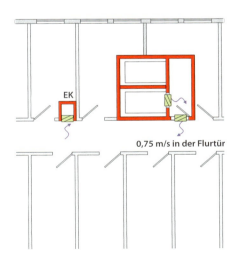

Bild F-V – 7: Prinzipsskizze einer RDA für einen Feuerwehraufzug mit Abströmung über Abströmventilator in einem Hochhaus

F-VI. Anlagen zur maschinellen Entrauchung (MRA)

F-VI. Anlagen zur maschinellen Entrauchung (MRA)

Die Lüftungsanlagenrichtlinie beschreibt erforderliche brandschutztechnische Maßnahmen, die bei der Installation von Lüftungsanlagen zwingend zu berücksichtigen sind. In diesem Zusammenhang steht weder die Notwendigkeit noch die Funktionsweise der Anlagen zur maschinellen Entrauchung zur Diskussion. Lüftungsanlagen eigenen sich systembedingt nicht zur Entrauchung. Grundsätzlich ist es jedoch möglich, Entrauchungsanlagen zur Entlüftung zu verwenden. Somit ist die Anordnung und Ausführung der brandschutztechnischen Komponenten – i. d. R. bei der Durchdringung brandschutztechnisch qualifizierter Bauteile oder Querung brandschutztechnisch voneinander getrennter Räume – zu beachten.

Anforderungen an noch nicht harmonisiert normierte bzw. nicht vollständig harmonisiert normierte Bauteile von Entrauchungsanlagen sind in der Bauregelliste beschrieben. Europäisch harmonisierte Bauprodukte für Entrauchungsanlagen finden sich in der Normreihe DIN EN 12101 (Teil 1: Leitungen, Teil 3: Ventilatoren, Teil 8: Klappen). Da die jeweilige Koexistenzperiode für die mandatierten harmonisierten Produktnormen bereits beendet sind, müssen für Ventilatoren, Klappen und Leitungen Verwendbarkeitsnachweise in Form von Leistungserklärungen inkl. Montageanleitungen vorliegen.

Für feuerwiderstandsfähige Entrauchungsleitungen als Bauart genügt derzeit in Deutschland nach der Bauregelliste A Teil 3 lfd. Nr. 2.10 als Verwendbarkeitsnachweis ein allgemein bauaufsichtliches Prüfzeugnis, für Abmessungen größer 1250 mm x 1000 mm ist eine allgemeine bauaufsichtliche Zulassung erforderlich. Alle anderen Produkte dürfen gemäß § 17 der Musterbauordnung nur verwendet werden, wenn für sie eine allgemeine bauaufsichtliche Zulassung oder eine Zustimmung im Einzelfall vorliegt.

Hinweis: Zur Zeit sind noch Anwendungsregeln für harmonisiert normierte Bauprodukte in der Muster-Liste der Technischen Baubestimmungen Teil II zu finden. Die Festlegungen zu erforderlichen Leistungsstufen sind in der Bauregelliste Ausgabe 2015/2 A Teil 1 Anlage 0.1.2 Tabelle 2 b) aufgeführt.

Die in der Vergangenheit häufig anzutreffende Forderung nach Stahlblechleitungen innerhalb des zu entrauchenden Bereichs mit „verstärkter Blechleitung" ist nicht ausreichend und brandschutztechnisch unzulänglich. Eingespannte Leitungen mit stärkerer Wandung üben im Brandfall größere Kräfte auf die Wände aus, als die mit üblicher Wandungsstärke. Zudem sind notwendige temperaturbeständige Kompensatoren als Dehnungsausgleich nicht vorhanden.

Entrauchungsleitungen im Brandraum dürfen aus Stahlblech sein (Entrauchungsleitungen für Einzelabschnitte/Single-Entrauchungsleitungen), ein Verwendbarkeitsnachweis in Form einer Leistungserklärung ist erforderlich. Wird ein Brandraum in verschiedene Rauchabschnitte unterteilt und ist nur eine Entrauchungsleitung geplant, müssen die Abluftöffnungen in den Entrauchungsleitungen mit Entrauchungsklappen für Einzelabschnitte oder Mehrfachabschnitte versehen werden.

Sofern die Funktionsbeständigkeit und die Dichtheit im Brandfall mit einer Leistungserklärung bestätigt sind, dürfen Entrauchungsklappen für Einzelabschnitte aus Stahlblech sein. Rauchschutzklappen sind keinesfalls geeignet, sie sind mit der Sicherheitsstellung „ZU" versehen, mit einem Federrücklaufmotor als Antrieb ausgestattet und brauchen nicht temperaturbeständig zu sein. Im Gegensatz dazu werden Entrauchungsklappen im Brandfall entweder geöffnet oder geschlossen und sind von daher mit einem AUF-ZU-Antrieb, der im Brandfall 25 Minuten funktionsfähig sein muss, ausgestattet. Dementsprechend sind innerhalb des zu entrauchenden Bereiches elektrische Anschlussleitungen der Qualität E 30 zu verlegen, die eine Dauer des Funktionserhaltes der Leitungsanlagen für mindestens 30 Minuten gewährleisten.

Entrauchungsleitungen sind nach Austritt aus dem zu entrauchenden Bereich in derjenigen Feuerwiderstandsklasse zu errichten, die der höchsten Feuerwiderstandsdauer der durchdrungenen Wände oder Geschossdecken entspricht (Entrauchungsleitung für Mehrfachabschnitte/Multi-Entrauchungsleitungen). Werden weitere Räume mit gleicher Leitung entraucht, sind an oder in dieser Leitung Entrauchungsklappen für Mehrfachabschnitte (Multi-Entrauchungsklappen) zu verwenden.

Lüftungsanlagen eignen sich systembedingt nicht zur Entrauchung. Sollen Entrauchungsanlagen zur Entlüftung verwendet werden, ist dies grundsätzlich möglich. Unter Berücksichtigung des Einzelfalls wäre es sogar möglich, die Zuluft und Abluft für die Belüftung und den Entrauchungsfall über Entrauchungsanlagen sicher zu stellen. Da die M-LüAR aber Brandschutzklappen als Absperrvorrichtung vorsieht, liegt bei der Verwendung von Entrauchungsklappen eine Abweichung vor. Diese Abweichung kann über das genehmigte Brandschutzkonzept legalisiert werden. I.d.R. ist zudem eine Brandmeldeanlage erforderlich.

Zu beachten ist dabei, dass dann jeder zu be- bzw. entlüftende Bereich unmittelbar über feuerwiderstandsfähige Leitungen mit dem (Entrauchungs-) Ventilator verbunden wird sowie über eine Entrauchungsklappe von dieser Leitung abgetrennt werden kann. Es ist ferner für alle Entrauchungsklappen im Brandschutzkonzept bzw. Brandschutznachweis zu beschreiben, wie und welche Sicherheitsstellung die jeweilige Entrauchungsklappe in den unterschiedlichen Brandfällen (Szenarien) erreichen muss (Brandschutzklappen haben die Sicherheitsstellung ZU – geschlossen). Sofern Entrauchungsklappen die einmal im Brandfall eingenommene Sicherheitsstellung verlassen sollen, muss beschrieben sein, unter welchen ausschließlichen Voraussetzungen dieses erfolgen darf. Grund: Maximal ein Bereich kann entraucht werden, alle anderen Bereiche sind brandschutztechnisch von diesem abgetrennt zu belassen.

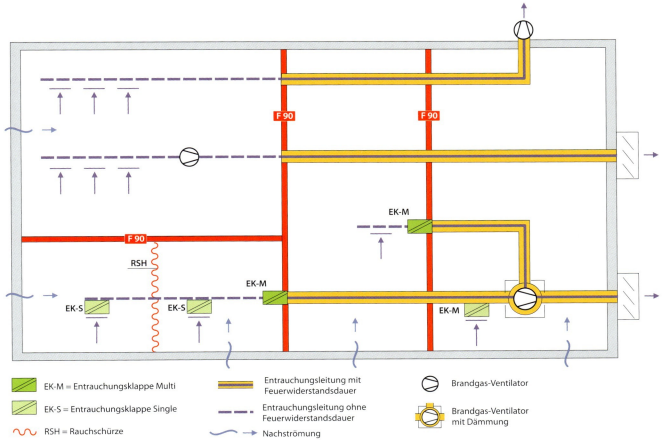

Bild F-VI – 1: Beispiel einer Entrauchungssituation

Bei einer gleichzeitigen Be- oder Entlüftung mehrerer brandschutztechnisch voneinander getrennter Räume sind jedoch besondere Klassifikationen der Klappen zu beachten.

Im Klassifikationsschlüssel von Entrauchungsklappen ist C_{300}, $C_{10.000}$ oder C_{mod} anzugeben. Hierdurch werden die unter zusätzlicher Last durchgeführten Zyklen angegeben. Mit den Angaben in der Leistungserklärung dürfen Entrauchungsklappen nach der harmonisierten Produktnorm DIN EN 12101-8 wie folgt verwendet werden:

C_{300} Entrauchungsklappen, die in einer nur im Notfall in Betrieb gesetzten Entrauchungsanlage eingesetzt werden

$C_{10.000}$ Entrauchungsklappen, die als Teil einer gewöhnlichen Heizungs-, Lüftungs- und Klimaanlage, als Teil einer Entrauchungsanlage oder als Teil einer Entrauchungsanlage, an der jeden Tag zur Überprüfung der Funktion ein Zyklus durchgeführt wird, eingesetzt werden

C_{mod} Entrauchungsklappen, die über einen Modulationsantrieb verfügen und die sowohl als Teil einer gewöhnlichen Heizungs-, Lüftungs- und Klimaanlage als auch als Teil einer Entrauchungsanlage eingesetzt werden.

Bei Entrauchungsanlagen und den verwendeten Komponenten ist die zulässige Druckdifferenz zu beachten. Für Produkte, die der Normreihe DIN EN 12101 zuzuordnen sind, wird die zulässige Druckdifferenz mit der Druckstufe 1, 2 oder 3 angegeben.

Geprüfte Druckstufe	Unterdruck bis zu	Überdruck bis zu
1	500 Pa	500 Pa
2	1000 PA	500 Pa
3	1500 PA	500 Pa

Tabelle F-VI – 1: Druckdifferenzen

Die Nachweisführung der Ansteuerung von Entrauchungsklappen mit BUS-Modulen wurde mit der Einführung der Produktnorm geändert.

Eine Vorrichtung, die den Betrieb des Stellantriebs steuert (z. B. BUS-Modul) und sich an der Entrauchungsklappe oder innerhalb des gleichen Brandbereichs befindet wie die Entrauchungsklappe selbst, wird normativ Schnittstellenüberwachungseinheit genannt.

Alle Schnittstellenüberwachungseinheiten, die die Bewegung des Stellantriebs steuern, müssen nach den gleichen Zeit-/Temperaturkriterien geprüft werden und arbeiten, wie der Stellantrieb, den sie steuern.

Somit sind Steuermodule nicht herstellerübergreifend austauschbar, sie müssen je System in Brandversuchen die ordnungsgemäße Funktion in Verbindung mit der Klappenserie bestätigen. Dieses gilt für Entrauchungsklappen in Einzelabschnitten wie auch für Entrauchungsklappen in Mehrfachabschnitten gleichermaßen.

Nachfolgend zwei Beispiele für mögliche Klassifikationen.

1. Entrauchungsklappen für Mehrfachabschnitte können z. B. folgende Klassifikation aufweisen:

EI 120 (v_{edw}-h_{odw}, i$\leftrightarrow$o) S 1500 $C_{10.000}$ MA multi HOT 400/30

Hierbei bedeuten die Klassifikationsmerkmale zusammengefasst:

EI 120	Raumabschluss und Isolierung über einen Zeitraum von 120 Minuten
v_{edw} – h_{odw}	Raumabschluss Verwendung vertikal/ horizontal in Leitung (duct) und Wand/Decke (wall), maßgebend ist die Lage des geschlossenen Klappenblatts; vertikale Achslage in der Wand muss separat nachgewiesen werden
i$\leftrightarrow$o	inside – outside (Antrieb im Feuer – Brandgase innerhalb der Klappe)
S 1500	smoke, rauchdicht bei Unterdruck bis 1.500 Pa = Druckstufe 3 (auch 1.000 Pa oder 500 Pa möglich); Zuluft immer max. 500 Pa
$C_{10.000}$	Entrauchungsklappe als Teil einer Entrauchungsanlage – auch mit täglicher Funktionsprüfung, oder Entrauchungsklappe als Teil einer RLT-Anlage (auch C_{300} möglich, dann Entrauchungsklappen nur für reine Entrauchungsanlagen, auch C_{mod} möglich, dann Entrauchungsklappen auch mit täglicher Funktionsprüfung, die über einen Modulationsantrieb verfügen und die sowohl als Teil einer Entrauchungsanlage als auch als Teil einer RLT-Anlage eingesetzt werden)
MA	manuelle Auslösung – automatisch ausgelöste Klappe muss 25 Minuten übersteuerbar sein (muss nach 25 Minuten. im Brandfall noch öffnen) (auch AA [automatische Ansteuerung] möglich, in Deutschland ist MA vorgeschrieben, s. a. Bauregelliste A Teil 1, Anlage 0.1.2, Tabelle 2 b)
multi	Einbau in feuerwiderstandsfähige manuelle Leitungen oder Bauteile (Entrauchungsklappen für Mehrfachabschnitte)
HOT 400/30	Nachweis der Funktionsfähigkeit bei 400 °C über 30 Minuten (Österreich)

2. Entrauchungsklappen, die in Entrauchungsleitungen in Einzelabschnitten bei Temperaturen bis zu 600 °C verwendet werden, können z. B. folgende Klassifikation aufweisen:

E_{600} 90 (v_{ed} – h_{od}, i$\leftrightarrow$o) S 1.000 $C_{10.000}$ MA single

Hierbei bedeuten die Klassifikationsmerkmale zusammengefasst:

E_{600}	90 Minuten Raumabschluss bei 600 °C
v_{ed} – h_{od}	Verwendung vertikal/horizontal in Leitung (duct), maßgebend ist die Lage des geschlossenen Klappenblatts; vertikale Achslage muss separat nachgewiesen werden
i$\leftrightarrow$o	inside – outside (Antrieb im Feuer – Brandgase innerhalb der Klappe)
S 1500	smoke, rauchdicht bei Unterdruck bis 1.500 Pa = Druckstufe 3 (auch 1.000 Pa oder 500 Pa möglich); Zuluft immer max. 500 Pa
$C_{10.000}$	Entrauchungsklappe als Teil einer Entrauchungsanlage – auch mit täglicher Funktionsprüfung, oder Entrauchungsklappe als Teil einer RLT-Anlage (auch C_{300} möglich, dann Entrauchungsklappen nur für reine Entrauchungsanlagen, auch C_{mod} möglich, dann Entrauchungsklappen – auch mit täglicher Funktionsprüfung, die über einen Modulationsantrieb verfügen und die sowohl als Teil einer Entrauchungsanlage als auch als Teil einer RLT-Anlage eingesetzt werden)
MA	manuelle Auslösung – automatisch ausgelöste Klappe muss 25 Minuten übersteuerbar sein (muss nach 25 Minuten im Brandfall noch öffnen) (auch AA [automatische Ansteuerung] möglich, in Deutschland ist MA vorgeschrieben, s. a. Bauregelliste A Teil 1, Anlage 0.1.2, Tabelle 2 b)
single	Einbau in Entrauchungsleitungen ohne Feuerwiderstand (Entrauchungsklappen für Einzelabschnitte)

Teil G. Mangelbeispiele aus der Praxis – Kommentierung für die Praxis

G. Mangelbeispiele aus der Praxis – Kommentierung für die Praxis

Die in diesem Teil dargestellten und kommentierten Bilder sollen einen Einblick in die in der Praxis vorkommenden Problemstellungen und Mängel geben.

Die Bilder wurden durch die Autoren, im Schwerpunkt von Peter Vogelsang, im Rahmen ihrer beruflichen Tätigkeit weitgehend selbst erstellt. Fremde Bilder wurden mit einem Quellenhinweis versehen.

G-I. Bilder von Brandversuchen

Aufbau einer F 90-Wand anlässlich eines Brandversuches der Firma Belfor, Brandschutz GmbH, 47269 Duisburg.
Die beiden Brandschutzklappen der Klassifizierung K 90 befinden sich links oben in der Massivwand.

Bild G-I – 1

Die beiden K 90-Brandschutzklappen wurden wie folgt montiert:

Linke BSK: Bedieneinheit nach innen mit umlaufender Aufdopplung und Vermörtelung: Die Messfühler wurden auf der dem Brand abgewandten Seite am Flansch befestigt.

Rechte BSK: Bedieneinheit auf der dem Brand abgewandten Seite: Der untere Spalt wurde mit Vermörtelung, die anderen Spalten mit Mineralwolle (Glaswolle, Schmelzpunkt ca. 650 °C) bzw. einem Brandschutzschaum verschlossen.

Da hier die Gefahr des vorzeitigen Durchbrennens bestand, wurde die BSK mit einer zusätzlichen Halterung versehen.

Bild G-I – 2

Die nicht zulassungskonformen „Restverschlüsse" des Ringspaltes beginnen nach ca. 60 Minuten durchzubrennen.

Bild G-I – 3

Der Feuerdurchtritt ist an den nicht zulassungskonformen „Restverschlüssen" des Ringspaltes deutlich zu erkennen.

Bild G-I – 4

Wichtiger Hinweis: Auch wenn die Bilder ggf. zeigen, dass die nicht abP/abZ konforme Errichtung eine Brandausbreitung anscheinend verhindert hat, entbindet dies nicht davon, die Abschottungen korrekt zu errichten bzw. eine Zustimmung im Einzelfall zu beantragen.

G-I. Bilder von Brandversuchen

Das Feuer ist durchgetreten. Die nicht zulassungskonformen „Restverschlüsse" sind vollständig durchgebrannt. Eine Feuerwiderstandsdauer von 90 Minuten wurde nicht erreicht.

Bild G-I – 5

Die Brandschutzklappe rechts ist auch auf der dem Brand abgewandten Seite thermisch geschädigt. An der linken Brandschutzklappe ist auf dieser Seite keine thermische Schädigung erkennbar.

Bild G-I – 6

Darstellung nach dem Brandversuch auf der dem Brand abgewandten Seite. Die Brandschutzklappe mit der umlaufenden Aufdopplung aus Calziumsilikat mit einer umlaufenden Vermörtelung zwischen der Calziumsilikat-Aufdopplung und der Brandschutzklappe hat den Brandversuch erfolgreich überstanden.

Bild G-I – 7

G-II. Brandsituationen von Gebäuden

Auch Schwimmbäder brennen. Auf eine funktionierende Brandabschnittsbildung kann nicht verzichtet werden. (Quellenhinweis: Rheinische Post vom 07.09.2001 – Brand im Zentralbad Mönchengladbach)

Bild G-II – 1

Durch Brände im Umfeld von Gebäuden besteht für Lüftungsanlagen betroffener Gebäude die Gefahr der Ansaugung von Rauch aus der Außenluft. Deshalb sollte auch im Bestand auf eine Außenluftüberwachung nicht verzichtet werden. (Quellenhinweis: Rheinische Post vom 07.09.2001 – Brand im Zentralbad Mönchengladbach)

Bild G-II – 2

G-III. Mangelhafter Einbau von Brandschutzklappen in Massivwänden und Massivdecken

Nicht ausreichende Vermörtelung im Ringspalt um die Brandschutzklappe

Bild G-III – 1

Brandschutzklappe im Bestand nicht geschottet. Die nebenliegenden Gewerke sind ebenfalls nicht geschottet. Die Abschottung muss neu aufgebaut werden.

Bild G-III – 2

Fehlende Vermörtelung an einer K 90-Brandschutzklappe im Bestand

Bild G-III – 3

Nicht ausreichende Vermörtelung im Ringspalt um die Brandschutzklappe

Bild G-III – 4

Unzulässige Leitungsabschottungen neben einer zulassungskonform eingebauten Brandschutzklappe

Bild G-III – 5

Einbau einer BSK in einer Art Weichschott. Diese Bauart ist gemäß allgemeiner bauaufsichtlicher Zulassung nicht zulässig. Ein ein- bzw. zweiseitiger Anschluss ist bei Ausführung gemäß der allgemeinen bauaufsichtlichen Zulassung möglich, wenn beidseitig ein Segeltuchstutzen montiert wird.

Bild G-III – 6

Der fachgerechte Einbau wurde nicht vollendet.

Bild G-III – 7

Mauerrahmen der BSK ist nicht tief genug in der Wand positioniert, vorgebauter Teil ist beigearbeitet

Bild G-III – 8

Brandschutzklappe in massiver Wand:
Mauerrahmen der BSK ist nicht tief genug in der Wand positioniert, vorgebauter Teil ist nicht vollständig beigearbeitet

Bild G-III – 9

BSK auf massiver Decke – §20 MBO, ZiE erteilt:
Ausführung ist mittlerweile in Montageanweisungen häufig aufgeführt

Bild G-III – 10

BSK in massiver Wand:
Zu geringer Abstand zwischen den unteren BSK;
obere BSK mittels Metallständerprofil aufgeständert

Bild G-III – 11

BSK in massiver Wand:
BSK kann bei geschlossener Revisionsklappe nicht auslösen, Handauslösehebel schlägt gegen Revisionsdeckel

Bild G-III – 12

BSK in massiver Wand:
Vermörtelung oberhalb der BSK fehlt

Verwendbarkeitsnachweis läßt auch als Spaltverfüllung Steinwolle zu, wenn die Leitungen über einen elastischen Stutzen angeschlossen werden

Bild G-III – 13

Vermörtelung oberhalb der BSK nicht in der vorgegebenen Mindesttiefe ausgeführt

Bild G-III – 14

Handauslösehebel der BSK ist vollständig eingemörtelt, die Klappe wird dadurch blockiert

Bild G-III – 15

BSK außerhalb der Wand/Decke:
Einbaulage der BSK weder in Zulassungen enthalten noch über Leistungserklärungen abgedeckt

Bild G-III – 16

G-IV. Mangelhafter Einbau von Brandschutzklappen in leichten Trennwänden und Unterdecken

Die eingebaute BSK oberhalb einer Unterdecke ist völlig unzureichend und birgt extreme Gefahren in sich.
= **nicht zulässig**

Bild G-IV – 1

Dieser Einbauversuch entspricht ebenso wenig der allgemeinen bauaufsichtlichen Zulassung.
= **optische Täuschung, deshalb nicht zulässig**

Bild G-IV – 2

Gleitender Deckenanschluss:
Abstand zwischen senkrechtem UW-Profil und der Brandschutzklappe ist zu groß

Bild G-IV – 3

Gleitender Deckenanschluss:
Gleitender Deckenanschluss entspricht weder der Montageanweisung der BSK noch der DIN 4102 Teil 4

Bild G-IV – 4

Gleitender Deckenanschluss:
Gleitender Deckenanschluss entspricht weder der Montageanweisung der BSK noch der DIN 4102 Teil 4; der Abstand zwischen den horizontalen Profilen ist zu gering

Bild G-IV – 5

Einbau BSK in GK-Trennwand nach DIN 4102-4 Tabelle 48: Wandaufbau im Bereich der BSK entgegen der Montageanleitung; CW- und UA-Profile sind zu weit von der BSK entfernt und untereinander nicht verschraubt oder vernietet

Bild G-IV – 6

Einbau BSK in GK-Trennwand nach DIN 4102-4, Tabelle 48: Wandaufbau im Bereich der BSK entgegen der Montageanleitung; CW- und UA-Profile sind zu weit von der BSK entfernt und untereinander nicht verschraubt oder vernietet

Bild G-IV – 7

Einbau BSK in GK-Trennwand nach DIN 4102-4, Tabelle 48: Wandaufbau im Bereich der BSK entgegen der Montageanleitung; CW- und UA-Profile sind zu weit von der BSK entfernt und untereinander nicht verschraubt oder vernietet; unteres horizontales UW-Profil nicht bis zu vertikalen CW-Profilen geführt, oberes UW-Profil fehlt

Bild G-IV – 8

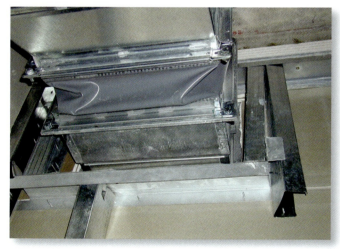

Einbau BSK in GK-Trennwand nach DIN 4102-4, Tabelle 48: Wandaufbau im Bereich der BSK entgegen der Montageanleitung; CW- und UA-Profile sind zu weit von der BSK entfernt und untereinander nicht verschraubt oder vernietet. Unteres horizontales UW-Profil nicht bis zu vertikalen CW-Profilen geführt, oberes UW-Profil fehlt

Bild G-IV – 9

BSK in Trennwand nach DIN 4102-4 Tabelle 48:
BSK ist nicht entsprechend der Zulassung innerhalb der leichten Trennwand montiert

Bild G-IV – 10

BSK allgemein:
Aus einer leichten Trennwand ausgebaute BSK; der Mörtel wurde nicht vollständig eingebracht

Bild G-IV – 11

BSK in feuerwiderstandsfähiger abgehängter Unterdecke: Einbau des Brandschutzventils nicht entsprechend der Montageanweisung; Aufdopplung der Decke und Verschluss des Ringspaltes fehlten

Bild G-IV – 12

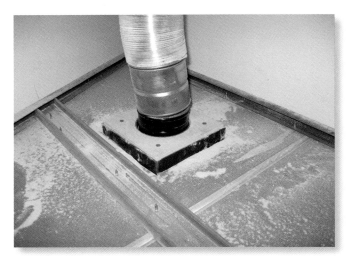

BSK in feuerwiderstandsfähiger abgehängter Unterdecke: Einbau des Brandschutzventils entspricht nicht der Montageanweisung; statt des Bausatzes für die abgehängte Decke wurde der Bausatz für die leichte Trennwand verwendet

Bild G-IV – 13

G-V. Mangelhafter Einbau von Brandschutzklappen als Vorbauklappen

BSK außerhalb der Wand:
BSK wurde falsch herum montiert, das Klappenblatt befindet sich außerhalb der Dämmung

Bild G-V – 1

Vermutlich sollte die Brandschutzklappe noch als Vorbauklappe brandschutztechnisch verkleidet werden. Die L 90-Verkleidung wurde wahrscheinlich vergessen. Es gilt als klare Regel, dass die Achse (A) der Brandschutzklappe nicht außerhalb der Schachtwand angeordnet werden darf.
= **nicht zulässig, Rückbau der BSK erforderlich**

Bild G-V – 2

Achse (A)

Die Montage der BSK eines Außenluftkanals mit durch das F 90-Bauteil geführter B1-Dämmung entspricht keiner allgemeinen bauaufsichtlichen Zulassung. Die BSK hängt mitten in der Luft und wurde mit brennbaren Dämmstoffen beklebt.
= **nicht zulässig**

Bild G-V – 3

G-VI. Mangelhafter Einbau von L 90-Lüftungsleitungen

Die Befestigung des dreiseitigen Lüftungskanals ist nicht zulassungskonform.

Bild G-VI – 1

Die Befestigung ist unzulässig, der L 90-Kanal wird an die Wand gezogen.
= **nicht zulässig**

Bild G-VI – 2

An der Aufhängung für klassifizierte L 90-Kanäle dürfen keine weiteren Leitungsanlagen befestigt werden.
= **nicht zulässig**

Bild G-VI – 3

L 90-Lüftungsleitungen mit Wandanschluss, Rückseite BSK: Wandanschluss der feuerwiderstandsfähigen Leitung ist nicht im allgemeinen bauaufsichtlichen Prüfzeugnis aufgeführt (vgl. dazu auch Hinweise aus der Fachkommission Bautechnik im DIBt Newsletter 05/2013, Seite 14)

Bild G-VI – 4

L 90-Lüftungsleitungen mit Wandanschluss:
Wandanschluss der feuerwiderstandsfähigen Leitung ist nicht im allgemeinen bauaufsichtlichen Prüfzeugnis aufgeführt (vgl. dazu auch Hinweise aus der Fachkommission Bautechnik im DIBt Newsletter 05/2013, Seite 14)

Bild G-VI – 5

Wandanschluss der feuerwiderstandsfähigen Leitung ist nicht im allgemeinen bauaufsichtlichen Prüfzeugnis aufgeführt (vgl. dazu auch Hinweise aus der Fachkommission Bautechnik im DIBt Newsletter 05/2013, Seite 14)

Bild G-VI – 6

L 90-Lüftungsleitungen und Brandschutzklappe:
L 90-Dämmung ist nicht über den Anschlussrahmen der BSK geführt

Bild G-VI – 7

L 90-Lüftungsleitungen und Brandschutzklappe:
L 90-Dämmung ist nicht über den Anschlussrahmen der BSK geführt

Bild G-VI – 8

L 90-Lüftungsleitungen und Brandschutzklappe:
Anordnung und Befestigung der CW- und UA-Profile entsprechen nicht der Montageanweisung der BSK

Ausführung des Kabelschotts ohne Verwendbarkeitsnachweis

Bild G-VI – 9

L 90-Lüftungsleitungen und Brandschutzklappe:
Mörtel nur umlaufend der BSK angeordnet, der Spalt zwischen Wand und BSK ist zu groß und nicht vermörtelt

Bild G-VI – 10

L 90-Revisionsöffnung:
Ausführung der Revisionsöffnung entspricht nicht dem allgemeinen bauaufsichtlichen Prüfzeugnis

Bild G-VI – 11

L 90-Revisionsöffnung:
Ausführung der Revisionsöffnung entspricht nicht dem allgemeinen bauaufsichtlichen Prüfzeugnis

Bild G-VI – 12

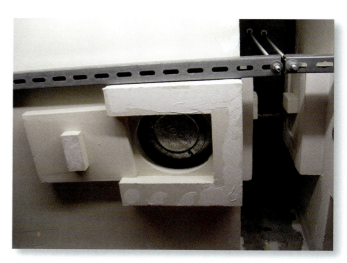

L 90-Revisionsöffnung:
An der Aufhängung für klassifizierte L 90-Kanäle dürfen keine weiteren Leitungsanlagen und Unterdecken befestigt werden.
<u>= **nicht zulässig**</u>

Bild G-VI – 13

L 90-Lüftungsleitungen:
An der Abhängung der feuerwiderstandsfähigen Leitung wurde die abgehängte Decke befestigt, dadurch Überlastung der Abhängung

Ausführung der Revisionsöffnungen entsprechen hinsichtlich Ausführung und Verschraubung nicht dem allgemeinen bauaufsichtlichen Prüfzeugnis

Bild G-VI – 14

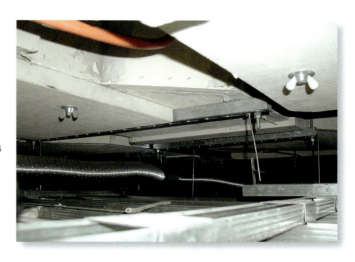

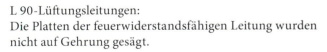

L 90-Lüftungsleitungen:
Die feuerwiderstandsfähige Leitung wurde entgegen dem allgemeinen bauaufsichtlichen Prüfzeugnis auf dünnen Metallprofilen aufgeständert. Ein statischer Nachweis liegt zudem nicht vor.

Bild G-VI – 15

L 90-Lüftungsleitungen:
Die Platten der feuerwiderstandsfähigen Leitung wurden nicht auf Gehrung gesägt.

Bild G-VI – 16

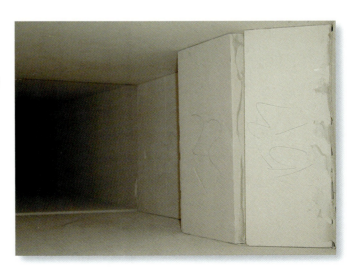

L 90-Lüftungsleitungen:
Die Platten der feuerwiderstandsfähigen Leitung wurden nicht auf Gehrung gesägt.

Bild G-VI – 17

L 90-Lüftungsleitungen:
Die Muffenverbindungen der feuerwiderstandsfähigen Leitung fehlen teilweise.

Die Gewindestangen der Abhängung sind teilweise verbogen, die Muffenverbindung im Bereich der Löschanlagenleitung fehlt.

Bild G-VI – 18

G-VII. Einbau von Überströmklappen

Rauchauslöseeinrichtung nicht ausreichend zugänglich

Bild G-VII – 1

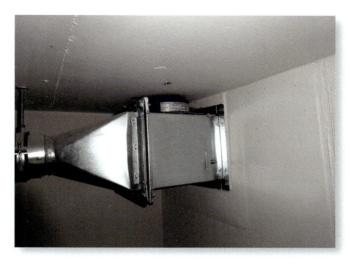

Entrauchungsklappe mit L 90-Einhausung und elektrischem Funktionserhalt ist in einem Lagerraum als Überströmöffnung zu einem notwendigen Flur eingebaut. Die Ansteuerung erfolgt über die Brandmeldeanlage. Dies entspricht nicht den Vorgaben der Technischen Baubestimmung Liste II. Es müssen Überströmelemente mit abZ eingebaut werden.

Bild G-VII – 2a

Ansicht von der Flurseite:
Die Umsetzung ist sehr aufwändig. Die baurechtlichen Anforderungen der formalen Umsetzung wurden jedoch nicht eingehalten.

Bild G-VII – 2b

G-VIII. Nonkonformistische Lösungen behindern die Sicherheit

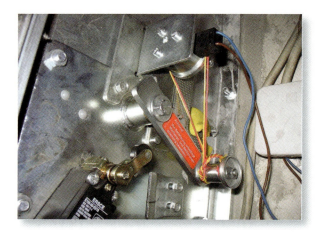

Brandschutzklappe wurde mit Draht festgestellt
= **nicht zulässig**

Bild G-VIII – 1

Brandschutzklappe wurde mit Lochband festgestellt
= **nicht zulässig**

Bild G-VIII – 2

Brandschutzventil kann nicht schließen
= **nicht zulässig**

Bild G-VIII – 3

Verlegung von Fremdleitungen durch Brandschutzklappen
= **nicht zulässig**

Bild G-VIII – 4

Brandschutzklappe allgemein:
Innerhalb der BSK befindest sich seit der Bauphase eine leere Flasche Bier

Bild G-VIII – 5

Brandschutzklappe allgemein:
Schmelzlot der BSK wurde durch Büroklammer ersetzt

Brandschutzbeschichtung der Klappenblätter aufgrund eines Feuchtigkeitsschadens nicht mehr vorhanden

Bild G-VIII – 6

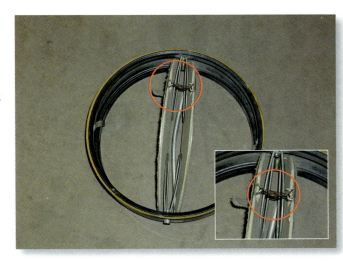

Brandschutzklappe allgemein:
Rastblech des Brandschutzventils wurde verbogen, dadurch kann das Ventil nicht mehr in der Stellung ZU einrasten und verriegeln.

Bild G-VIII – 7

Kaltrauchsperre allgemein:
Kaltrauchsperre vor Absperrvorrichtung K 90–18017 beschädigt, Rückschlagklappe/Kaltrauchsperre schließt nicht mehr

Bild G-VIII – 8

G-IX. Mängel im Bereich der Befestigung

Abhängung L 90-Kanal:
Gewindestangen der Abhängungen > 1,5 m sind nicht bekleidet

Bild G-IX – 1

Abhängung von Brandschutzklappen:
Abhängung an Trapezblech befestigt
= **nicht zulässig**

Bild G-IX – 2

Befestigung, Dübel:
Dübel der Abhängung ist nicht vollständig in der Decke (hier brandschutztechnisch zugelassener Dübel)

Abstand zur Fehlbohrung und Achsabstand zu gering

Bild G-IX – 3

Befestigung, Dübel:
Abstand zur Fehlbohrung zu gering

Bild G-IX – 4a

Abhängung:
Abstand zur Fehlbohrung zu gering

Bild G-IX – 4b

Abhängung:
Feuerwiderstandsfähige Bekleidung der Gewindestange der Abhängung durch Rohrleitungsdurchführung zerstört

Bild G-IX – 5

G-X. Gewerbeabluftklappen

RLT-Zentrale, Küchenabluftgerät:
Feuerwiderstandsfähige Umfassung des Küchenabluftventilators ohne Verwendbarkeitsnachweis

Bekleidung der Küchenabluftleitung nach DIN 4104 Teil 4, jedoch fehlen die Dehnungsausgleiche, außerdem ist der Wandanschluss nicht normgerecht

Bild G-X – 1

G-XI. Mangelhafte Zugänglichkeit

BSK allgemein, Zugänglichkeit:
Revisionsöffnungen in der abgehängten Decke zu klein, notwendige Maßnahmen zur Instandhaltung können nicht erfolgen

Bild G-XI – 1

BSK allgemein, Zugänglichkeit:
Revisionsöffnung in der Wand zu klein, die notwendige Maßnahmen zur Instandhaltung können nicht erfolgen

Bild G-XI – 2

G-XII. Instandhaltung

Die Wartungs- und Montageanweisung ist seit der Bauzeit vorhanden. Die vorgegebenen notwendigen Maßnahmen zur Instandhaltung wurden nicht durchgeführt.

Bild G-XII – 1

Die Wartungs- und Montageanweisung ist seit der Bauzeit vorhanden. Die vorgegebenen notwendigen Maßnahmen zur Instandhaltung wurden nicht durchgeführt.

Bild G-XII – 2

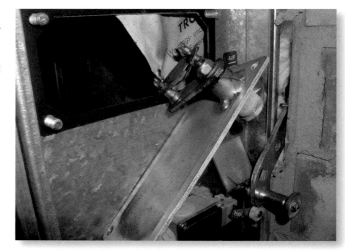

Abdeckung der Klappenachse der BSK ist beschädigt, eine Instandsetzung ist erforderlich

Bild G-XII – 3

Eine Reinigung der BSK und der Auslöseeinrichtung als notwendige Maßnahmen zur Instandhaltung wurden nicht durchgeführt.

Bild G-XII – 4a

Eine Reinigung der BSK und der Auslöseeinrichtung als notwendige Maßnahmen zur Instandhaltung wurden nicht durchgeführt.

Bild G-XII – 4b

Eine Reinigung der BSK und der Auslöseeinrichtung als notwendige Maßnahmen zur Instandhaltung wurden nicht durchgeführt.

Bild G-XII – 5

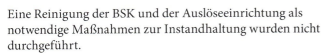

Trotz nicht vorhandenem Schmelzlot ist die BSK in der Stellung AUF; Grund ist eine mechanische Beschädigung der Auslöseeinrichtung

Bild G-XII – 6

Trotz nicht vorhandenem Schmelzlot ist die BSK in der Stellung AUF; Grund ist eine mechanische Beschädigung der Auslöseeinrichtung

Bild G-XII – 7

BSK allgemein, Beschädigung:
Klappenblatt oben links wurde bereits bei der Montage beschädigt

Bild G-XII – 8

BSK allgemein, Beschädigung:
Brandschutzbeschichtung des Klappenblatts löst sich aufgrund eines Feuchtigkeitsschadens

Bild G-XII – 9

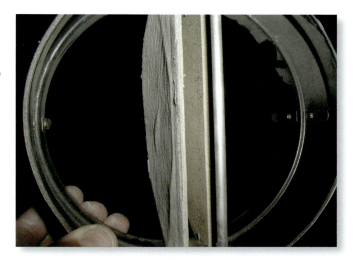

BSK allgemein, Beschädigung:
Brandschutzbeschichtung des Klappenblatts löst sich aufgrund eines Feuchtigkeitsschadens

Bild G-XII – 10

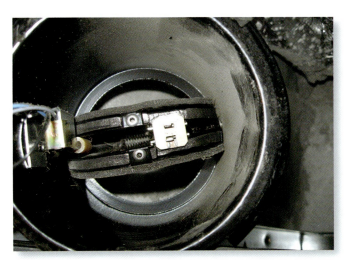

BSK allgemein, Beschädigung:
Klappenblatt und Gehäuse der BSK sind mit Schimmel überzogen, Grund ist ein Feuchtigkeitsschaden; Flüssigkeit befindet sich unten in der BSK

Bild G-XII – 11

BSK allgemein, Instandhaltung:
Brandschutzventil erheblich verunreinigt, die Reinigung und Funktionsprüfung als notwendige Maßnahmen zur Instandhaltung wurden nicht durchgeführt

Bild G-XII – 12

BSK allgemein, Instandhaltung:
Brandschutzventil erheblich verunreinigt, die Reinigung und Funktionsprüfung als notwendige Maßnahmen zur Instandhaltung wurden nicht durchgeführt

Bild G-XII – 13

G-XII. Instandhaltung

BSK allgemein, Beschädigung:
Klappenblatt der BSK ist mit Schimmel überzogen, das Gehäuse ist korrodiert; Grund ist ein Feuchtigkeitsschaden aufgrund Verwendung mit feuchter Luft

Bild G-XII – 14

BSK allgemein, Beschädigung:
Intumeszierendes Material löst sich ab

Bild G-XII – 15

BSK allgemein, Beschädigung:
Gehäuse und Auslöseeinrichtung der BSK sind korrodiert; Grund ist chlorhaltige Luft

Bild G-XII – 16

BSK allgemein, Instandhaltung:
BSK erheblich verunreinigt, die Reinigung als notwendige Maßnahme zur Instandhaltung wurde nicht durchgeführt

Bild G-XII – 17

BSK allgemein, Instandhaltung:
Hinterlassenschaften von Nagetieren in der BSK

Bild G-XII – 18

BSK allgemein, Beschädigung:
Klappenblatt der BSK ist nicht mehr vorhanden

Bild G-XII – 19

Zusammenfassung Teil G.:

Die in den Beispiel-Bildern dokumentierten Mängel sind als Anregung zur Optimierung des Brandschutzes zu verstehen. Diese oder ähnliche Mängel mit allen daraus resultierenden Gefahren sind durch eine korrekte Planung, Ausführung, Abnahme und Wartung zu verhindern. Die Prüfungen durch Prüfsachverständige sind ein Baustein zur Auffindung und Beseitigung solcher und ähnlicher Mängel.

Teil H. Glossar – Definition verwendeter Begriffe

Abkürzung	kompletter Begriff
89/106/EWG – Bauprodukten-Richtlinie	Richtlinie 89/106/EWG des Rates vom 21. Dezember 1988 zur Angleichung der Rechts- und Verwaltungsvorschriften der Mitgliedstaaten über Bauprodukte
a.a.R.d.T.	allgemein anerkannte Regeln der Technik
ABP, abP	allgemeines bauaufsichtliches Prüfzeugnis
ABZ, abZ	allgemeine bauaufsichtliche Zulassung
ArbStättV	Verordnung über Arbeitsstätten – Arbeitsstättenverordnung
ARGEBAU	Bauministerkonferenz Konferenz der für Städtebau, Bau- und Wohnungswesen zuständigen Minister und Senatoren der Länder
BauPG	Bauproduktengesetz
BauPVO	Bauprodukteverordnung Verordnung (EU) Nr. 305/2011 des Europäischen Parlaments und des Rates vom 09. März 2011 zur Festlegung harmonisierter Bedingungen für die Vermarktung von Bauprodukten und zur Aufhebung der Richtlinie 89/106/EWG des Rates
BRL	Bauregelliste
BSK	Brandschutzklappe
BSK EI 30/60/90 S	Brandschutzklappen gemäß DIN EN 15650
BSK K 30/60/90	Brandschutzklappen für Anlagen gemäß DIN 4102-6
BSK K 30/60/90-18017	Absperrvorrichtungen für Anlagen gemäß DIN 18017-3
BSK K 30/60/90-18017 S	Absperrvorrichtungen für Anlagen gemäß DIN 18017-3 mit Systemzulassung inkl. aller zugehörigen Bauteile der Anlage
CE-Kennzeichnung	Conformité Européenne (engl.: European Community), Kennzeichnung in der Europäischen Union für die Konformität, dargestellt durch das CE-Symbol
CEN	European Committee for Normalisation (Europäisches Komitee für Normung)
DIBt	Deutsches Institut für Bautechnik
DoP	Declaration of Performance (Leistungserklärung)
DVGW	Deutsche Vereinigung des Gas- und Wasserfaches e.V.
EAD	European Assessment Document (Europäisches Bewertungsdokument)
ELA-Anlage	elektro-akustische Alarmierungsanlage
EltBauVO	Muster einer Verordnung über den Bau von Betriebsräumen für elektrische Anlagen
EOTA	European Organisation for Technical Assessment (Europäische Organisation für Technische Bewertung)
ETA	European Technical Approval (Europäische Technische Zulassungen), erteilt bis 30.6.2013
ETA	European Technical Assessment (Europäische Technische Bewertung), erteilt seit 1.7.2013
ETB	Eingeführte Technische Baubestimmung
F 30/60/90/120	Bauteile/Bauarten mit einer FWD von 30 bzw. 60 bzw. 90 bzw. 120 Minuten je nach Anforderung der baurechtlichen Regelwerke
FWD	Feuerwiderstandsdauer von Bauteilen/Bauarten
hEN	harmonisierte europäische Norm
I 30/60/90	Installationsschächte und -kanäle mit FWD von 30 bzw. 60 bzw. 90 Minuten je nach Anforderung der baurechtlichen Regelwerke
MIndBauRL	Muster-Richtlinie über den baulichen Brandschutz im Industriebau – Muster-Industriebaurichtlinie
L 30/60/90	Lüftungsleitungen und -kanäle mit FWD gemäß E-DIN EN 15871
LBO	Landesbauordnung
LTB	Liste der Technischen Baubestimmungen
MBauVorlV	Muster einer Verordnung über Bauvorlagen und bauaufsichtliche Anzeigen – Muster-Bauvorlagenverordnung
MBeVO	Muster-Verordnung über den Bau und Betrieb von Beherbergungsstätten – Muster-Beherbergungsstättenverordnung
MBO	Musterbauordnung